黄河國家治理文獻集成（清代卷）第四十七册

《黄河國家治理文獻集成》編委會　編

總第六十三册

歷代河防統纂

（清）陳潢　輯

楊承　董杰　編

內蒙古出版集團
內蒙古人民出版社

圖書在版編目（CIP）數據

歷代河防統纂 /（清）陳潢輯 ; 楊承, 董杰編 .
呼和浩特 : 內蒙古人民出版社, 2025. 8. --（黃河國家治理文獻集成）. -- ISBN 978-7-204-16665-7

Ⅰ. TV882.1

中國國家版本館 CIP 數據核字第 2025P298N2 號

歷代河防統纂

（清）陳潢 輯

編者	楊承 董杰
策劃編輯	何可欣
責任編輯	王瑤
裝幀設計	劉那日蘇 吉雅 安立新
責任監印	王麗燕
出版發行	內蒙古出版集團 內蒙古人民出版社
地址	呼和浩特市新城區中山東路 8 號波士名人國際 B 座 5 層
網址	http://www.impph.cn
印刷	內蒙古愛信達教育印務有限責任公司
開本	880mm × 1230mm 1/16
印張	31.5
字數	380 千
版次	2025 年 8 月第 1 版
印次	2025 年 8 月第 1 次印刷
印數	1—1000 冊
書號	ISBN 978-7-204-16665-7
定價	230.00 元

如出現印裝質量問題，請與我社聯繫。聯繫電話：（0471）3946120

編纂委員會

主　　任　陳利保

副 主 任　周承英　吴義學　王　瑶

成　　員　賈大明　何可欣　董立群　羅　婧　王曉俊　董麗娟
白　玲　特日格勒　徐　飛　李月琪　王麗燕　李　琳

主　　編　董　杰

副 主 編　張曉東　曹　玲

委　　員　（按姓氏筆畫排序）
王　丹　王智慧　王鑫義　白胡日查　朱紫陽　李　萌
李新蕊　姚亞菲　陳　思　曹佳興　梁芹洋　張文文
張　岩　張博原　張　祺　張曉英　喬恩懋　賀　莎
楊　怡　楊建國　楊　承　霍燕平　魏雪剛

引　言

千古河流成沃野，幾年沙勢自風湍。

得益于黄河冲積所帶來的疏松土質和有機物，中華先民利用石製工具開始了農業生産，并逐步發展出旱地粟作農業，『能够最大程度保障食物供給的穩定性，奠定了中華文明起源和形成的堅實基礎』〔一〕。而利用河水灌溉，提高區域可預測農業産量，『在産業史上起着最有决定性的作用』〔二〕。隨後，技術進步、經濟發展、人口增加，讓先民的文化生活大爲豐富。嚴文明先生評價道：『這是一場影響深遠的革命。』〔三〕在這場革命中，平衡水、沙、産、人四者之間的關係，始終是黄河治理的核心問題。四者關係一旦失衡，就容易引發諸多灾患。

歷史上，黄河下游因人口稠密、經濟發達，一直是學術界關注的重點。但自河源至今内蒙古托克托縣河口鎮的黄河上、中游區域，雖遠離王畿，人口稀疏，却也一直備受關注，人們逐步認識到黄河全流域治理是國家的重要任務。《漢書》載：『堤防之作，近起戰國，雍防百川，各以自利。』〔四〕没有全流域的協同治理，僅靠各地分段築堤，則黄河河患無法解决。秦建立了中國歷史上第一個中央集權大一統王朝，秦始皇東巡碣石，刻石銘記『决通川防，夷去險阻』〔五〕，開啓中央政府調動各要素治黄之先河，這『在中國，實質上是國家的一種職能』〔六〕。同時，國家通過對黄河的有效治理，爲沿黄流域人民群衆乃至其他地區人民群衆提供了重要的公共物品和産業支撑，成爲人民群衆眼中中央政府的功過評價指標之一。因此，治黄在增强沿黄各族群國家、政治、文化認同的基礎上，强化了中國大一統國家的合法性，成爲歷代國家治理能力的一個重要測度。

一、黄河治理維護了國家的社會穩定

從秦并六國到漢朝建立大一統國家，中國統一的多民族國家形成并得到初步發展。當時中央政府對所轄疆域有『北邊郡』和『内郡』之稱。内蒙古額濟納旗出土的居延漢簡有載，『豤（墾）田以鐵器爲本北邊郡毋鐵官印器内郡令郡以時博賣予細民毋令豪富吏民得多取販賣細民』，可以看出北邊郡是與内郡相對應的行政管轄區域。《史記》卷二十八『封禪書第六』載：『上乃遂去，並（并）海上，北至碣石，巡自遼西，歷北邊至九原。』〔七〕。《史記》卷三十『平準書第八』載：『天子北至朔方，東到太山，巡海上，並（并）北邊以歸。』〔八〕司馬遷多次提及北邊，足見統治者對北邊治理的重視。

漢武帝時，齊人延年提出從今内蒙古引黄河水經今北京一帶，向東注入渤海，以衛北部邊疆。『是時方事匈奴，興功利，言便宜者甚衆。齊人延年上書言：「河出昆侖，經中國，注勃海，是其地勢西北高而東南下也。可案圖書，觀地形，令水工準高下，開大河上領，出之胡中，東注之海。如此，關東長無水災（灾），北邊不憂匈奴，可以省隄（堤）防備塞，士卒轉輸，胡寇侵盜（盗），覆軍殺將，暴骨原野之患。天下常備匈奴而不憂百越者，以其水絶壤斷也。此功壹（一）成，萬世大利。」』〔九〕《史記》卷二十四『樂書第二』載：『天馬來兮從西極，經萬里兮歸有德。承靈威兮降外國，涉流沙兮四夷服。』〔十〕如今，包頭地區出土了『四夷盡服』瓦當，出土文物與傳世文獻的呼應，成爲黄河治理維護祖國北部邊疆穩定的見證。

《史記》卷三十『平準書第八』載：『嚴助、朱買臣等招來東甌，事兩越，江淮之閒（間）蕭然煩費矣。唐蒙、司馬相如開路西南夷，鑿山通道千餘里，以廣巴蜀，巴蜀之民罷焉。彭吳（吴）賈滅朝鮮，置滄海之郡，則燕齊之閒（間）靡然發動。及王恢設謀馬邑，匈奴絶和親，侵擾北邊，兵連而不解，天下苦其勞，而干戈日滋。』〔十一〕清代《汾陽縣志》卷十三『藝文』收録曹學閔《開修黄蘆嶺車路紀德政碑記》，上載：『永寧州，界連西陲，北達邊外歸綏諸路，商賈遠貿粟麥，泛皮船隨黄流南下，聚于州西磧口，一府之民仰利賴焉。而東至太原，南抵平陽，州縣凡二十餘，亦視汾爲橐籥，蓋所繫非特一方生計矣。』〔十二〕民國時期，東北淪陷後，開發西北刻不容緩，而『黄河中游之水利，自應加以擴充及整理，藉（借）收桑榆之效，以挽狂瀾於（于）萬一』〔十三〕。

因黄河流域自然條件優越，歷朝歷代都十分重視對此地的開發，通過强有力的國家干預方式推動各類產業的發展，爲中國北部疆域的形成和社會穩定奠定了基礎。

二、民族交往、物資交流、技術轉移促成黄河治理共同體

《史記》卷十五『六國年表第三』載：秦始皇三十三年（前214），『築長城河上，蒙恬將三十萬』〔十四〕。這數十萬人中，擁有一技之長的人員不在少數。由此，邊地人口不斷增多，而豐富的物産則促進了商品交流與統一市場的形成。西漢《鹽鐵論·力耕第二》記録了『异物内流』的情形：『是以贏（騾）驢馲駞（駝），銜尾入塞，驒騱騵馬，盡爲我畜，鼲鼦狐貉，采旃文罽，充於（于）内府，而璧玉珊瑚瑠（琉）璃，咸爲國之寶。』〔十五〕此後，黄河北岸的『贏（騾）驢馲駞（駝）』『驒騱騵馬』『鼲鼦狐貉』『采旃文罽』與西南織錦、中原麻織、農作物等物資相互交流，逐步形成統一的國内大市場，加强了邊疆與其他地區的經濟聯繫，促進了邊疆特色産業的發展。

隨着民族交往交流交融的增强，清代以降，黄河流域内蒙古段輸入到内地的也不僅僅是『异寶』了。《綏遠通志稿·水路》載：『自乾隆以還。口外墾殖日廣。民殷物阜。出境之油、糧、鹽、鹼（碱）、甘草各貨。入境之日用雜貨。山西與歸綏往來之商運。凡經河路者皆以托屬河口爲唯一之碼頭。』〔十六〕從清乾隆年間到民國時期，由内蒙古經黄河運到山西的貨物有糧、油、鹽、碱、藥材、皮毛等，其中以糧油爲最大宗。糧食品種主要有糜黍、穀子、高粱、豆類及玉米、大小麥

等，油料主要是胡麻。內蒙古供貨支綫有從阿拉善盟阿拉善左旗吉蘭泰鹽池到山西吕梁市磧口鎮的運鹽駝路，五原縣、臨河區一帶各大幹渠的運糧水道，杭錦旗、達拉特旗的甘草馱運綫，鄂托克旗的運碱駝路。內蒙古段各條支綫以供貨爲主，山西段若干支綫以運銷爲主。

《臨縣志》載：『清朝乾隆至民國年間，陝、甘、綏、蒙等地的物資，通過此航綫運達磧口，再用牲口馱運到離石、吴城，轉運至東路（汾、平、介、孝等縣）。據民國 20 年（1931）統計，每年從綏遠磴口航至磧口的貨船不下 4000 餘艘』，『是陝、甘、綏、寧與晉西北物資集散之重鎮』。[十七]可見，內蒙古在甘肅、寧夏與陝西、山西等沿黄上下游物資交易中起到了重要的聯結作用；同時也吸引了山西、陝北、河北、山東、甘肅等地的農民遷移至此，并將開渠打壩、引水澆地等農業生産技術、手工技術和商業貿易經營方式帶到這裏。他們在此扎根，除了從事農業生産外，還挖甘草、下窑背炭、在黄河上拉船、在沙漠中拉駱駝、打短工放冬羊、開碾磨油坊，等等。不同地域、不同民族的人們合力修築河渠、引水興業，逐漸形成休戚與共的共同體。其間積纍的産品交易、商業管理、社會治理等方面的經驗，在今天依然有借鑒意義。

清代『首重治河，探河源以窮水患』[十八]，但更深層次的考量是『宣揚大一統及增强國家認同』[十九]。黄河流域人口基數大、分布廣，而全流域治理理念將不同地區、不同民族的人們凝聚成命運共同體，而『大一統』理念正是這一治理實踐的核心主題。

三、黄河流域拓展了中國的發展空間

早期統治者因巡幸及邊防建設所需，統籌管理沿黄河運與秦直道等沿黄馬道，維持着中央政府對北邊的有效治理。河套平原引黄渠道的建設爲秦漢王朝屯田事業提供了基本的水利保證，并將這些區域變成防禦北部邊患的大後方與根據地。于是，沿黄馬道、沿黄河運與萬里茶道、草原絲路等陸路運輸聯通起來，促進了中華文明與其他文明的交流互鑒，拓展了新的發展空間。

新中國成立之後，沿黄各族兒女在中國共産黨的領導下團結合作、艱苦奮鬥，實現了大河安瀾。黄河流域建立起行之有效的防洪抗汛機制，支撑着沿岸的産業發展，改善了周邊生態環境。當代治黄史證明，正是由于中國共産黨的正確領導以及集中力量辦大事的制度優勢，纔從根本上減輕了河患的威脅。進入新時代，黄河流域在築牢安瀾根基的同時，以蓬勃活力拓展着中國的發展空間。沿黄九省區在協同發展中不斷釋放潛力，讓黄河流域成爲國家區域協調發展戰略中不可或缺的重要一極，爲中國的發展源源不斷地注入新動能。

綜上所述，黄河流域的治理不是單純的河道治理、生態環境治理或社會治理，而是一種關涉水、沙、産、人四者關係的系統性、協同性治理，是推動國家可持續發展的動力，也是厘清國家治理與邊疆治理兩者動態交互實際效果的絶佳視角。而黄河工程等『中國本土理論資源、學術積釁』〔二十〕，有助于研究國家治理的演進歷程。進入新時代，黃河治理與國家治理的關係研究不斷開闢新視角、持續涌現新成果，其中鑄牢中華民族共同體意識、邊疆治理與黃河流域生態保護和高質量發展成爲非常重要的研究視角。因此，基于這一角度搜集整理黃河國家治理文獻，意義重大。《黃河國家治理文獻集成》，應運而生。

本叢書系統梳理了黃河治理的歷史脉絡與經驗，既爲新時代黃河流域生態保護和高質量發展提供了歷史鏡鑒，更以文獻爲載體，傳承了治理智慧、凝聚了民族力量，是服務國家發展戰略、鑄牢中華民族共同體意識的重要學術實踐。

《黃河國家治理文獻集成》編委會

二〇二五年一月

〔一〕韓建業：《中華文明的起源和形成》，載《中華民族共同體研究》2022 年第 4 期，第 80-91+172 頁。

〔二〕中共中央馬克思恩格斯列寧斯大林著作編譯局：《馬克思恩格斯選集》第二卷，人民出版社，2014 年，第 240 頁。

〔三〕嚴文明：《黃河流域文明的發祥與發展》，載《華夏考古》1997 年第 1 期，第 49-54+113 頁。

〔四〕（漢）班固：《漢書》卷二十九『溝洫志第九』，中華書局，1964年，第1692頁。

〔五〕（漢）司馬遷：《史記》卷六『秦始皇本紀第六』，中華書局，1963年，第252頁。

〔六〕冀朝鼎：《中國歷史上的基本經濟區與水利事業的發展》，朱詩鰲譯，中國社會科學出版社，1981年，第7頁。

〔七〕（漢）司馬遷：《史記》卷二十八『封禪書第六』，中華書局，1963年，第1398-1399頁。

〔八〕（漢）司馬遷：《史記》卷三十『平準書第八』，中華書局，1963年，第1441頁。

〔九〕（漢）班固：《漢書》卷二十九『溝洫志第九』，中華書局，1964年，第1686頁。

〔十〕（漢）司馬遷：《史記》卷二十四『樂書第二』，中華書局，1963年，第1178頁。

〔十一〕（漢）司馬遷：《史記》卷三十『平準書第八』，中華書局，1963年，第1420-1421頁。

〔十二〕（清）方家駒修，（清）王文員纂：《汾陽縣志》卷十三『藝文』，清光緒十年刻本，第57-58頁。

〔十三〕王華棠、劉錫彤、吴樹德：《黃河中游調查報告》，華北水利委員會編印，1934年，第1頁。

〔十四〕（漢）司馬遷：《史記》卷十五『六國年表第三』，中華書局，1963年，第758頁。

〔十五〕王利器：《鹽鐵論校注》，中華書局，1992年，第28頁。

〔十六〕綏遠通志館：《綏遠通志稿》第十册，内蒙古人民出版社，2007年，第176頁。

〔十七〕臨縣志編纂委員會：《臨縣志》，海潮出版社，1994年，第273、321頁。

〔十八〕趙爾巽等：《清史稿》卷一二六『河渠一』，中華書局，1977年，第3715頁。

〔十九〕劉惠：《乾隆朝重構黃河河源的實踐與國家認同》，載《清華大學學報》（哲學社會科學版）2018年2期，第147-154+195頁。

〔二十〕許耀桐：《當代中國『治理』概念的演進探析》，載《國家現代化建設研究》2023年3期，第100-111頁。

出版前言

黃河，中華民族的母親河，她不僅孕育了中華文明，更見證了中華民族數千年的發展歷程。習近平總書記深刻指出：『從某種意義上講，中華民族治理黃河的歷史也是一部治國史。』這一重要論述，爲新時代黃河文化的保護傳承以及流域治理提供了根本遵循，也深刻揭示了黃河治理在國家發展和民族復興進程中的核心地位。在學習貫徹習近平新時代中國特色社會主義思想，積極響應國家黃河流域生態保護和高質量發展重大戰略，大力推進北疆文化建設的背景下，《黃河國家治理文獻集成》的編纂出版，具有重要的歷史意義、學術價值與現實指導意義。

黃河治理，自古以來就是國家的頭等大事。從遠古時期大禹治水，到當代運用科學技術進行系統治理，中華民族在數千年的時間裏，積纍了豐富的治河經驗，留下了浩如烟海的文獻遺産。《黃河國家治理文獻集成》收録了元代至民國時期古籍、朱批奏摺、期刊圖片等多模態文獻資源。這些文獻内容豐富、維度多元，既包含記載河工技術、治理方略等的專書，又有漢文朱批奏摺、工程檔案以及不同區域的調查研究報告等。民國時期的文獻則標志着現代水利科學開始融入黃河治理，展現了我國水利事業在時代變革中的創新與發展。近代照片的收録則以更加直觀的方式將黄河治理、黄河沿岸的風貌呈現給讀者。

該文獻的出版，不僅是對瀕危黄河文化遺産的及時搶救與保護，更是對我國水利史、國家治理史、邊疆治理研究學術鏈條的重要補充，具有較高的文獻價值和學術意義。尤爲重要的是，這一集成工作，深度契合鑄牢中華民族共同體意識這一全黨全國各族人民的共同任務。各民族在治理黄河的歷史進程中，緊密協作、共同探索，這些珍貴文獻便是各民族交往交流交融和中華文明認同的生動見證。對這些文獻進行整理出版，能够讓各族人民更加深刻地認識到，在歷史長河中，各民族共同爲黄河治理貢獻了力量，共同守護了家園，從而進一步增强對中華民族共同體的認同感與歸屬感，夯實鑄牢中華民族共同體意識的歷史根基。

《黄河國家治理文獻集成》以『國家治理』爲核心綫索，構建起一個全面、系統、多維的文獻體系：在時間跨度上，聚焦從元代至民國這一傳統治河向現代水利轉型的歷史時期，爲深入研究我國水利事業的發展脉絡提供了清晰的時間坐標；在内容分類上，細緻劃分爲技術專著、工程檔案、區域研究、朱批奏摺、科學報告、圖片等類别，涵蓋黄河治理的各個方面，從不同角度展現了我國在黄河治理上的探索與實踐；在版本選擇上，秉持嚴謹、科學的態度，確保文獻内容的準確性與代表性，爲學術研究奠定堅實基礎。

在編纂過程中，叢書特别注重『全流域治理』的理念，不僅收録了有關下游防洪治河的重要文獻，還涵蓋了中游地區水土保持以及上游地區灌溉開發等方面的珍貴記載。這種對黄河全流域治理的全方位關注，與當前『共同抓好大保護，協同推進大治理』的要求高度契合，充分體現了叢書在傳承歷史文化遺産的同時，緊密服務于當代國家發展戰略的時代價值。

在出版過程中，嚴格保持原書的版式與行款，最大程度地還原文獻原貌。對于部分出現黴變、殘缺的頁面，運用先進的數字化修復技術進行精心處理，在保留原始批注與印章痕迹的基礎上，兼顧了文物的真實性與文獻的可讀性。

此外，爲了更好地服務讀者，方便學術研究，本叢書新增了目録、提要等内容，這些新增部分由編委會精心撰寫。新增目録一般編製二級，個别圖書編製三級；原書有目録而内文無對應標題的，根據原書目録照録；原書目録爲關鍵詞或者其他情况的不編製目録；原書目録與内文不一致的，以原書内文爲準；原書無目録的，按卷端、版心或其他部分輯録；一册書中收録多種圖書的，以書名爲一級標題，編製二或三級。在文字使用上，統一使用現代漢語規範繁體字，對于原版文獻中的异體字、避諱字也使用現代規範繁體字，無對應規範繁體字的保留原字。

《黄河國家治理文獻集成》的出版，是對黄河文化遺産的一次系統性、搶救性保護，具有重大而深遠的現實意義：從學術價值層面來看，叢書成功構建起一座連接傳統與現代治黄文獻的橋梁，爲黄河流域生態保護、水利工程史、國家治理史、邊疆治理、中華民族共同體學等多個領域的學術研究提供了豐富、翔實的基礎文獻，有力推動了相關學科的發展與創新；從文化價值角度而言，生動展現了北疆文化與黄河文化在歷史長河中的交融共生，爲内蒙古『北疆文化』品牌建設提供了堅實的文獻支撑，進一步豐富了中華文化的内涵與外延；從實踐價值方面考量，書中所藴含的治河理念爲我們在新時代背景下實現人與自然和諧共生、推動黄河流域可持續發展提供了寶貴的歷史經驗與智慧啓示。

在此，我們要衷心感謝各藏書機構的大力支持，正是他們提供了珍貴底本資源，纔使得本叢書的編纂出版成爲可能。同時，我們也要向文化遺産智能應用服務中華民族共同體建設『英才興蒙』團隊致以崇高的敬意，他們歷經五年的辛勤耕耘，以嚴謹的治學態度和專業的學術素養，對文獻進行了系統的整理和輯録，爲叢書的内容質量提供了堅實保障。此外，我們還要特別感謝内蒙古自治區黨委宣傳部、内蒙古出版集團將本叢書納入『北疆文庫』重點項目，并在出版過程中給予全方位支持與幫助。

我們衷心期待，這套凝聚着無數心血與智慧的《黄河國家治理文獻集成》，能够在新時代的『黄河大合唱』中奏響歷史的强音，爲黄河流域生態保護和高質量發展注入强大的歷史動力，讓黄河文化在保護中傳承，在傳承中創新，在創新中不斷發展，綻放出更加絢爛的光彩。同時，希望這套叢書能够成爲促進各民族文化交流、鑄牢中華民族共同體意識的重要載體，助力各民族更加緊密地團結在一起，共同爲實現中華民族偉大復興的中國夢而努力奮鬥，讓中華民族共同體意識在黄河文化的滋養下，扎根于每一位中華兒女的心中，成爲推動中華民族不斷前進的强大精神力量。

提要

《歷代河防統纂》共28卷，原稿佚失十五至二十卷。原書分河源、河道、河患、河政、河議五類叙述，主要圍繞黄河相關事務展開，包括河督相關事宜、河源記載考證、各朝河道情況、黄河故道、各朝河患記録、歷代河政舉措、各地河患紀實、宋代河政詳情、宋金元河工狀况、黄河改道緣由、明前期黄河治理、明代河口治理、明中期河事情况、河官制度演變、治河方法探討、元金黄河事務、元金黄河治理、劉天和治河法、治河勘察要點、黄河治理建議、鄭開段治河策、黄河决口治法、河口相關事宜、黄河治理分工等。

本次出版采用清光緒十四年本。

目録

卷二　河道

卷四　河道

卷七　河政

卷八　河政　一六一

卷十　河政　

卷十三　河政

卷二十二　河議

歷代河防統纂

光緒戊子夏
鴻寶齋石印

歷代河防統纂敘

夫自兩漢以來以河事爲專家言者無慮數十百部兩漢建三策宋爭二流築北挽東之議分黃導淮之辨言人人殊良以載異趨徐世殊軌易流潰既別疏塞異宜按時建議圖在官之責攄見盡書以載筆之體各述耳目未備古今職是之由此吾友秀水陳天齋先生歷代河防統纂之書所爲作也先生於學無不窺而尤精地理於方輿無不曉而尤專河事

余自康熙十六年奉
命視河督事當是時也黃流四潰阻海梗運泥行千里措手爲艱蓋十年載道卒復豈余一人之力繫公實左右之二十三年
御駕南巡閱河工從容問余曰爾必有通今博古之人爲之佐余於是以公對其後五年余擬築重隄之議起翟家壩至高家堰長一萬六千丈疏請
公協力區畫

天子於是賜公僉事道銜使公佐余治卒以排群議成大功蓋余之以治河

稱善受

特達之知荷

隆異之數始終非公之力不及此也公既襄余治河事又以其暇採輯列朝言河諸書上述國史之文下裒諸家之集綜核源流之異同參考政治之得失以成是書〻分六門討源崑墟觀海星宿九曲分於絳象腦兒譯於番人爰述河源禹釃二渠漢入千乘東流北流別派於趙氏入淮〻海變軌於勝國爰述河道殷都五遷漢都十決澶滑豐沛禍鈞而勢別漲溢決徙災異而害同爰述河患塞宣房而導北梁高加以衛東三防四守人存則法乃舉七埽六隄地殊而工異施爰述河政賈讓上中之策李垂形勝之篇歐蘇建白於天水之朝劉萬樹讜於濁泇之役爰述河議既備綱目兼拾碎零覽稽握矩之紀裨官野史之說并

羅珠磔叢鈔觀聞是為雜誌是書也積卷凡二十有八分目則千六百有奇上自姚姒下迄天崇四千年事裒羅畧盡為自來以河事為專家言者所未覩蓋公之精力殫於此而公之出所備以為余助者又未始不本於此也後有河事之責者得此而循覽焉觀其源委之分以審勢觀其決徙之異以察變觀其疏築之功用以制宜觀其議論之可否以資治則其所裨於河事者豈淺鮮哉

康熙三十年河道總督遼陽靳輔紫垣氏書於河工官廨

歷代河防統纂目錄

河自龍門至入海所歷道里所會衆流
導河積石通典與蔡傳之說皆誤
積石山有二龍支縣積石乃河所經非禹所導
禹導河至龍門在雍域不在冀域
河自積石至龍門所經今郡縣
河自積石至龍門不詳言方向之故
河自龍門至華陰所經今郡縣
河自華陰至底柱所經今郡縣
河自底柱至孟津所經今郡縣
河自孟津過洛汭至大伾所經今郡縣
河自大伾北過洚水至大陸所經今郡縣
河自大陸北播爲九河同爲逆河入海所經之地
大河入中國經流曲折大勢
太史名義并河道所在
覆鬴名義并河道所在
簡名義并河道所在
鉤盤名義并河道所在

禹貢載河道所歷各地以今郡縣按之
禹導河積石在漢西海郡外不在龍支縣辨
唐太子賢宋宗元都實求河源以爲禹導河積石皆誤
河自積石至龍門所經之地
河自積石至龍門所經道里實數
河自龍門南至華陰所經之地
河自華陰至底柱所經之地
河自底柱至孟津所經之地
河自孟津過洛汭至大伾所經之地
河自大伾北過洚水至大陸所經之地
河自北過洚水至大陸之故道
河自大陸北播爲九河同爲逆河所經今郡縣
徒駭名義并河道所在
馬頰名義并河道所在
胡蘇名義并河道所在
絜名義并河道所在
鬲津名義并河道所在

目録

昔河道無可考而可參覈於杜氏釋例
唐歷五代迄宋初黄河所行之地
唐一代無河患有二說
宋至嘉佑元年京東故道遂廢
宋慶曆後黄河北流所經之地
宋河入金以後至明昌五年一大變
宋河徙陽武注梁山濼分二派
金明昌即宋紹熙河徙至元至元二十六年又徙所歷年歲
河入海各路所必由之地
明初河北流猶未絶至弘治中始絶
明洪武二十四年至正統末黄河通汴達淮大略〇其經流之地俗呼惠民河即宋漕河
河自禹至明五大變
河入海自堯八十載至明正統十三年凡四大變
元光間頓丘決口入海經流之地
漢明帝時河汴分流
禹貢碣石漢時淪於海中
流入海之地

以東漢之河爲周河乃杜預之誤
王莽建國三年河徙至宋慶曆八年又徙所歷年數
程子宋敏求言唐無河患二說皆難信
宋志言北流東流之異
北流初行永濟渠復混入漳水
宋紹熙後分南北清河
宋紹熙五年至元初年黄南北流所總之地
明世河淮合一而淮又受東水之歸
大河東而會通河必廢
明初河自汴出者猶有六
漢至明河道遷徙不同大略
河濟即鴻溝亦即蒗蕩渠
屯氏河屯氏别河篤馬河王莽河鳴犢河張甲河所在考
禹河故道絶於西漢之末東漢之初
二股河即商胡決河别派即唐馬頰河故道〇馬頰河經
明初至宏治河徙大略

卷五 河患

卷六　河患

卷七　河政

武帝元光三年殺決河
郭昌穿直渠絕東郡
世三旬塞東郡決河○王延世楊焉許商乘馬延年同治平原決河
王尊以身填金堤水不為災
平當奏韓牧能浚川疏河者
明帝時王吳修汴渠
王景治河漢史不曰治河而曰修汴之故
魏景初遣毛谷嶽修河堤
晉華嶠道河渠○鄧艾開石門○傅祗造沈萊堰
薛平田弘正於黎陽開黃河故道
唐宣宗時杜中立引御水入毛河
後唐婁繼英督治酸棗遙隄
後晉天福間安彥威塞滑州決○築黎章北堰
周廣順間王峻行視決河○白重贊塞大程六合二隄
周世宗時李穀塞齊鄆決河欽祚築澶州城
楊澈劉彥章為役赴督役
宋乾德元年修數內隄二年詔民治遙隄○三年命重贇塞澶州決○詔發兵治河○四年詔韓重贇王廷義治滑州決河

武帝自臨瓠子塞宣房
永光建始間馮逡請浚屯氏河○非調徒民避水○王延
楊焉鑿砥柱無功
隄防壅塞之事起於戰國
王景王吳同修汴渠
漢安帝詔修渠
晉泰始遣趙國樂世修河瀆
唐武德時自龍門引河溉田
唐蕭倣徙滑州流
後梁華溫琪徙民避棣州河患
張敬詢廣酸棗至濮州隄
後晉開運間塞滑州決
周韓通浚汴渠數百里
周顯德二年導汴儀故隄至泗上疏汴水入五丈河
宋緣河州縣凡設四十四埽

宋天禧中秦若谷一夜完韓村隄大埽○刻石版為岸水不為害

宋天聖元年命晉宗道視決河○募民輸芟○高繼勳督役奮生河上○張君平兩為修河都監疏許州古清渦○李渭上治河十策○孫沖四塞棣州決○奏徙州非便害河書○請募民輸薪芻伐瀕河榆柳

宋天聖二年遣使視河勢○梅摯奏兵代民役○夜李審屬完滑州隄○崔立発下戶出芻稭○治利民港溉田○開橫河通運糧

宋天聖五年滑州河平○轉運使五日一奏河事○濬魚池歸瀛水河

宋天聖七年姚仲孫一夕完明公埽○夜塞大名府金隄決河○轄縣令民操舟避水○高弁等上黃河請埽圖

宋天聖八年詔割塞河之僟○陳曜精疏廣五河○康德輿建沿汴斗門以節水○自京西導水入護龍河

宋明道二年徙朝城縣儉王橋渡臨河鎮以避水

宋慶曆元年詔停修決河○河流自分○命澶州築隄○陳執中增築大名府隄二百里

宋慶曆八年命使視河隄○張袁全活饑民十餘萬○李埠護塞商胡○張懷吉為修河都鈐轄請緩役○賈昌朝請復河故道○沈立著河防通議○請修五股河及漳河

宋慶曆中水工高超請分六十步之埽為三節○商河卒用高超言成功

陳希亮堅臥魚池埽決處

宋皇祐四年李仲昌建六塔河之議○周沆穀堆皆以仲昌言為非○蔡挺用仲昌議河復決

燕度以滑州受楗聚黎陽河埽

卷八　河政

宋至和元年遣使度古道○二年修六塔河

宋至和二年詔河渠使司議納水入六塔河

宋至和間宰相富弼用李仲昌言開六塔河

文彥博與富弼同主李仲昌議開六塔賈昌朝惡之

陳執中主昌朝議開橫隴

文彥博主仲昌議開六塔

歷代河防統纂　卷　目錄　六

卷九　河政

歷代河防統纂

金大定二十七年詔四府十六州長貳皆提舉河防事
衛州以廩充弼言築舊城而不還治
金大定二十七年詔被災及夢役者免差稅○改築曹濮城於北原
金大定二十九年責有司雜河事違緩○詔均河工差役
○河南路提刑司請於農隙均料○詔尚書省詳議
劉瑋請河隄種柳詔軍相議之
金明昌元年尚書省奏定河工力役物章程制可
金明昌四年王汝嘉請疏大河南岸分流○請創濟北埽
以北月隄○敕都水監罷廢官
金明昌五年因柳請先於南岸決隄瀉水○加工築護北
隄○遣水軍戶安置梁山分屯軍戶○遣幹濟官兩員覆視○又差李獻甫同旭築城隄修舊隄○賜馬琪黃河利害書○責
汝嘉因循不稱職
金明昌五年以河決陽武削王汝嘉官
金明昌五年馬琪按視陽武河決并修隄情形
馬琪請決鄆水外監光買○請選河官於廉幹人內選注
從之
馬琪因奏王陽隄汴修築情形○治河官添有差
以上河工舉賜諸臣
金真屯忠孝政各支河
金高霖請開鑿汴河并河隄種木
金昌明五年齊武城新河
金泰和二年敕臺官理河事○五年以崔守真言罷積欠和買民間河工物料值
溫撫可壽請復北流故道○滅南岸居民賦役○詔但令滅南岸賦役
元泰不華請徵宋置鐵埽
元至元九年修衛輝路南北河岸
元鄭思廉修懷孟隄
元至元二十三四五年因河決修築故隄
元張廷珍增大廉外防○掘堤鑿汴南決口
元大德二年自蒲口築九十六所○三年修蒲口等七隄
○十年築河防
元延文翰皇宗請括潁河民地○以中書籌議之

明洪武十六年塞朝邑決河○十七年築磁州隄塞開封決隄蠲災民畝稅○十八年築津河隄有司各以決河圖上

明洪武二十三四年賑河南災民○二十五年修河南十一州縣隄○免陽武郡縣租○修築陽武縣河防

明洪武二十九年罷開封府等八縣○因漕臣請修宜陽河防○三十年詔修黃河兩岸漁課

明永樂元年至九年歲修各處河防　　明永樂九年浚黃河故道自魚王口至中灤下○民自効

者亦給其糧○七月乙酉竣工　　明永樂塞決河之議出於張信

明永樂十年皇太子撫視河南災民○藺芳請捲土樹樁以捍決隄　　明永樂十年藺芳上木囤捍法從之

明永樂十年以河決治河南三司官罪　　藺芳木囤法即王延世竹落遺法

浮隄　　明永樂十二年修河南土城○修武陟縣土隄○徙陳州

究正罪追逮所　　明永樂十三年除山西逋州租○賑北京山東河南災民

○修興濟縣隄　　明永樂十六年修大名府及河南隄○二十年工部請浚

開封府河故道　　明永樂二十二年詔免河南稅糧馬草○命王新李信往

賑撫軍民　　明宣德元年陳懋請徙靈州千戶所

明宣德元年修直隸河決堤堰　　傅啟疇築開封決隄○諭工部預河隄

趙嘉於常州閘至清河縣河作撫村閘　　明宣德七年詔免開封府秋糧馬草○九年以許宣言命

視沁河隄　　鄭辰罷大名閘渠之議

明正統二年免河南山西糧芻○命鄭辰往視直隸河南等處水災○停止買辦等項○築開封濮州決隄存留河南稅米補賑

明正統三年以于謙言築沁河○詔直隸山東修築隄　　明正統十年修鄭州城○修金龍口等決隄○修河南堤

卷十一　河政

目錄　九

白昂治河政績
事宜
陳政治河無功
先治會通河再治黃河
四府營淤河〇至歸德饌為二河〇作長隄自胙城至徐州
事宜
匠人畫行取回〇請禁河南民阻撓河事
宏治七年劉大夏塞黃陵岡事實
劉大夏初議治張秋事宜〇張秋復決訛言四起情形
劉大夏自述築黃陵岡情形〇河流復故并長隄新隄事實
降調
張鼐請於上源武陟黎集挑剃陸口〇工部覆議從之
龔宏奏張鼐欲河由丁家道入徐〇乞行山東河南守臣會勘定議
曾玉請按視河決求疏築之方〇詔河南山東守臣區處
郭鋐請濬小浮橋一帶河道
正德四年漕臣守臣陳治河事宜〇詔及時修理
李鐩治汴徐河患以兵荒寢役

宏治五年以陳政為總理河道〇諭以黃河情形并治河
宏治五年冬沈鍾請暫停河工
宏治六年陳政卒劉大夏代之〇諭以決河情形〇令其
劉大夏治河事實〇濬賈魯舊河〇開孫家渡新河〇濬
宏治七年命太監李興等同治河決〇工部奏治河經費
楊茂元乞取李興陳銳回京〇以河事專任劉大夏〇請
李興等奏築張秋決口成功〇命仍留河所委官再加堵築
鄭峯請大夏分下流水勢〇李言助大夏塞張秋決
張縉總大夏總河事〇議修河防事蹟
謝緝請塞歸德河〇築沁河隄〇工部覆議從之
楊茂元劾李興擾民狀〇李興怨恚劾茂元〇奏事不實
郭鋐請從張鼐引沁入渠停徵椿草之請
鄭岭奏河沁二水形勢并疏濬事宜
宏治十三年山東守臣治河事實
何鑑請罷防河夫〇河南巡撫議勿罷從之
正德四年崔巖塞決河功垂成復壞
正德五年林茂達等以河決儀封請先治上流〇詔崔巖

歷代河防統纂　目錄

以河溢遷孟津縣城
劉天和淤以尺計工以日計之法
濬深泉湖倒水施工之法
平準測濬之法
遷夏邑縣城○于湛請地丘店野雞等口開一新河
胡纘宗言孫繼口孫禄口各支河口議另築長隄
嘉靖二十一年濬支河三○楊本深等奏各口俱已濬
萬表奏調夫濬新河
龔輝不待報而治淮河
應檟請開三里溝以通清船從之
展高奏請遣大臣賑徐邳等州○曾鈞等奏劉伶臺至赤晏廟實淺○草灣老河宜築○三里溝新河宜開
吳鵬奏請招民種昭陽湖淤糧
之
陳堯奏免稽草運賦○河淤沛下引漕舟由刁陽湖入
嘉靖二十四年濬南陽新河○疏舊河○還河流出飛雲橋
舊河
朱衡治徐方決河事實
嘉靖甲午年劉天和治黃運兩河事實
兜杓鐵齒鐵叉之法
均平各閘之法
嘉靖十四年築縷水隄長隄○遷孟津縣治
于湛請河工夫役
嘉靖十九年濬睢州淤河○開李景高支河
明治河用尚書故事
屠滽請黃越度秦家支河○論治河不當與水爭
陳其學請久任漕河官○馮岳汪宗元治河善政
曾鈞奏治河當復當築事宜
河還汴城周滿請改復故道○張永明奏但宜修塞上段
嘉靖三十九年至四十三年四年七易總河官
嘉靖四十四年以河淤發大河
嘉靖四十四年以朱衡總閱南陽河以潘季馴協閱留城
嘉靖末河決馮家橋命朱衡潘季馴並為總理
潘季馴治沛縣決河○議復三洽舊道○以夏鎮有成議

卷十四 河政

明世山東濟河各官衙制

卷十五 河議

齊人延年議開大河

谷永李尋解光言決河可且勿塞

賈讓治河三策

防與隄別賈讓去防之說不可信

賈讓治河策祇可行於漢世

隄防兩面其用不同

○韓牧議穿禹貢九河

王橫議開空緣西山足東北入海

流

宋史推原宋多河患之故

宋真宗時李垂上導河形勝書○任中正等以垂分河派爲煩費

溯舊道

水衡氏之策

歐陽修議河事言復故道者未詳利害之原○言開六塔者遂乎數困之勞○推原天禧以來屢決之故○推原橫隴商胡大決之由○明塞商胡開故工料之費力役之勞○明開六塔無減患之實○請疏濬下流以入海○滁朴亦言故道難成下流可

總論歷代河官之制

孫禁議決平原開大河入海許商不可

成帝時許商孫禁谷永諸人議論復異

賈讓上中下策今皆不可行

隄始於禹禹貢之陂即今之隄

賈讓議徙民當指黎陽東郡而言

王莽時關並議空平原東郡○張戎議禁民穿引河灌田

賈讓引水田利兩河病

王橫所稱西山非太行恆山○所云高地非高於河之上

北魏冀定河溢崔楷請穿溝瀆立隄多置水口

宋太平興國八年滑州之決役者言治隄不如分水勢

宋天禧間李垂言河利害請上流北載高地至大伾復瀆

宋天聖間郭諮請引河出渡于山下○提舉賈黯河隄大

歐陽修言興大役塞商胡開橫隴復河故道有不可者五

言不可興大役○百祿等回奏亦言河不可回○且爲王宗望先回復已報之故
尚書省有執回河之議○范百祿再陳北流深快情形○并河堂調形勢
都水監國南言宗城二埽決極言北流不足恃○復興回河東流之議蘇轍極言河漲且無害於北流○東流斷無可回之理李偉
力主回河之議○且極言回河之利○朝廷從李偉議　趙偁請罷三河工費以治一河
蘇轍言數撥不可施於北流　趙偁陳河大利害三○言北流之不可閉
趙偁言回河分水之失○請濬澶淵故道以備漲水　許將調停黃河東北二議
任伯雨極言東流之失○請寬立隄防以約水勢　宋正和四年孟昌齡倡大伾置橋之議
金大定八年宗敘梁肅並陳河復故道利害　穆刺履言春秋不書河決之故
金明昌五年田櫟請于梁山濼故道作南北兩清河分流還梁山故道屯田軍户
都水監謂王村可開作一河○于楠村分作兩清河入梁山故道○北清河兩岸築大隄○尚書省言楠村不可決注○修清河
舊隄宜罷工部尚書言於隄前作木岸○居人亦至避水落役業　上以田櫟言爲大役罷職○百官皆言大河北入清河不
便○罷田櫟之議　金章宗與執政議河工力役科徵諸事
金顏盞天澤言大河北流宜復
卷十七　河議
元史論治河之要　元尚文陳當日河隄形勢請不塞蒲口○山東憲部請塞
蒲口　元至大三年廉訪司言三河合爲一流有趨梁山之勢○
言水官不知河事○請於汴梁置都水分監　元至正四年賈魯循行河道進二策

楊家請先疏各小河以殺水勢
工部議塞支河之口○各小河不可開浚○沛縣閘河屬
梁如議
明嘉靖六年黃綰奏豐沛徐淮之由○浚中條北條使河
至直沽入海○漕河不必借助沛河可引他水總言之
吳仲奏章拯等疏狀○章拯奏金溝口新渠可以殺運道
漕
張嵩奏章拯令運船由昭陽湖出非計○乞罷總河推大
臣代之○上命拯等姑留供職仍推大臣提督之
霍韜議請河自昭陽注宿遷必不可○請于昭陽湖築隄
浚為小河以通運○言築隄較浚沙事逸功倍○自河陰原武引河水注衛河其利有二
李承勳請浚清運道之關由渦河等之塞○今宜相六道分流之勢以殺下流○築豐沛單縣之隄以防上游○引昭陽湖東
諸水為運道則勞費難成
胡世寧疏請治運必先治河○河自汴南分二道入淮○
其東南一道東五道皆入漕河○今五道塞而沛縣一道僅存運道淤梗○今宜因其故道而分其勢○為運道計宜于昭陽
湖東鑿一渠○築西岸以為湖東隄
戴時宗奏治東岸河淤事宜○言往者河分四道出口○
今議黃泉宜為支水渠使入昭陽湖○治三支以殺河流上漲○詔工部會議
朱裳條陳治河二事○一塞黃河口以悶運道○一借黃河水以資運河
朱裳郭東野等會議治河事宜○一古今河事河道不同○一宏治至今河流出口不同○一渦河宜浚○一睢州長隄宜築○
一原武縣月隄宜添○一議考城孟岔河口以西運有三可慮○一曹橋至沛縣長隄宜修○一城武至濟寧縷水隄宜築○一
壽春王陵宜築隄保護○一清江浦口海口請舍宜浚○一山諸隄宜浚○一南旺湖隄宜築

卷十八　河議

故道難復漕河難堙之明驗
劉天和條陳治河事宜○一王村屢築月隄○一孫家渡

黃大○請增高是築縷水壩

朱衡言黃漕相濟之故○請行開泇河之議

潘季馴言河流故道遷徙情形○又言復故道其利有五

雒遵議於茶城南北岸築隄○議清河不必濬導

張守約議修築工程緩急

吏部覆朱衡守河事宜○一議設官○一議久任

朱衡議海淺有絕檔逼水引水諸法○築隄有截水縷水之異○黃水盛時宜閘清江浦口各閘

朱衡言茶城以北當防黃河之決而入○茶城以北當防黃河之決而出

朱南雍議治河杜關消患事宜○隨時補救事宜

趙思誠議治之要在多開海口

萬恭奏黃流情形○及相機修治事宜

吳文佳言茶城易淤徐邳易決

萬恭議處河漕四事○一議疏茶城淤淺○一議修境山閘○一議護虜村隄岸○一議接築子頂古隄

鄭岳言各處河患皆由海口沙淤○請用宋濟川記濟之

胡汝欽上弭災議○一議責成水利道○一議復築六口

傅希摯議開梁山下出右洪口一帶

卷十九　河議

宿遷而下宜縱○宿遷而上宜東○徐邳宜築隄　河南宜捲埽

築隄以捲築三交降法○築隄有三築

海淤之說不可信○古無濬海之法

河隄之法有二○截水以逼河性○縷水以東河身

徐邳順水隄之效

河北岸築隄功用

南隄之議是逼河使北○河南決害小北決害大

隄夫鏞三者相依為用

河防與邊防同而異○夫料不可不預備

河防棄兵備以防盜

治河不可不先繪圖

黃河會計以十月○埽有八隄有四

萬歷十五年開治開封決河議
沁黃交會利害○并修守舊築事宜
楊一魁條議河工十事○一改閘座以便防守○一嚴啟閉以杜淤墊○一開支河以備救急○一移富夫以實長廳○一復故道以定長策○一疏濁溢以固隄岸○以引沁水以濟衛河○一浚河身以抑波溢○一開水門以免横潰○一處河費以免
倫纂
李建議請以違法處河臣
王士性開復黃河故道
會題議請設治河專官
卷二十一 河議
潘季馴議發谷城設閘
常居敬等議河工十四款○錄七款
工部覆潘季馴河事六議
潘季馴議河工八事○錄五條
一議處工食
常居敬上河工大舉條議○一預積埽料
一議處麻夫
一議設壟房
一責成正官以便查覈
一及時給散以杜侵尅
潘季馴條議河事○一放水淤平內地○一帮築遙隄○
一議酌隄糧以蘇民困
陳邦科議治淮治黃治諸湖
一增支築大隄
潘季馴隄防告成疏○陳善後隄潰決之故○被斷隄修築
張貞觀會勘淮黃形勢○會議治河事宜○計估工費
潘季馴河工易成浮言疏○條陳河身淤澱之故○備述
之法○請以歲修責成河官
嘉靖末以後黃淤漕淤之患○及諸臣設法挑濬之方○法莫善於陳瑄等啟閉三閘○查河高於地者有十四州縣○徐州浮言不足信○并陳歲挑歲修之法○請以此歲歲挑河各省河官守臣

卷二十二　河議

一議分委○一疏法紀

之害○決遂臣工疏論之非○終論專任河臣之要○議顧允○議勸善○議朱魁○議紀律

牛應元新裏清河一致疏○先述諸臣建議之異○確指黃淮受病之故○并陳黃淮治標之方○請以河臣之見酌行其臣之

眾議以曾臣之見酌行河臣之策

駁分黃則傷王氣之說○駁不就高堤則淹祖陵之說

蔣春芳條河工善後十六款

可塞

卷二十四　河議

張企程杜淳言疏○黃淮分而未嘗不合○黃淮會清口之說不足信○皇家風水之說不必泥○導淮南洩之說不可行○闢

高家堰之說不可從

一砌新河口以禦衝刷

一開五港口以助宣洩

一積埽料以濟急

一復淺船以疏河身

一固王公隄以保漕渠

諸臣議黃堌口決河事宜

流南徙均於祖陵無患○黃堌之決斷不下當歸仁

萬曆二十三年林熙春等言黃河臣疏○先論清河閘壩

部臣覆題言臣牛應元議○覆題科臣林熙春議

楊一魁分黃導淮議十事

李廣業奏河清畫界不同○漕臣議塞黃堌口河臣議宋

楊一魁議酌復漕河舊制

蔣春芳分黃導淮善後事宜十六款○築遙隄以防潰決

一疏趙家河以分積流

一建減水壩以分暴漲

一設鋪舍以處夫匠

一塞黃堌口以防河身

一考責成以稽實效

楊一魁議堌口難塞○堌口無妨於祖陵○應引前代河

楊一魁議挑堌口迤上埽灣等二處

目錄

歷代河防統纂卷一　　　　齊東陳璜輯

河源

山海經言河源

禹貢錐指山海經曰槐江之山丘時之水出焉而北流注於泑水實惟帝之平圃南望崑崙其光熊熊其氣魂魂西南四百里曰崑崙之丘是實惟帝之下都河水出焉而南流注於無達赤水出焉而東南流注於氾天之水洋水出焉而西南流注於醜塗之水黑水出焉而西流注於大杅是多怪鳥獸又曰積石之山其下有石門河水冒以西南流

爾雅言河源

爾雅釋水曰河出崑崙虛色白所渠并千七百一川色黃百里一小曲千里一曲一直郭璞注云崑崙山下基也潛流地中汨漱沙壤所受渠多眾水溷淆宜其濁黃

史記言河源

史記大宛列傳張騫使西域還爲天子言于寘之西水皆西流注西海其東則東流注鹽澤鹽澤潛行地下其南則河源出焉多玉石河注中國而樓蘭姑師邑有城郭臨鹽澤鹽澤去長安可五千里其後漢使窮河源河源出于寘其山多玉石采來天子案古圖書名河所出山曰崑崙云太史公曰禹本紀言河出崑崙崑崙其高二千五百餘里日月所相避隱爲光明也其上有醴泉瑤池今自張騫使大夏之後也窮河源惡睹本紀所謂崑崙者乎故言九州山川尚書近之矣至禹本紀山海經所有怪物余不敢言之也

班固漢書言河源

漢書西域傳西域以孝武時始通本三十六國其後稍分至五十餘皆在匈奴之西烏孫之南南北有大山中央有河東西六千

餘里南北千餘里東則接漢阸以玉門陽關西則限以蔥嶺其南山東出金城與漢南山屬其河有兩原一出蔥嶺山一出于闐在南山下其河北流與蔥嶺河合東注蒲昌海蒲昌海一名鹽澤者也去玉門陽關三百餘里廣袤三百里其水亭居冬夏不增減皆以為潛行地下南出於積石為中國河云

水經言河源

水經崑崙墟在西北去嵩高五萬里地之中也其高萬一千里河水出其東北陬屈從其東南流入渤海又南入蔥嶺山又西逕罽賓國北又西逕月氏國南又西逕安息南河水與蜺羅跂禘水同注雷翥海又西逕四大塔北又西逕陀衛國北河水又東逕皮山國北又東與于闐河合南河又東逕于闐北又東北逕扜彌國北又東逕且末國北北河又東北流分為二水枝流出焉北河自疏勒流逕南河之北又東逕莎車國南又東南逕溫宿國又東逕姑墨國南又東逕注賓城南又東逕樓蘭城南又東注于泑澤又出海外南至積石山下有石門河水冒以西南流

唐書言河源

唐書吐谷渾傳太宗時其王慕容伏允數入寇貞觀九年詔李靖侯君集任城王道宗等率兵擊之道宗破伏允於庫山俘斬四百伏允西走靖等分軍追之又數破之君集道宗行空荒二千里閱月次星宿川達柏海上望積石山覽觀河源舊唐書吐谷渾傳侯君集與江夏王道宗趣南路登漢哭山飲馬烏海經塗二千餘里空虛之地又於達柏海北望積石山觀河源之所出焉李靖傳軍次伏俟城吐谷渾退保大非谷靖深入敵境遂踰積石山侯君集任城王道宗歷破邏真谷踰漢哭山轉戰過星宿川至于柏海北望積石山觀河源之所出乃旋師與李靖會於大非川平吐谷渾而還

唐書言河源與史漢不同

禹貢錐指唐書言河源與史漢所謂河源者不同彼河源在西域此河源只在吐谷渾界積石山流入為中國河者蓋鹽澤潛流

重源，隱發為尋河由此始故亦謂之河源也昔漢段熲追西羌至河首積石山亦出塞二千餘里而還宋祁謂解曰柏海近河源古未有至者何也蓋柏海在積石之南熲纔及其山而止未嘗度山南也今舊史曰踰積石山又曰北望積石山觀河源之所出則山海經所云山下有石門河水冒以西南流者皆在其目中矣惜乎一時皆武人即有記室亦不過翻閱之士不能詳視重源證明古志耳

杜佑通典辨河源

杜氏通典曰水經所云河出崑崙山者宜出於禹本紀山海經所云南入葱嶺及出于闐南山者出於漢書西域傳而酈道元都不詳正所注河之發源亦引禹紀山經釋法顯遊天竺記釋氏西域記所注南入葱嶺一源出于闐山合流入蒲昌海雖約漢書亦不尋究又水經云出海外南至積石山下有石門然後南流入葱嶺據此則積石山當在葱嶺之北又云入塞過敦煌酒泉張掖郡南雖今郡地也夫山水地形固有定體自葱嶺于闐之東敦煌張掖之間華人來往非少從後漢至大唐圖籍相承注記不絕大磧亘數千里未有桑田碧海之變陵遷谷移之談此處豈有河流纂集者不詳斯甚西域傳云河水一源出葱嶺一源出于闐合流東注蒲昌海皆以潛流地下南出積石為中國河比禹紀山經猶較附近終是紕繆此唯憑張騫使大夏見兩道水從葱嶺于闐合流入蒲昌海其于闐出美玉所以騫傳遂云窮河源也案古圖書名河所出曰崑崙山騫所謂古圖書即禹本紀以于闐山出玉乃謂之崑崙即所出使云是河也窮究諸說悉皆謬誤孟堅又以禹貢云導河自積石遂疑潛流從此方出且漢時羣羌種類繁多不相統一未為强國漢家或未嘗遣使詣西南羌中或未知自有河也國有吐蕃中河從西南數千里向東北流見與積石山下河相連聘使涉歷無不言之吐蕃自云崑崙山在國中西南則河之所出也又按尚書云織皮崑崙析支渠搜西戎即叙荒蠻後漢書云西羌在漢金城郡之西南濱于賜支續漢書云河關西千餘里河曲羌謂之賜支蓋析支也然則析支在積石之西是河之上流明矣崑崙在吐蕃中當亦非謬而不謂河之本源乃引葱嶺于闐之河謂從蒲昌海伏流數千里至積石方

出斯又班生之所未詳也

唐劉元鼎所經見河源

唐書吐蕃傳穆宗長慶元年以大理卿劉元鼎為吐蕃會盟使使還踰湟水至龍泉谷西北望殺胡川哥舒翰故壘多在湟水出蒙谷抵龍泉與河合河之上流由洪濟梁西南行二千里水益狹春可涉秋夏乃勝舟其南三百里三山中高而四下曰紫山直大羊同國古所謂崑崙者也虜曰悶摩黎山東距長安五千里河源其間流澄緩下稍合眾流色赤行益遠它水并注則濁故舉世謂西戎地曰河湟河源東北直莫賀延磧尾殆五百里磧廣五十里北自沙州西南入吐谷渾浸狹故號磧尾隱測其地蓋劍南之西元鼎所經見大略如此

劉元鼎所見與吐蕃所自言又不同

禹貢錐指唐書吐蕃在長安西八千里蓋以其都城言之今元鼎所見紫山東距長安裁五千里度其地望當在都城東北三千里矣吐蕃自言崑崙山在國中西南而元鼎所指以為崑崙者乃在其東北與吐蕃所謂崑崙者相去懸絕是大可疑也

宋史河渠志言河源

宋史河渠志黃河今西蕃朶甘思南鄙曰星宿海者其源也四山之間有泉近百泓匯而為海登高望之若星宿布列故名流出復瀦曰哈剌海東出曰赤賓河合忽闌也里术二河東北流為九渡河其水猶清騎可步也貫山中行出西戎之都會曰闊即曰闊提者合納憐河所謂細黃河也水流已濁繞崑崙之南折而東注合乞里馬出河復繞崑崙之北自貴德西寧之境至積石經河州過臨洮合洮河東北流至蘭州始入中國

元史地理志言都實所探河源

元史地理志河源附錄曰河源古無所見禹貢導河止自積石漢使張騫持節到西域度玉門見二水交流發葱嶺趨于闐匯鹽

潛伏流千里至積石而再出唐薛元鼎使吐蕃訪河源得之於悶磨黎山然皆歷歲月涉艱難而其所得不過如此世之論河源者又皆推本二家其說怪迂總其實皆非本真意者漢唐之時外夷未盡臣服而道未盡通故其所往每迂迴艱阻不能直抵其處而究其極也元有天下薄海內外人迹所及皆置驛傳使驛往來如行國中至元十七年命都實爲招討使佩金虎符往求河源都實既受命是歲至河州州之東六十里有寧河驛驛西南六十里有山曰殺馬關林麓窮隘舉足浸高行一日至巔西去愈高四閱月始抵河源是冬還報并圖其城傳位置以聞其後翰林學士潘昂霄從都實之弟闊闊出得其說撰爲河源志臨川朱思本又從八里吉思家得帝師所藏梵字圖書而以華文譯之與昂霄所志互有詳略今取二家之書考定其說有不同者附注於下按河源在土蕃朵甘思西鄙有泉百餘泓沮洳散渙弗可逼視方可七八十里履高山下瞰燦若列星以故名火敦腦兒火敦譯言星宿也羣流奔輳近五七里匯二巨澤名阿剌腦兒自西而東連屬吞噬行一日迤邐東騖成川號赤賓河又二三日水西南來名亦里赤與赤賓河合又三四日水南來名忽闌又水東南來名也里朮合流入赤賓其流浸大始名黃河然水猶清人可涉又一二日岐爲八九股名也孫斡倫譯言九渡通廣五七里可度馬又四五日水渾濁土人抱革囊騎過之聚落糾木幹象舟傳髢革以濟僅容兩人自是兩山峽束廣可一里二里或半里其深叵測朶甘思東北有大雪山名亦耳麻不莫剌其山最高譯言騰乞里塔即崑崙也山腹至頂皆雪冬夏不消土人言遠年成冰時六月見之自八九股水至崑崙行二十日河行崑崙南半日又四五日至地名闊即及闊提二地相屬又三日地名哈喇別里赤兒四達之衝也多寇盜有官兵鎮之近北二日河水過之崑崙以西人簡少多處山南山皆不穹峻水亦散漫獸有髦牛野馬狼狍羱羊之類其東山益高地亦漸下岸狹隘有狐可一躍而越之處行五六日有水西南來名納鄰哈剌譯言細黃河也又二日水南來名乞兒馬出二水合流入河河水北行轉西流過崑崙北一向東北流約行半月至貴德州地名必赤里始有州治官府州隸吐蕃等處宣慰司司治河州又四五日至積石州即禹貢積石五日至河州安鄉關一日至打羅坑東北行一日洮河水南來入河又一日至蘭州過北卜渡至鳴沙河過應吉里

州正東行至寧夏府南東行即東勝州隸大同路自發源至漢地南北澗溪細流傍貫莫知紀極山皆草石至積石方林木暢茂世言河九折彼地有二折蓋乞兒馬出及貴德必赤里也

河出崑崙不可信

禹貢錐指河源出吐蕃之崑崙自唐長慶後已有是說杜佑馬端臨載劉元鼎從而闡明之其說遂牢不可破唯源發崑崙山尚未分曉故元遣都實往探之果得之朶甘思西鄙東北有崑崙有一月程然則古書言河出崑崙者皆屬虛記即吐蕃自言崑崙為河之所出亦異說而不足信矣

明僧宗泐所望河源

錢謙益列朝詩集宗泐小傳洪武十一年太祖以佛書有遺命僧宗泐領徒三十餘人往西番求之十五年得經還朝泐有望河源詩自記云河源出自抹必力赤巴山番人呼黃河為抹處犛牛河為必力處赤巴者分界也其山西南所出之水則流入犛牛河東北之水是為河源予西還宿山中番人戲相謂曰漢人今飲漢水矣其源東抵崑崙可七八百里今所涉處尚三百餘里下與崑崙之水合流中國相傳以為源自崑崙非也崑崙名麻琫剌其山最高大四時常雪有神居之番書載其境內祭祀之山有九此其一也

宗泐與都實所言河源又不同

禹貢錐指宗泐取經還其所涉處南距河源尚數百里則是所謂抹必力赤巴山亦聞之番人非目覩也犛牛河者雲南之麗江源也蓋因朱思本言河源直麗江宣撫司西北一千五百里故又附會為此說然都實謂河源自平地湧出而宗泐云出抹必力赤巴山都實自河源至崑崙行三十日而宗泐云可七八百里百餘年間見聞異辭吾誰適從焉

元使都實所言崑崙河源未可信

王鏊河源辨曰西域之跡發自張騫騫所歷諸國甚久且遠東漢之世大秦條支安息至於海濱四萬里外重譯貢獻班超遣掾甘英窮臨西海而還皆未覩所謂崑崙也何元使得之易乎禹本紀言河出崑崙去嵩高五萬里外國圖云從大晉西七萬里得崑崙之墟今元使行不及五千里云已踰之何崑崙之近乎自昔言崑崙者皆在西北元使所圖乃在西南何也然則元使所謂崑崙者果崑崙乎所謂星宿海者果河源乎未可知也

河有兩源以水經為定論

王鏊河源辨又曰河有兩源一出于闐一出崑崙之墟且漢使亦嘗窮河源矣謂出于闐其山多玉石采來獻天子案古圖書名其山為崑崙然非古所謂崑崙也元使所見其殆是乎若崑崙之墟彼固未之覩也又曰佛圖調謂鍾山西六百里外有大崑崙又有小崑崙然則崑崙果非一乎崑崙之遠近未一河源烏乎定曰水經云崑崙在西北河水出其東北陬東南流入渤海其一源出于闐之南山北流與葱嶺水合東注蒲昌海郭璞云河出崑崙潛行地下至于闐國復分流岐出合而東注鹽澤復行積石為中國河此定論也

吐蕃之源與西域之源二說皆有理

禹貢雖指吐蕃之源都實親見之殆非妄言西域之源其載於史漢豈為虛說然近世往往疑西域而信吐蕃何也則以吐蕃之水與積石山下河相連為有目者所共見而鹽澤潛行地下南出積石為中國河者幽闇難知故也理有固然無足怪者故吾以為欲辨二源之是非其樞要全在於積石積石之河果為鹽澤潛流之南出也則必有卓犖之狀與凡水不同者山海經云不周之山東望泑澤河水所潛也其源渾渾泡泡泑澤即鹽澤酈道元云洄湍電轉為隱淪之脈當其潛流之上飛禽奮翮於中者無不墜於淵波河水之狀也如是則其南出於積石自地中而上奮溢洶湧之狀倍奇於鹽澤可知也水經云山下有石門河水冒以西南流而道元絕無所發明則以積石久沒於羌中人不得至其地驗其形故無可言也獨怪隋人頗有知大積石者顧使

往來身歷其地見吐蕃之水自西南來即以為河源而不能於積石之下詳察重源之有無是為可恨耳元柯九思序河源志云太祖征西夏取西凉府遂至黃河九渡九渡即也孫斡倫河也世祖征於蕃閫久猶黃河出吐蕃中特以九渡之南導源未審故遣都實一探之都實往還驛路畢案奔馳經史遺文絕不留意即如積石為大禹導河之始漢時東去河關縣千餘里今以朱思本記求之當在河析西東北過西寧州處都實身歷其地而不知而以唐之積石當為積石況能察重源之有無耶元之君臣不學無術類足深責後之學者憑一時之記注而真斥史漢為誕妄則過矣自王文恪著辨以來學者始稍稍尋繹前載然天下之事理有古是而今非者亦有古非而今是者執一以論即非通人使積石之地果有重源顯發之迹則漢史為是元史為非苟無其迹而唯西南一大川自吐蕃來數千里與積石之河相連則亦不可謂非河源矣

河源出葱嶺葱嶺即崑崙有十三徵

海國圖志崑崙即葱嶺葱嶺即河源之阿耨達池非淮南子弱水條支西海之地非漢書地理志金城臨羌之石室非元都實所謂青海之大積石非唐劉元鼎所謂吐蕃之悶摩黎山亦非康熙中理藩院主事勝住西藏青海地圖所謂後藏阿里之岡底斯山也蓋前之一說由誤混崑崙於須彌次三說由誤執青海及吐蕃為河源最後一說由誤指阿耨達山在西藏今不暇言弱水條支之荒誕與金城積石悶摩黎之淺近請先辨岡底斯山康熙時回疆未入版圖奉使到藏惟知自後藏地山水遂以後藏阿里之高山當崑崙當阿耨達謂天下三條四列之山皆祖諸此故蕃語岡底斯譯言眾山水之之根又以其山所出支河譯以馬口牛口象口孔雀口附會於阿耨達四水請先徵其不合一則儒言崑崙釋言阿耨達皆居大地之中今阿里西南徼外之岡底斯山偏近南海絕非域中二則崑崙為河所源今岡底斯山距青海東出之河源五千餘里距于闐葉爾羌喀什葛爾初出之河源亦三千餘里焉覩所謂河出崑崙者乎三則阿耨達池出四大水分歸四大海今岡底斯山東出者惟一橫柳江會大金沙江入緬甸南海其西出之根幾麻楚拉楚三水又皆合趣恆河入南海并無入東海西海北海之水況康泰扶南傳恆水出崑崙山

中有五大源則此後藏入恆河三支亦非遠源擒派四則言阿耨達池在山頂非山麓蓋取山之太祖必爲衆水之天潢今岡底斯山前面二湖在麓非頂且不通四面支河安能爲萬水之源五則西北域記言岡底斯山在烏斯藏西南縣崖峭壁積雪凝冰山巔清泉百道奮湧爭流自巔至麓既見又伏四面如獅如象如馬如雀西北走喀書西南走天竺爲各山之鼻祖然高袤不及二百里高才五百丈云云是其高大不及葱嶺十分之一安能爲宇內最高之山然則昆侖果安在請十徵之儒籍一徵之釋典一徵之西洋圖說一徵之本朝紀載而知取山之祖乃葱嶺而非岡底斯山所謂河源出阿耨達者乃葱嶺脊上之大龍池回語謂之哈喇淖爾果爲四大源所出之昆侖也山海經西山經曰昆侖之邱實維帝之下都河水出焉而南流注於無達赤水出焉而南流注於汜天之水洋水出焉而西南流注於醜塗之水黑水出焉而西流注於大杅又曰西海之南流沙之濱赤水之後黑水之前有大名山曰昆侖之邱是蓋以洋水西流爲注雷翥海之河赤水南流爲注南海之恆河黑水當爲注北海之阿母河惟河水南流爲注中國之黃河證一也史記大宛傳張騫使西域還爲天子言于闐西水皆西流注西海其東則東流注鹽澤潛行地下其南則河源出焉多玉石鹽澤去長安可五千里其後漢使窮河源出于闐其山多玉石采來獻天子按古圖書名河所出曰昆侖者張騫僅至于闐未至葱嶺故有烏睹昆侖之語而葱嶺西水皆西流則已聞諸于闐之人是亦明以葱嶺爲昆侖蓋漢時于闐國大西有葱嶺昆侖當以于闐南山當昆侖耶南山脊外之水能入西海耶水經注引淖土異物志云葱嶺之水分流東西西入大海東爲河源即禹記所謂昆侖又言葱嶺在敦煌西八千里河源潛發其嶺分爲兩水一出岐沙谷東流逕無雷依耐蒲犁疏勒皮山莎車各國爲河源一西徑休循難兜罽賓月氏各國至安息而注雷翥海是葱嶺有國名伽舍羅士此國狹小而總萬國之要道無不由其城南是昆侖確爲河源確居地中分注東西各海證二也國稱河出昆侖虛色白所渠并十七百一川色黃今星宿海南出即燦若黃金安得色白安有渠并安得爲昆侖之虛惟葱嶺河源黑海蜈浪西其所并千七百渠者即回部所受千百支幹之水皆在未至蒲昌海星宿海以前是所稱色白指葱嶺之源色黃指星宿海之源知河源爲昆侖者必知河所初出之

源為真崑崙證三也爾雅又言西北之美者有崑崙虛之璆琳琅玕焉今蔥嶺產美玉蔥嶺之葉爾羌和闐溫都斯坦皆出美玉距青海所有距岡底斯山所有證四也漢書西域傳河有兩源一出蔥嶺一出于闐于闐在南山下其河北流與蔥嶺河合東注蒲昌海一名鹽澤其水亭居冬夏不增減潛行地下南出積石為中國河按蒲昌海即今回疆之羅布淖爾受和闐河及蔥嶺南北河是為二源蔥嶺南河出葉爾羌山中蔥嶺北河則出喀什噶爾四千餘里之大龍池是為黃河最遠之正源故史記引禹本紀言河出崑崙其高二千五百里其上有瑤池瑤池即大黑龍池也出蔥嶺者其正源出和闐者其旁源蔥嶺河經喀什噶爾東會葉爾羌河又東始會于闐河源流廣大視和闐河數倍和闐兩岸沙積水多渟滯而蔥嶺源數千里或分或合不滯於沙不隔於嶺自古數河源必於此則推崑崙者必於此雖于闐之旁源尚不敢並況他說乎證五也山海經華山七千七百六十七里曰不周之山東望泑澤河水之所潛也其源渾渾泡泡郭注泑澤即鹽澤山形有缺不周匝處因名不周蓋蔥嶺左幹為天山右幹為南山包回疆西南北三面惟缺東面形如半規而虛其中河源潴蒲昌海出焉是則蔥嶺即崑崙即不周之山故淮南子稱不周之山為天柱而七千七百餘里正蔥嶺距積石山之里數證六也魏稼雅曰易言天與水違行今自蔥嶺以西水皆西流則易之所及蔥嶺以東耳說文丘土之高也從北從一一地也人居丘土南故從北中邦之居在崑崙東南是崑崙即為地之主名故說文以邦屬崑崙若岡底斯山則在中國之西南而中國在其東北與說文中邦在崑崙之南不合矣證七也崑崙眾山太祖故十洲記云崑崙有四角大山為其支輔岡底斯山乃其南幹之大宗但可謂由蔥嶺南轉而為岡底斯豈反由岡底斯而發蔥嶺何者山之所趨水亦從之如果山脈自從藏趨北轉西至回部而為蔥嶺則其水皆應從山脈北流何故從藏之瀾滄江怒江之龍川江之大金沙江皆由雲南緬甸安南以入南海無一北流之水乎是知岡底斯山特蔥嶺南幹之支而蔥嶺北幹則循塞垣趨朝鮮瀚海與鄂羅斯分界南幹則包烏斯藏滇粵盡於緬甸暹羅與五印度分界故漢書西域三十六國惟在蔥嶺東者皆屬都護而蔥嶺以西無之哉

朝聲教所訖亦以葱嶺爲斷雖元代初年盡并葱嶺以西各國分建藩封卒皆尾大鞭長不受控制且以兵力不逮亦天地大氣之自爲界限歟謹九也元史郭寶玉傳太祖征西域入鐵山屯大雪山前谷中雪深二丈乃禱山川神封昆侖爲元極王大雪池爲東濟王劉郁西使記載劉石瑞過忽章河土人言黃河源出南大山地多產玉疑爲昆侖是元人亦明知葱嶺河源爲昆侖證十也更徵釋典言昆侖即阿耨達山者始于康泰扶南傳及佛圖調傳言阿耨達池出四大水注四大海者見於長阿含經及唐僧元奘西域記而華嚴音義述之曰香山頂上有阿耨達池四面各流出一河東面斯陀河出金剛師子口南面恆伽河出銀象口西面信度河出金牛口北面縛芻河出琉璃馬口而阿耨達池所在則西域記徵之曰自商彌國境東北踰山七百餘里至波密羅川川東西千餘里南北百餘里狹隘之處不踰十里據兩雪山間川中有大龍池東西三百餘里南北五十餘里據大葱嶺內當贍部洲中其地最高也其水澄清甘美池東派一大水東流東北至疏勒國西界與徙多河合而東西北一大流與縛芻河合而西至達摩鐵悉帝國此乃直指葱嶺脊上之大龍池爲阿耨達池即唐元奘取經歸途遄發之地亦即僧惠生至葱嶺頂盤陀國見脊水西流之地亦即唐書西域傳所指熱海之地亦即元太祖軍至雪山禱神封祭之地亦即乾隆中官兵追霍集占來至拔達克山沿岸屢戰之地亦即道光初官兵追張格爾至阿賴山頂望脊水西流之地知阿耨池則知河源知河源則知昆侖據大地之中當萬國孔道且瀰巨浸于萬仞峯巔分注四大海宇內斷無其匹番語黑曰哈喇池曰淖爾以水色青黑得名黑龍池之稱阿耨達與稱哈喇淖爾皆梵翻切皆同非若岡底斯之音義暌隔且西番語謂雪爲岡梵語雪爲底斯今梵皆謂雪山無謂山水根之論齊音辨物其將安從耶衍以後異端蠡起於是十洲記及河圖玉版等書混昆侖於須彌以海水繞之爲弱水環之昆侖既不若是之大後世若唐楊松琦以須彌爲四大幹山之祖則又混須彌於昆侖須彌又不若是之小豈知釋典起世經言須彌爲四洲地之中心昆侖爲閻浮提之中心是梵書言須彌者地頂也地心上植天頂正北極下半年爲晝夜之地故言日月繞須彌其外大鹹海環之於海中有四大洲而昆侖特南贍部洲中之高山乃須彌南面之一隅烏得以當全地之須彌哉是釋

輿以崑崙爲南贍部洲之中央即阿耨達山輿河圖括地象所稱地中央曰崑崙其東南萬五千里曰神州之說合與穆天子傳崑崙去宗周瀍澗萬有一千里之數亦合山海經地東西二萬八千里南北二萬六千里自積石千七百四十里自積石出隴西郡至洛準地志可五千餘里又穆天子傳天子自崑崙山入于宗周乃里西土之數自宗周瀍水以西至於河宗之邦陽紆之山三千有四百里自陽紆西至河首四千里合七千四百里又崑崙墟池去宗周萬一千一百里此并以葱嶺爲崑崙故里數信而有徵非同他書五萬里七萬里十萬里四十六萬里之異說酈道元頗不信而信東方朔淮南子等書幻等虛而幽謬荒誕儒書所不合柳釋典所不屑道西洋嗤人所不屑證何者南懷仁坤輿圖說宇內名山凡九自西洋高十三里之山起愈東則愈高有高二三十里者有高四十餘里者有高八十餘里者其末最高之山名曰高窩所山在阿細亞洲境內高百有三十里夫中華在葱嶺之東則山脉自西來愈西愈高高至葱嶺而止西洋在葱嶺西則山脉自東往愈東愈高亦高自葱嶺而始山居東西正中雖譯名不同而宇內高山獨推亞細亞洲爲歐羅巴洲各山所不及謂非葱嶺而何以萬山之祖實爲圖之中謂非崑崙而何更徵以本朝掌故乾隆四十七年遣使窮河源歸

詔曰史記漢書皆言于闐之西水皆西流注海其東流注鹽澤潛行地下南出爲河源今回部諸水皆歸蒲昌海伏地千里至青海而始出正猶濟水之三伏三見則崑崙當在回部之西距此萬里康熙中錫拉窮河源歸奏言黃河源西有三支河名昆都侖蒙古謂橫爲昆都倫言有三橫水入於河也然則回部所謂崑崙山者亦當爲橫嶺而不當如元都實窮青海之昆都侖河爲回部之崑崙山至矣哉

聖謨周六合

聖訓炳萬古如赫曦之麗空皆自後皇清通志及松筠西陲總統事略皆本斯證曰黃河近源在星宿海西三百餘里遠源則爲回部極西之葱嶺在喀什噶爾葉爾羌西千餘里蒙古謂天山冰嶺皆名曰昆都侖急呼則曰崑崙云云雖語焉不詳要之崑崙

當爲崑崙北青海北吐蕃衛藏圖已折衷

大聖諭告中外使康熙世回部早同車書則

聖祖昇論固當先

高宗而發之昔之有天下者疆域褊狹多不能有崑崙能有崑崙能知崑崙爲河源者皆自我

大清高宗純皇帝始而拘墟者僞撰或泥於康熙朝論定未有知[illegible][illegible]河源之後說者豈以前說於阿[illegible]達池附會[illegible]詳而復載

未之及繼讀勾稽本末具圖及說辨闢

兩聖人先後同揆之義軒軒並揭天地又以謂

國家撫有西域主名山川列正祭祀者十有六不當及遠崑崙太祖非所以尊元氣隆萬象符古者祭海先河之誼

河至巴顏喀喇嶺下來會各水

水道提綱河至巴顏喀喇嶺下東西有水來會注西來水曰呼盧河源出星宿池西流環折而北而東北有枯爾勒古河自東南盤旋來會又北受一小水又東百餘里東南流入河東北一水曰博尺圖河出阿拉克達拉山三源南流而合西南流入河東北一水曰哈麻古兒太河合數小水西南流入河西有泉水小大五十餘泓曰厄得爾[illegible][illegible]集流向白土河東瀉入河又西一小水曰厄普克河東南流入河又東北一水曰哈爾濟河合一小水西南流入河又西一小水曰撥克河東流折而東南入河自厄得爾及撥克河以西至數數他以東西五百里中地皆鹽鹼[illegible]澤水泉分合錯綜不常黃河猶綠色即以眾流奔湊翻[illegible]而黃亦未全濁也厄得爾[illegible][illegible]集眾泉並瀉亦若星宿海然但小耳

河至大雪山南來會各水

水道提綱河至大雪山北來一水曰多爾春河西南來一水曰呼呼烏蘇河北來一水曰噶河西南一水曰巴爾火河北東一水

曰巴罕薩拉河南來三水曰哈拉河曰鄂多河曰巴里馬河西北來一水曰衣克騰勒河西南三水曰俄哈拉烏克河曰烏拉河曰布喀河西北來二水兼名西南來三水曰西拉河曰衣克巴爾和河曰巴哈巴爾和河黃河至此東北流繞大雪山支阜曰噶海山曰噶拉吉山之麓受北來二小水

三崑都崙河源流

水道提綱注三崑都崙河一曰徹武昆多崙出額拜山西北流三百餘里入黃河即元史納鄰哈喇河自白狗嶺北流者一曰多母達土崑多崙源出納克多母精山西北流屈曲三百數十里入黃河當河流自西轉東北處即元史乞里馬出河自威茂州西北岷山之北北流者一曰多洛崑都崙源出岡出山西北流二百餘里折西流又三百數十里折而北流百里會東巫池泉水西北入黃河正當大河於烏藍莽乃山麓折而西北流之處即元史忽闌河自騰格山西北流七百里至扎察發失地與河合者右三水溜急而源相距各百里土人總名為古爾板崑都崙河多母達土及多洛二源所出之納克多母精山岡出山東南百餘里即四川松潘衛界其山東南麓水二道俱入岷江

河至烏藍莽乃山北大雪山東北來會各水

水道提綱注自多洛河會而大河折向西流又西北流北岸所受小水有十其大者曰巴罕哈留圖河二源西南流百里合又八十里西入河曰衣克哈留圖河出巴罕土爾根山東流百餘里折西南又折西西百餘里合二小水西南屈曲流百數十里西入河形如篆文月字○南岸所受小水有十八皆大雪山支阜稠疊長者百餘里短者數十里惟古爾板烏藍溫多羅山之東北噶海山之西北一河會三水東北流又會南來三水而北入河為最大○鄂博河源出薩馬山諸山四水合西北流六十餘里名圖舒圖河其西南有哈爾濟爾水東流合南北七小水而東北行曰得爾多河又東北百餘里會舒舒圖河北流繞阿木你麻禪母遜山東又合四小水始名為普河東北流七十餘里入黃河既受十餘水之流為 渠闊

挖大昌河源總論

古今河源之說異禹貢云導河自積石未窮其源也漢張騫云河有兩源一出于闐一出葱嶺唐薛元鼎云得河源於崑崙之水赤黃黑青色以方異穆天子傳言陽紆之山河伯所居是爲河宗佛書言阿耨達山有大淵水即崑崙也其山名往往不同者或古今變易或番漢異稱不然記者之妄耳按潘侍讀昂霄河源志今朝之究河源蓋得自覩非傳聞者也元太祖嘗征西夏過沙陀至黃河九渡九渡者在崑崙西南憲宗命皇弟旭烈征西域凡六年拓地四萬里而河源在域內矣至元庚辰世祖命臣都實往西域將城其地以通互市自河州行五千里抵河源及還圖城郭位置以聞上悅以吐蕃都元帥領工徒以往使其弟闊闊出馳奏大臣沮之次年還奏河源在吐蕃西鄙有泉百餘竇地方七八十里而皆沮洳不勝人蹟幾不可逼觀登其旁高下視燦歷如列星然故名火敦腦兒火敦者漢言星宿也腦兒者海也星宿海合流而東匯爲二澤復合流始名黃河然猶清可涉河析爲九即九渡也廣五七里下復合流漸遠水益渾土人抱革囊騎過之其聚落之處多鑿木爲舟以濟附以毛革中僅容二人又東則兩山峽束廣可一二里或半里深叵測矣崑崙腹頂皆雪盛夏不消河過其南距山麓僅五六十里又南爲四達之衢地多寇常鎮以兵崑崙之西人民少山居其南山峻獸有旄牛野馬狼豹羱羊之屬東則山益峻而地漸下岸狹或狐可躍渡河至貴德州始有官治歷積石至河州東北流歷蘭州鳴沙州應吉里州流正東自星宿海至漢地河南北小水旁注者眾其山或草或石至積石始林木暢茂世言河九曲而彼地有二折云漢書言葱嶺河至蒲昌海水伏流而出臨洮今洮水自南下非蒲昌也土人言于闐葱嶺水下流散之沙磧則其伏流信然其復出者莫知矣或又云黃河與天通又云崑崙去嵩高五萬里閬風元圃積瑤華蓋仙人所居皆妄也世多言河出崑崙者蓋自積石而上望之若源於是矣而不知星宿之源在崑崙之西北東流過山之南然後折而抵山之東北其繞山之三面猶玦焉實非源於是山也然凡水者山之血脈也山高而廣則其水必聚而鍾崑崙至高廣者也而謂無一水源於其間耶其不言之者蓋欲破昔之謬著今之奇故略之爾

歷代河防統纂　卷一　河源

河道

秀水陳璚輯

河自星宿海至大積石所歷道里所會衆流

水道提綱黃河源出自星宿海西巴顏喀喇山之東麓二泉流數里合而東南名阿爾坦河南流折而東有小水自西南來會又東折而北而東而東南流有烏哈峰泉水自西南來會又東有拉母拖羅海山水自南有西拉薩山水自北俱來會又東有七根池水自北來會又東流數千里折東北流百里至鄂敦他拉即古星宿海元史所謂火敦腦兒也自河源至此已三百里星宿海於羣山圍繞中至平地有泉千百泓並湧望若列星阿爾坦河自西南來皆溫阿爾坦河東北會諸泉水北有巴爾哈布山西南流出之一水南有哈喇答爾罕山北流出之水來會爲一道東南流注於查靈海自海東南流出五十里有一水合三河自南來會又東南折而東北與東南來之喀拉河並東北爲鄂靈海由海東北流出轉東北流五十餘里又折東南流百餘里會諸泉小水至巴顏圖渾嶺下東西有水來會復正南流百五十里水色始變綠而黃又東南流屈曲七百餘里與瑪爾楚木麻爾納母孫大雪山之南受小水數十大雪山即古積石山元史所謂亦耳麻不莫剌譯言騰乞里塔而譯稱爲崑崙者黃河依山南麓東流折而東北有三崑都崙河前後自東南來注之水勢益盛至烏藍莽乃山下始折而西北流古言河遶崑崙之三面如玦然實爲萬里河之積石山非崑崙也

河自大積石至小積石所歷道里所會衆流

水道提綱河自烏藍莽乃山之北西流前後小水奔注不可勝數經納林連布拉山南百餘里稍西北流遶大雪山之東北又百餘里有蒼蒼河自西南合諸水來注之又北有呼呼烏蘇河自西南合諸水來注之又折而東北流百三十里有哈克圖河自東南來注之又正北流百餘里有沈他爾濟河會魁屯西里克諸泉水自西北來會又東北流有碩爾濟河自東南來注之又東北六

十里東流有小水合二淵自南來注之又東有烏蘭州合諸水自東南來注之又東北經古城址北入河州邊牆邊東四十里有枯枯塞河自南來注之又東五十里有火深藍河自南來注之又東北有烏藍布拉克河西北自青海南境來注之又東北有也巧雀匯河自南來注之又東北百里至寶普吉山南折而東南流八十里有錯覽河自南來注之又東南流五十餘里折東北流百餘里又東南流有小水西南來注之又折而東北經積石山南阿木你達拉加山積石關之北北岸入西寧東南邊外界南岸入河州內西北界北唐宋以來所名之積石也亦曰小積石自入歸德堡邊始名黄河小積石即古唐述山

河自小積石至山西平魯縣邊界所歷道里所會衆流

水道提綱黄河東北經積石山南長寧驛北又東北六十餘里有小水自西北來注之又東北五十餘里至蘭州西境有大夏河會三水西南自河州城來會又東流二十餘里有洮河南自臨洮府來會自洮口稍東有湟水合大通河西北自西寧府來會又東有莊浪河北自苦水堡來注之又東百餘里至州西北有阿千河自南來注之折東北流經州城之北長城之南又稍東循長城下東北流百里經金縣北境有水自南來注之即浩尾河也又北流循長城而北至靖遠衛南之虎豹口西北有十字河自東合會寧安定二縣水及清河西北流注之又自長城下經衛城西而北二百餘里至永安堡之西北閘門折而東北流出衛長城外其西有大山相接東北二百里有長流水自西北來注之黄河折而北而東數百里復東南流入長城又折而東北流經中衛城南又東稍北二百餘里至鳴沙堡西折而北流有清水河南自固原州北流合諸水來注之又北六十里經廣武營東折東北流七十餘里出山又東北六十里經靈州所北又東北至寧夏府東南境之横城堡西當長城斷處有托蘇圖河入邊復出西北流注之又東北三十餘里分爲二派俱東北流百餘里復合西當長城斷處又東北出邊爲河套鄂爾多斯兩翼六旗地黄河東北流有大小托蘇圖河合注博木池自東南來注之又北經阿布山色爾騰喀喇山西麓至白塔之東東北稍曲折北流歧爲二派一東北流經復旗西北境一北流注騰格里鄂模即古窳渾之屠申澤也又從池東北出會北來之阿爾坦河又東北爲庫庫鄂模

庫池東北流會一東南流南北地百餘里闊三渠並東流二百六十里經後旗北境即古朔方河南地也最北一派中分復合東至噶札爾賀郎山之南大漢得兒山之西南始折東南流又分而合復分而東南共百三十里至喇忒旗西之黑爾賀克賀郎山北始折而西南流北派自西來會又西南至几爾哈郎圖南南派亦自西來會三派復合東南流五十里折而東流經左翼後旗北吳喇忒旗南直行五百里南北受小水無數至大土爾根河入河之處轉東南流大土爾根即黑河自東北合諸水來注之過古東勝州境稍折而東南而南至湖灘河朔渡口即古君子津有烏藍木倫河東南自邊內北流西折而西南流注之迤南流百里入山西平魯縣界

河自平魯邊界至龍門所歷道里所會衆流

水道提綱河當東岸邊城起處入經老牛灣西又西南經偏頭所西有關河自東北來注之又南折而西五十里滿東岸古邊堡下折而南流經西岸陝西邊城起處府谷縣東北界之娘娘灘家口稍南東岸河曲縣北境有白鳧泉水自東來經河會營南而西注之又南西岸有清水河自西北邊外來經黄甫營而東南注之又南經東岸河曲縣城西有大澗河自東來注之西岸即五花山也東岸稍西南經平橋西又西南有尖山水自[illegible]城西而東南注之東岸即保德州城也又西南有水自東來注之又西南有𡾟嵐溝自東注之又南至𡾟家川口有嵐漪河東北自岢嵐州來西南注之西岸即神木縣東南界宅門堝山也東岸即興縣西之黑谷口又南有蔚汾水東北自興縣合諸水來注之迤西南為紅石灘當中流西岸有禿尾河西北自神木邊外來合屈野河東南流注之乃折而南有大會川自西來注之又南經葭州城東南有沙河自州西北來至城南東注之又南東岸臨縣西境有秦金山水自東北來注之又東南有小水自東北來注之至臺嵐谷西有小水自東北來注之至孟門鎮西北有河東北自臨縣城合諸水西南流注之當永寧州西北境西岸吳堡縣

歷代河防統纂 卷二 河道 二

北境也又南稍東經吳堡縣城東又南經楊家村東綏德州東南境東岸永寧州白果河自東北來合寧鄉縣諸水西注之當上平關北折西南流經河西縣華神堡西又西南榆林水自西北入邊南合米脂綏德延諸水東南流注之即青澗縣東北境也東岸石樓縣有屈産水西北流注之又南流經西岸青澗縣東南境老虎關東折而西南經延川縣東境延水關東又正南流為老牛灘當河中又南有青澗河合吐延川自西北來注之東岸即永和縣西境之鳳凰山烏龍山也又南經延長縣東北境清水關東河中有洲曰潤灘其東岸有永和仙芝河自東北來注之又南西岸有一水自西北來注之又南有延水西北自延安府合諸水來東南注之又南為東岸大寧縣西之馬鬭關南有昕川自東合隰州蒲縣諸水來西注之又南西岸山窰有小水自西北來注之又南為宜川縣東境東岸吉州西境之孟門山南為壺口山河中有灘又南經西岸[illegible]堡東又南有汾川水自西北來合鄭川丹陽諸水東注之又南東岸有清水河自東北來注之又東南流東岸鄉寧縣西南境有[illegible]洛水自東北來注之又東南西岸有小水自西北來注之東岸有小水自東北來注之南為西岸韓城縣東北境東岸河津縣西北境之龍門山

河自龍門至入海所歷道里所會衆流

水道提綱兩山對峙河貫其中南流其下曰禹門渡稍折西南流至東岸葫蘆灘西南有汾水東北自河津縣城南西南流注之曰汾口西岸即韓城東之周原堡也又西南經縣南境有盤水河自北來注之對岸即榮河縣城也又西南經西岸郃陽縣東境有小水二西北自梁山東南流注之對岸即臨晉縣西境也又南西岸有洽水西北自郃陽城西來南注之又西南經朝邑縣新市鎮東其東岸蒲州城也又西南有涑水自東北來注之又南西岸有洛河西北自同州府至朝邑南東注之又南至華陰縣東北有渭水合涇水諸河自西南來東注之曰渭口在西岳太華山之北五十餘里大河至此始折而東流南岸自華陰東至潼關入河南閿鄉縣界北岸即山西蒲州南境中條山麓也東流經潼關北入河南閿鄉縣西界有小水三皆自南來注之稍東其北岸有小水二合而南注之又東南岸有小水二合而注之河稍東北流經北岸芮城縣南南岸閿鄉縣城北又東北有[illegible]河自

[illegible]

之又東北至陝州西有乾頭河自南來青龍河自東南來注之有兩水口東經州城北北岸平陸縣城南有水自北合二澗南流

城東來注之又東爲大陽關之茅津口又東出三門過底柱山又東北經澠池縣北境白石山北北岸爲垣曲縣境有清水亦流

水俱自北來夾城西東而南注之又東數十里北岸亦入河南界東經新安縣北河南府治洛陽縣北又東南流經孟津縣北北

岸即孟縣西境也至孟縣城南折而東北經南岸鞏縣西北北岸有湨河自縣西北東南流注之又東北有濟水西北自濟源縣

東支分經柏香鎮東南流注之又東經溫縣城南其南岸鞏縣北有舊洛口又東至汜水縣西北界有洛水合伊澗瀍諸水西南

自河南府東經孟津偃師鞏縣之南而東北流注之又東經汜水縣北有汜水自西南來注之北岸溫縣東之司馬堂又東北

流經武陟縣南境有猪龍河即濟水支津西北自濟源東經河內之南溫縣之北而東南流注之又東南流有沁水西北自澤州

至懷慶府合大丹河東南經武陟北而東南注之南岸即滎陽縣北境及河陰縣北境也大河自武陟河陰以東南岸並無山阜

亦無小水流入者又東經滎澤縣北又東南經原武縣南鄭州北又東南經陽武縣南中牟縣北又東流經延津縣南開封府治

祥符縣北封邱縣南陳留縣北儀封縣北考城縣北又東入山東界經曹縣南又東經單縣南又東南流

入江南界經碭山縣北豐縣南沛縣南蕭縣北又東南經徐州府城北又東南經邳州南境睢寧縣北境又東南至十字河口東

至宿遷縣城西南逕折而南而東南流至白洋鎮東古城鎮西又折而東而東南經桃源縣城北又東南至清河縣城南即古清

口亦曰泗口淮瀆洪澤湖水自西南來會既會淮水折東北流經淮安府治山陽縣西北之清江浦北又東北經阜寧縣北境至

安東縣城南又東北流逕北沙鎮北逕雲梯關後折入於海

禹貢舊河道所歷各地以今郡縣徵之

水道提綱禹貢舊河道自今滎澤縣北東逕原武縣北陽武延津胙城三縣北又東北至滑縣西南古曰宿胥口大伾山在其口

東北大河自今濬縣折而北行逕內黃湯陰安陽臨漳魏縣成安肥鄉曲周平鄉廣宗至鉅鹿古大陸澤在焉自鉅鹿又北逕南宮新河冀州東鹿深州衡水武邑武強阜城獻縣交河青縣靜海大城寶坻至天津直沽口入渤海

導河積石通典與吐蕃傳之說皆誤

禹貢雖指漢志金城郡河關縣下云積石山在西南羌中河水行塞外東北入塞內西域傳云蒲昌海水潛行地下南出於積石爲中國河從漢縣屬隴西郡志云積石山在西南河水出此禹貢之積石也段熲傳曰熲追西羌且鬭且行四十餘日至河首積石山出塞二千餘里唐書侯君集等追吐谷渾王伏允至星宿川又達柏海北望積石山覽河源之所出是皆河關縣西南羌中之積石自隋大業二年平吐谷渾於赤水城置河源郡以境有積石山名唐儀鳳二年改置河源軍在鄯州西百二十里又於洮河故城置積石軍在廓州西南百五十里而積石之名遂移於塞內杜氏通典云積石山在今西平郡龍支縣南即禹貢導河積石蕃傳承其誤曰地志積石在金城郡河關縣西南羌中今鄯州龍支縣界也

禹導河積石在漢西海郡外不在龍支縣界

禹貢雖指漢河關縣宣帝神爵二年置後涼呂光龍飛二年克河關凡四百五十七年爲鄯縣後沒入吐谷渾遂不復況積石又在其西南羌中乎當在漢西海郡之外是其當日大禹導河處龍支縣近在今西寧衛東南八十里本漢金城允吾縣地後漢爲龍耆城元和志積石山在龍支縣西九十八里南與河州枹罕縣分界枹罕今臨洮府之河州積石山在州西北七十里積石關則又在西北百二十里所謂兩山如削河流經其中是較禹所導之積石河隔千有餘里豈在其縣界者乎

積石山有二龍支縣積石乃河所經非禹所導

禹貢雖指龍支縣界之積石乃小積石山即酈注之唐述山耳大小積石之名莫明辨於唐人魏王泰曰大積石山在吐谷渾界小積石山在枹罕縣西北張守節曰河自鹽澤潛行入吐谷渾界大積石山又東北流至小積石山李吉甫曰河出積石山西南

羌中今人目彼爲大積石此爲小積石然則新傳當云河曰引地志下當云今鄯州西南塞外山也漢在羌中唐在吐谷渾界今

河州枹罕縣鄯州龍支縣界有積石山雖河所經非禹所導者

唐太子賢宋真宗元都實宋史河渠志言禹導河積石皆誤

又應劭云析支東去河關千餘里河首積石南枕析支則縣距此山亦千餘里可知矣自東晉之後鄯爲吐谷渾所據遂以枹罕

爲華戎之界故唐初太子賢注後漢書誤認龍支之積石爲禹貢之積石高中葉已知其非獨杜佑不審耳宋咸平四年真宗指

甘沙伊涼等州圖謂輔臣曰此圖載黃河所出之山乃在積石外與禹貢所述異蓋亦以龍支之積石爲禹迹也蔡氏承誤以釋

經學者宗之故元都實窮河源仍以鄯州西南之積石州爲積石而至正中修宋史其河渠志亦云黃河自貴德西當之境至積

石經河州晉郭景純注山海經曰名實相亂莫矯其失習非勝是終古不悟此之謂矣

禹導河至龍門在雍域不在冀域

又漢志馮翊夏陽縣下云禹貢龍門山在北劉昭注補郡國志云太史公曰遷生龍門韋昭謂在縣北也水經注引魏土地記曰

梁山北有龍門山後魏志夏陽縣有龍門山隋改縣曰韓城故括地志云龍門山在韓城縣北五十里此河西之山東與壺口隔

水相望通典云同州韓城絳州龍門二縣有龍門山卽禹所鑿是河東亦有龍門山矣然經所謂龍門在雍域不在冀域杜說本

顏師古

河自積石至龍門所經之地

又河水又東自河曲逕西海郡南又東逕允川而歷大榆小榆谷北又東過隴西河關縣北洮水從東南來注之又東流入西平

郡界左合二川又東逕澆河故城北又東逕石城南又東北逕黄河城南又東逕邯川城南又東逕臨津城北白土城南又東左

會白土川水又東北右會二水又東歷鳳林北又東與灕水合又東逕左南城南又東逕赤城北又東納灕水又東逕金城允

吾縣南濮水從西來注之又東逕石城南又東南逕金城縣故城北又東逕榆中縣北又東逕天水北界又北逕武威媼圍縣東北又東北逕天水勇士縣北又東北逕安定祖厲縣故城西北又東北逕麥田城西又東北逕麥田山西又東北高平川水注之又東北逕眴卷縣故城西又北逕北地富平縣西又北逕富平縣故城西又北逕薄骨律鎮城又逕典農城東又逕北典農城東又東北逕廉縣故城又北與枝津合又東逕渾懷鄣西又東北歷石崖山西又北逕朔方臨戎縣西又北逕臨戎縣故城西又東逕沃野故城南又北屈南河出焉又北逕西溢於臨澤縣故城東又屈而東流為北河東逕高闕南又東逕臨河縣故城又東逕陽山南又南屈逕河目縣左又南合南河又南逕馬陰山西又東南逕朔方縣故城東北又東轉逕渠搜縣故城北又東逕西安陽故城又東逕田辟城南又東逕成宜縣故城南又東逕原亭城南又東逕宜梁縣故城南又東逕稒陽城南河陰縣故城北又東逕九原縣故城南又東逕臨沃縣南又東石門水南注之又東逕稒陽故城南又東逕塞泉城南又東逕雲中楨陵縣南又東逕沙南縣北從縣東屈南逕沙陵縣西白渠水注之又南逕赤城東又南逕定襄桐過縣西又南樹頹水注之又南大羅水注之又左得湳水口又南逕西河圜陽縣東圜水注之又南諸次之水入焉又南逕離石縣西奢延水注之又東逕土軍縣西又南逕上郡高奴縣東又南逕河東北屈縣西又南為採桑津又南逕皮氏縣西

河自積石至龍門所經今郡縣

又以地輿言之河自大積石山東北流逕陝西西甯衛西南塞外至河州西七十里入塞又東北逕州北合灕水又東北合洮水又東北逕蘭州西南湟水合浩亹水自西來注之又東北逕州北又東北逕金縣北又東北逕靖遠衛北又東北逕寧夏中衛南又東北逕寧夏所北折而北逕寧夏衛東南又北逕平羅所東又北逕榆林衛西出塞逕廢豐州西折而東逕三受降城南折而南逕廢勝州東入塞其東岸則平鹵衛又南逕府谷縣東其東岸則河曲縣保德州逕西過神木縣南又南逕葭州東其東岸則興縣又南逕吳堡縣東又南逕綏德州東其東岸則臨縣永寧州寧鄉縣又東逕清澗縣東又南逕延川縣東又南逕延長縣

其東岸則石樓縣永和縣大寧縣又南逕宜川縣東其東岸則吉州鄉寧縣又南至韓城縣東北龍門山在焉其東岸則河津縣此導河積石至于龍門之所經也

河自積石至龍門所經道里實數

又孔疏謂積石在龍支又據釋水之文故云至龍門三千餘里然其實不止於此約計有四千三百餘里若禹貢之積石更在龍支縣西南塞外一千二百餘里則自積石至于龍門當有五千五百餘里也

河自積石至龍門不詳言方向之故

又龍門以下記河行方向甚詳而其上純不言方向蔡傳云荒遠其所略也今按龍門以上禹功所不加故數千里之河總括爲一句河自積石東北流至寧夏折而北至豐州折而東至東受降城折而南方向不一難於屬辭故略之非爲荒遠也河自積石至龍門所行皆雍州之域不可謂荒遠宋人見朔方西涼不入其版圖遂以荒遠目之耳

河自龍門南至華陰所經之地

又水經注河水自皮氏縣西又南出龍門口汾水從東來注之昔大禹導河積石疏決梁山謂斯處也又南逕梁山原東又南崌谷水注之又南逕高門又東南逕華池南又東南逕司馬子長墓北又南逕子夏石室又南逕汾陰縣西又逕郃陽城東又南瀵水入焉又南逕陶城西又南逕蒲坂縣西又南逕雷首山西又南涑水注之又南歷船司空與渭水會又南流潼激關山因謂之潼關

河自龍門至華陰所經今郡縣

又以今輿地言之河自韓城縣龍門山南流與汾水合又南逕郃陽縣東其東岸則榮河縣臨晉縣又南逕朝邑縣東又南華陰縣東北與渭水合其東岸則蒲州又南逕雷首山西至潼關衛北而東是爲河曲此河水南至華陰之所經雍州又所稱龍門西河

者也

河自華陰至底柱所經之地

又水經注河水自華陰潼關東北流又東北玉澗水注之又東逕閿鄉與全鳩澗水合又東逕河北縣南又東永樂澗水注之又東逕芮城又東逕湖縣故城北又東合柏谷水又東右合門水又東得七里澗又東逕陝縣北又東逕大陽縣故城南又東沙澗注之又東過砥柱間砥柱山名也昔禹治洪水山陵當水者鑿之故破山以通河三穿既決水流疏分指狀表目亦謂之三門矣山在虢城東北大陽城東也河之右則殽水注之又東千崤之水注焉

河自華陰至底柱所經今鄰縣

又以今輿地言之河自潼關衞北折而東逕閿鄉縣北又東逕靈寶縣北其北岸則芮城縣又東逕陝州北其北岸則平陸縣又東過底柱唐趙冬曦三門賦序曰砥柱山之六峰者皆生河之中流蓋夏后之所開鑿其最北有兩柱相對距岸而立卽所謂三門也次於其南有孤峰揭起峰頂平闊夏禹之廟在焉西有孤石數丈圓如削成復次其南有三峰東曰金門中曰三堆西曰天柱河水從黃老神前東流湍激廣於蝦石析流而南激於三門苞於廟山乃分爲四流落於三峰之下抵於曲限會流東注加以兩崖夾水蟠紆激射天下罕比此河水東至底柱之所經也

河自底柱至孟津所經之地

又水經注河水自大陽縣砥柱山東五戶灘又東清水從西北來注之又東與教水合又東與畛水合又東會瀼水又東逕平陰縣北湛水從北來注之又東逕河陽縣故城南又逕臨平亭北又東逕洛陽縣北又東逕平縣故城北河南有鉤陳壘世傳武王伐紂八百諸侯所會處河水至斷有盟津之目論衡曰武王與八百諸侯咸同此盟故孟津亦曰盟津尚書所謂東至于孟津者也

河自底柱至孟津所經今郡縣

又以今輿地言之河水自陝州又東逕澠池縣北其北岸則垣曲縣又東逕新安縣北又東逕洛陽縣北又東逕孟津縣北其北岸則濟源縣孟縣此河水又東至孟津之所經也

河自孟津至洛汭至大伾所經之地

又水經注河水自平縣故城北又東逕平縣北洛水從縣西北流注之又東逕成皋縣北濟水從北來注之又逕黃馬坂北又東逕旋門坂北又東逕大伾下又東合汜水又東逕板城北又東逕滎陽縣蒗蕩渠出焉河水又東北逕卷之扈亭北又東逕八激堤北又東逕卷縣北又東北逕武德縣東沁水從西來注之又東北逕酸棗縣西濮水東出焉河水又東北通謂之延津又東逕燕縣故城北又東淇水入焉又東逕遮害亭南有宿胥口舊河水北入也

河自孟津過洛汭至大伾所經今郡縣

又以今輿地言之河水自孟津縣北又東逕鞏縣北洛水入焉其北岸則溫縣濟水入焉又東逕汜水縣北又東南逕滎陽縣北其北岸則武陟縣沁水入焉又東逕河陰縣北又東逕滎澤縣北其北岸則獲嘉縣又東逕原武縣北又東逕陽武縣北又東逕延津縣北又東逕胙城縣北其北岸則新鄉汲縣又東北至濬縣西南古宿胥口大伾山在其東北其南岸則滑縣此河水東逕洛汭至于大伾之所經也

河自大伾北過降水至大陸所經之地

又水經注濁漳水出上黨長子縣西發鳩山東逕長子縣故城南屈從縣東北流陶水注之又東逕屯留縣南又屈逕其城東東北流有絳水注之絳水西出穀遠縣東發鳩之谷為濫水東逕屯留縣故城南東北流入于漳故桑欽云絳水出屯留西南東入漳也漳水又東堯水注之漳水又東北逕壺關縣故城西屈逕其城北歷鹿臺山與銅鞮水合又東逕襄垣縣故城南又東北逕

潞縣北又東北逕望夫山涅水注之又東逕磻陽城北倉石水入焉又東逕武安縣清漳水自涉縣東南來注之世謂之交漳口又東出山逕鄴縣西又東逕三戸津又東逕武城南又東北逕西門豹祠前又北逕祭陌西又東逕梁期城南又逕平陽城北又東右逕斥丘縣北即裴縣故城南又東北逕列人縣故城南右合白渠故瀆又東北逕斥漳縣南尚書所謂覃懷厎績至于衡漳者也

河自大伾北過降水至大陸所經今鄴縣

又以今輿地言之屯留壺關黎城潞城林縣涉縣鄴縣成安肥鄉曲周界中皆禹貢降水之所經也

禹河北過降水至大陸之道

又禹河自汲縣東北流入黎陽縣界至大伾山西南折而北爲宿胥口蘇代曰決宿胥之口魏無虛頓上虛在朝歌界頓上在黎陽界時河已徙而東宿胥口塞故秦欲決之以灌二邑水經河水注云自淇口東至遮害亭又有宿胥口舊河水北入也淇水注云淇水東流逕枋城南右合宿胥故瀆瀆受河於頓上縣遮害亭東黎山西北會淇水處立石堰遏水令東北注魏武開白溝因宿胥故瀆而加其功故蘇代曰決宿胥之口魏無虛頓上即指是瀆也淇水又東北逕雍榆城又東北逕同山東又北逕其城東東北逕帝嚳冢西又北逕白祠山東歷廣陽里逕顓頊冢西北逕頓丘縣故城西又東北逕枉人山東牽城西又東北逕石柱岡又東逕內黃縣南爲白溝也今按宋史塞上導河形勢書謂自故鄴東推禹故道出大伾上陽三山之間復西河故瀆即鄭元所謂宿胥故瀆也滑縣舊志故瀆在縣西十里亦曰西河蓋禹迹漢時則流經縣東又縣北四十里有大齊村相傳亦舊河故道也然淇水自東過內黃縣南爲白溝而向北之河道不可得聞據本注云內黃縣故城右對黃澤即貫渠所見內黃界中有澤方數十里環之有隄者也內黃故城在今縣西北澤大方數十里當接安陽縣界疑此地亦禹河之所經河徙乃鍾爲黃澤耳昔殷王河亶甲居相其子祖乙圮焉而又遷通典相州治安陽縣殷王河亶甲居相即其地元和志相州內黃縣東南十三里有故殷

城河亶甲居相殆此則河亶甲所居之地明矣自此而北則為鄴東之故大河洹水注云洹水出山過鄴縣南殷城北竹書紀年曰盤庚即位自奄遷於北蒙曰殷也據書盤庚所遷之殷在河南與竹書異孔穎達云盤庚後王或有從河南亳地遷於洹水之南者非盤庚也今按楚語白公子張曰昔殷武丁能聳其德至於神明以入於河自河徂亳韋昭云從河內徙都亳也此必盤庚後王有自亳遷於奄者又有自奄遷於鄴南之殷者故武丁即位時殷都仍在河北尋復徂亳蓋亦圮而遷焉為河行臨漳之東又明矣自此東北歷成安至肥鄉而合漳是為北過降水也漳絳至此并為河矣及河南徙漳絳備河故道而下故東川復有漳絳之目水經注云漳水自斥漳縣南又東北逕平恩縣故城西又東北逕南曲縣故城西又東北逕曲周縣故城東又北逕巨橋邸閣西又北逕鉅鹿縣故城東又歷經縣故城西有滹沱津又逕沙丘臺東又逕銅馬祠東皆漢鉅鹿縣境也昔殷王祖乙遷於邢杜佑云即邢州今為順德府蓋亦瀕河之地故其後盤庚又圮而遷於亳殷為河行鉅鹿之東又明矣以今輿地言之河自滏陽西南折而北歷內黃湯陰安陽臨漳魏縣成安肥鄉曲周平鄉廣宗至鉅鹿縣大陸澤在焉此即為河北過降水至于大陸之故迹也

河自大陸北播為九河同為逆河入海所經之地

人水經注漳水自鉅鹿縣銅馬祠東又北逕南宮縣故城西又北絳瀆出焉漳水又北逕堂陽縣西長蘆水出焉漳水又東北逕扶柳縣北又北逕昌成縣故城西又逕西梁縣故城東又東北逕桃縣故城北合斯洨故瀆又北逕鄡縣故城東又右逕下博縣故城西又東北歷下博城西逶迤東北注謂之九爭西逕樂鄉縣故城南引䲔水注之又東北逕阜城縣北又東北逕武邑郡南又東北逕武強縣北又東北逕武隧縣故城南又東逕武邑縣故城北又東北至昌亭與滹沱河會又東逕弓高縣故城北又東逕阜城縣故城北樂成縣故城南又東北逕平成縣南又東左會滹沱別河故瀆又東北合清河謂之合口又東北徽水出焉又東北逕章武縣西又東北逕平舒縣南東入海

河自大陸北播爲九河同爲逆河入海所經今郡縣

又以今輿地言之漳水自鉅鹿又北歷南宫新河冀州東鹿深州衡水武邑武強阜城獻縣交河清縣静海大成寶坻至天津鎮注于渤海卽古徒駭河之故道也

大河入中國經流曲折大勢

百里一小曲千里一曲一直註公羊傳曰河曲流河千里一曲一直正義釋文引李巡云水勢小曲乃大直也故曰小曲水陰節每一曲一直通無極也故曰千里一曲一直河源自崑崙山至韓侯城凡三大折流二千三百餘里又東流四百里運小積石山又東北流千四百里至寧夏府出塞又自東而南八百餘里至平魯縣入塞又南流二千五百餘里至於華陰折而東流出三門過底柱又東南過孟津自孟津以下水道始徙非復禹蹟之舊矣河隨地爲曲折千里百里約言之也

徒駭名義并河道所在

徒駭註今在成平縣義所未聞正義書疏引李巡云徒駭者禹疏九河以徒衆起故曰徒駭孫炎云徒駭禹疏九河用功雖廣衆懼不成故曰徒駭註今在至未聞〇正義曾書地理志博陵國安平縣鄭氏言徒駭所在據漢書爲言之言也今河間府交河縣東有漢成平故城書疏云禹陳九河云復其故道則名應先有不宜徒駭太史因禹立名此鄭氏所以未詳也或九河雖舊有名至禹治水更别立名卬爾雅所云是也

太史名義并河道所在

又太史註今所在未詳正義書疏引李巡云太史禹大使徒衆通其水道故曰太史詩疏引孫炎云太史者大使徒衆徒故依名云釋文引或云太史苦史官記事之處導河書云太史在德州安德縣東南經滄州臨津縣西未之詳也

馬頰名義并河道所在

又馬頰注河勢上廣下狹狀如馬頰正義通典云馬頰在平原郡界元和郡縣志云德州安德縣馬頰河在縣南五十里平昌縣馬頰河在縣南十里注河勢至馬頰○正義釋文引李巡孫炎云河勢上高下狹狀如馬頰也是郭注所本也

覆鬴名義并河道所在

又覆鬴注水中可居往往而有狀如覆釜正義通典云覆釜在平原郡界寰宇記云覆釜在永靜軍阜城縣東總東光縣西北注水中至覆鬴○正義詩疏引李巡云覆釜者水多渚其渚往往而處狀如覆釜釋文引孫炎云水中多渚往往而有可居之處狀如覆釜之形郭氏音云鬴古釜字監本郭注作水中可居而有狀如覆釜今從宋本實指南引郭注與宋本同

胡蘇名義并河道所在

又胡蘇注東光縣今有胡蘇亭其義未詳正義詩疏引李巡云胡蘇者其水下流故曰胡蘇蘇流也孫炎云胡蘇者水流多散胡蘇然顏師古漢書注云胡蘇下流急疾之貌也注東光至蘇亭○正義郭氏據許商之言以亭名為證也漢書地理志渤海郡東光縣有胡蘇亭晉仍漢制今河間府東光縣有漢東光故城監本光作兆書疏引郭注作光宋本亦作光本或作兆誤

簡名義并河道所在

又簡注水道簡易正義書疏引李巡云簡大也河水深而大也詩疏引孫炎云簡者水道簡易也史記正義云簡在貝州歷亭縣界

絜名義并河道所在

又絜注水多約絜正義書疏引李巡云絜言河水多山石治之苦絜絜苦也釋文引孫炎云水多約絜與地廣記云簡絜在臨津金史地理志南皮縣有絜河

鉤盤名義并河道所在

又鉤盤注水曲如鉤流盤桓也正義書疏引李巡云鉤盤言河水曲如鉤屈折如盤桓也釋文云字作股云水曲如鉤折如人股故

曰鉤校陸氏所見李巡本與書疏異詩疏引孫炎云水曲如鉤般桓不前也釋文引郭氏音義云高般今皆爲縣屬平原郡漢書地理志平原郡般縣顏師古註引爾雅郭註爲證過異云鉤盤在東城縣元和郡縣志棣州陽信縣鉤盤河經縣北四十里太平寰宇記滄州樂陵縣鉤盤河在縣東南五十里

鬲津以義并河道所在

又鬲津註水多阨狹可隔以爲津而橫渡正義漢書地理志平原郡鬲縣平當以爲鬲津詩疏云徒駭是九河之最北者鬲津是九河之最南者爾雅之文從北而說也太史馬頰鉤盤文在胡蘇之上則三者在成平之南東光之北也簡絜覆釜文在胡蘇之下則三者在東光之南鬲縣之北也按九河次第詩疏以鉤盤列第四覆釜列第八陸氏釋文以覆釜列第四鉤盤列第八所見本異也鬲縣故城在今德州北註水多至橫渡〇正義詩疏引李巡云鬲津者河水狹小可隔爲津故曰鬲津孫炎云鬲津者水多阨狹可隔以爲津而橫渡也是郭註所本也

諸家言河分爲九之故

又禹貢云九河既道又云北播爲九河同爲逆河入于海尸子乘云禹疏爲九以澮淮南要略云禹之時天下大水禹身執虆垂以爲民先剔河而道九岐高誘註剔瀉去也九岐河水播岐而爲九以入海也莊子釋文云河從乾位來乾陽數九也

鄭郭齊桓塞八河之說本緯書

又漢書溝洫志許商以爲古說九河之名有徒駭胡蘇鬲津今見在成平東光鬲界中自鬲以北至徒駭間相去二百餘里今河雖數移徙不離此域後世言九河者惟許商之說爲可徵信故鄭氏以爲據也釋文引郭氏音義云周時齊桓公塞九河并爲一自鬲津以北至徒駭二百餘里渤海東莞成平平原河閒弓高以東往往有其遺處鄭氏音義本鄭康成書註爲說也書疏引春秋緯寶乾圖云移河爲界在齊呂填闕八流以自廣公羊疏引尚書中候云齊桓之霸遏八流以自廣是鄭郭所本也八流既

塞則河流并歸徒駭九合爲一旁無所洩中不能容至周定王五年河徙河患始此矣

九河遺迹自漢至唐尚未盡湮

又鄭云今河間弓高以東至平原鬲盟往往有其遺處焉鄭氏復述其言是漢世去周未遠九河遺處尚未盡湮但隋唐遷移難以稽證故酈道元謂沙上堰以北館陶廣閒貝丘鬲般廣川信都東光河間樂成以東城地並存川瀆多亡又云九河既播八枝代絕遺跡故稱往往時存故鬲盤列東北徙駭瀆連漳絳同逆之稱蘊分隱情之會猶存鄭氏祇證明達求於九河遺跡不盡迷其故稱蓋其慎也唐宋以後推尋地望九河所在務求備數或取證單辭或傍無左驗牽合影響今聊述舊聞不如別擇唐人所述差爲近之

河道

徒駭胡蘇鬲津三河所在考

雖指許商云徒駭在成平胡蘇在東光鬲津在鬲縣徒駭前已志今德平樂陵齊河濟陽慶雲海豐界有土河志以為徒駭妄也漳水不經此安得有徒駭且徒駭最北豈反出鬲津之南哉今東光寧津南皮滄州慶雲海豐界中並有胡蘇河元和志云胡蘇河在饒安縣西五十里寰宇記云一名赤河自臨津流逕饒安無棣入海漢志東光縣有胡蘇亭水經注云清河東至東光縣西南逕胡蘇亭是也今寧津縣本東光縣地其西有胡蘇亭蓋即在東光者齊乘以滄州南之大連淀為胡蘇河得之鬲津最南最長較諸河差有考據今德州北有鬲津枯河東逕陵縣北又東逕德平縣北又東逕樂陵縣北又東逕慶雲縣南又東北逕鹽山縣東南又東北逕海豐縣西北又東北入海齊乘以濱州北士傷河為鬲津云即漢時新輔求代劉雄處今按輔代雄處為厭次津在今武定州南東漢大河之經流士傷河在濱州北蓋即唐景福後黃河所徙之道自渤海縣西北六十里東北流逕無棣縣東南六十里又東北逕馬谷小山南而東注於海者非輔代雄處也齊乘指此為鬲津未審是否據許商言自鬲以北至徒駭間相去二百餘里則當在此地海豐新志云經縣西北五十里又東北入海則徒駭鬲津南北相距太狹殆非也

太史馬頰覆釜三河所在考

又太史馬頰覆釜三河據爾雅次序以許商言證之當在成平之南東光之北通典云馬頰覆釜在平原郡界又云安德縣有覆釜河按郡即德州治安德所領有將陵縣寰宇記云馬頰河逕將陵縣界是也而又云篤馬河即古馬頰河人皆斥其謬然唐自有馬頰河出澶州新豐縣界東北流至平昌縣合篤馬河二水合流並得通稱以篤馬為馬頰不可謂謬謬在一古字指為九河之第三耳元和志馬頰河在安德縣南五十里又在平昌縣南十里久視二年開決亦名新河近志平原商河陽信界中並有馬頰河

皆唐之馬頰也在高津之南與九河無涉太史河自昔無考而明一統志云在南皮縣北此臆說滄州志又云篤馬河在慶雲縣南二十里即鉤盤北派亦不足信齊東以爲太史等河在滄南清滄二州之間庶幾得之

簡潔鉤盤三河所在考

又簡潔鉤盤三河據爾雅次序以許商言證之當在東光之南高縣之北史記正義云簡在貝州歷亭縣界輿地廣記云簡潔在臨津金志云南皮縣有潔河按唐歷亭縣今東昌府之恩縣是也簡河在此則出高津之南矣大清慶雲新志以縣南篤馬河爲簡河亦非臨津今寧津北與南皮接界謂簡潔在此理或有之齊東曰滄州大連淀南至西無棣縣百餘里間有大河沙河蓋即簡潔也漢志平原有般縣韋昭曰音逋垣反師古曰爾雅說九河云鉤般環以爲水曲如鉤流般桓也今土俗用草音按般縣故城在今德平縣東北縣南二十里有般河後漢初平二年公孫瓚破黃巾于盤河又瓚與袁紹相攻瓚引軍屯盤河即此後魏志般縣有故般河水經注云篤馬河自西平昌縣故渠川派東入般縣爲般河蓋亦九河之一道也通典古鉤盤河在樂陵縣東南元和志陽信縣北四十里有鉤盤河寰宇記樂陵縣東南五十里有鉤盤河金志將陵縣有鉤盤河近志陵縣德平縣陵商河武定海豐陽信霑化界中並有鉤盤八枝自高津而外此河亦有可據齊東曰東無棣縣北有陷河闊數里疑即鉤盤河按此河自樂陵分爲南北二派海豐舊志云南派在縣南名鉤盤河東經霑化縣北又東至久山鎮入海新志云北派在縣西北三十里自慶雲流入又東北經馬谷出前抵土河口入海今縣西北盤河村尚以此爲名蓋北派即齊東所謂陷河也或曰陷河即篤馬河之別名許商云在九河南齊東指此以爲古鉤盤恐非然許商亦就上流言之耳高津出高縣篤馬出平原高在平原之西北故曰操禁所欲聞者在九河南篤馬河若其下流入海處則商固未之悉也篤馬首受大河漬溢猷其所之遇水即合安知篤馬下流非即鉤盤之故道乎

水經誤以王莽河爲禹河

又據水經者不知漯水即徒駭而以王莽河當[illegible]河[illegible]大河故瀆東北逕元城縣[illegible]沙丘堰至于大陸北播爲九河[illegible]城縣故城在今大名府元城縣東沙麓之側沙上堰北去距鹿尚百餘里謂播爲九河自此始與經自大陸又北之文不合唐人疑距鹿廣阿東去平原太遠故又以深州之陸澤當禹貢之大陸然自陸澤以東南距高縣可三百里禹河亦必不至此始分爲鬲津而南入鬲縣也且古之九河並東北出至唐武德高城縣之東合爲逆河至碣石入海及周定王時河徙自東光南皮浮陽繞入枝而北合徒駭漢人指此爲逆河是九河之所同故王莽改渤海郡曰迎河郡南皮縣曰迎河亭而其實非也以意度之徒駭太勢北行亦逸東八枝太史最北宜最短向南則漸加長鬲津最南最長首受大河當在南宮縣界也

諸家言九河所在皆難信

又九河所在後人每多附會其名爲某河者未必即古之九河不名爲某河者又未必非古之九河馮逡云九河今既滅明班固云自鼓距漢北亡八枝鄭道元云城地並存州瀆多亡斯爲實錄無事深求近志錯亂者勿論即如孔穎達于欲津許商三河以爲言亦未可盡信也

諸儒言逆河入海不一說

又孔傳曰同合爲一大河名逆河而入於渤海正義曰鄭玄云下尾合名爲逆河言相向迎受王肅云同逆一大河納之於海其意與孔同蘇氏曰逆河者既分爲九又合爲一以一迎八而入於海即渤海也薛氏曰河入海處舊在平州石城縣東望碣石其後大風逆河皆漸於海舊道堙矣程氏曰逆河世之謂渤海者也逆河之地既九河又皆淪下故九水傾注焉雖其兩旁當有遺岸其實已與海水相合不止望洋向若而已黃氏曰逆河碣石今皆淪於海

渤海即逆河漢人誤以渤海爲海

又碣石之東爲滄溟衆之所謂海也其西則逆河後世謂之渤海河渠書曰同爲逆河入于渤海蓋漢人以渤海爲海而不知其

爲逆河逆讀逆河在南皮浮陽河自章武入海不至碣石矣千年積勞至於蘇程黄四公而一正

九河入海全頼逆河之力

又九河之所以入海而無壅者賴逆河之後合爲一也逆河既淪於海則八枝之亡無日矣淮南水利考云海水潮汐日二至每入也以二時其出也亦二時二時之出係潮水二時之入則海水海水遏潮水不得流者每日有八時黄沙留無得乎此最精於物理者然此猶就清水言之耳若黄河則一石水而六斗泥海之所入者沙河之所出者亦沙也以沙遏沙如膠之投漆唯愛以廣二百餘里之逆河蹴躍翻騰而入海而又有碣石以當其衝則潮汐不能踰而西内沙不得外沙不入此禹河所以千載無患也自逆河變爲渤海而潮汐直抵九河之口九河勢分力弱不足以攻沙外沙日至内沙不出徒駭猶能相敵八枝立就堙廢矣漢人不知此義而唯以九河爲急欲令穿爲四五亦不旋踵而塞耳蓋逆河既淪則河不宜分而宜合合則行疾而滀悍力能衝刷泥沙故周定王時上流雖徙而章武入海之道自若宋壯流入海之道唯一獨流口闊六七百步深八九丈趨海之勢甚迅其明效也

碣石乃河海之限勃海乃逆河之變

又冀州云夾石入于河則逆河在碣石之西可知導山云至于碣石入于海則海在碣石之東又可知矣導河不言碣石以行至逆河而止耳非省文也碣石者河海之限勃海者逆河之變也自漢志云河至章武入海而人不復知有逆河碣石在章武之東矣然臣瓚云禹時河入海在碣石酈道元云河之入海舊在碣石又云大禹鑿其石右夾而納河是猶據舊而不從志也自唐人指盧龍縣南二十三里之山爲碣石則碣石與河不相值而瓚道元之說幾若土梗矣

禹貢導河無碣石之文不必疑

又章武漢屬勃海郡郡治浮陽即今之滄州故孔疏云郡北距碣石五百餘里河入海處遠在碣石之南禹行碣石不得入河蓋

逆行道水之處北盡冀州之境然後南迴入河而逆上也近世學者皆宗其說斥酈道元之謬是何也碣石在盧龍縣南二十三里離海七八十里而河欲至此入海則必自今天津北行歷寶坻界轉東自豐潤遷灤州歷石城縣南又東過盧龍縣南而南入于海取道迂遠地勢益高無是理也故據導河無碣石之文以爲河不至碣石入海是殆未有以解蔡傳黄之解示之者也誠知勃海即逆河而碣石負海當逆河之衝則紛紛諸說不攻而自破矣

大伾以東漢人不知爲河之所經至東坡王横始定其義

又地理志勃海郡莽曰迎河南皮縣莽曰迎河亭溝洫志亦云同爲逆河入于勃海逆河即迎河說者謂莽多忌諱改逆曰迎也寰宇記云迎河在清池縣西南二十三里從南皮來清池即浮陽余初不解逆河何以在此地求之數月始得其故水經淇水注云清河自東光縣西又東北右會大河故瀆又東北逕南皮縣故城西又北逕浮陽縣故城西又東北滹沱別瀆注焉濁水注云衛漳自成平縣南又東左會滹沱別河故瀆又東北入清河謂之合口蓋莽時大河南徙清河自東光縣西行其故瀆歷南皮浮陽至成平與漳水合水經東漢時作故指爲清河實西漢大河之經流也漢人以八河播自元城之沙丘堰東北至南皮浮陽縣西仍歸大河是謂同爲逆河云爾不知爲河自成平東逕一縣之北未嘗由東光而北歷其西九河下尾東北出振高城柳縣章武之東同合爲一大河以入海南北廣二百餘里東西長三百里古堤甚多時逆繳而九河横東流至二縣之西爲逆河所截而各注之也總之大伾以東漢人不詳爲河之所經而以北瀆爲河爲河一差則降水大陸九河逆河無所不差矣逆河以班志言之似爲横絶之河而鄭王以爲迎受之河義較長然終不能指言逆河在某地至東坡始云逆河即勃海蘇士龍又因王横之言更定其義云逆河皆漸於海而後經旨乃大明然鄭王之義不甚暢也

宋人解逆河多承漢人之誤

又河之播而爲九也勢至此不得不分非爲有意分之也其同爲逆河也勢至此不得不合非爲有意合之也所以明逆者爾義

蓋之自漢人以勃海爲海而逆河無所容其地唐人亦不明逆河在何處徐堅初學記曰逆迎也言海口有朝夕潮以迎河水此義最優至宋而謬論迭出駢戴滋甚矣林氏曰王介甫謂逆河者逆設之河非並時分流也其意以同爲逆河句釋上文播爲九河之義如此則逆河卽是九河矣纂注曰聖人於其間逆設爲河以防暴至之患未至則不妨民耕既至則不墊民舍程氏曰禹因地之形而逆設爲九河凡河之道則不建都邑不爲聚落不耕不牧故謂之逆河董鼎曰格言云逆河是開渠遠海以泄河之溢秋冬則涸春夏則泄此皆踵介甫之謬以九河爲逆河而緣飾其辭也陳師道曰逆河者爲潮水所逆行千餘里遠海又有潮河自西山來經塘泊接瀛河一名界河在今靜海縣西北受滹沱易巨馬三水合御河東至獨流口入海此河在直沽口西亦不得指爲逆河明丘文莊濬又言當於直沽入海之後依禹貢逆河法截斷河流橫開長河一帶收其流而分其水以逆河爲橫絕之河承西漢之誤以上諸說總由不知勃海卽逆河而求逆河於勃海之外遂愈求愈遠耳

禹河隨西下東北去有十五證

禹貢錐指王横云禹河隨西山下東北去其言有可證者十五書序河亶甲居相相城在今安陽內黃二縣界而其後爲河所圮證一也楚語武丁自河徂亳注云從河內徙都亳河內卽鄴南殷墟自河徂亳蓋亦爲河所圮證二也史記殷本紀祖乙遷于邢其後盤庚又自邢遷于亳下篇曰今我民用蕩析離居罔有定極蓋亦爲河所圮鉅鹿界明有禹河證三也詩衛風曰河水洋洋北流活活河至大伾山西南折而北逕朝歌之東故謂之北流證四也禮記王制曰自東河至于西河千里而近蓋西河自華陰折而東爲南河又東至大伾折而北是爲東河計所行不滿千里故曰千里而近若漢河則東過大伾山南至白馬縣之長壽津始折而北西去宿胥口又一百五六十里則爲千里而遙矣證五也史記衛世家封康叔爲衛君居河淇閒故商墟商墟卽古朝歌城在今濬縣西南淇縣東北淇水逕其西河水逕其東是爲河淇之閒故淳于髡曰王豹處于淇而河西善謳證六也戰國策蘇代曰決宿胥之口魏無虛頓丘二邑在今濬縣西南酈道元云宿胥故瀆受河於頓丘縣遮害亭東黎山西證七也史記河渠

書曰禹自大伾厮二渠以引其河北載之高地據賈讓言遮害亭東地益下則黎陽西山之足實爲高地證八也漢書溝洫志賈讓曰決黎陽遮害亭放河使北入海西薄大山東薄金隄大山即王横之所謂西山證九也叙傳曰商竭周移正指定王五年事固已知武帝所道非禹舊跡證十也地理志鄴縣有故大河在東前非隨西山下東北去安得至鄴證十一也孫炎曰大陸鉅鹿北廣河澤河所經蓋此澤本禹河之所匯故亦名廣河證十二也水經注漳水北逕黎陽西俗呼禹河伯娶婦蓋於此陷蓋鄴本有河故以河伯娶入證十三也杜佑曰漳水橫流至肥鄉縣界入河曹敞曰河自大伾折而北流漳水東流注之地形南北爲從東西爲橫河從西漳橫故謂之橫漳證十四也李垂曰自汲郡東推禹故道出大伾上陽三山之間復西河故瀆證十五也

漢時漳水自平恩以下爲禹河故道有五證

禹貢錐指漢時漳水自平恩以下爲禹河之故道亦有可證者五漢書地理志漳水東北至阜城入大河又滱水東至文安入大河滹沱東至參戶合滹沱別從河東至文安入海是水經所叙漳水自成平以下至武入海者在西漢時猶爲大河證一也又成平縣有滹沱河民曰徒駭河輿許商所言正合蓋漳水自東昌縣會滹沱河又東逕弓高縣城至成平世遂謂之滹沱漸故徒駭也土俗猶能識之不言漳滹沱仍曰徒駭證二也水經濁漳注曰高南縣峙其東北徒駭瀆即漳瀆則漳即徒駭之上源爲一川證三也唐書地理志清池縣西五十里有徒駭河西陵是浮陽參戶之漳水亦古徒駭證四也李垂曰河曹北流衡漳注之河既東陵漳自入海安知北流之漳非古徒駭河歟證五也

諸書言禹河故道皆失其實

禹貢錐指地理志鄴縣故大河在東北入海水經注宿胥故瀆受河於遮害亭東黎山西北者即王橫所云禹之行河隨西山下東北去者也自黎陽以下水經所稱大河故瀆一名北瀆俗謂之王莽河者即周定王時所從西漢猶行之至王莽時遂空者也所稱河水自鐵上而東北流至千乘入海者即王景所治東漢以後見行之河也禹河之舊蹟久失其傳漢魏諸儒皆以北瀆爲禹河

司馬遷知禹引河北載之高地矣而不知當時所行者非禹河王横知禹河隨西山下東北去矣而不能實指其地名班固知有鄴東故大河矣而不知其上承宿胥口酈道元知宿胥故瀆爲白溝矣而不知其下流即鄴東之河杜佑知衛澶至肥鄉入河矣而不知其河即北過降水之河故自大伾以下凡降水大陸九河逆河之所在皆不得其真獨宋程大昌著禹貢論及山川地理圖確然自有所見禹河者遂考其歸趣則以河水至千乘入海者爲元光改流出頓丘東南之河而鄴東故大河即禹之舊蓋孟康以爲王莽河非也今按孟康所謂出貝丘西南自王莽河非也今按孟康所謂出貝丘西南自王莽時遂空者即大河故瀆一名北瀆者也未嘗指鄴東故大河爲王莽河且康既知此河出貝丘豈復與在鄴東者流而爲一頓丘東南之決河未幾即塞安得以河水爲元光改瀆之道始建國三年之後見漢書王莽傳而大昌謂禹河空于元光不待莽時世表莽居下決故河遂竭皆歸之本無此事然則漢人紀漢河亦不足信耶蓋唯不知漢時漳水自平恩以下皆禹河之故道故謂鉅鹿去古河絶遠而以枯絳應降水移大陸於深州種種謬誤皆由此出也大昌既意求禹河動稱王横班固而其言猶方柄圜鑿之不相入蔡傳踏襲附和世儒墨守不移禹河之所以日晦也

程大昌大河論一〇辯諸家言降水大陸之誤

河自洛汭以上行乎地中他水反來注之故未嘗有所汎逆而經所書積石龍門華陰底柱孟津洛汭亘古今可考自成皋以下堤岸高於平地故在古已嘗溢爲滎澤播爲九派而其遺迹不主一地矣逮及後世決齧流徙至不勝載而津濟悉變古始於是自大伾以至降水大陸說者甚多以其說而攷之則河道經文悉不附協不待至九河而始紛紛難究也然尚有可考者賴經指著明可主之以爲宗本禹貢經之叙河既至洛汭乃又曰東至于大伾北過降水至于大陸又北播爲九河同爲逆河入于海其次序方面嚴整有倫故可尋理以究世傳之信否也張揖以大伾爲成皋而臣瓚不以爲然曰大伾當在汲郡之黎陽不當在河南之成皋是二說者黎陽之與成皋俱不以大伾爲名而臣得以贊說爲是者經之於河方其自北而東實即底柱以北折東之

始今其流東已久無故於北亦當以地之極東者記之泰稱其敘則滎陽實為惟當而成皋則為太早也是故當以薛氏之言為正也若大澤水則說者益多惟貝冀之間有漬而枯者名為絳瀆與河近諸儒多以應經然經曰北過澤水則必河水新北而經其地禹迹乃得過之今貝冀之間枯絳皆背南向北而漢以後大河反在魏貝之南若以漢河為禹河則禹之施功于河無由過歷其地鄭康成固已疑之於是因洪水之自衛注河也順飾其水以應古澤已而不自以為安則又以館陶屯氏河當之酈道元闢淇貝不用而主屯河之說其言曰地理志絳水發源屯河及至信都復見絳名河之過澤當應此矣是說也酈實無以得絳水之真遂牽合以信其說然考地理志首受屯河而東流入漳者自名張甲河元非絳也雖中間遠道顧嘗穿絳枯絳而漢志本無絳水之名則酈之更易他水為絳以應古語其與鄭氏之誤曾無以異也至于大陸尤為敢漫地理志鉅鹿縣北有大陸澤後世率祖此以為經之大陸然漢鉅鹿縣唐邢州之平鄉縣地也今河既不經邢又其地反在枯絳上流則與經之先過澤而後至大陸者不同殆又不可據之以為經証雖孔穎達輩極為詳博而不能究求其當則亦以世遠載籍斷闕無所據以辨其詳審焉爾今去古日益遠禹跡之在名山大川者其稱謂位置轉從益多而臣乃欲究極其變以發明經文本旨實所不量然考古驗經正業儒者之職若人人畏之不言則古典何賴故卒究之

程大昌大河論二〇辨漢河非禹河〇禹河實即王莽河

以臣愚見周定王時河徙故瀆至漢元光又改向頓丘東南流則漢河既非禹河而世儒乃欲即漢河而求禹河所經曰此當為澤水此當為大陸如鄭氏酈氏可謂博洽而澤水屯河之類皆遂未失本不足以得古事之真他人何望哉臣為此故先與之辨别漢河禹河所據之地所異之方然後即其位置以求禹河所歷則大澤水大陸或有所宿矣遂因二子同言禹瀆二渠其一北行乘高者明載禹貢道河本語知其正為禹河矣而餘之一渠乃皆不言何向孟康酈道元輩相因皆以漯川命之且謂在漢魏之世不枯而流者是為漯川其空涸無水者是為王莽河漯川者亦非頓丘改流正還特以漯在禹時嘗分河為派又與漢河

偶皆在王莽河之南遂舉漢河附之漯川以傅合遼圖之謬二渠皆禹力所驪者顧至究其確實乃自漢河而非禹迹也其在北而枯俗名王莽河者聯之漢河其地並北而高即遼圖同詞以爲禹懼平地不勝河擇而載之高地過漳大陸以行者也此其位置近似禹河而世久難明臣亦未敢據以易言也於是參以歷代地誌而究求孟酈二子之所言審其不妄乃敢主執益堅地理志魏郡鄴縣有故大河在東北入于海顏曰故河則非班圖時見行之河矣命之曰大河能直達于海則非分枝小河矣桑欽叙河自戚城以至大陸悉以大河故瀆爲目而孟康酈道元止以王莽空河當之合二古河者之源委以言雖漯瀆無其灌注首尾難以審考然大略自魏郡以至大陸粗有迹道可尋而又大陸一名正是禹河所過則此之名爲古河莽河者其本爲禹河亦已審矣載以杜佑李吉甫樂史地書考之此之枯瀆自漢至今猶不湮乎蓋其在唐實爲魏博平德三郡之境大抵常與漢河夾對而其中間相去遠者不啻百里而近者不能五十里雖贏縮不齊而漢河常行乎南故瀆常在其北推方而命則其受氷而東南者即元光改流之道而空枯但存故道且在漢河之北者則禹貢正道也其所從枯則以河流東遷徙而空奪之也其位置相距流涸相易會古説古迹而參觀如白黑相形更何疑乎漢王璜之言曰禹之行水本隨西山下東北去自周定王時河徙則今之所行非禹之所穿也宜卻徙開空使緣西山足乘高地而東北入海乃無水災夫璜謂西山者太行常山也今河非禹穿者乃漢河其欲乘高而復禹之舊使漢河東北入海者乃遼圖所謂引而載之高地以入渤海者也合遼圖王璜之言以爲臣言之證而王莽枯河之本爲禹河益明矣夫使此河而非禹故迹孰能闢地爲壑施工力於數郡無用之處如此其闊且長也乎況漢世河決其分派北流而與漢河比大者爲毛氏爲張甲亦嘗灌注莽河以爲之道而此之故瀆不聞三郡埭阜原隰悉皆貫徹其間能使決河之力不能自爲之道而因其見迹以爲之道此不得多辯廣喻而其意果宏長非古來大河其孰能當之

程大昌大河論三〇辯莽河得名之始

禹聖人也其遺迹在河世不以禹命之而歸爲王莽者臣嘗攷之知其語起於三國之魏而非漢人者爲此語也班固之志第曰

故大河桑欽水經亦止曰大河故瀆而范曄之志郡國本東漢計簿亦曰故大河皆無謂為莽河者其以王莽為目者臣所知則曹魏時孟康訓釋漢志始有其語也自此而後酈道元杜佑李吉甫輩皆祖述其說曰古河至王莽時始空無水也夫魏郡之北驗為故大河者自周以至元光河既南徙則已空涸是以班固志地理命之為故豈待至莽時而後空也邪亦猶濟之入河不知何世何年改其舊道而實亦未嘗竭滅世屬王莽亦曰濟之枯也以莽則知河之改瀆本不因莽而莽居世議下流則遂舉以擬之其例同也夫其謬固已如此而其所從謬亦必有以臣又嘗究求其故蓋魏郡內黃縣唐隸澶州地與汲郡之共城接共城而廢實王莽所築適會內黃有河亦枯涸無水二者相去不遠世久無能究求其始因此城之實為莽造而遂以河之枯者併歸於莽濱傳既遠併與長清之豆數郡者同。謂莽河而遂不可改辨夫其謬誤所起曲折如此則禹河之不為禹而名之以莽其有繇籍非臆度也

程大昌大河論四〇明絳瀆之所在

王莽河本即禹河而後世謬實其名矣至其河之所經入有古絳其古鄉名稱志與經合則不獨可因絳瀆而證古絳之所寓又可因古絳而証禹河之所遵也絳瀆自居貝州漢清河經城有故遮焉已而北入南宮貫穿信都冀州大抵北向而及古河於信都之北則經之謂北過洚水者於是乎應矣而又有可証者古河既枯而絳瀆亦枯皆以潁上河徙而向來東北灌河之水皆轉注東南故并絳之小水亦空此其同為一水者也若夫大陸之說雜出不一其始地理志謂在鉅鹿縣北未問其去古河絕遠且其地理次序遠在古絳上流不與經應故歷代言地理者皆疑非是為此之故歷考東北展轉求之故隋氏以趙之昭慶縣為大陸唐氏先天中割鹿城置陸澤縣皆意大陸之在其地而為此之名而杜佑李吉甫因而實之曰邢趙深此三州者皆大陸也亦孔穎達所謂廣平為陸故鹿延千里而皆可稱謂者是也今去古絕遠隋唐之名二縣以為大陸者或其有據不可得詳矣若雜信疑而兩傳之且以深之陸澤為大陸則古河之行乎貝冀者既可用枯絳以應北過洚水之文其遂灌而入滄者可以謂之至於大

陸也雖不能寸寸銖銖較其首末比之漢河所經全無降水大陸二名可以傅會者其道多異且夫漢河之與禹河自周漢而後分爲南北二道今而槩語人曰漢河既徙而南則並北而枯涸者本謂人將莫之信據洪臣放主執其說者古絳大陸之在冀漯者以漢河地理參之則南北相背無一而相混近以古禹河參之則趨東而北者方面向背燕晉附並此豈牽古空談所能據合哉過此而益直北東則當從九河求之

李復言禹導河鑿龍門之地

禹貢錐指稱李復云同州韓城北有安國嶺東西四十餘里東臨大河瀕河有禹廟在山斷河出處禹鑿龍門起於唐張仁愿所築東受降城之東自北而南至此山關岸濶豁然奔放怒氣噴風聲如萬雷余按舊說禹鑿龍門而不詳其所以鑿議說相傳但謂因舊修闢去其齟齬以決水勢而已今詳此說則謂受降以東至于龍門皆是禹新開鑿若果如此則禹未鑿時河之故道不知却在何處而李氏之學極博不知此說又何所考也

二孔言禹治河鑿山穿地之說不可信

又安國傳言禹治河或鑿山或穿地以通流此亦有所本鑿山即闢龍門穿地即鑿呂梁也但不當云起自積石耳穎達復爲之說曰釋水云河千里一曲一直則河從積石北行又東乃南行至於龍門計應三千餘里龍門底柱鑿山也其餘平地穿地也言自龍門以下亦然則其所穿鑿東遠矣李復謂起自東受降城較安國所言爲近然計東城至安國嶺亦有千四五百里如必須處處穿鑿豈人力所能及禹勞民亦不應至此而二孔之妄又無論矣總由以導爲施功遂積誤相承而不覺耳至其所謂鑿山穿地者亦只是因舊修闢非本無水道而始開之

河中底柱有三門

朱國楨湧幢小品河中底柱有三門南曰鬼門中曰神門北曰人門鬼門神門尤高險懸其中有山號曰米堆舟入三門百日始

上執標指揮者名曰門匠諺云古無門匠墓謂皆溺死也嘉靖乙未御史余光河津知縣樊得仁鑿石崖爲窩植以柏木椿鍊鐵爲索横繫椿上凡四十餘丈往者以鐵鉤挽索而上頗易爲力

秀水陳璜輯

河道

周定王五年河徙至西漢末大河所行之地

禹貢錐指禹瀝二渠自黎陽宿胥口始一北流為大河一東流為漯川周定王五年河徙自宿胥口東行漯川右逕滑臺城又東北逕黎陽縣南又東北逕涼城縣又東北為長壽津河至此與漯別行而東北入海水經謂之大河故瀆大河故瀆東北逕戚城西又逕繁陽故城東又北逕陰安縣故城西又東北逕昌樂縣故城東又東北逕平邑郭西又東北逕元城縣故城西北而至沙丘堰堰南分屯氏河出焉大河故瀆又東北逕發干縣故城西又屈逕其北又東逕貝丘縣故城南又東逕甘陵縣故城南又東逕艾亭城南又東逕平晉城南又東北逕靈縣故城南別出為鳴犢河大河故瀆又東逕鄃縣故城南又東逕平原故城西而北絕屯氏三瀆北逕繹幕縣故城東北西流逕高縣故城西又北逕脩縣故城東又北逕安陵縣西又東北至東光縣故城西而北與漳水合大河自宿胥口徙流至成平合漳水復歸禹河故道又東北麻浮陽參戶平舒至章武入海也

定王五年河徙至漢末所歷年數

又定王五年歲己未下逮王莽始建國三年辛未而北瀆遂空凡六百七十二歲

書蔡傳言周定王五年河徙砱礫之誤

又蔡傳曰周定王五年河徙砱礫砱礫不知在何處按溝洫志賈讓治河奏有黎陽遮害如淳曰今礫谿口是也師古曰礫谿谿名即水經所云泲水東過礫谿者閻潛邱謂誤本漢書以今為令又加石作砱礫遂使人噴飯即以礫谿言之水經濟水東至北礫溪南東出過滎陽縣北又東而南礫溪水注之酈元云水出滎陽城西南李澤澤中有水即古馮池地理志曰滎陽縣馮池在西南是也東北流歷敖山南逕虢亭北又東北過滎陽縣北斷山東北注于濟世謂之礫石澗即經所謂礫溪矣礫溪口即南礫溪

水入濟處也古之決口皆在大伾之東金元時所決漸西至明天順中河自武陟徙入原武而獲嘉之流遂絕變斷極矣滎陽今為滎澤縣與獲嘉相對周時河從宿遷在此耶唯漢平帝之世河浸汴濟渭徙從礫溪口則可然亦無砱礫之名也此說當必有所本頃閱王伯厚河渠考引程氏曰周時河徙砱礫至漢又改向頓丘東南流程氏疑即大昌又檢禹貢論其第十一篇有云周定王五年河徙故瀆漢元光三年河水徙從頓丘東南流入渤海卻無砱礫字又圖說載滎瀆口辨引如淳注亦作今礫溪口不作砱礫則二字明係杜撰絕無根據疑其乘謬莫甚於此而學者宗之以王伯厚之淹博亦不能正其失而且累及於程氏地理之學談何容易

東漢以後大河所行之地

又河自涼城縣長壽津東逕鐵丘南又東北逕濮陽縣北為濮陽津又東北逕衛國縣南又東逕鄄城縣北又東北逕范縣之秦亭西又東北逕委粟津左合浮水故瀆又有漯水出焉又東北逕東阿縣北又東北逕茌平縣西又東北逕四瀆津又東北逕楊墟縣東商河出焉河水又東逕高唐縣東漯水注之又東北逕高唐縣故城西又北逕張公城又北逕平原故城東又左逕安德東而北為鹿角津又東北逕般縣樂陵朸鄉厭次縣南為厭次河又逕漯陰縣故城北又東北為漯沃津又東逕千乘城北又東北逕利縣城北又東分為二水枝津東逕甲下城南東南歷馬常坑注濟河水東北逕甲下邑北又東北入于海

晉河道無考而可參徵于杜氏釋例

又晉書亦不志河渠無可考據今按左傳僖四年管仲言齊之四履曰西至于河杜氏釋例云河自河東河內之南界東北經汲郡頓丘陽平平原樂陵之東南入海杜所舉有郡而無縣河道或小有變遷亦未可知要其大致則與東漢時同也正義曰杜之此言據其當時之河耳

以東漢之河為周河乃杜預之誤

又汲郡以東河水東流秦漢以東始然古之河道自大伾而北過降水至于大陸北播為九河計桓公時齊之西境當在九河之最西徒駭北說良是蓋管仲誇寵征之所至當極其遠曰東至于海西至于河者即王制所云自東河至于東海千里而遙者也燕王謂蘇代曰齊有清濟濁河以為固賈讓曰齊與趙魏以河為境則定王五年所徙之河也桓公時禹河尚未改道杜以東漢之河當西漢之河失之遠矣

唐歷五代迄宋初黃河所行之地

又隋志兼錄南北朝亦無河渠唐新舊二史亦不志河渠事多缺略今按唐有河北道河南道以河畫界其自大伾以東河北衛魏澶博德棣滄七州河南滑濮濟齊淄五州皆瀕河之郡也謹據元和志寰宇記所載各縣界之黃河略為銓次以補史志之闕黃河自汲縣南胙城縣北東北逕靈昌縣北又東北逕白馬縣北其北岸則黎陽縣又東逕頓丘縣南又東逕清豐縣南其南岸則濮陽縣又東逕臨黃縣南其南岸則鄄城縣又東北逕朝城縣東其東岸則范縣又東逕范縣北其北岸則武水縣又東逕陽穀縣北其北岸則聊城縣又東逕平陰縣北又東逕長清縣北其北岸則平原縣安德縣又東逕臨邑縣北又東逕臨濟縣北又東北逕鄒平縣西北其北岸則滴河縣厭次縣自此以下有新舊二道舊東北逕蒲臺縣南又東北入海景福後自厭次縣界決而東北流逕勃海縣西北又東北至無棣縣東南而東注于海

王莽建國三年河徙至宋慶曆八年又徙所歷年數

自王莽始建國三年辛未河徙由千乘入海後五十九歲為後漢明帝永平十三年庚午王景治河功成下逮宋仁宗景祐元年甲戌有橫隴之決又十四歲為慶曆八年戊子復決於商胡而漢唐之河遂廢凡九百七十七歲

唐一代無河患有二說

又魏晉南北朝河之利害不可得聞唐自長壽以來時有溢決見之於史而無大變遷故不志河渠閻百詩云其說有二一程子

曰漢火德多水災唐土德少河患一宋敏求曰唐河朔地天寶後久屬藩臣縱有河事不聞朝廷故一部唐書所載者僅滑帥薛平蕭倣二事耳

程子宋敏求言唐無河患二說皆難信

又伊川之意欲明宋多河患以火德故然東漢亦火德而河患絶少何也且禹功既壞河行未久輒復徙決者數百年近者或百餘年或數十年獨東漢之河垂千歲而後變則王景之功不可誣也豈皆係運爲之哉唐代以後强藩跋扈專制自爲決道云縱有河事不聞朝廷是也而愚更有說焉河災羨溢首尾亘千里之外非一方可治當四分五裂之際國非我有唯魏滑同患故田弘正從薛平之請協力共治否則動多掣肘縱有溢決亦遷城邑以避之而已此河功所以罕紀也據史所書謂唐少河患亦未爲篤論云

宋至嘉祐元年京東故道遂廢

又宋初河道與唐五代略同歐陽修所稱京東故道是也景德元年河決澶州横隴埽尋復修塞景祐元年又決横隴遂爲大河之經流迨慶曆八年河又決澶州之商胡埽而横隴斷流歐陽修謂之横隴故道今濮州東東平州西范縣東陽穀縣東南東阿縣北皆有舊黄河即宋横隴決河之所行也自長清而下則與京東故道合矣至和二年李仲昌議開六塔河引歸横隴故道從之嘉祐元年四月壬子朔塞商胡北流入六塔河不能容是夕復決溺兵夫漂芻藁不可勝紀降河官議罪自是之後無復言横隴者而京東故道遂廢

宋志言北流東流之異

又河渠志曰初商胡決河自魏之北至恩冀乾寧入于海是謂北流嘉祐五年河流派於魏之第六埽遂爲二股自魏恩東至德滄入于海是謂東流今按二股河者商胡決河之别派也決口廣二百尺行一百三十里至魏恩德博之境曰四界首河時以合

永濟渠者爲北流故此有東流之目

宋慶曆後黃河北流所經之地

又河渠志慶曆八年河決澶州商胡埽決口廣五百五十七步皇祐元年河合永濟渠注乾寧軍今按永濟渠即古之清河漢志之國水水經之清淇二水曹公自枋頭遏其水爲白溝一名白渠隋煬帝導爲永濟渠一名御河今稱衛河者也先是大中祥符四年河決通利軍合御河壞經塞治至是河自州東北三十里商胡埽決而北過清豐縣西又北過南樂西又北至大名府東北合永濟渠又東北過冠氏縣西北又東北過館陶縣西又東北過臨清縣西又東北過宗城縣東又東北過清河縣東又東北過夏津縣西北又東北過武城縣西又東北過棗強縣西又東北過將陵縣西北又東北過蓨縣南又東北過東光縣西又東北過南皮縣西又東北過清池縣西而北與漳水合又東北過乾寧軍東又東北過獨流口又東至界地口入於海

慶曆八年河徙至紹熙五年又徙所歷年數

又商胡決後二十一歲爲神宗熙寧二年己酉遂東流而北流閉又十二歲爲元豐四年辛酉河復北流哲宗紹聖初又閉後數歲爲元符二年己卯東流斷絕河竟北流蓋自仁宗慶曆八年戊子下逮金章宗明昌五年甲寅寔宋光宗之紹熙五年而河決陽武出胙城南南北分流入海凡一百四十六歲

北流初行永濟渠後混入漳水

又河渠志熙寧元年河溢瀛州樂壽埽元豐五年河溢永靜軍阜城下埽元祐五年南宮等五埽危急紹聖元年趙偁請修平鄉鉅鹿埽崇寧三年臣僚言奉詔措置大河由西路歷沿邊州軍回至武強縣循河隄至深州又北下衛水乃達于冀四年尚書省言大河北流合西山諸水在深州武強瀛州樂壽埽俯瞰雄霸莫州萬一決溢爲害甚大詔增二埽隄及儲蓄以備漲水大觀元年邢州言河決陷鉅鹿縣詔遷縣於高地又以趙州隆平縣下濕亦遷之又冀州河溢壞信都南宮二縣宣和二年河溢

信都今按阜城平鄉鉅鹿武强衡水棗强信都南宫等縣皆漳水之所經御河不入其界而屢被大河決溢之害此北流混入漳水之明驗也

宋河入金以後至明昌五年一大變

又金始克汴兩河悉畀劉豫豫亡河遂盡入金境數十年間或決或塞遷徙無定蔑底大北使録云滄州城西南有積水云河且大河剩水也按宋史隆興再請和以成大元金祈請國信使孝宗隆興之元二即金世宗之大定三年四年也時滄州城下僅有剩水則河雖濟猶在隆興之前可知矣朱子語録一條云元豐間河北流自後中原多事後來南流金人亦多事近來又北流見歸正人説蓋其時河嘗南流尋復歸北也據金史河渠志大定八年河決李固渡水潰曹州城分流於單州之境新河水六分舊河水四分十一年河決王村南京孟衛州界多被其害十二年尚書省奏言水東南行其勢甚大可自河陰廣武山循河而東至原武陽武東明等縣孟衛等州增築隄岸從之二十年河決衛州及延津京東埽彌漫至于歸德府諸南北兩岸增築隄以捍湍怒二十一年以河移故道命築隄以備二十六年河決衛州隄壞其城泛溢及大名其所載不過如此他無可考然大定二十七年令沿河京府州縣長貳官皆銜兼帶河防自滎陽以下如南京府之延津上祥符開封陳留胙城杞縣長垣歸德府之宋城寧陵虞城衛州之汲新鄉獲嘉徐州之彭城蕭豐曹州之濟陰滑州之白馬睢州之襄邑滕州之沛單州之單父濟州之嘉祥金鄉鄆城皆為沿河之地則當時河流之所經亦大略可覩也雖數有遷徙而汲胙之間如故迨明昌五年八月河決陽武故隄灌封丘而東尚書省奏都水監官見水勢趨南不預經畫詔各削階罷職蓋河流至是又一大變矣

宋紹熙後分南北清河

又金吉甫云河至紹熙甲寅南連大野并行泗水以入于淮於是有南北清河之分北清河即濟水故道南清河并泗入淮今淮安之西二十里對岸清河口是也

宋河從陽武注梁山濼分二派

又宋光宗紹熙五年甲寅即金章宗之明昌五年也是歲河徙自陽武而東歷延津封丘長垣蘭陽東明曹州濮州鄆城范縣諸州縣界中至壽張注梁山濼分爲二派北派由北清河入海今大清河自東平歷東阿平陰長清齊河歷城濟陽齊東武定青城濱州蒲臺至利津縣入海者是也南派由南清河入淮即泗水故道今會通河自東平歷汶上嘉祥濟寧合泗水至清河縣入淮者是也

宋紹熙五年至元至元初年黃河南北流所經之地

又元至元九年河決新鄉縣廣盈倉岸時河猶在新鄉陽武間也不知何年徙出陽武縣南而新鄉之流遂絶據史至元二十三年河決衝突河南郡縣凡十五處二十五年汴梁路陽武等縣河決二十二所水道一變蓋在此時矣元大一統志殘缺僅存十之一二河之所經不可得詳謹據近志各州縣界中見行之河鑑次如左黃河自武陟縣南東逕原武縣北又東逕陽武縣南又東逕延津縣南又東逕祥符縣北其北岸則封丘縣又東逕陳留縣北又東逕蘭陽縣南又東逕儀封縣南又東南逕睢州北又東南逕考城縣北又東南逕商丘縣北其北岸則曹縣又東逕虞城縣北又東逕夏邑縣北其北岸則單縣又東逕碭山縣北又東逕豐縣南又東逕沛縣南其南岸則蕭縣又東逕徐州北與泗水合又東南逕靈璧縣北又東南逕睢寧縣北其北岸則邳州又東逕宿遷縣南又東逕桃源縣北又東逕清河縣南與淮水合又東逕山陽縣北又東逕安東縣南而東北入于海

金明昌即宋紹熙河從至元二十六年又徙所歷年歲

又自金明昌甲寅之徙河水大半入淮而北清河之流猶未絶也下逮元世祖至元二十六年己丑會通河成於是始以一淮受全河之水凡九十五歲

河入淮不始于宋而始于漢元光三年

又河一過大伾而東不決則已決則東南注于淮其勢甚易邱文莊以宋熙寧十年河決為入淮之始非也先是天禧三年河決滑州歷澶濮曹鄆注梁山濼合清水古汴渠東入于淮矣又先是咸平三年河決鄆州浮鉅野入淮泗矣又先是太平興國八年河大決滑州泛澶濮曹濟東南流至彭城入于淮矣溯而上之則漢元光三年河決濮陽瓠子東南注鉅野通于淮泗矣但皆未幾即塞耳歷久而不變至今五百餘歲河淮并為一瀆則自金明昌五年始耳

明世河淮合一而淮又受衆水之歸

又邱仲深大學衍義補言禮曰四瀆視諸侯謂之瀆者獨也以其獨入于海故江河淮濟謂之四瀆今以一淮而受黃河之全蓋合二瀆而為一也自宋以前河自入海尚能為並河州郡之害況今河淮合一而清口又合汴泗沂三水以同歸於淮也哉蓋時河水猶有所潴如鉅野梁山等處猶有所分如屯氏赤河之類雖以元人排河入淮而東北之道猶微有存焉者今則以一淮而受衆水之歸而無涓滴之滲漏矣

河變之所託始

又顧氏山居贅論曰大河之流自漢至今遷移變異不可勝紀然孟津以西則禹迹具存以海為壑則千古不易也自孟津而東由北道以趨於海則澶滑其必出之途由南道以趨於海則曹單其必經之地衡濮濬必由陽武之北而出汲縣胙城之間衡曹單必由陽武之南而出封丘蘭陽之下此河變之託始也

河入海各路所必由之地

又由澶滑而極之或出大名歷邢冀道滄瀛以入海或歷濮范趨博濟從濱棣以入海由曹單而極之或溢鉅野浮濟鄆挾汶濟以入海或經豐沛出徐邳奪淮泗以入海此其究竟也要以北不出漳衛南不出長淮中間數百千里皆其縱橫糜爛之區矣

大河東而會通河必廢

又自陽武而入封丘河溢東南流荆隆口直東則經長垣東明出曹濮直趨大清河矣較之出徐沛合淮泗以入海者遠近何啻

夫河行之道宜直不宜紆入海之口宜近不宜遠河之兩岸宜潤而歸流宜深平水則宜置斗門且多置之用王景更相迴注之意使不至旁溢河來必不可東也雖然大河東則會通河廢會通河不廢則大河不可得而東兩者不並立矣此大河所以屢決而東終抑之使南也與

明初河北流猶未絶至弘治中始絶

又元末河復北徙自東明曹濮下及濟甯而運道壞明洪武初命徐達自曹州東引河至魚臺入泗以通運永樂九年又命宋禮自曹疏河經濮州東北入會通河是北流猶未絶也迨運濟之後仰給於會通者重始畏河之北北即塞之弘治中兩決金龍口直衝張秋議者爲漕計遂築斷黄陵岡支渠而北流於是永絶始以清口一綫受萬里長河之水

明初河自汴去者猶有六

又焦竑侯云明興河之自汴出者猶有六其二入淮其四合漕以入于淮出陳潁者至壽入淮出祥符者至懷遠入淮出長垣者至陽穀入漕出曹州者至魚臺入漕出儀封者至徐之小浮橋入漕出沛之南者從飛雲橋入漕出徐沛之中境山之北者從溜溝入漕是猶有爲分之遺意也其後或塞或微而以一徐受全河之運矣

明洪武二十四年至正統末黄河逕汴達淮大略○其經流之地俗呼爲惠民河即宋清河

太和縣志黄河經開封府北東行洪武二十四年河決原武縣東南至項城矣正統十三年又決滎陽縣而東趨項城遂達於太和由界溝税子鋪等集東至界牌達和而南達潁州正陽注於淮俗呼爲惠民即宋時清河也上通古汴下達淮泗

河流自禹至明凡五大變

又河自禹告成之後下迄元明凡五大變而暫決復塞者不與焉一周定王五年河徙自宿胥口東行漯川至長壽津與漯別行

而東北合漳水至章武入海水經所稱大河故瀆者是也二王莽始建國三年河決魏郡泛清河平原濟南至千乘入海後漢永平中王景修之遂為大河之經流水經所稱河水者是也三宋仁宗時商胡決河分為二派北流合永濟渠至乾寧軍入海東流合馬頰河至無棣縣入海二流迭為開閉宋史河渠志所載是也四金章宗明昌五年河決陽武故隄灌封丘而東注梁山濼分為二派一由北清河入海一由南清河入淮是也五元世祖至元中河徙出陽武縣南新鄉之流絕二十六年會通河成北派漸微及明宏治中築斷黃陵岡支渠遂以一淮受全河之水是也

皇明河道遷徙大畧

續文獻通考按河決之患三代已然漢文帝時河決酸棗漢武帝而後則決於瓠子決於館陶分為屯氏河東北入海至元成時河始決東郡分流於博州後又決平原決渤海決信都皆東北出青冀之境以達於海自東漢歷魏晉隋唐以及宋初並罹河患宋仁宗至和間河始決大名神宗熙寧始決於澶州曹村北流斷絕河道南徙東流於梁山濼分為二派一合南清河入於淮一合北清河入於海黃河入淮自濟漯湮廢矣黃河在開封城北四十里至洪武二十四年河決原武故道遂淤至是又決滎陽逼開封城之西南而城北之新河又淤自是汴城在河北矣隋唐以前河自河淮自淮各自入海宋中葉後河合於淮以趨海矣此古今遷徙不同之大畧也前代河決不過壞民田廬而已我朝河決則慮妨漕運而關係國計故治河視前代為尤急

河入海自堯八十載至明正統十三年凡四大變

閻若璩四書釋地續禹於帝堯八十載癸亥告成功河自碣石入於海碣石山名在今永平府昌黎縣後一千六百七十六年為周定王五年己未周譜曰河徙水經注云河徙故瀆並不言所在唯漢地理志魏郡鄴縣下注云故大河在東北入海故河入海之一變也鄴縣在今彰德府臨彰縣西遠漢武帝元封二年壬申既塞宣房後宣帝地節元年壬子前此四十一年閼河復北決於館陶分為屯氏河北至章武入海章武城在今河間府鹽山縣西北此河入海又一變也宋史河渠志神宗熙寧十年丁巳

七月乙丑河大決於曹州曹村隄濟北流斷絕河道南徙東滙於梁山張澤濼分爲二派一合南清河入於淮一合北清河入於海北清河即濟水故道南清河即今泗水淮安府清河縣之清口是也此又一變矣洪武二十四年辛未河全入於淮而故道遂淤雖永樂九年辛卯復疏入故道而正統十三年戊辰終合并於淮爲河入海之又一變矣是天壤間所謂四瀆者僅有二瀆早始氣運使然恐亦非人力之所能爲矣

河溝即鴻溝亦即蒗蕩渠

禹貢錐指河溝者鴻溝也據水經注陰溝本蒗蕩渠在浚儀縣北自王賁斷故渠引水東南出以灌大梁謂之梁溝於是水出縣南而不逕其北遂目梁溝爲蒗蕩渠亦曰鴻溝浚儀故縣在今開封府西北即大梁城魏所都也自智伯引汾水以灌晉陽世皆知水之可以亡人國蘇代云秦正告魏曰決滎口魏無大梁其後王賁竟用之以滅魏按滎口水即鄭方之發川後世亦謂之濟水水經注濟水自陽武縣故城南又南逕封丘縣南又東逕大梁城北故亦可決之以灌也賁所引是蒗蕩渠非發瀆渠水不同而其地則總在大梁之北

元光間頓丘決口入海經流之地

禹貢錐指元光三年河水決濮陽瓠子溝洫志言之甚詳而頓丘之決口及入海處與中間經過之地皆不可得聞今以水經注考之北瀆初經頓丘縣西北至是改流蓋自廢城西決而東北逕其縣東南歷畔觀至東武陽會漯川之道東北至千乘入海者也漯川狹小不能容故其夏又自長壽津溢而東以決於濮陽則東南注鉅野通淮泗而北瀆之流微漯川之水涸矣及武帝塞宣房道河北行二渠則正流全歸北瀆餘波仍爲漯川頓丘之決口不勞而塞故志略之

屯氏河屯氏別河篤馬河王莽河鳴犢河張甲河所在詳考

水經河之故瀆自沙丘堰南分屯氏河出焉禹貢錐指大河故瀆北出爲屯氏河逕館陶縣東溝洫志曰自塞宣房後河復北決

於館陶縣分爲屯氏河其故瀆又東北屯氏別河出焉屯氏別河故瀆又東北逕信成縣張甲河出焉地理志曰張甲河首受屯氏別河於信成縣者也張甲故瀆北絕清河於廣宗縣又東北至脩縣會清河屯氏別河自信成城南東北至繹幕縣南分爲二瀆其北瀆東北至陽信縣故城北而東注於海南瀆自平原城北首受大河故瀆東出亦謂之篤馬河東北至陽信縣故城南東北入海屯氏河故瀆東逕靈縣北又東北逕鄃縣與鳴犢河故瀆合地理志曰河水自靈縣別出爲鳴犢河者也按屯氏河自館陶東北至章武入海過郡四行千五百里屯音豚逕典魏州治貴鄉元城二縣貴鄉有大河故瀆俗曰王莽河元和志王莽河西去貴鄉三里古堤今名憾山在縣西九里成帝時河決王延世募人益運土塞河之處以其憾當人情故謂之憾山蓋卽沙上堤也元和志王莽河在館陶縣東四里

漢明帝時河汴分流

邱濬大學衍義補明帝詔曰河汴分流復其舊跡胡寅曰世言隋煬帝開汴渠以幸揚州據此則自漢時已有汴渠矣臣按河卽黃河汴乃汴渠也蓋昔河汴隄壞則汴水東與河合日月彌廣而兗豫民害今隄既成則河東北入海而汴東南入泗是分流復其故迹也

禹河故迹絕于西漢之末東漢之初

禹貢雖指河難徙自周定王時而東光以下至章武入海猶是徒駭之故道至王莽時始改從千乘入海而景遂因之禹迹蕩然無存君子於此有遺憾焉或曰景卽以復禹河爲難王莽河新絕未久豈不可復乎曰不可漳水之東王莽河之西既有清河又有屯氏河屯氏別河張甲河鳴犢河等瀆津渠交絡冰碎瓦裂若導河行此不久卽敗景嘗度地勢然後興工不復禹河則必用新河固已籌之熟矣

禹貢碣石漢時淪于海中

酈注禹貢夾右碣石入於河山海經碣石之山繩水出焉東流注於河河之入海舊在碣石今川流所導非禹瀆也周定王五年河徙故瀆故班固曰禹迹周移也漢武帝元光二年河又徙東郡更注渤海是以漢司空掾王横言曰往昔天嘗連北風海水溢西南出浸數百里故張君云碣石在海中蓋淪於海水也昔燕齊遼曠分置營州今城届海濱海水北侵城垂淪半王横之言信而有徵碣石入海非無證矣

二股河即商胡決河別派即唐馬頰河故道○馬頰河經流入海之地

禹貢錐指二股河者商胡決河之別派也韓贊言古大河即王莽河二股河出其東南絶王莽河而東北入海蓋即唐馬頰河之故道也考之近志馬頰河自清豐縣西南東北流逕朝城縣東又北逕莘縣西又北逕堂邑縣西又東北逕博平縣西北絶王莽河而北逕清平縣東又東北逕夏津縣東南又東北逕高唐州西北又東北逕恩縣南又東北與平原縣分水又東北絶王莽河逕陵縣南元和志云馬頰河在安德縣南五十里是也又東北合篤馬河篤馬河自平原流入縣界水經注曰屯氏別河南瀆自平原城北首受大河故瀆東出東通謂之篤馬河東北逕西平昌縣故城北又東北逕般縣故城北又東逕樂陵縣故城北又東北逕陽信縣故城南又東北入海以今輿地言之二股河合馬頰河東北至德平縣合篤馬河又東北逕樂陵海豐入海海豐本無棣與樂陵俱屬滄州故韓贊云二股河自魏恩東至德滄入海

明初至宏治河徙大畧

明紀事本末七年河南巡撫都御史徐恪上言臣按境黄河舊在汴城北四十里東經虞城下達徐邳洪武二十四年決原武縣黑洋山東經汴城北五里又南至項城入淮而故道遂淤正統十三年決於張秋之沙灣東流入海又決滎澤縣東經汴城歷睢陽自是入淮景泰七年始塞沙灣之決而張秋運道復完以後河勢南趨而汴城之新河又淤宏治二年以來漸徙而北又決金龍口潰黄陵岡張秋横衝會通河長奔入海而汴南之新河又淤百餘年間遷徙數四十里之内散漫瀰漫

明初黄河分六道

小谷口會通考按明初黄河分六道出滎陽者至壽州入淮出祥符者至懷遠入淮出長垣者至陽穀入漕出歸德者至宿遷入漕出儀封者由新集趙家圈經蕭縣北徐州小浮橋入漕此河流經徐之始也

明宏治七年後黄河北徙入漕情形

明武宗實録初黄河水勢自弘治七年修理後尚在清河口入淮十八年北徙三百里至宿遷縣小河口正德三年又北徙三百里至徐州小浮橋今年六月又北徙一百二十里至沛縣飛雲橋俱入漕河因單豐二縣河窄水溢決黄陵岡尚家等口曹單二縣田廬實多淹沒九月又決曹縣梁靖等口直抵單縣人畜死者房屋衝塌者甚重圍豐縣城郭兩岸相對闊有百餘里蓋南行故道淤塞水惟北趨漸不可遏

明初河自河南原武分而爲三宏治後北徙爲運河害情形

明武宗實録正德五年二月己亥初黄河自河南原武滎陽分而爲三其一自亳州鳳陽通淮入海其一自德州過丁家道口抵徐州小浮橋其一名賈魯河自筐泯河過黄陵岡亦抵徐州小浮橋弘治中河決黄陵岡犯安平鎮遣官視之大名築隄五十里曹州築隄百三十里翼以小隄河患乃息是歲九月河自儀封北徙衝黄陵岡入賈魯河汎溢横流直抵豐沛御河林茂達等言河勢北趨隄外水高隄内地下倘北決龍王廟壞安平鎮必爲運河害

明宏治前河分三道入海嘉靖間并歸一支

明世宗實録七年八月辛丑都御史潘希曾言近沛漕沙淤旋挑旋塞蓋由秋水泛漲黄河奔衝所致嘗考河流故道非一其大而要者有三一孫家渡經長淮衛趨淮入海一趙皮寨經符離橋出宿遷小河入海一沛縣飛雲橋乃下流之支河宏治以前三支分流會於淮而入於海故徐沛亡患漕渠不淤今上流二支俱就湮塞全河東下并歸於飛雲橋一支下東徐呂二洪上遏閘

河流水溢爲游波泛濫畔岸於是決隄壞防大爲漕患

明嘉靖三十七年新集淤河分爲十一流

河防一覽是年新集淤七月忽向東北衝成大河而新集河由曹縣循夏邑丁家道司家道出蕭縣薊門由小浮橋入洪七月於凡二百五十餘里趨東北段家口析爲六股曰大溜溝小溜溝濁河胭脂溝飛雲橋俱由運河至徐洪又一股由碭山堅城集下郭貫樓又析五小股爲龍溝母河梁樓溝楊氏溝胡店溝亦由小浮橋會徐洪河分爲十一流遂淤然分多則勢弱勢弱則併淤之機也

明萬曆五年河復自秦改趨小浮橋故道

明會典先是嘉靖三十二年以前黃河由小浮橋後徙由沛縣飛雲橋繼由徐州大小溜溝以入閘河四十四年河大決改由秦溝出口以致茶城水患淤淺至是復南趨小浮橋故道

嘉靖四十三年至四年黃河入淮經流異同

蕭縣志先是四十三年上六股皆淤而統會於秦溝迺四十四年水汎異常決新集塞龐家屯向東又出飛雲橋漫成巨浸邁南南注由秦溝直射茶城而經徐入淮矣

明河向出穀亭入運○嘉靖甲午秋忽改分二支

閘水集黃河舊出穀亭口入運魯橋下至徐邳間歷有年嘉靖甲午秋忽一夕遽改然亦分爲二支一北出魚臺塌場口漕賴以濟運一從上源曹縣榆林集南向徐州免北衝潰之患至十月運舟南還全河方始南徙二支斷流國計所繫神實相焉

明嘉靖十五年黃河入淮之道

嘉靖十五年總河李如圭治河疏略黃河先年由河南蘭陽縣趙皮寨地方流經考城東明長垣曹蕭等縣以入徐州近年自趙

皮寨地方由蘭陽儀封歸德寧陵睢州夏邑永城等州縣流經鳳陽地方入淮其歸德蘭陽等州縣卽今水患頗大

明世小浮橋河道遷徙情形

小谷口會黄弘治以前小浮橋一帶河道常衰其亂迺有防潰運嗣後其甚當衝宮保治河時據徐州碭山鄉民至稱老河故道自新集歷趙家圈蕭縣薊門出小浮橋一向安流名曰銅幫鐵底後因河南水患另開一道出小河口本河漸被沙淤至嘉靖三十七年河北徙忽東忽西靡有定向水行河底卽是平陸潘公曾上疏欲復小浮橋故河奏篤恭治水鉴跡云黄河由小浮橋會徐洪自小浮橋之上皆閘河也故汶水出高家閘與小浮橋大河會則汶與河交會在高家閘嘉靖末水北徙由秦溝則自小浮橋以上逆四十里至茶城矣為大河高閘沉河中不復見其汶與河交會在茶城矣可見數十年間河流之變遷若此

河水所以南徙論

河之徙而南也雖有其漸而必溯厥初周之衰也王政不修水官失職諸侯各擅其山川以為己利於是有滎陽下引河為鴻溝者自是以後日漸穿通枝津交絡宋鄭陳蔡曹衛之郊無所不達至定王五年河遂南徙無他河水之入鴻溝者多則經流遂貽不能衝刷泥沙故也宿胥之塞實鴻溝致宿胥之塞實鴻溝致之不然禹功歷千餘歲而不敝何獨至春秋一旦變遷也哉蓋河自孟津以下出險就平兼會濟沁伊洛漸有奔放之勢然南岸至滎澤山脈不斷瀕河地形高昂河不能決而南故廣武以東無河患禹但瀹滎播而其事畢矣自鴻溝既開不惟害及禹河而豫之東境亦被其災漢平帝世河浸汴渠歲月逾甚滎陽以下為平地陶邱不辨壤墳後雖修治而決溢時有邊韶滎口石門碑云一有決溢彌原淹野蟻孔之潰害起不測此鴻溝之遺患也故論者有謂穿渠之禍甚於曲防狙於一時之小利而不顧萬世之大害誠篤論矣

歷代河防統纂卷五

秀水陳璜輯

河患

唐虞三代河患

呂氏春秋曰昔上古龍門未開呂梁未鑿河出孟門大溢逆流無有丘陵沃衍平原高阜盡皆滅之名曰洪水通鑑前編河亶甲元祀徙都于相注河亶甲立是時囂有河決之患遂自囂遷于相祖乙元祀圮于相徙都于耿注祖乙既立是時相都又有河決之患乃自相而徙都于耿九祀圮于耿徙都于邢注大紀曰王之世遷都于耿王擢以巫咸之子賢爲相竹書紀年載乙十五年自河北遷于沬穀梁傳梁山崩壅遏河三日不流竹書紀年貞定王六年晉河絕于扈赧王六年十月大霖雨疾風河水決酸棗

秦始皇時河一溢一決

史記秦本紀始皇帝八年河魚大上雲陽曰謂河水溢魚大上平地亦言遺水害也秦始皇帝二十二年王賁攻魏引河溝灌大梁大梁城壞

漢文帝十二年河決

漢書文帝本紀十二年冬十二月河決東郡史記河渠書漢書溝洫志皆云漢興三十有九年文帝時河決酸棗東潰金隄當爲文帝之前十六年也而本紀則曰十二年或是志書之誤

漢武帝時河決河溢

漢書武帝本紀建元三年春河水溢於平原史記河渠書漢興三十九年孝文時河決酸棗東潰金隄於是東郡大興卒塞之其後四十有餘年今天子元光之中而河決於瓠子東南注鉅野通於淮泗漢書河決觀梁楚之地固已數困而緣河之郡隄塞河輒決壞費不可勝計漢書武帝本紀元光三年春河水徙從頓丘東南流入渤海夏五月河決濮陽氾郡十六發卒十萬救決

河起龍淵宮

漢元帝永光河決

漢書溝洫志元帝永光五年河決清河靈鳴犢口而屯氏河絕

漢成帝建始河決河溢

漢書成帝本紀建始四年秋大水河決東郡金隄師古注金隄者河隄之名今在滑州界漢書溝洫志鴻嘉四年楊焉言從河上下患底柱隘可鐫廣之上從其言使焉鐫之鐫之裁沒水中不能去而令水益湍怒為害甚於故是歲勃海清河信都河水湓溢灌縣邑三十一敗官亭民舍四萬餘所

漢自塞宣房後至鴻嘉凡三決一溢

禹貢錐指志云自塞宣房後河復北決於館陶分為屯氏河東北經魏郡清河信都勃海入海廣深與大河等故因其自然不隄塞也元帝永光五年河決清河靈鳴犢口而屯氏河絕成帝初靈鳴犢口又不利清河都尉馮逡奏言郡承河下流土壤輕脆易傷屯氏河絕未久宜復浚以助大河泄暴水此思患預防之道也而博士許商行視以為方用度不給且勿浚後三歲河果決館陶及東郡金隄灌四郡三十二縣遣王延世塞之後二歲河復決平原流入濟南千乘又遣延世塞之費史不詳鴻嘉四年勃海信都河水湓溢灌縣邑三十邑

漢哀帝初年河水出流

漢書哀帝本紀綏和二年哀帝即位秋詔曰乃者河南潁川郡水出流殺人民敗壞廬舍朕之不德民反蒙辜朕甚懼焉

王莽建國河決

漢書王莽傳莽始建國三年河決魏郡泛清河以東數郡先是莽恐河決為元城冢墓害及決東去元城不憂水故遂不隄塞

後漢桓帝永興河溢

後漢書桓帝本紀永興元年秋七月河水溢

東漢靈帝光和河溢

後漢書五行志靈帝光和六年秋金城河溢水出二十餘里

晉泰始河溢

晉書武帝泰始七年六月大霖雨河洛伊沁皆溢河南通志是年漂民舍千九百餘家秋稼千三百餘頃

劉宋元嘉河溢

南史宋文帝元嘉十八年夏五月甲申河水泛溢害居人

北魏冀定數州河溢

魏書崔楷傳冀定數州頻遭水患楷上疏曰比定冀水潦無歲不饑幽瀛川河頻年泛溢豈是陽九厄會百六鍾期故以人事而致非為運極

北齊河溢

河南通志北齊河清元年四月河溢

唐貞觀河溢

唐書太宗貞觀十一年九月丁亥河溢壞陝州河北縣毀河陽中潬幸白司馬坂觀之賜瀕河遭水家粟帛

唐高宗朝河屢溢

唐書五行志高宗永徽五年六月河北大水十月齊州黃河溢永淳二年己巳河溢壞河陽橋

唐武后朝河三溢

唐書五行志武后如意元年八月甲戌河溢壞河陽縣長壽二年五月癸丑棣州河溢壞居民二千餘家聖曆元年秋黃河溢

唐元宗朝河兩溢兩決

舊唐書元宗本紀開元五年六月壬午鞏縣暴雨連月山水泛溢毀郭邑廬舍七百餘家人死者七十二汜水同日漂壞近河百姓二百餘家唐書五行志開元十年六月博州棣州河決舊唐書本紀八月丙戌博棣等州黃河堤破溢損田稼唐書五行志十四年秋大水河南河北尤甚河及支川皆溢懷衛鄭滑汴濮人或巢舟以居死者千計唐書本紀八月河決衛州

唐代宗大歷河溢

唐書五行志代宗大歷十二年秋大雨水河南尤甚平地深五尺河溢

唐德宗朝河兩溢

唐書德宗本紀建中元年冬黃河溢五行志貞元二年六月河溢

唐憲宗元和河溢

唐書五行志憲宗元和七年正月振武河溢毀東受降城舊唐書憲宗本紀元和八年十二月丙午以河溢浸滑州羊馬城之半滑州薛平魏博田宏正徵役萬人於黎陽界開古黃河道

唐史罕紀河決之故

宋敏求春明退朝錄唐時黃河不甚有決溢之患故平治河一事此外史無所紀蓋河朔地天寶後久屬藩臣兩事不聞朝廷汴河亦不聞有疏道之事本欲以為相府汴河淺澀請令河陰節度使於汴口開導仍令宣武感化節度使監轄州縣封閉公私斗門感化即徐州也

唐文宗朝河兩決

唐書五行志文宗太和五年夏河決壞棣州城又開成三年夏河決浸鄭滑外城

唐僖昭兩朝河溢河徙河圮

唐書五行志僖宗乾符五年秋大霖雨河溢害稼唐書昭宗大順二年二月辛巳河陽河溢壞人廬舍唐書五行志昭宗景福二年河徙從渤海北至無棣縣入海昭宗乾寧三年四月河圮於滑州朱全忠決其隄因爲二河散漫千餘里

後梁龍德間段凝決河

五代史補梁朱友貞龍德三年段凝以唐兵漸逼乃自酸棗決河東注於鄆以限唐兵謂之護駕水決口日大爲曹濮患唐同光二年命婁繼英塞之未幾復壞

後唐同光河溢百川皆溢

五代史唐莊宗同光二年八月河溢通鑑是年七月壬寅梁所決河連年爲曹濮患甲辰命蜀石門上將軍婁繼英督汴滑兵塞之未幾復壞三年春正月庚戌詔平盧節度使符習治酸棗遙隄以禦決河是年自六月甲午雨至見日星江漢百川皆溢凡七十五日乃霽

後晉天福間河屢決

五代史晉石敬瑭天福四年八月己亥朔河決博平通鑑六年九月辛酉滑州言河決五代史六年九月丁丑河決中都入於沓河十月河決滑濮鄆澶州

後晉天福河決諸史記載不同

通鑑考異曰薛史記載九月辛酉滑州河決而不載庚午濮州決高祖實録載庚午濮州奏而不載辛酉滑州決五代會要及志

晉云天福六年九月決滑州兗濮州界皆爲水漂溺史匡翰傳亦云天福六年白馬河決棱辛酉滑州河已決則下流皆溺濮州
無庚午再決之理蓋滑州河決漂浸及濮州耳

後晉開運閒河決入汶濟

五代史晉石重貴開運元年六月丙辰河決滑州環梁山入於汶濟

後晉開運閒河入汶水爲全河南徙之始

穀山筆塵滑州河決侵汴曹濮單鄆五州之境環梁山合於汶水此全河南徙之始也梁山在今壽張東平之閒汶水自東北來
與濟水會於梁山之北而決河水瀰漫濟濫環梁山會於汶則宋之梁山濼矣

後晉開運一年中河六決一溢

五代史晉石重貴開運三年夏六月己丑河決魚池秋七月河決楊劉朝城八月辛酉河溢歷亭九月河決澶滑懷州癸卯河決
臨黃冬十月河決衛州丙寅河決原武

後漢乾祐閒河三決

五代史漢劉承祐乾祐元年夏四月戊子河決武元五月乙亥河決滑州魚池三年六月癸卯河決原武

後周廣順閒河決

通鑑周廣順二年十二月丙戌河決鄭滑遣使行視修塞

後周顯德朝河大決

宋史河渠志周世宗顯德初大決東平之楊劉宰相李穀監治堤自陽穀抵張秋口以遏之水患稍息然決河不復故道離而爲
赤河又李穀傳河大決齊鄆發十數州丁壯塞之命穀領護刻期就功

後周顯德河大決分二派

朱子綱目河自楊劉東潰分爲二派滙爲大澤瀰漫數百里濮棣淄漂沒田廬民捕魚以食

宋太祖建隆間河凡四決

宋史五行志太祖建隆元年十月壬午棣州河決壞厭次商河二縣居民廬舍田疇地理志是年河決公乘渡口壞臨邑城三年移治孫耿鎮河南通志建隆二年孟州河決五行志建隆四年八月齊州河決

宋太祖乾德間河決河溢

宋史五行志太祖乾德三年七月開封府河決溢陽武河中府孟州並河水漲孟州壞中潬軍營民舍數百區河壞陝岸石又溢於鄆州壞民田淄州濟州並河溢害鄒平高苑縣民田太祖本紀八月癸卯河決陽武縣乙未鄆州河水溢沒田九月辛巳河決滑州乾德四年六月甲午東河縣河溢損民田甲辰觀城縣河決壞居民廬舍注大名又靈河縣堤壞水東注衛南縣境及南華縣城七月濮陽縣河南北隄壞八月淄州濟州河水溢壞高苑縣城溺數百家及鄒平縣田舍太祖本紀閏月乙丑河溢入南華縣河渠志八月丙辰滑州河決壞靈河縣大隄宋史太祖本紀乾德五年八月甲申河溢入衛州城民溺死者數百

宋太祖開寶間河溢河決

宋史五行志太祖開寶元年六月河溢壞民田廬舍二年七月下邑縣河決宋史太祖本紀開寶四年六月乙酉河決原武汴決穀熟七月癸亥汴決宋城五行志六月鄆州河及汶清河皆溢注東阿縣及陳口鎮壞廬舍鄆州河決原武縣河渠志十一月河決澶淵泛數州五年五月丁亥河南北淫雨澶滑濟鄆曹濮六州大水六月乙丑河決陽武八月衛州河溢五行志五月河決濮州六月河又決開封府陽武縣之小劉村開寶六年春正月癸酉修繕縣河五行志鄆州河決楊劉口懷州河決獲嘉縣本紀開寶七年六月壬寅滎陽河溢壞民居五行志開寶八年五月濮州河決郭龍村六月辛亥澶州河決頓丘縣

宋太宗太平興國間河決河溢

宋史五行志太宗太平興國二年六月孟州河溢壞溫縣隄七十餘步鄭州壞滎澤縣寧王村隄三十餘步又漲於澶州壞英公村隄三十步本紀七月癸未河決滎澤頓丘白馬溫縣閏月己酉河溢開封等八縣害稼河渠志秋七月河決孟州之溫縣鄭州之滎澤澶州之頓丘三年五月懷州河決獲嘉縣北注翟守素傳又[illegible]河決滎陽詔守素發鄰郡之丁夫千五百人與卒千人領護塞之河渠志十月滑州靈河縣河塞復決四年八月甲戌宋州河決宋城縣九月己卯衛州河決汲縣壞新場堤九月澶州河漲太宗本紀九月己卯河決汲縣五年五月徐州白溝河溢入州城河南通志是年懷州河決六年河中府河漲陷連隄溢入城壞軍營民舍鄜延寧三州並河水漲溢入州城壞軍民舍廬廡倉七年六月河決臨邑縣十月河決懷州武陟縣害民田太宗本紀七月河決范濟口河渠志是年河大漲蹙清河凌鄆州城將陷塞其門河渠志太宗太平興國八年五月河大決滑州韓村泛澶濮曹濟諸州民田壞居人廬舍東南流至彭城界入於淮五行志六月陝州河漲壞浮梁鄜州河水漲溢入城壞官寺民舍八月徐州清河漲丈七尺溢出塞州三面門以禦之是年自夏及秋開封浚儀酸棗陽武封丘長垣中牟尉氏襄邑雍丘等縣河水害民田太宗本紀太平興國九年三月丁巳滑州河決既塞帝作平河歌賜近臣蠲水所入州縣今年租五行志八月延州南北兩河漲溢入東西兩城壞官寺民舍孟州河漲壞浮梁損民田

宋太宗淳化至道間河溢河決河漲

宋史五行志太宗淳化元年孟州河漲河渠志淳化二年三月詔長吏以下及巡河主埽使臣經度行視河隄勿致壞違者當寘於法本紀閏月河水溢四月河水溢六月河水汴水溢五行志京兆府河漲陝州河漲壞大隄六月乙酉河溢於浚儀縣壞連隄浸民田上親臨視督衛士塞之辛卯又決於宋城縣博州河漲壞民廬舍秦州河溢東流汎民田廬舍泗州招信縣河漲淳化三年十月上津縣河水溢壞民舍丁罕傳罕知鄆州會河漲壞城壘淳化四年九月澶州河漲衝陷北城壞民舍官署倉庫民溺死

考甚泉十月澶州河決水西北流入御河浸大名府城河渠志十月河決澶州陷北城壞廬舍七千餘區至道二年七月鄆州河漲壞連隄四處閏七月陝州河漲本紀三年四月河決鄆州詔徙州城

宋真宗咸平景德閒河溢河決

宋史五行志真宗咸平元年七月齊州黄河泛溢壞田廬河渠志咸平三年五月河決鄆州王陵埽浮鉅野入淮泗水勢悍激浸迫州城咸平五年六月京民河溢壞營舍景德元年九月澶州言河決橫隴埽四年七月又壞王八埽河渠志並詔發兵夫完治之本紀九月乙巳河決澶州

宋真宗大中祥符閒河決河溢

宋史五行志真宗大中祥符三年九月河決河中府白浮梁村河渠志十月判河中府陳堯叟言白浮圖村河水決溢爲南風激還整道明年遂徙濱州經度西岸開減水河九月棣州河決聶家口大中祥符四年八月河決通利軍大名府御河溢合流壞府城害田人多溺死九月河溢於孟州溫縣大中祥符五年正月河決棣州聶家口河渠志棣州請徙城帝曰城去決河尚十數里居民重遷命使完塞既成又決於州東南李民灣環城數十里民舍多壞又請徙於商河役興踰年雖扞護完築裁免決溢而湍流益暴壖地益削河勢高民屋踰丈矣大中祥符六年六月保安軍積雨河溢浸城壘壞廬舍判官趙震溺死又兵民溺死凡六百五十人八月河決澶州十月滑州河溢於定鎮河渠志真宗大中祥符七年詔罷葺遙隄以養民力八月甲戌河決澶州大吳埽役徒數千築新堤亘二百四十步水乃順道五行志十一月乙酉滑州河溢於定鎮五行志七月坊州河溢民有溺死者真宗本紀大中祥符九年九月癸卯雄州河溢

宋真宗天禧閒河決河溢

宋史劉綽傳真宗天禧元年擢爲右正言會濱州河決滑州大興力役[illegible]請寬民租以應天變宋史五行志真宗天

祐三年六月河決滑州城西南漂沒公私廬舍歷澶州濮鄆濟單至徐州與清河合浸城壁不沒者四版明年旣塞六月復決於西北隅河渠志六月乙未夜滑州河溢城西北天臺山旁俄復潰於城西南岸摧七百步漫溢州城歷澶濮曹鄆注梁山泊又合清水古汴渠東入於淮州邑罹患者三十二即遣使賦諸州薪石楗橛芟竹之屬千六百萬發兵夫九萬人治之本紀滑州河決泛澶濮鄆齊徐境遣使救被溺者卹八月丁亥滑州又決河渠志六月望河復決天臺下走衛南浮徐濟害如三年而益甚

宋仁宗朝河溢河決

宋史河渠志仁宗天聖六年八月乙亥河決澶州王楚埽凡三十步仁宗本紀景祐元年七月甲寅河決澶州橫隴埽五行志仁宗慶曆元年九月甲寅滑州大河泛溢壞民廬舍河渠志仁宗慶歷元年詔權停修決河自此久不復塞而不開分水河以殺其暴未興工而河流自分有司以聞遣使特祠之慶曆八年六月癸酉河決澶州商胡埽決口廣五百五十七步仍命使行視河隄五行志仁宗皇祐元年二月甲戌河北黃御二河決並注於乾寧軍皇祐三年七月辛酉河復決大名府館陶縣之郭固口河渠志仁宗嘉祐元年四月壬子朔塞商胡北流入六塔河不能容是夕復決溺兵夫漂芻藁不計其數嘉祐五年河流派別於魏之第六埽曰二股河其廣二百尺自二股河行一百三十里至魏恩德博之境曰四界首河七月都轉運使韓贄言四界首古大河所經即溝洫志所謂平原金隄開通大河入篤馬河至海五百餘里者也自春以丁壯三千浚之可一月而畢支分河流入金赤河使其深六尺爲利可必商胡決河自魏至於恩冀乾寧入於海今二股河自魏恩東至於德滄入於海分而爲二則上流不壅可以無決溢之患乃上四界首二股河圖嘉祐七年七月戊辰河決大名第五埽八年秋大水毀河陽中潬

宋神宗熙寧間河溢河決

宋史河渠志神宗熙寧元年六月河溢恩州烏欄隄又決冀州棗強埽北注瀛七月又溢瀛州樂壽埽五行志八月河決滄州饒安漂溺居民移縣治於張爲村神宗本紀九月丙戌河決鄆州十二月丙申滹河溢河渠志七月辛卯北隄第四第五埽決漂溺閤

館永濟清陽以北遣官則馳驛相視八月河溢滄州曹村十月溢衛州王供時新閒凡六埽而決者二下屬恩冀貫御河奔衝爲一河渠志判大名文彥博言河溢壞民田多者六十村戶至萬七千少者九村戶至四千六百願蠲租税從之又命都水詰官吏不以水災聞者外都水監丞程昉以憂死十月安石去位熙寧十年滎澤河隄急詔判都水監俞光往治之七月河復溢衛州王供及汲縣上下埽懷州黃沁滑州韓村乙丑遂大決於澶州曹村澶淵北流斷絶河道南徙東滙於梁山張澤濼分爲二派一合南清河入於淮一合北清河入於海凡灌郡縣四十五而濮齊鄆徐尤甚壞田逾三十萬頃遣使修閉八月又決鄭滎澤

河入淮之勢自宋熙寧十年成之

叚山華廣熙寧十年河決澶州北道斷絶河流南徙東滙於梁山張澤分爲二派一合南清河入於淮一合北清河入於海南清入淮即今沂泗南流由徐邳入淮之道宋元以來未之有改也北道自張秋決塞河不復東而入淮一水遂會河之委悉南徙北去海數百里閒而竭國家之力不能制而一之也

宋神宗元豐閒河溢河決

宋史五行志神宗元豐四年四月澶州臨河縣小吳河溢北流漂溺民居四月小吳埽復大決自澶注入御河恩州危甚河渠志六月河溢北京內黃埽七月決大吳埽隄以紓靈平下埽危急八月河決鄭州原武埽溢入利津陽武溝刁馬河歸納梁山濼五行志是年秋陽武原武二縣河決壞田廬（本紀八月戊寅河決原武）相州漳河決溺臨漳縣居民又磁州諸縣鎮夏伏漳滏河水之氾臨漳縣斛律口決壞官私廬舍傷田稼本紀九月癸卯滑州河水溢十月辛亥洛口廣武大河溢十二月辛酉塞原武決河元豐七年七月北京館陶河溢入府城壞官私廬舍八月趙邢洺磁相諸州河水泛溢壞城郭軍營河渠志神宗元豐八年三月哲宗即位宣仁聖烈皇后垂簾河流雖北而孫村低下夏秋霖雨漲水往往東出小吳之決既未塞十月又決大名之小張口北河諸郡皆被水災

宋哲宗朝河溢河決

宋史哲宗本紀元祐八年河入德清軍決內黃口紹聖元年冬十月丁酉河北濵十二月己丑澶河決溢没洺磁等州合計置澶塞熙寧導東流而北流閉至是河竟北流至元符二年東流遂斷絶紹聖二年秋七月庚戌河北流溢没民田應遣官振之元武元年澶州河溢河渠志元符二年六月末河決內黃口五行志六月久雨河北大水河溢

宋徽宗朝河決河溢

宋史徽宗本紀大觀元年京東水河溢五行志是年夏大水河北京西河溢漂溺民戶河渠志二年六月庚寅冀州河溢壞信都南宮兩縣徽宗本紀是年八月辛巳邢川河水溢壞民廬舍復被水者家五行志是年秋黃河決陷没邢州鉅鹿縣徽宗本紀大觀三年六月庚寅冀州河水溢河渠志是年八月詔沈純誠開兜源河兜源在黃武埽對岸分減埽下漲水也淮安府言真定河決清河五行志是年瀛滄州河決滄州城不没者三版民死者百餘萬河渠志徽宗宣和三年六月河溢冀州信都十一月河決清河埽是歲水壞天成聖功橋官吏行罰有差高宗本紀建炎二年冬杜充決黃河自泗入淮以阻金兵金史河渠志金始克宋兩河悉畀劉豫豫亡河遂盡入金境數十年間或決或塞遷徙無定金人設官置屬以主其事沿河上下凡二十五埽六在河南十九在河北

金世宗大定間河決河溢

金史河渠志世宗大定八年六月河決李固渡水潰曹州城分流於單州之境十一年河決王村南京孟衛州界多被其害十七年秋七月大雨河決白溝二十年河決衛州及延津京東埽瀰漫至於歸德府二十六年八月河決衛州堤壞其城二十九年五月河溢于曹州小堤之北

金明昌間河徙河決

金史五行志章宗明昌四年六月河決衛州魏清滄皆被害衛輝府志自獲嘉縣西南四十里至新鄉縣南又東北至胙城縣又

北海及縣皆有漢古堤城東南有杏園鎮為河津戍守處自金明昌中河徙而汲縣之流始絕

金利河之南以病宋故金河卒南流

為育雅指自宋南渡河離濬滑故蓋趨而南至金明昌五年注于濟泗分派入海滾胙之河遂亡其去為遊益遠矣考之都水監丞田櫟言黃河利害云前代每遇古隄南決多經南北清河分流南清河北下有枯河數道河水流其中者長至七八分北清河乃濟水故道可容二三分而已因欲于北岸牆村決河入梁山濼故道依舊作南清河分流未及行而八月河決竟如其言蓋是時決勢既成櫟欲因而利導之故為此議然前代河行淮濟未幾即塞還當以是為正道而任其所之也哉金以宋為壑利河之南而不欲其北從貞祐四年延州刺史溫撒可喜言河之故道可復而議者不從蓋因勢已成實無暇及此矣原其禍皆宋人築室道旁不盡力於北流馴致此大變金何責焉

宋端平元年汴隄決

宋史趙葵傳端平元年葵知應天府南京留守兼行師汴隄破決水潦糧道不繼未幾北兵南下渡河發水淹兵多溺死

河患

元世祖朝河溢河決

元史河渠志元世祖至元九年七月衛輝路新鄉縣廣盈倉南河北岸決五行志九月南陽懷孟衛輝順天等郡沁磁泰安通濼等州淫雨河水並溢圮田廬害稼至元二十年六月太原懷孟河南等路沁河水涌溢壞民田一千六百七十餘頃衛輝路清河溢損稼南陽府唐鄧裕嵩四州河水溢損稼二十二年秋南京彰德大名河間順德濟南等路河水壞田三千頃本紀二十三年三月甲戌睢蘄二州及保定諸縣水泛溢冒官民田二十四年三月乙卯汴梁河水泛溢二十五年五月己丑汴梁大霖雨河決襄邑漂麥禾癸丑河決汴梁太康通許杞三縣陳潁二州皆被害六月壬申睢陽霖雨河溢害稼河渠志汴梁路陽武縣諸處河決二十二所漂蕩麥禾房舍二十七年六月壬申河溢太康沒民田三十一萬九千八百餘畝八月辛未沁水溢害冀氏民田五行志十一月河決祥符義唐灣太康通許二縣陳潁二州大被其患

元成宗元貞大德間河決河溢

元史成宗本紀元貞元年六月戊申歷城縣大清河水溢壞民居五行志二年九月河決河南杞封丘祥符寧陵襄邑五縣十月河決開封府大德元年三月歸德徐州邳州宿遷睢寧鹿邑三縣河南許州臨潁郾城等縣睢州襄邑太康扶溝陳留開封杞等縣河水大溢漂沒田廬五月丙寅河決汴梁之實濮河溢損民禾稼七月丁亥河決杞縣蒲口二年六月河決蒲口凡九十六所泛溢汴梁歸德二郡大名東昌平灤等路水本紀七月大雨河決壞堤防漂沒歸德數縣禾稼廬舍淮安府志是年河決歸德又決封丘河渠志二年五月河南省言河決蒲口兒等處浸歸德府數郡百姓被災本紀八年五月大名之濬滑德州之齊河霖雨汴梁之祥符太康衛輝之獲嘉太原之陽武河溢五行志是年清州濟州雨水壞民田六百八十餘頃九年六月汴梁陽武縣思

齊口河決八月歸德府寧陵陳留通許扶溝太康杞縣河溢本紀七月陳州之西華河溢八月歸德陳州河溢

元武宗朝河決

元史武宗本紀至大二年秋七月癸未河決歸德府境己亥河決汴梁之封丘

元仁宗皇慶延祐間河決河溢

元史五行志仁宗皇慶元年五月歸德睢陽縣河溢本紀二年六月癸未河決陳亳睢三州開封陳留等縣沒民田廬延祐元年六月乙未河決鄭州五行志二年六月河決鄭州壞汜水縣治三年四月潁州泰和縣河溢六年六月河間路漳河水溢壞民田河渠志七年七月汴梁路言滎澤縣六月十一日河決塔海莊東隄十步餘橫隄兩重又決數處二十二日夜開封縣蘇村及七里寺復決二處英宗本紀是歲英宗即位河決汴梁原武浸灌諸縣淮安府志是年河決滎澤又決開封

元英宗朝河溢

元史五行志英宗至治元年七月彰德臨漳縣漳水溢本紀二年正月辛巳儀封縣河溢

元泰定帝朝河決河溢

元史五行志泰定元年七月奉元朝邑縣曹州楚丘縣開州濮陽縣河溢本紀二年五月汴梁路十五縣河溢八月衛輝路汲縣河溢五行志五月河溢汴梁被災者十五縣七月睢州河決本紀是年閏月睢州歸信諸縣河溢被災者萬一千六百五十戶三年二月歸德府屬縣河決六月大昌屯河決七月河決鄭州陽武縣漂民萬六千五百家檀順等州兩河決溢十月河水溢汴梁路樂利堤壞十二月亳州河溢四年六月汴梁路河決八月汴梁路扶溝蘭陽縣河溢是歲汴梁諸屬縣霖雨河決五行志八月扶溝蘭陽二縣河溢漂民居一千九百餘家濟寧虞城縣河溢十二月夏邑縣河溢致和元年三月河決碭山虞城二縣

元文宗朝河決河溢

元史五行志文宗至順元年六月河決大名路長垣東明二縣沒民田本紀二年六月彰德屬縣漳水溢三年五月汴梁之睢州陳州開封之蘭陽封丘諸縣河水溢十月丙寅楚丘縣河堤壞順帝本紀四年順帝即位六月黃河大溢河南水災

元順帝朝賈魯未治河以前河決河溢

元史五行志順帝元統元年五月汴梁陽武縣河溢害稼六月黃河大溢河南水災至元元年河決汴梁封丘縣本紀三年六月辛巳大霖雨自是日至癸巳不止黃河水溢沒人畜廬舍甚衆五行志汴梁蘭陽尉氏二縣歸德府皆河水泛溢本紀六年秋七月乙卯奉元路盩厔縣河水溢漂流人民五行志至正三年五月黃河決白茅口本紀四年春正月庚寅河決曹州僱夫萬五千八百修築之是月河又決汴梁河渠志是年夏五月大雨二十餘日黃河暴溢水平地深二丈許北決白茅堤六月又北決金堤並河郡邑濟寧單州虞城碭山金鄉魚臺豐沛定陶楚丘武城以至曹州東明鉅野鄆城嘉祥汶上任城等處皆罹水患民老弱昏墊壯者流離四方水勢北侵安山沿入會通運河延袤濟南河間將壞兩漕司鹽場五行志五年七月河決濟陰漂官民亭舍殆盡十月黃河泛溢本紀六年五月丁酉黃河決五行志八年正月辛亥河決陷濟寧路

元順帝朝賈魯治河以後河決河溢河北徙

元史五行志順帝至正十一年七月河決歸德府永城縣壞黃陵岡岸史彥斌傳十四年河溢金鄉魚臺墳墓多壞五行志十六年河決鄭州河陰縣官署民居盡廢遂成中流本紀是年八月黃河決山東大水五行志十九年九月濟州任城縣河決本紀二十二年七月河決范陽縣漂民居五行志二十三年七月河決東平壽張縣圮城牆漂屋廬人溺死甚衆二十五年秋東平須城東阿平陰三縣河決小流口達於清河壞民居傷禾稼二十六年二月河北徙上自東明曹濮下及濟寧皆被其害八月棣州大清河決濱棣二州之界民居漂流無遺濟寧路肥城縣西黃水泛濫漂沒田禾民居百有餘里德州齊河縣境七十餘里亦如之

明太祖洪武朝河決河溢

河防一覽洪武元年河決曹州從雙河口入魚臺明太祖實錄洪武八年春正月河決開封府大黄寺隄百餘丈目遊四海記是年大河南決挾潁入淮蔡河之下流遂斬絶實錄十一年冬十月丙辰開封府蘭陽縣言河決傷稼十一月戊寅開封府封丘縣言河溢傷稼十四年秋七月庚辰河南原武祥符中牟諸縣河決爲患十六年三月庚午河決朝邑縣發民塞之六月乙卯河溢滎澤陽武二縣十七年春正月乙巳彰德府奏臨漳縣河決八月丙寅朔開封府河決東月隄自陳橋至陳留橫流數十里壬申河決杞縣入巴河河南通志二十年河決開封城自安遠門入淹沒官民廨宇甚衆實錄二十三年秋七月壬辰河南河決漂沒民居二十四年三月乙丑河南河水暴溢時開封府陳留睢州歸德夏邑寧陵被水患民千三百七十四戶明會典是年河決原武淤安山河防一覽是年河決原武之黑陽山東經開封城北五里又南行至項城經潁州潁上東至壽州正陽鎮全入於淮而故道遂淤實錄二十五年春正月庚寅河決河南開封府之陽武縣浸淫及於陳州中牟原武封丘祥符蘭陽陳留通許太康扶溝杞十一州縣河南通志三十年秋八月河溢開封時城三面皆受水將浸及軍儲倉巨盈庫詔令滎陽高阜處築倉庫以徙之冬十有一月蔡河南徙入陳州先是河決由府城北而東行至是下流淤塞故又決而之南也

明太宗永樂朝河決河溢

明太宗實錄永樂元年八月壬申工部言山東福山縣河決護城隄二百九十餘丈九月壬午工部言河南陳州西華縣沙河水溢衝決隄堰以通黄河傷民禾稼二年十月丁丑河南黄河水溢三年三月丁卯朔河南布政司言河決馬村堤五年七月丁卯黄河泛溢河南傷瀕河苗稼十一月癸丑河南彰德府湯陰縣言河水泛溢沒民田一百九十一頃有奇七年正月己卯河南陳州衛言河水衝決城垣三百七十六丈護城隄岸二千餘丈八年八月庚申河南按察司僉事張鸞等言[illegible]月至八月霪雨黄河泛溢壞開封舊城民被患者萬四千一百餘戶沒田七千五百餘頃十二月戊戌河南守臣言汴梁河決壞城二百餘丈十年六月癸亥河南鄢陵臨漳二縣驟雨河水壞隄岸沒田禾辛未河南陽武縣言河決中鹽隄二百二十餘丈漫流中牟祥符尉氏

滎澤中牟隄與原武縣大濱隄皆河流之衝屢塞屢決十一年八月庚午河南遂平縣言河決隄岸淹沒民居四百二十餘戶損田稼六十頃有奇十二年八月辛亥黃河溢壞河南土城二百餘丈十三年六月甲申山西布政司言遼州淫雨河水暴溢壞民田三十餘頃是月北京河南山東淫雨河水泛溢壞廬舍沒田稼而東昌府臨清縣尤甚民被害者九萬九千二百戶有奇十四年七月壬寅河南開封等府十四州縣淫雨黃河決隄岸沒民居田稼淮安府志是年河決開封經懷遠縣由渦河入於淮實錄十六年七月乙丑大名府魏縣言河決隄岸十月甲申行在工部言河南黃河溢決埽座四十餘丈二十一年五月癸未戶部尚書郭資言河南開封府歸德睢州祥符陽武中牟寧陵項城永城滎澤太康西華蘭陽原武封丘通許陳留洧川杞縣及南陽府內鄉衛輝府新鄉獲嘉汲淇輝縣并鳳陽府宿州去年夏秋淫雨黃河泛溢并傷田稼仁宗實錄二十二年九月庚辰以河南黃河泛溢祥符陳留鄢陵太康陽武原武諸縣多傷禾稼敕免今年秋糧馬草十月辛卯漳河水溢廣宗縣傷民田稼百餘頃

河南通志言永樂九年後三十年無河患之文

河南通志載永樂九年秋八月庚戌尚書宋禮治河新卷成河復故道禮還京皇太子遣人勞視自是無水災者三十餘年唯河紀載之失實也宋尚書功在運河至今稱烈而黃河之患受興常公雖能治水亦焉得保三十餘年之無事耶予閱實錄自九年河復故道之後十年鄢陵臨漳二縣壞堤岸矣十一年衛州衛城被衝決矣遂平滎澤皆河決隄岸矣十二年壞河南開封土城矣武陟修隄陳州護沱上堤及遞運所矣十三年河南河水汎溢壞廬舍沒田稼矣十四年開封等府十四州縣黃河決隄岸矣十六年工部言河南黃河溢決埽座四十餘丈矣二十年二十一年河決而西屢修築衆復衝決開封南陽等府浸淫至二十四州縣矣又宣德元年河南布政司奏黃沁二河溢開封南陽等府十餘州矣宣德三年開封府鄭州祥符等十縣河水泛溢矣宣德五年南陽府奏衛決河岸漂流人畜矣宣德七年九年河南開封懷慶二府皆以黃沁二河為患豁免錢糧在在興築矣自永樂九年至宣德十年水患如此即正統元年以至十三四年黃河無歲不決直決至張秋沙灣入海分決滎澤入淮爲黃河之一

河患　三

大變實錄歷歷言之可考而知也通志乃云三十餘年無水災何記載若是之失實耶

明宣宗朝河決河溢

明宣宗實錄宣德元年七月己未河南布政司奏六月至七月連雨不止黃汝二河溢開封府之鄭州及陽武中牟祥符蘭陽滎澤陳留封丘鄢陵原武九縣南陽府之汝州河南府之嵩縣多漂流廬舍淹沒田稼二年七月乙卯直隸河間府獻縣真定府晉州饒陽縣奏河水衝決宮儉口及窯隄口黃滹漫流田禾淹沒八月甲子直隸徐州保定府深澤博野東鹿蠡縣河間府河間縣各奏七月積雨連旬河水泛溢衝決隄岸淹沒禾稼九月丙子河南開封府之鄭州祥符陳留滎陽滎澤鄢陵杞中牟洧川等十縣河水泛溢五年十月癸巳河南南陽府奏七月初旬驟雨連日山水泛漲衝決河岸漂流人畜廬舍淹沒衆田菽豆皆已無收乙未直隸廣平府成安縣及大名府內黃縣奏六七月大雨連綿河水漲溢淹沒官民田地苗稼無收七年六月乙卯巡撫侍郎于謙奏開封祥符中牟尉氏扶溝太康通許陽武夏邑八縣去年七月黃河泛溢衝決隄岸淹沒官民田五千二百二十五頃六十五畝八年閏八月癸丑大名府濬縣廣縣各奏今年七月苦雨河水漲溢淹沒田稼九年正月癸卯河南新鄉縣知縣許宣言比年沁河水漲衝決馬曲灣湍勢洶急經獲嘉縣至新鄉水深成河環繞城垣城北又匯爲澤其患滋甚十年七月戊戌直隸河間淮安等府各奏去歲天雨連綿河水泛溢所屬州縣田苗淹沒無收

明英宗正統間河決河溢十三年河入海改道

明英宗實錄正統元年秋七月河南開封府奏淫雨連綿河隄衝決災傷害稼二年四月壬午巡撫河南山西行在兵部右侍郎于謙奏開封彰德河南懷慶衛輝五府所屬州縣自去年閏六月以來天雨連綿河水衝溢淹沒田土六月庚辰命行在都察院右副都御史賈諒等賑濟饑民時直隸鳳陽淮安揚州諸府徐和滁諸州河南開封府各奏自四月至五月陰雨連綿河淮泛漲民居禾稼多致漂沒人不聊生勢將流徙九月己酉河南開封府陽武原武滎澤三縣秋雨漲漫決隄岸三十餘處十月己未[illegible]

州范縣奏八月黃河溢決民居牲畜禾稼皆被漂沒三年七月癸卯巡撫河南山西行在兵部右侍郎于謙奏開封府陽武縣黃河決懷慶府武陟縣沁河決直隸廣平順德二府亦奏漳河決俱傷禾稼八月乙丑直隸淮安府邳州河決田禾稼損山東魚臺鄒鄉嘉祥尤甚戊辰山東兖州萊州二府所屬州縣各奏陰雨連綿河水泛漲淹沒禾苗九月癸未山東濟寧州東平州直隸徐州屬縣各奏七月中驟雨河溢軍民廬舍俱被頽蕩田畝禾稼淹沒無遺四年六月癸巳河南開封衛輝彰德三府各奏自五月至今淫雨河漲漂民居舍禾稼五年七月庚辰河南開封彰德衛輝府自五月至七月淫雨河水泛漲壬寅順天保定河間順德廣平自六月迨今淫雨連綿河水泛溢八年七月甲子久雨黃河汴水泛溢壞隄堰甚多九年閏七月戊寅直隸大名山東濟南河南開封衛輝懷慶各奏河溢十年九月辛巳陝西鄜州奏今夏大雨河水泛漲決本州城垣一隅數官民廬舍庚子河決金龍口陽穀隄張家黑龍廟口十月辛亥河南睢州磁州祥符杞縣陽武原武封丘陳留安陽臨漳武安湯陰林縣涉縣皆以今夏久雨河決淹沒民田屋宇畜產無算續文獻通考十二年秋七月河決張秋沙灣入海尋決滎澤入淮實錄十三年六月壬申河南陳留縣今年五月間河水泛漲衝決金村隄及黑潭南岸秋七月今夏久雨河決潰廬墻數黑山嘴及沿邊決潰等口七月己酉河決河南入榔樹口漫流山東曹州濮州抵東昌壞沙灣等隄傷民田廬舍無算十二月丁丑河決自衛輝入榔樹口明會典是年河溢滎陽縣自開封府城北經曹濮二州陽穀縣以入運河至兖州府沙灣之東決大洪口諸水從之入海續文獻通考是年河徙開封西北滎澤縣孫家渡口入汴河至壽州入淮七月河又決滎陽東過開封城西南經陳留自亳入渦口又經蒙城至懷遠界入淮

明景帝時河決河溢

明景帝實錄景泰三年四月丙子遷河南原武縣治先是黃河決縣治城垣廬舍俱淪沒八月丁丑陝西大雨黃河泛決延安綏德等處城圮明會典四年六月己丑總督河南右都御史王暹奏黃河舊從開封北轉流東南入淮不為害自正統十二年改流

爲二一自新鄉入柳樹決由故道東經延津封丘入沙灣一決滎澤漫流原武抵開封祥符扶溝通許洧川尉氏臨潁郾城陳州商水西華項城太康等處沒田數十萬頃而開封爲患特甚雖嘗於城西治河築小隄內又築大隄皆約三十餘里然沙土易壞隨築隨決徃歲久雨已沒小隄今歲復壞大隄之半七月丙辰朔直隸鳳陽淮安徐州河南開封衛輝南陽山東兗青登諸府各奏自五月以來淫雨連綿河水泛溢己未太僕寺少卿黄仕儁奏臣經過河南見黄河一派自滎澤縣南流入項城縣界一派自新鄉縣入柳樹北流入張秋會通河兩派河流皆經六七州縣約有二千餘里俱係民間耕植之地民皆蕩析離居老稚不相保聚或徙或聚爲盜八月乙酉朔戶部奏稱主事鍾成奏黄河衝決被其患者尤甚於原武縣蓋原武北自舊黄河界羊山界南自古汴河陳橋鋪界相去五十餘里水皆漫灌縣治居其中於今已六年矣英宗實録五年八月山東東昌兗州濟寧三府州大雨黄河泛漲淹沒禾稼六年六月癸未河決河南開封府高門隄三十餘里七年河南彰德亦決

明英宗天順間河決河溢

明英宗實録天順元年九月丙寅直隸州鳳陽淮安三府中都留守司所屬鳳陽等衛及直隸徐州等衛各奏今年三月至五月田苗旱傷六月以來天雨連綿河湖泛溢復被淹沒十月庚子河南開封府原武滎澤二縣各奏今年六月以來天雨連綿黄河泛溢田禾俱被淹沒三年六月戊辰戶部奏河南開封府所屬祥符等四縣天順二年雨多河溢淹沒民田千六百三十二頃無收四年八月甲辰朔順天府奏今夏先旱後澇直隸真定廣平河間大名河南開封汝寧諸府各奏六月間驟雨河隄衝決禾稼傷損五年七月丁巳巡按河南監察御史陳璧同都布按三司奏自六月終驟雨黄河漲七月初四決汴梁土城當時築塞磚城五門以備至初六日磚城北門亦決城中稍低之處水入深丈餘官舍民居漂沒過半公署私積蕩然一空周府宮眷并臣等各乘舟筏避於城外高處遣召鄰近州縣官多拏舟筏赴城救濟軍民然死者已不可勝紀許州襄城縣亦奏水決城門淹沒官民廬舍死者甚衆九月壬子巡按河南監察御史奏開封南陽河南懷慶衛輝汝寧彰德七府宣武河南睢陽三衛六月以來驟雨

滿旬河水泛溢漂流民居淹没穀豆種草籽粒無遺

明憲宗朝河決河溢

明憲宗實錄成化十二年四月乙未陝西涇陽朝邑及金縣蘭州水漲河決漂没人畜無算十三年四月乙卯巡撫河南右副都御史張瑄奏今歲首黃河水溢淹没民居彌漫田野十四年七月丙戌十三道御史以異災上言南北直隸山東河南等處五月以後驟雨連綿河水泛溢平陸成川禾稼淹没人畜漂流死者不可勝紀八月壬寅巡按直隸御史范珠奏江北河水爲災徐州尤甚九月癸亥黃河水溢衝決開封府護城隄五十丈居民被災者五百餘家河南通志是年春黃河決祥符縣杏花營秋七月河決延津西暴村泛溢七十餘里又明年徙之縣南王鏊薛公神道碑十七年河決河南實錄十八年五月丁巳河南開封府州縣黃河水溢淹没禾稼河南通志是年六月河南諸水皆溢

明孝宗朝河決河溢

明會典孝宗宏治二年五月庚申河南守臣奏河決開封黃沙岡蘇村野場至洛裏隄邊池高門岡王馬頭紅船灣六處又決埽頭五處入沁河所經郡縣多被害而汴梁尤甚淮安府志是年河決原武及封丘荆隆口下曹濮沖張秋又沖中牟并儀封考城

明宏治二年河決支流分爲三

明紀事本末是年河決支流爲三其一決封丘金龍口漫於祥符長垣下曹濮衝張秋長隄一出中牟下爲尉氏一氾溢於蘭陽儀封考城歸德以至於宿灊漫四出不由故道孝宗實錄四年十月戊午黃河溢都察院右副都御史張文昭墓志是年河決蘭陽

明宏治四年河入海又由汴

河志按河之入海自碣石而千乘自千乘而入淮至是又爲河之三大遷也河防一覽五年復決金龍口潰黃陵岡再犯張

欽明紀事本末時河溢汴梁之東蘭陽鄆城諸縣□人民患復決楊家金龍等口東注漕黃陵岡下張秋隄入漕河與汶水合而北行張秋隄

明孝宗朝宏治九年修理徐河決

明孝宗實錄宏治九年十月戊戌戶部奏河南中牟蘭陽儀封考城四縣以河決[illegible]受十一年七月壬子工部管河員外郎謝緝言黃河一支先自徐州城東小浮橋流入漕河南抵邳州宿遷地方水利通行河無淺[illegible]省盤剝之費今黃河上流於歸德州小壩子等處衝決與黃河別支會流經宿州睢寧等處通由南宿遷小河口流入漕河其[illegible]自北抵徐州水流漸細河道淺阻又呂梁徐州二洪全賴沁水接濟其源出自山西沁源縣經河內歸德等州縣至徐州小浮橋流出[illegible]河其源微近年河沁之流混合為一即今黃河自歸德南決恐東引沁水俱往南流則徐呂二洪必至淺阻為患溢甚十二月己未河南按察司管河副使張鼐言臣前此奏擬修築孫家渡口決河接濟徐呂二洪以便運道今自六月以來河流四溢隄防盡決而孫口決嚙彌深比舊廣闊數倍十三年河南巡撫都御史鄭齡奏請徐呂二洪為漕運要道藉河沁二水合流東下以接濟之今丁家道口上下河決隄岸者十有二處共闊三百餘丈而河道淤塞者三十餘里上源奔放則曹單受害而安平可虞下流散溢則蕭碭被患而漕流有阻十月丙戌巡按直隸監察御史曹玉奏徐州并蕭沛碭豐諸縣皆被河患蓋因曹縣河丁家道口衝決散漫東注不歸故道山東通志是年河南水決李家楊家等口淤塞馬水河河水橫流曹單被害

明武宗朝河決河溢

明武宗實錄正德元年六月甲子陝西徽州大雨河溢流沒民居草廬舍甚衆沛縣志二年黃河徙入泡河大水壞民木椽居舍明會典四年河溢皮孤營決曹縣之溫家口馮家口等處又北徙至儀封縣小宋集而決衝黃陵岡埽壩溢入賈魯河散張家口等處歸水小隄備運河大隄東南行而賈魯河下流淤塞亦出張家口合而南注遂決楊家口達曹單二縣城下直衝豐沛賈

錄八年六月戊戌河決黃陵岡河防一覽是年七月河決曹縣以西娘娘廟口孫家口二處從曹縣城北東行而曹單居民被害益甚是年驟雨漲娘娘廟口以北五里焦家口衝決曹單以北城武以南居民田廬盡被漂沒實錄十一年九月辛卯黃河決衝沒城武縣十二年河溢武城縣壞城郭田廬十四年五月甲辰巡按山東御史朱寰奏城武單縣二城近因河水微盡皆淹沒

明世宗朝河決河溢河淤

明世宗實錄嘉靖元年七月己巳直隸鳳陽揚州廬州淮安等府同日大風雨雹河水泛漲壞官民廬舍樹株溺死人畜無算淮安府志二年復決沛縣實錄五年六月戊寅徐沛河水溢明會典是年黃河上流驟溢東北至沛縣廟道口截運河注雞鳴臺口入昭陽湖汶泗南下之水從而東而河之出飛雲橋者漫而北泥沙填淤亙數十里豐縣志是年夏六月二十七日黃水陷城續文獻通考六年決徐州及曹單城武豐沛等縣楊家口梁靖口吳士舉等處衝入雞鳴臺沛北皆爲巨浸東溢南濟入昭陽湖沙泥聚壅運道大阻明紀事本末之平河決於廟道口三十餘里續文獻通考八年飛雲橋水北徙魚臺穀亭舟行閘面明會典九年自沛北徙橫流金鄉魚臺出穀亭口續文獻通考是年河由單縣侯家林決塌場口衝穀亭三年水淤不下流河南身亦十一年夏六月大水溢孟津睢州杞縣志十八年決睢州野雞岡由渦入淮河二洪告涸漕舟膠阻淮安府志二十年黃河東決於大清口南端四十里明會典二十四年由野雞岡決而南至泗州合淮入海遂溢會城五河臨淮等縣二十五年又決曹縣溢入武城金鄉魚臺單縣漂溺甚衆實錄二十六年七月丙辰山東曹縣河決城池漂沒人畜死者甚衆明會典三十一年八月乙未河決徐州自徐州房村至邳州新安等處運道淤阻五十里淮安府志三十二年黃水衝草灣河明運道明會典三十七年淤新集趙皮寨口析爲六支入運河又由碭山趨郭貫樓析爲五支出小浮橋實錄四十四年七月戊戌河決沛縣[illegible]淤塞明會典是年郭貫樓淤遂決華山出飛雲橋截沛以入昭陽湖北淡湖陵城孟陽泊至穀亭南溢於徐實錄四十五年六月[illegible]酉河徙馬家橋等處新河隄續文獻通考是年黃河復決沛縣飛雲橋二三等處東流衝運河亦由湖陵城口入湖城半地水是文許

上下百里漕渠興達九月馬家橋隄成障水使之南趨秦溝冬沛縣水斷流

明穆宗朝河決河溢

明穆宗實錄隆慶三年七月壬午河決沛縣自考城虞城曹單豐沛抵徐俱罹其害漂沒田廬不可勝數明紀事本末是年七月河水溢自沛河抵淮安城西淤者三十餘里決方信二壩出海平地水深丈餘寶應湖隄崩壞山東莒郯諸處水溢從沂河直河入邳州人民溺焉南河全考是年黃河及南直隸山東河南俱大溢秋復溢睢徐邳豐沛一望無際明會典四年七月壬辰時山東沙薛汶泗諸水驟溢決仲家淺等處而黃河暴至茶城復淤九月甲戌河決邳州自睢寧白浪淺至宿遷小河口淤百八十里睢寧縣志是年七月黃河暴漲決縣治之曲頭據王家口馬家淺等處淤墊一百餘里俱為平陸實錄五年四月甲午河復決邳州自曲頭集至王家口新隄多壞南河全考六年河決桃源灌淮安府志是年七月二十七日黃河驟漲自徐碭淮揚一丈大饑下流壅滯巨浸清河山陽安東鹽城邳桃宿睢被災尤甚

明神宗朝河決河溢河徙河乾

明神宗實錄萬曆元年八月甲辰河道侍郎萬恭奏今年七月黃河水漲泗池縣張成口至深五丈徐州黃水驟發閲月方始歸漕皆故老所親言未見者明會典是年茶城復淤續文獻通考是年河決萬家口決房村河南全考二年決邳州書兒莊等處決口續文獻通考是年決鄭家塢淮安府志是年秋七月二十四日辰刻微雨入戌風大異晝如注次日復益猛拔樹撤屋東海大嘯河淮並溢漂蕩山清安鹽等邑官民廬舍一萬二千五百餘間溺死男婦鄒江等一千六百餘口實錄三年四月甲午淮徐等處大水八月丁丑河決高郵碭山及邵家口曹家莊韓登家等處南河全考是年河從崔鎮等口北決淮水從高家堰東決徐邳以下至淮南北漂沒千里淮安府志是年六月霖雨不止風雷大作河淮並漲千里共成一湖居民結筏浮搖採蘆心草根以食實錄四年九月壬寅總理河道右僉都御史傅希摯奏報河決豐家集約三里餘又決沛縣縷水隄二處一長一百三十一丈二

尺一長九十五丈七尺又豐縣決長隄二處一長五十餘丈一長六十餘丈曹縣決長隄七千餘丈淮安府志四年八月河決宿
徐州上游榮林鋪直抵睢寧縣治水深丈餘廬舍倉囷牲畜盡空睢寧縣志是年河決大水浸城三尺許百姓逃亡者三之一豐
縣志是年八月河決大行隄數處民多流移明會典五年八月癸亥河復決崔鎮閘八月戊子時徐州河淤灘宿邳清桃兩岸多
決淮水為河所迫徙而南高寶湖隄大壞續文獻通考是年河決曹縣棗家樓碭山縣張家屯實錄十七年六月癸巳總理河道
潘季馴言黃水暴漲洶湧異常衝開獸醫口月隄若一漫出李景高口新隄若一衝入夏鎮內河没壞田廬溺死居民者一其餘
或水與隄平或隄不没者尺許勢且不測明紀事本末是年河決雙溝單家口南河全考是年河由李景高口決衝月隄入睢陳
故道睢寧縣志是年六月黃水大發合睢水注縣城平地丈餘蕭縣志是年春霪雨六旬秋復大水河溢淮安府志二十年河決
狼旋磨臍二口衆陵馬陵山水俱發邳宿安東悉沉釜底實錄二十一年八月甲申總理河道舒應龍疏五月既望以來大雨傾
注河流汎溢邳州城邑業已陷没高寶等處湖隄衝決續文獻通考是年河復大為患決汶上決魚臺決濟寧決鉅野其泛溢則
宿遷高郵興化邳州南河全考是年河決單縣之黃堌口一由徐州出小浮橋一由舊河達鎮口閘淮安府志是年五六月陰霾
猛雨海嘯河溢淮流洶湧諸水會合所衝決者萬萬計溺死居民無算睢寧縣志二十四年黃堌口決經年寸草不生南河全考
二十五年河復決單縣之黃堌口溢於河南之夏邑永城界經宿州之符離橋出宿遷新河口入大河半由徐州入舊河濟運南
二洪告涸徐州志二十七年河決堅城集故道涸絶實錄二十九年九月壬寅河南巡撫曾如春奏稱河決蕭家口等處先是蘭
封歸德二府大水高至蒙牆寺黃河水發衝決蕭家口百餘丈全河盡皆南注原行河身頃刻變為平沙商賈舟不敢解纜盡賓
平沙之上蒙牆寺向在南岸決實北岸商丘廢城多被淹沒南河全考三十年三月河決蒙牆寺入歸德商丘南逃而河與淮會
入洪澤淮安府志是年秋河淮俱漲田廬蕩墊俱盡比壬辰水更大實關係治河議是年河決蒯隆口河南通志三十一年河決
歸德南河全考是年河決蘇莊衝入沛縣太行隄灌昭陽湖入夏鎮橫衝運道蕭縣志三十二年秋八月河決朱旺口及太行隄

數處民舍漂沒傷溺三載河徙于溝始定實錄三十三年四月己酉山東撫臣黃克纘言皇天賜劉河伯爲祟自三十一年王家口大關堅城集未竣上遏下淤而蘇家莊大決則全河北徙魚臺一縣淪爲水國矣十五社之地存者一舍有餘八千餘頃之田存者不及千頃而環城之水高於城者二三尺隄防垂壞旦夕不支山東通志三十五年河決單縣東南水勢洶湧灌入城北四十里一望汪洋民舍漂流清河縣志是年五月大雨雹雷雨黃淮交溢田廬淹沒南河全考三十九年六月河決蕭縣實錄四十年九月丙辰吏部覆河道總督劉士忠言黃水衝決徐州護隄長二百八十丈口字逼隄口闊一百四十丈荒字逼隄口闊四十丈黎林鋪以下二十里正河淤爲平陸邳睢河水陡耗南河全考是年河決徐州三山冰灌睢寧等處出白洋小河口入黃徐州志四十一年秋七月河決祁家店口城南胥溺南河全考四十二年六月河決蕭縣郭暖鋪入永淤平河流復故江南通志四十三年河決狼矢溝南河全考四十四年五月河復決狼矢溝水由蛤蟆周柳等湖入泇河出直口復與黃會是年八月又決陶家店張灣水由會城大隄陳留等處入亳州渦河徐州志四十五年大水河決狼矢溝漫東北各鄉村邑渠洪水乾南河全考四十六年九月河決河南蘭陽沙壩水由封丘曹單至考城復入舊河

明萬歷十年至十五年河決河溢

清河縣志萬歷十年七月河溢壞民田舍及傷人畜無數蕭縣志十一年徐蕭河溢大水衝沒符離橋明神宗實錄四月己亥全州大雨河溢城盡沒淮安府志十三年河決范家口時淮城幾爲魚鼈南河全考十四年五月河決范家口水灌淮城全河幾奪又決天妃壩福興新淤明神宗實錄十五年八月癸亥工科都給事中常居敬等題開封等府陝西靈寶等州縣自七月初十等日霪雨黃河泛漲衝決隄防漂沒人畜十五年十月辛酉先是黃河暴溢將原修鎮河堤西岔河大隄並攔水隄衝決悉繳以閘續文獻通考是年決祥符劉獸醫口決蘭陽銅瓦廂後決封丘原武又決長垣之大社集毛家口茶城黑何又報於南河全考是年黃河又決荆隆口衝潰長隄入長垣東明二縣沁河又決蓮花口金屹嘴水浸獲嘉新鄉一帶

明熹宗朝河決河溢

明史熹宗天啟元年河決靈璧雙溝黃鋪由永姬湖出白洋小河口仍與黃會故道湮涸總河侍郎陳道亨役夫築塞時淮安霪雨連旬黃淮暴漲數尺而山陽裏外河及清河決口甚眾滙成巨浸水灌淮城民皆蟻城以居舟行街市南河全考是年河決靈璧雙溝黃鋪而淮安山陽之裏河則決王公祠楊家廟清江浦磨盤莊謝家墩鳳直二壩等處外河則決安東鄉顏家莊張家窪高堰武家墩等處清河則決龍王廟徐家路等處惟時水灌淮安新聯二城小民蟻城而居裏外河清河一帶滙成巨浸徐州志二年四月大水決郭家嘴平地水深七尺睢寧縣志是年七月黃河口決圍繞睢城廬舍漂沒明史熹宗三年決徐州青田大龍口徐邳靈睢河並淤呂梁城隅陷沙高平地丈許雙溝決口亦滿上下百五十里悉成平陸又五月庚子河決睢陽南河全考是年七月山陽外河決乾溝新河西河決馬胡關月堤等處熹宗實錄四年六月癸酉河決黃水灌濁魁山堤陷四截壽流衝毀徐州東南城垣平地水深丈餘溺死人畜甚多徐州志八月大雨河溢九月豐縣河決西溝廟口及十七鋪實錄六年七月壬申淮揚廬鳳各府屬春夏旱為災入秋霪雨連旬河溢海嘯濱河之邑如泰興一縣海潮江浪一併騰湧廬舍衝沒人民溺死者無算淮安府志是年七月初九日黃河決匙頭灣洪流倒入駱馬湖左右自新安鎮以下邳宿城外週圍皆水傷禾大歉田廬淹沒數月少減

明懷宗朝河決河溢

崇禎長編元年二月丁未浙江道御史范良彥言河流自潼關入汴延袤千里開封以西多山水行地中東者為患至銅瓦廂而東盡皆平野沮洳下濕潰決不時故羅家口蘇家林王家壩謝家高家等塞無虛日明史崇禎二年春河決曹縣十四鋪口四月決睢寧至七月中城盡圮徐州志是年四月大水決郭家嘴石狗湖平地深七尺由下洪衝入黃河睢寧縣志是年辛安口決大水衝城溺及女牆官舍民居漂流一空明史崇禎四年夏河決原武湖村鋪又決封丘荊隆口敗曹縣塔兒灣大行隄六月黃淮交漲

海口覺寃河決建義埽口下流興化鹽城水深二丈村落盡漂沒逾兩年始議築塞興工未幾伏秋水發黃淮奔注興鹽為壑而海潮復逆衝壞范公隄軍民及商竈戶死者無算河南通志是年河決荆隆口愬張秋六年始塞徐州志是年八月大雨河溢蕭縣志是年九月河決西洋廟口及十七鋪口邑大水崇禎長編五年八月癸亥直隸巡按饒京疏報黃河漫溢泗州虹縣宿遷桃源沭陽贛榆山陽清河邳州睢寧鹽城安東海州盱眙臨淮高郵興化寶應諸州縣盡為淹沒明史五行志是年六月河決孟津口橫浸數百里崇禎長編七年六月甲戌河決沛縣之滿墻及陳岸水口江南通志九月河決長山徐州志八月曹家河溢大水崇禎長編十五年九月黃河決朱家寨衝破汴城并衝賊巢溺死者過半明紀事本末開封城北十里枕黃河至是賊圍城久人相食壬午夜河決開封之朱家寨灌北城越數日水大至灌城吏卒奔避士民漂溺死者數十萬人城俱圮賊屯高地獨全開封古都會富庶甲於中原竟成巨浸水大半入渦入泗入淮與故河分流邳宿曾見淮安府志是年流寇決河灌汴於是河南一帶流緩沙停河身淤墊之禍實基於此崇禎長編十六年二月戊辰督修汴河侍郎周堪賡疏奏河決朱家寨馬家口上下二口相距三十里至汴隄之外合為一流直衝汴城河南通志是年九月河決入渦河先是四月闖寇李自成圍汴決河灌汴水但繞城隍而已九月十七日夜雨大風河自朱家寨南決壞汴北門及曹宋二門而出南入於渦

秀水陳璜輯

河政

唐虞三代河臣河政

竹書紀年帝堯十九年命共工治河六十一年命崇伯鯀治河七十五年命司空禹治河帝少康十一年使商侯冥治河帝杼十三年商侯冥死於河帝芬十六年洛伯用與河伯馮夷鬭帝癸二十九年冬十月鑿山穿陵以通於河周顯王八年入河水於圃田又為大溝而引圃水瑕陽入自秦道岷山青衣水來歸

武帝初塞瓠子旋止

史記河渠書河決於瓠子東南注鉅野通於淮泗於是天子使汲黯鄭當時興人徒塞之輒復壞是時武安侯田蚡為丞相其奉邑食鄃鄃居河北河決而南則鄃無水菑邑收多蚡言於上曰江河之決皆天事未易以人力為彊塞塞之未必應天而望氣用數者亦以為然於是天子久之不事復塞也

武帝元光三年救決河

漢書武帝本紀漢武帝元光三年夏五月河決濮陽氾郡十六發卒十萬救決河起龍淵宮

武帝自臨瓠子塞宣房

史記河渠書自河決瓠子後二十餘歲歲因以數不登而梁楚之地尤甚天子既封禪巡祭山川其明年旱乾封少雨天子乃使汲仁郭昌發卒數萬人塞瓠子決於是天子已用事萬里沙則還自臨決河沉白馬玉璧於河令羣臣從官自將軍已下皆負薪寘決河是時東郡燒草以故薪柴少而下淇園之竹以為楗天子既臨於河決悼功之不成乃作歌曰瓠子決兮將奈何皓皓旰旰兮閭殫為河殫為河兮地不得寧功無已時兮吾山平吾山平兮鉅野溢魚沸鬱兮柏冬日延道弛兮離常流蛟龍騁兮方遠

遊歸舊川兮神哉沛不封禪兮安知外為我謂河伯兮何不仁泛濫不止兮愁吾人齧桑浮兮淮泗滿久不反兮水維緩一曰河水湯湯兮激潺湲北渡迂兮浚流難搴長茭兮沈美玉河伯許兮薪不屬薪不屬兮衛人罪燒蕭條兮噫乎何以禦水頹林竹兮揵石菑宣房塞兮萬福來於是卒塞瓠子築宮其上名曰宣房宮而道河北行二渠復禹舊迹而梁楚之地復寧無水災

郭昌穿直渠經東郡

漢書溝洫志宣帝地節中光祿大夫郭昌使行河北曲三所水流之勢皆邪直貝丘縣恐水盛隄防不能禁迺各更穿渠直東經東郡界中不令北曲渠通利百姓安之

永光建始間馮逡議浚屯氏河○非調徙民避水○王延世三旬塞東郡決河○王延世楊焉許商乘馬延年尚治平原決

河

漢書溝洫志元帝永光五年河決清河靈鳴犢口而屯氏河絕成帝初清河都尉馮逡奏言郡承河下流與兗州東郡分水為界城郭所居尤卑下土壤輕脆易傷頃所以闊無大害者以屯氏河通兩川分流也今屯氏河塞靈鳴犢口又益不利獨一川兼受數河之任雖高增隄防終不能泄如有霖雨旬日不霽必盈溢靈鳴犢口在清河東界所在處下雖令通利猶不能為魏郡清河減損水害禹非不愛民力以地形有勢故穿九河今既滅難明屯氏河不流行七十餘年新絕未久其處易浚又其口所居高於以分流殺水力道里便宜可復浚以助大河泄暴水備非常又地節時郭昌穿直渠後三歲河水更從故第二曲間北可六里復南合今其曲勢復邪直貝丘百姓寒心宜復穿渠東行不豫修治北決病四五郡南決病十餘郡然後憂之晚矣事下丞相御史白博士許商治尚書善為算能度功用遣行視以為屯氏河盈溢所為及用度不足可且勿浚後三歲河果決於館陶及東郡金隄泛溢兗豫入平原千乘濟南凡灌四郡三十二縣水居地十五萬餘頃深者三丈壞敗官亭室廬且四萬所御史大夫尹忠對方略疏闊上切責之忠自殺遣大司農非調調均錢穀河決所灌之郡謁者二人發河南以東漕船五百艘徙民避水居丘陵九

萬七千餘口河隄使者王延世使塞以竹落長四丈大九圍盛以小石兩船夾載而下之三十六日河隄成上曰東郡河決流漂二州校尉延世隄防三旬立塞其以五年為河平元年卒治河者為著外繇六月惟延世長於計策功費約省用力日寡朕甚嘉之其以延世為光祿大夫秩中二千石賜爵關內侯黃金百斤後二歲河復平原流入濟南千乘所壞敗者半建始時復遣王延世治之杜欽說大將軍王鳳以為前河決丞相史楊焉言延世受焉術以塞之蔽不肯見今獨任延世延世見前塞之易恐其慮害不深又審如焉言延世之巧反不如焉且水勢各異不博議利害而任一人如使不及今冬成來春桃華水盛必羨溢有填淤反壤之害如此數郡種不得下民人流散盜賊將生雖重誅延世無益於事宜遣焉及將作大匠許商諫大夫乘馬延年雜作延世與焉必相破壞深論便宜以相難極商延年皆明計算能商功利足以分別是非擇其善而從之必有成功鳳如欽言白遣焉等作治六月乃成復賜延世黃金百斤治河卒非受平賈者為著外繇六月

王尊以身填金隄水不為災

漢書王尊傳王尊為徐州刺史遷東郡太守久之河水盛溢泛浸瓠子金隄老弱奔走恐水大決為害尊躬率吏民投沉白馬祀水神河伯尊親執圭璧使巫策祝請以身填金隄因止宿廬居隄上吏民數千萬人爭叩頭救止尊尊終不肯去及水盛隄壞吏民皆奔走惟一主簿泣在尊旁立不動而水波稍卻迴還吏民嘉壯尊之勇節白馬三老朱英等奏其狀下有司考皆如言於是制詔御史東郡河水盛長毀壞金隄未決三尺百姓惶恐奔走太守身當水衝履咫尺之難不避危殆以安眾心吏民復還就作水不為災朕嘉之秩尊中二千石加賜黃金二十斤

楊焉鐫底柱無功

漢書溝洫志鴻嘉四年楊焉言從河上下患底柱隘可鐫廣之上從其言使焉鐫之鐫之裁沒水中不能去而令水益湍怒為害甚於故是歲勃海清河信都河水湓溢灌縣邑三十一敗官亭民舍四萬餘所

平當奏請求能浚川疏河者

漢書溝洫志哀帝初平當使領河隄奏言九河今皆寘滅按經義治水有決河深川而無隄防壅塞之文河從魏郡以東北多溢決水迹難以分明四海之衆不可誣宜博求能浚川疏河者下丞相孔光大司空何武奏請部刺史三輔三河弘農太守舉吏明能者莫有應書

隄防壅塞之事起於戰國

鄭元慶小谷口薈蕞徐節孝先生言禹之治水疏河浚川未嘗有隄防壅塞之義故鯀治水績用不成班固謂禹理洪水譔奏隄防壅塞起於戰國戰國之時不仁者苟於利己壅防衆川而遺害鄰國故齊與趙魏以河爲境趙魏瀕山齊地卑下齊乃築隄去河二十五里又諸侯之國引河溉田苟顧一時之利而禹之故道浸從不復

明帝時王吴修汴渠

漢書明帝本紀漢明帝永平十二年夏四月遣將作謁者王吴修汴渠自滎陽至於千乘海口後漢書明帝紀漢明帝永平十三年夏四月汴渠成帝巳行幸滎陽巡行河渠

王景王吴同修汴渠

後漢書王景本傳永平十二年議修汴渠乃引見景問以理水形便景陳其利害應對敏給帝善之又以嘗修浚儀功業有成乃賜景山海經河渠書禹貢圖及錢帛衣物夏遂發卒數十萬遣景與王吴修渠築隄自滎陽東至千乘海口千餘里景乃商度地勢鑿山阜破砥績直截溝澗防遏衝要疏決壅積十里立一水門令更相洄注無復潰漏之患景雖簡省役費然猶以百億計明年夏渠成帝親自巡行詔濱河郡國置河隄員吏如西京舊制景由是知名王吴及諸從事掾史皆增秩一等景三遷爲侍御史

王景治河漢史不曰治河而曰修汴之故

後漢書和帝本紀王景修渠築隄自滎陽東至千乘海口千餘里則其所治者即東漢以後大河之經流也而史稱修汴渠又曰汴渠成始終皆不言河蓋建都洛陽東方之漕全資汴渠故惟此爲急河汴分流則運道無患治河所以治汴也自平帝後汴流東侵日月益甚建武十年陽武令張汜上言時濟亦決數水經河水注載王景事在滎陽蒗蕩渠下則河水當從此決入然滎陽以下南岸山脉已盡地平土疏隨處可以決入不獨石門渠口也濟隄亦通河至於卷過八激隄而其流始絕特時河入濟南千乘則侵濟處更多故築隄自滎陽至千乘海口千餘里永平十三年詔曰河汴分流復其舊迹陶丘之北漸就壤墳十五年帝從駕東巡至無鹽帝美其功陶丘今定陶無鹽今東平皆濟水所經之地二渠既修則東南之漕由汴入河東北之漕由濟入河軸轤千里轉輸不絕京師無匱乏之憂矣

漢安帝詔修渠

後漢書安帝本紀元初二年春正月詔修理西門豹所分漳水爲支渠以溉民田二月辛酉詔三輔河內河東上黨趙國太原各修理舊渠通利水道以溉公私田疇

魏景初遣寇谷歲修河岨

水經注河自底柱以下五戸已上其間一百二十里有一十九灘魏景初二年二月帝遣都督沙丘部監運諫議大夫寇谷帥工五千人歲常修治平河岨

晉泰始遣趙國緱世修河灘

水經注底柱一十九灘水流迅急勢同三峽晉泰始三年五月武帝遣監運大中大夫趙國都尉中郎將河東緱世帥眾五千餘人修治河灘事見五戸祠銘雖世代加功水流湍漭濤波尚屯及其商舟是次鮮不踟蹰難濟故有衆峽諸灘之言

晉華嶠遣何保鄧文開石門傅祇疏沈萊堰

晉書華嶠本傳嶠奏決漕河渠遂爲之韻遂置都水官事多施行晉書傅祗本傳祗爲滎陽太守自魏黄初大水之後河濟汎溢鄧艾嘗著濟河論開石門而通之至是復堙壞祗乃造沈萊堰至今兗豫無水患百姓爲立碑頌焉

唐武德時自龍門引河溉田

唐書高祖武德七年治中雲得臣自龍門引河溉田六千餘頃

薛平田弘正於黎陽開黄河故道

舊唐書憲宗本紀憲宗元和八年十二月丙午以河溢浸滑州羊馬城之半滑州薛平魏博田弘正徵役萬人於黎陽界開古黄河道南北長十四里東西闊六十步深一丈七尺決舊河水勢滑人遂無水患

唐蕭倣徙滑州流

唐書蕭倣傳蕭倣爲義成軍節度使滑州瀕河累歲水壞西北防倣徙其流遠去樹堤自固人得以安

唐宣宗時杜中立引御水入毛河

唐書杜中立傳唐宣宗大中十二年大水汎徐兗青鄆而滄地積卑中立自按行引御水入之毛河東注海州無水災

後梁華溫琪徙民避棣州河患

河南通志華溫琪夏邑人仕梁歷濮棣二州刺史時棣州苦河水爲患溫琪徙新州以避之民賴全活者甚衆

後唐婁繼英符習治酸棗遙隄

五代史唐莊宗同光二年八月河溢通鑑是年七月壬寅曹州所決河是年爲曹濮患甲辰命右監門上將軍婁繼英督汴滑兵塞之未幾復壞同光三年春正月庚戌詔平盧節度使符習治酸棗遙隄以禦決河

張敬詢廣酸棗至濮州隄

通鑑唐李嗣源天成四年十二月庚申修治河北岸宣差左衛上將軍李承約祭之張敬詢為滑州節度使長興初敬詢以河水連年溢乃自酸棗縣界至濮州廣隄防一丈五尺東西二百里

後晉天福間安彥威塞滑州決○築象臺北堰

五代史晉石敬瑭天福七年三月歸德軍節度使彥威塞決河於滑州通鑑是年三月己未鄆州節度使安彥威奏到滑州修河隄時以鉅千河漲溢詔彥威督諸道運民自象臺之北築堰數十里給私財以犒民民無散者竟止其害以功加邠國公詔於河決之地建碑立廟

後晉開運間塞滑州決

五代史晉石重貴開運元年六月丙辰河決滑州環梁山入於濟通鑑是年六月丙辰滑州河決詔大發數道丁夫塞之既塞帝欲刻碑紀其事中書舍人楊昭儉諫曰陛下刻石紀功不若降哀痛之詔染翰頌美不若頒罪己之文帝善其言而止

周廣順間王峻行視決河○白重贊塞大程六台二隄

通鑑周廣順二年十二月丙戌河決鄭滑遣使行視修塞周廣順三年春正月庚午帝以河決為憂王峻自請往行視許之九月己亥義成節度使白重贊奏塞決河宋史白重贊傳周郭威廣順中重贊為義成軍節度在鎮日河屢決重贊親部丁壯塞大程六台二隄詔書褒美

周韓通浚汴渠數百里

宋史韓通傳周祖親征兗州以通為在京右廂都巡檢時河溢擢河陰城命通率廣銳卒千二百浚汴口又部築河陰城爲營壘未幾拜保義軍節度觀察留後世宗即位以深冀之間有胡盧河東西橫亘數百里隄塲非峻不能扼契丹奔突顯德二年命通與王彥超復治之功未畢契丹至龜出兵迎擊退之遂城李晏口爲静安軍四旬而完六年春詔通河北按行河隄因發徐宿宋

塞等州民浚汴渠數百里

周世宗時李穀塞鄆州決河田欽祚築澶州城

宋史田欽祚傳世宗征淮南爲前軍都監從征關南還會澶淵決河命田欽祚領禁兵護役固命督治澶州城河渠周世宗顯德初大決東平之楊劉宰相李穀監治隄自陽穀抵張秋口以遏之水患少息然決河不復故道離而爲赤河奉設堤河大決營鄆發十數州丁壯塞之命殷僖護刻期就功通鑑顯德元年春正月庚寅詔盛發州刺史周訓等塞決河十一月戊戌帝遣李穀詣澶鄆濟按視隄塞役徒六萬三十日而畢

周顯德二年導浚儀故隄至泗上汴水入五丈河

目遊西海記周顯德二年詔伐唐因浚儀故隄疏導之東至泗上四年疏汴水北入五丈河五年浚汴口導河流達於淮江舟楫始通

楊澈以廉幹爲使赴督役

宋史楊澈傳楊澈年十六父忠進爲鎮趙從事會昭慶令缺使府命澈攝其任時河決鄆郡府督役者亂澈部徒數千趣大溝中多蘆葦命采刈爲筏順流而下既至執事者訝以後期澈而蘆筏繼至驗狀而問之澈以狀對乃更嗟賞

宋緣河州縣凡設四十四埽

宋史河渠志緣河諸州孟州有河南北凡二埽開封府有陽武埽滑州有韓房二村憑管石堰州西魚池迎陽凡七埽通利軍有齊賈蘇村凡二埽澶州有濮陽大韓大吳商胡王楚橫隴曹村依仁北岡孫陳大固明公王八凡十三埽大名府有孫杜侯村二埽濮州有任村東西北凡四埽鄆州有博陵張秋關山子路王陵竹口凡六埽齊州有采金山史家渦二埽濱州有平河安定二埽棣州有聶家梭堤鋸牙陽城四埽所費皆有司歲計而無闕焉

宋乾德元年修衆内隄二年詔民治遥隄○三年命重贇塞澶州決○詔發兵治河○四年詔韓重贇王廷義治滑州決河

宋史太祖本紀乾德元年春正月丁巳修畿内河隄河渠志二年遣使案行將治古隄議者以舊河不可卒復力役且大遂止但詔民治遥隄以禦衝注之患韓重贇傳河決澶州命重贇督丁壯數十萬塞之河渠志乾德三年秋大雨霖開封府河決陽武又孟州水漲壞中潬橋梁澶鄆亦言河決詔發兵治之四年八月丙辰滑州河決壞靈河縣大隄詔殿前都指揮使韓重贇馬步軍都軍頭王廷義等督士卒丁夫數萬人治之被泛者蠲其秋租

宋乾德五年詔瀕河州郡長吏兼本州河隄使

宋史河渠志太祖乾德五年正月帝以河隄屢決分遣使行視發畿甸丁夫繕治自是歲以為常皆以正月首事季春而畢是月詔開封大名府鄆澶滑孟濮齊淄滄棣濱德衛鄆等州長吏並兼本州河隄使蓋以謹力役而重水患也

宋開寶三年增河隄○四年命安守忠督塞澶州決河

宋史太祖本紀開寶三年春正月癸丑增河隄十二月癸巳增河隄安守忠傳四年河決澶州命守忠副穎州團練使曹翰護役

河決遥塞

宋開寶五年詔緣河州民樹榆柳○詔開封十七州置河隄判官○詔習河渠害者獻策○徵遠人田勞為元隨○詔曹翰護役塞決河

宋史河渠志太祖開寶五年正月詔曰應緣黃汴清御等河州縣除準舊制種蓺桑棗外委長吏課民別樹榆柳及土地所宜之木仍案戶籍高下定為五等第一等歲樹五十本第二等以下遞減十本民欲廣樹藝者聽其孤寡惸獨者免是月澶州修河卒賜以錢鞋役夫給以茶三月詔曰朕每念河渠潰決頗為民患故置使職以總領焉宜委官聯佐治其事自今開封等十七州府各置河隄判官一員以本州通判充如通判闕員即以本州官充五月河大決濮陽又決陽武詔發諸州兵及丁夫凡五萬人遣

穎州團練使曾翰謫其役翰對太祖謂曰霖雨不止又聞河決朕信宿以來焚香上禱於天若天災流行願在朕躬勿延於民也翰頓首對曰昔宋景公諸侯耳一發善言災星退舍今陛下憂及兆庶懇禱如是固當上感天心必不為災六月下詔曰近者澶滑等數州霖雨薦降洪河為患朕以屢經決溢重困黎元每閱前書詳究經瀆至若夏后所載但言導河至海隨山濬川未聞力制湍流廣營高岸自戰國專利壅塞故道小以妨大私而害公九河之制遂隳歷代之患弗弭凡縉紳多士草澤之倫有素習河渠之書深知疏導之策若為經久可免重勞並許詣闕上書附驛條奏朕當親覽用其所長勉副詢求當示甄獎時東魯逸人田告者纂禹元經十二篇帝聞之詔至闕下詢以治水之道善其言將授以官以親老固辭歸養從之翰至河上親督工徒未幾河決皆塞

宋太平興國二年遣李崇矩按行水勢○三年治黃河隄○詔守素塞滎陽決河○命郭守文塞滑州決河

宋史河渠志太宗太平興國二年秋七月河決孟州之溫縣鄭州之滎澤澶州之頓丘皆發緣河諸州丁夫塞之又遣左衛大將軍李崇矩騎置自陝西至滄棣案行水勢視隄岸之缺亟繕治之民被水災者悉蠲其租三年正月命使十七人分治黃河隄以備水患太宗本紀正月辛丑發滄廣濟惠民及蔡三河治黃河隄五行志五月懷州河決獲嘉縣北注霍守素傳是年夏河決滎陽詔守素發鄭之丁夫千五百人與卒千人領護塞之河渠志十月滑州靈河縣河塞復決命西上閤門使郭守文率卒塞之

宋太平興國六年李神祐伐薪四百萬治河防○袁廓鑿冰出城

宋史李神祐傳神祐為南園作坊副使太平興國六年滑州治河防材葦未具命神祐馳往垣曲伐薪蒸四百萬以濟其用袁廓傳廓知鄭州會河決溢入城浸居人廬舍至冬月結為冰廓大發民鑿取以竹輿輿出城散積之使者至謂其有略致水不入城乃以狀聞拜監察御史

宋太平興國九年發卒五萬代民治隄

宋史河渠志太宗太平興國九年春滑州復言房村河決帝曰近以河決韓村發民治隄不成安可重困吾民當以諸軍代之乃
發卒五萬以侍衛步軍都指揮使田重進領其役又命翰林學士宋白祭白馬津沈以太牢加璧未幾役成

宋淳化二年詔長吏視河隄違者寘法○六月太宗親臨塞決河

宋史河渠志太宗淳化二年三月詔長吏以下及巡河主埽使臣經度行視河隄勿致壞隳違者當寘於法五行志六月乙酉河
溢於浚儀縣壞連隄浸民田上親臨視督衛士塞之

宋淳化二年柴成務請勸民種藝○趙孚等分南北岸行視請立分水之制

宋史柴成務傳宋州河決成務上言河水所經地肥淤願免其租稅勸民種藝從之趙孚傳孚知開封府司錄參軍事先詔與殿
中侍御史柴成務供奉官藍敏貞郭載行視黃河分南北岸各行便道隄以紓湍決孚言治遙隄不如分水勢遂呈議於
澶滑二州立分水之制時決河差平重惜民力而寢焉

宋淳化四年詔發卒代民治河○梁睿請於迎陽鑿渠至黎陽○高弁請免隄防以拒契丹

宋史河渠志太宗淳化四年十月河決澶州陷北城壞廬舍七千餘區詔發卒代民治之是歲巡河供奉官梁睿上言滑州土脈
疏岸善隤每歲河決南岸害民田請於迎陽鑿渠引水凡四十里至黎陽合大河防暴漲帝許之高弁傳弁為荊州監鎮判官河
決澶州請免隄防縱水所之可省民力且以拒契丹南向議罷知陝州

宋淳化四年趙昌言取豪家廥積給隄用○督役不旬完府城○趙賀塞決河全部而歸

宋史趙昌言傳淳化中昌言復知天雄軍大河貫境豪民峙芻茭圖利誘姦人潛穴隄防歲仍決溢昌言知之一日隄吏告急命
徑取豪家廥積以給用自是無敢為姦利者會澶州河決流入御河漲溢浸府城昌言籍府兵負土增隄數不及千乃索禁卒佐
役皆恇懼不進昌言怒曰府城將墊人民且爲魚鱉汝輩食厚祿欲坐視耶敢不從命斬衆股慄赴役不浹旬城完太宗手詔褒諭之

名緯給事中參知政事趙賀傳趙賀補臨朐主簿賀有幹才知州寇準薦其知賀淳化中調丁壯塞澶州決河累遷太常博士賀全斫
部而歸臨朐父老張樂迎賀準使由熙門過曰莊賀之能也改大理評事

宋淳化五年滑州新渠成○從命杜彥鈞鑿河開渠分水勢○周景感事四朝習水利○王嗣植樹固隄防

宋史河渠志太宗淳化五年正月滑州言新渠成帝又案圖命昭宣使羅州刺史杜彥鈞率兵夫計功十七萬鑿河開渠自韓村埽至州西鐵狗廟凡十五餘里復合於河以分水勢周瑩傳右領軍衛上將軍周景感事唐漢周習水利審浚汴口導鄭州郭西水入中牟渠修滑州河隄累遷至是官王嗣宗傳嗣宗以秘書丞通判澶州並河東西植樹萬株以固隄防

宋咸平三年發丁男二萬塞鄆州決河○陳若拙請徙城東南○詔緣河官吏水落受代○申嚴伐河樹之禁

宋史河渠志真宗咸平三年五月河決鄆州王陵埽浮鉅野入淮泗水勢悍激侵迫州城命使率諸州丁男二萬人塞之踰月而畢始赤河決擁濟泗鄆州城中常苦水患至是霖雨彌月積潦益甚乃遣工部郎中陳若拙經度徙城若拙請徙於東南十五里陽鄉之高原詔可是年詔河官吏雖秩滿須水落受代知州通判兩月一巡隄縣令佐迭巡隄防轉運使勿委以他職又申嚴盜伐河上榆柳之禁

宋咸平五年調丁夫十五萬修黃汴河○王濟面斥宰相不能和陰陽

宋史五行志真宗咸平五年六月恩民河溢軍營王濟傳濟改監鐵判官車駕巡師大名調丁夫十五萬修黃汴河濟以為勞民詔濟馳往經度還奏省十六七張齊賢時為相以河決為憂因對并召濟見齊賢請令濟署狀保河不決濟曰河決亦陰陽災沴宰相苟能和陰陽弭災沴為國家致太平河之不決臣亦可保齊賢曰若是今非太平耶濟曰北有契丹西有繼遷兩河關右歲被侵擾以陛下神武英略苟得其人可以馴致今則未也上動容稱留濟閱邊事

宋景德間發兵治澶州決河○遣使具舟濟民○石知顒浹日畢河隄工○李遵勗七日成隄

宋史五行志真宗景德元年九月澶州言河決橫隴埽四年七月又壞王八埽河渠志並詔發兵夫完治之本紀九月乙巳河決澶州遣使具舟濟民給以糧餉石知顒傳知顒掌親王諸宮事景德中自京詆泗遣使治隄命總其役計工累月及是浹日而畢上面加褒諭授入內都知李遵勗傳出知澶州會河水溢將壞浮梁遵勗督工徒七日而隄成遷昭德軍節度觀察留後

宋大中祥符三年河中府開減水河

宋史五行志真宗大中祥符三年九月河決河中府白浮梁村河渠志十月判河中府陳堯叟言白浮圖村河水決溢爲南風激還故道明年遣使滑州經度西岸開減水河

宋大中祥符五年徙棣州於八方寺避河患

宋史五行志真宗大中祥符五年正月河決棣州聶家口河渠志棣州請徙城帝曰城去決河尚十數里居民重遷命使完塞旣成又決於州東南李民灣環城數里民舍多壞又請徙於商河役興踰年雖扞護完葺而歲歲決溢而湍流益暴壞地益削河勢高民屋踰覆丈矣民苦久役而終憂水患八年乃詔徙州於陽信之八方

宋大中祥符七年詔罷葺遙隄○築大吳埽新隄○八年陳堯佐議開滑州小河又開減河○九年張禹珪塞澶州決河

宋史河渠志真宗大中祥符七年詔罷葺遙隄以養民力八月甲戌河決澶州大吳埽役徒數千築新隄亘二百四十步水乃順道八年京西轉運使陳堯佐議開滑州小河分水勢遣使視利害以聞及還請規度自迎陽村北治之復開減河於上游以泄其暴溢詔可張禹珪傳禹珪移澶州會河隄決溢禹珪率徒塞之宰相王旦使兗州還言其狀優詔褒之

宋天禧治滑州決河薪竹千六百萬兵夫九萬人

宋史河渠志真宗天禧三年滑州河決州邑罹患者三十二郡遣使賦諸州薪石楗橛芟竹之數千六百萬發兵夫九萬人治之

宋天禧滑州之決張惟吉護塞○鄧守恩爲修河鈐轄○王黯永治徐州隄○寇瑊總領修河請勿以歲饑罷役

宋史張惟吉傳惟吉為殿頭高陽關路走馬承受公事提舉滑州天臺埽從遷西頭供奉官鄧守恩傳是年守恩為入內押班河決滑州命為修河鈐轄部祀名為行營使復遣本任四年春河復故道遷文思院使王貽永傳貽永知滁州河決滑州徐大水貽永作隄城南以禦之改衛州團練使寇瑊傳瑊為河北轉運使天禧中河決澶淵瑊視役河上隄壞數里衆皆奔潰而瑊獨留自若須臾水為折去衆頗異之還工部郎中瑊復右諫議大夫會河決徙知滑州總領修河既而以歲饑罷役瑊言為民者特權丙其草舍調委已集若積之經年則朽腐為棄物後復興工斂之是重困也乃再詔塞河河平擢樞密直學士

宋天禧四年滑州決河塞

宋史真宗本紀天禧四年二月癸未滑州決河塞河渠志羣臣上賀上親為文刻石紀功

宋天禧四年天臺築月隄○河復決詔緣水州軍勿科調丁夫并恤役兵

宋史河渠志初滑州以天臺決口去水稍遠聊興葺之及西南隄成乃於天臺口旁築月隄六月望河復決天臺下走衛南浮徐濟害如三年而益甚帝以新經賦率慮殫困民力即詔京東西河北路經水災州軍勿復科調丁夫其守捍隄防役兵仍令長吏恤而番休之

宋天禧中陳堯佐造木龍以護岸○開枝流以導水

宋史河渠志天禧五年正月知滑州陳堯佐以西北水壞城無外禦築大隄又疊埽於城北護州中民復就鑿橫木下垂木數條置水旁以護岸謂之木龍當時賴焉復並舊河開枝流以分導水勢有詔嘉獎堯佐本傳天禧中河決起知滑州造木龍以殺水怒又築長隄人呼為陳公隄

宋天禧中李若谷一夜完韓村隄大埽○劉石版為岸水不為害

宋史李若谷傳若谷為京東轉運使會決河白馬調取芻楗同到塵士論協三司意趣刻檄州縣而若谷寬之士論不悅積於朝

徙知陝州天聖初判三司戶部勾院累遷太常少卿集賢殿修撰知滑州河決韓村隄夜馳往督長為大埽至旦隄完以右諫議大夫知延州州有東西兩城夾河秋夏水溢岸輒圮役費不可勝紀若谷乃制石版為岸押以巨木後雖暴水不復壞

宋天聖元年命魯宗道視決河○募民輸芟○高繼勳督役露坐河上○張君平兩為修河都監疏諸州古溝洫○李渭上治河十策○孫沖四塞棣州河○奏徙州非便著河書○詔募民會新役伐瀕河楡柳

宋史仁宗本紀天聖元年五月甲戌命魯宗道按視滑州決河八月乙未募民輸芟塞滑決河高繼勳傳繼勳以建雄軍節度使知滑州河水暴溢齧隄岸繼勳雖老躬自督役露坐河上暮夜猶不輟水乃殺滑人德之張君平傳天聖初議塞滑州決河以君平習知河事命以左侍禁簽書滑州事兼修河都監既而河未塞召同提點開封府界縣鎮公事以嘗議滑州隄有功特遷內殿崇班君平以京師數罹水災請委官疏鑿近畿諸州古溝洫久之稍完遂詔畿內及近畿州縣長吏皆兼管勾溝洫河道後為滑州修河都監君平有吏材尤明於水利自議塞河朝廷每訪以利害河平君平且死論者惜之孫沖傳沖為太常博士河決棣州知天雄軍寇準請徙州治河命沖往按視還言徙州動民亦未免治隄不若塞河為便遂以沖知棣州自秋至春凡四決沖皆塞之就除殿中侍御史準為樞密使卒徙州信陽而沖坐干擾河隄過嚴民輸送往來隄上者輒榜之為使者奏徙知襄州沖復上疏論徙州非便著河書以獻為京西塞滑州決河權知滑州參知政事魯宗道視河事用太常博士李渭欲趣夏興役沖言徙舊新堤困人力雖塞必決遂罷知河陽河渠志是年以滑州決河未塞詔募京東河北陝西淮南民輸薪芻調兵伐瀕河楡柳賙溺死之家

宋天聖二年遣使視河勢○揄擊奏兵代民役○俾卑官備完滑州隄○復立免下戶出薪錢○治利民港溉田○開橫河

河通滑渠

宋史河渠志二年遣使詣滑衛行視河勢梅摯傳摯進龍圖閣學士知滑州州嵗備河調丁壯伐薪葦摯以爲民奏用州代民之河大漲將決役卒官屬皆工徒完隄水不爲患詔褒異營叢立傳立遷判許州會滑州塞決河調民出芻楗命立提舉受納立計其用有餘而下戶未輸者尚二百萬悉奏弛之知江陰軍屬縣有利民港久廢立教民浚治既成溉田數千頃及斷橫河六十里爲運河奏遷太常少卿

宋天聖五年滑州河平○轉運使五日一奏事○浚魚池埽減水河

宋史仁宗本紀天聖五年七月丙辰丁夫三萬八千卒二萬一千緡錢五十萬塞滑州河決十月丙申滑州言河平河渠志是年塞決河轉運使五日一奏河事十月丙申塞河成以其近天臺山麓名曰天臺埽宰臣王曾率百官入賀十二月浚魚池埽減水河

宋天聖七年姚仲孫一夕完明公埽○夜塞大名府金隄決河○韓綜令民操舟避水○高弁等上黃河諸埽圖

宋史姚仲孫傳天聖七年仲孫權知澶州河壞明公埽綿浮橋仲孫親總河役隄上埽一夕復完權知大名府夜領禁兵塞金隄決河是歲澶魏雖大水民不及患遷禮部郎中韓綜傳遷判鄆州天雄軍會河溢金隄民依丘塚者數百家綜令曰能濟一人予千錢民爭操舟概以救已而丘塚多潰呂夷簡自北京入相薦爲集賢校理五海乾傳至治化中慶疏黃河運道天聖七年高弁高繼密等上黃河諸埽圖

宋天聖八年詔計塞河之備○陳曜請疏糜丘河○康德輿建沿汴斗門自京西導水入護龍河

宋史河渠志仁宗天聖八年始詔河北轉運司計塞河之備良山令陳曜請疏鄆滑界糜丘河以分水勢遂遣使行視遂隄康德輿傳德輿爲閤門祗候河陰陽武埽詔德輿完築尋爲開封府西路都巡檢兼領埽事改巡護開封府等六州黃河隄岸天聖中使夏州還內殿崇班河陰兵馬都監建沿汴斗門以節水會積雨汴水將溢德輿請自京西導水入護龍河水不得溢遷知原州

宋明道二年徙朝城縣○廢王橋渡臨河鎮以避水

宋史河渠志仁宗明道二年徙大名之朝城縣於杜婆村廢鄆州之王橋渡淄州臨河鎮以避水

宋慶曆元年詔停修決河○河流自分○命澶州築隄○陳執中增築大名府隄

宋史河渠志仁宗慶曆元年詔權停修決河自此久不復塞而議開分水河以殺其暴未興工而河流自分有司以聞遂詔特罷之三月命築隄於澶以扞城陳執中傳執中拜集慶軍節度使同平章事判大名府河決商胡走大名程琳欲為隄不果成而去執中乘年豐調丁夫增築二百里以障橫潰以吏部尚書復拜同平章事

宋慶曆八年命使視河隄○張堯佐活饑民十餘萬○李璋議塞商胡○張惟吉為修河都鈐轄請緩役○賈昌朝請復河故道○沈立纂河防通議○請修五股河及漳河

宋史河渠志仁宗慶曆八年六月癸酉河決澶州商胡埽決口廣五百五十七步乃命使行視河隄張堯佐傳堯佐提舉河北刑獄攝領澶州七日而商胡決堯佐拯溺救饑所全活者十餘萬猶坐免數年復提舉河東又為陝西都轉運使蒲津浮橋壞鐵牛皆沒水中堯佐以策列巨木於岸以為衡縋石其杪挽出之擢復其初加龍圖閣學士知成都府李璋傳璋知澶州議塞商胡會河溢議者謂水且至璋躬築事自若人心乃安河亦不溢徙曹州觀察使仁宗書忠孝李璋字賜之張惟吉傳惟吉為入內都知商胡決為澶州修河都鈐轄轉運使施昌言請亟塞惟吉以為歲災民困役宜緩命惟吉相視言河可塞而民誠困斯須不足重少待之從其議遷知京使賈昌朝傳昌朝判大名兼河北安撫使時河決商胡埽賈昌朝請復故道不從語在河渠志六塔河議肆猶傳民多水患昌朝振救之甚力內侍劉恢往視言河決趙征村與帝名嫌為不祥請亟塞昌朝使之以狀當圖者沈立傳立字立之益州判官提舉商胡埽采摭大河事迹古今利病為書曰河防通議治河者悉守為法歷京西北轉運使都水方興六塔河立與議立請止修五股等河及漳河分殺水勢以省役從之加集賢修撰知滄州

宋慶曆中水工高超請分六十步之埽爲三節○商河卒高超言歲功

沈括夢溪筆談慶曆中決北都商胡久之未塞三司度支副使郭申錫親往董作凡塞河決垂合中間一埽謂之合龍門功全在此是時屢塞不合時合龍門埽長六十步有水工高超者獻議謂埽身太長人力不能壓埽不至水底故河流不斷而繩纜多絕今當以六十步爲三節每節埽長二十步中間以索連屬之先下第一節待其至底方壓第二第三舊工爭之以爲不可云二十步埽不能斷漏徒用三節所費當倍而決不塞超曰第一節水信未斷然勢必殺半壓第二節止用半力水縱未斷不過小漏耳第三節乃平地施功足以盡人力處置三節既定即上二節自爲濁泥所淤不煩人功申錫主前議不聽超說是時賈魏公帥北門獨以超之言爲然陰遣數千人於下流收漉流埽既定而埽果流而河決愈甚申錫坐謫卒用超計商河方定

陳希亮堅卧魚池埽決處

宋史陳希亮傳河溢魚池埽且決希亮召河上使者發禁兵捍之廬於所當決吏民涕泣更諫希亮堅卧不動人比之王尊

宋皇祐四年李仲昌建六塔河之議○周沆魏瓘皆以仲昌言爲非○蔡挺用仲昌議河復決

宋史河渠志四年正月乙亥塞郭固而河勢猶壅議者請開六塔以披其勢周沆擢天章閣待制河北轉運使李仲昌建六塔河之議以爲費省而功倍詔沆行視沆言近計塞商胡本度五百八十萬工用薪芻千六百萬束總用功一萬薪芻三百萬均一河也而功力不相侔如是蓋仲昌先爲小計以來興役而況所規新渠視河廣不能五之一安能容受此役若成河必泛濫齊博濱棣之民其魚矣既而從初議河塞復決如沆言又徙河東轉運使蔡挺傳挺爲開封府推官提點府界公事都修六塔河用李仲昌議塞北流入於六塔一夕復決兵夫襆漂溺不可計降知滄州言者以爲輕乃貶秩徙官魏瓘傳瓘知廣州召還糾察在京刑獄議者請開六塔河塞商胡北流瓘相主其說命瓘按視還奏以爲不可塞

燕度以滑州決徙[illegible]河埽

宋史張度傳度知滑州滑與黎陽對境河埽下臨魏都嘗泛溢主者相顧不救度曰魏實爲河朔根本不可坐視敗患以所部吏捍禦之埽賴以不潰

秀水陳璜輯

河政

宋至和元年遣使度古道○二年修六塔河

宋史河渠志仁宗至和元年遣使行度故道且詣銅城鎮海口約古道高下之勢仁宗本紀至和二年十二月丁亥修六塔河

宋至和二年詔河渠司議納水入六塔河

宋史河渠志九月詔自商胡之決大河注食隄埽為河北患其故道又以河北京東饑故未興役今河渠司李仲昌議欲納水入六塔河使歸橫隴舊河舒一時之急其令兩制至待制以上臺諫官與河渠司同詳定

宋至和間宰相富弼用李仲昌言開六塔河

宋史河渠志至和二年中書奏自商胡決為大名恩冀患議開銅城道塞商胡以功大難卒就緩之而憂金隄汎溢能備工費因六塔水勢入橫隴令河北京東預完隄埽上河水所居民田數詔下中書奏以知澶州事李璋為總管轉運使周沆權同知澶州內侍都知鄧保吉為鈐轄殿中丞李仲昌提舉河渠內殿承制張懷恩為都監而保吉不行以內侍押班王從善代之以龍圖閣直學士施昌言總其事提點開封府界縣鎮事蔡挺勾當河事楊緯同修河決修又奏請罷六塔役時宰相富弼尤主仲昌議疏奏不省

文彥博與富弼同主李仲昌議開六塔賈昌朝抵之

宋史文彥博傳彥博與富弼用朝士李仲昌策自澶州商胡河穿六塔渠入橫隴故道北京留守賈昌朝素惡彥博陰約內侍武繼隆令司天官二人俟執政聚時於朝廷抗言國家不當穿河於北方致上體不安彥博知其意有所在然未有以制之後數日二人又上言請皇后同聽政亦繼隆所教也彥博徐召二人詰之曰天文變異汝職所當言何得輒與國家大事二人懼色彥博曰觀汝直狂愚耳未忍治汝罪自今無得復然既而議遣司天官定六塔方位二人至六塔恐治前罪更言六塔在東北非正北也

陳執中主商胡議開橫隴

宋史歐陽修傳河決商胡北京留守賈昌朝欲開橫隴故道回河使東流有李仲昌者欲導入六塔河議者莫知所從

文彥博主仲昌議開六塔

宋史歐陽修傳宰相陳執中主　朝文彥博主仲昌竟為河北患

宋嘉祐元年商胡北流入六塔河○河復決修河官皆抵罪○議者不復河事

宋史河渠志仁宗嘉祐元年四月壬子朔塞商胡北流入六塔河不能容是夕復決溺兵夫漂芻藁不可勝計命三司鹽鐵判官沈立往行視而修河官皆謫寶者劉恢奏六塔之役水死者數千萬人穿土干禁忌且河口乃趙征村於國姓御名有嫌而大興畚斲非便詔御史吳中復內侍鄧守恭置獄於澶鞫仲昌等違詔旨不俟秋冬塞北流而擅進約以致決潰懷恩仲昌仍坐取河材為器懷恩流潭州仲昌流英州施昌言李璋以下再謫蔡挺奪官勒停仲昌垂子也由是議者久不復論河事

宋嘉祐五年韓贄開魏金隄支為兩河

宋史韓贄傳韓贄為河北都轉運使河決商胡而北議者欲復之役將興贄言北流既安定驟更之未必能成功不若開魏金隄使分注故道支為兩河或可紓水患詔遣使相視如其策總役三千人幾月而畢

宋治平元年浚二股五股河

宋史河渠志英宗治平元年五月己亥始命都水監浚二股五股河以紓恩冀之患初都水監言商胡堙塞冀州界河淺房家武邑二埽由此潰慮一旦大決則甚於商胡之患乃遣判都水監張鞏戶部副使張燾等行視遂興工役卒塞之

宋熙寧元年李立之請創生隄○宋昌言議設二股上約○詔司馬光張茂則度四州生隄兼視六塔二股利害

宋史河渠志宋神宗熙寧元年六月河溢恩州烏欄又決冀州棗彊埽北注瀛七月又溢瀛州樂壽埽帝憂之顧謂近臣司馬光

等都水監丞李立之請於恩冀深瀛等州創生隄三百六十七里以禦河而河北都轉運司言當用夫八萬三千餘人役一月成今方災傷願徐之都水監丞宋昌言謂今二股河門變移請迎河港進約簽入河身以紓四州水患遂與屯田都監內侍程昉獻議開二股以導東流於是都水監奏慶曆八年商胡北流於今二十餘年自澶州下至乾寧軍創隄千有餘里公私勞擾近歲冀州而下河道梗澀致上下埽岸屢危今棗強抹岸衝奪故道雖創新隄終非久計願相六塔舊口并二股河導使東流徐塞北流而提舉河渠王亞等謂黃御河帶北行入獨流東砦經乾寧軍滄州等八砦邊界直入大海其近海口闊六七百步深八九丈三女砦以西闊三四百步深五六丈其勢愈深其流愈猛天所以限契丹議者欲再開二股漸閉北流此乃未嘗覩黃河在界河內東流之利也十一月詔翰林學士司馬光入內內侍省副都知張茂則乘傳相度四州生隄回日兼視六塔二股利害

宋熙寧元年宋昌言設二股上約議曹村河隄均有功

宋史宋昌言傳昌言權都水監丞熙寧初河決棗強而北昌言建議欲於二股河口西岸新灘立約障水使之東流俟稍深即斷北流縱出葫蘆下流以除恩冀深瀛水患詔從之提舉河渠王亞以爲不可成不如修生隄朝廷遣翰林學士司馬光往視知昌言策不兩月決口塞光奏昌言獨有功若與同列均受賞恐不足以勸詔理提點刑獄資序遷開封府推官同判都水監汴水濁昌言請塞訾家口已而汴流絕監丞侯叔獻傳爲昌言罪昌言懼求知陝州居歲餘冀二州河決曹村召判都水監往護河隄踰年埽成轉少府監卒贈絹二百疋

宋熙寧二年張鞏請急閉二股北流○張鞏奏大河東徙北流閉○河復東決汎五州

宋史河渠志時二股河東流及六分鞏等因欲閉斷北流帝意嚮之光以爲須及八分乃可仍待其自然不可施功王安石曰光議事屢不合今令視河後必不從其議是重使不安職也庚子乃獨遣茂則茂則奏二股河東傾已及八分北流止二分張鞏等亦奏丙午大河東徙北流淺小戊申北流閉詔獎諭司馬光等仍賜衣帶馬時北流既塞而河自其南四十里許家港東決汎濫

大名恩冀滄永靜五州置境

宋熙寧初程昉治河屢有功

宋史程昉傳熙寧初昉爲河北屯田都監河決棗強釃二股河導之使東爲鋸牙下以竹落塞決口加帶御器械河決商胡北流與御河合爲一及二股東流御河遂淺澱昉以開浚功遷宮苑副使又塞漳河作浮梁於洺州遷外都水丞詔相度興修水河決大名第五埽昉議塞之因疏積水溉深州田又導赤城河自樂壽之東至滄州二百里塞孟家口開乾寧軍直河作橋於真定之中渡又自衛州王供埽導沙河入御河以廣運路

宋熙寧三年詔視澶滑以下河勢○因韓琦言專治東流

宋史河渠志神宗熙寧三年二月命茂則乘驛相度澶滑州以下至東流河勢隄防利害時方濬御河韓琦言事有緩急工有先後今御河漕運通駛未至有害不宜減大河之役乃詔輟河夫卒三萬三千專治東流

宋熙寧四年因茂則言修二股河上流

宋史河渠志是時人爭言導河之利茂則等謂二股河地最下而舊防可因今埋塞者纔三十餘里若度河之湍浚而逆之又存清水鎮河以析其勢則悍者可回決者可塞帝然之十二月令河北轉運使開修二股河上流幷修塞第五埽決口

宋熙寧五年二股河成○王安石與帝言塞北流之利○塞北京決河

宋史河渠志神宗熙寧五年二月甲寅興役四月丁卯二股河成深十一尺廣四百尺方浚河則稍障其決水至是水入於河而決口亦塞六月河溢北京夏津閏七月辛卯帝語執政聞京東調夫修河有壞產者河北調急夫尤多若河復決奈何且河決不過占一河之地或西或東若利害無所校聽其所趨如何王安石曰北流不塞占公私田至多又水散漫久復澱塞昨修二股費至少而公私田皆出向之瀉鹵俱爲沃壤庸非利乎況急夫已減於去歲若復修隄防則河北歲夫愈減矣本紀四月辛未塞北

程昉數日合曹村決埽

宋史程昉傳曹村埽決昉謂郡守劉涣曰曹村決京師可虞臣子之分身可塞亦所當爲盍遣廂卒見付涣以鎮印付昉立走決所激諭士卒議者以爲勢不可塞徒勞人昉語衆命善泅者度決口引巨索浮渡南岸並進數日而合特遷太常丞

宋熙寧六年李公義獻鐵龍爪揚泥車法○懷信公義別制濬川杷○王安石請濬二股繫直河試之○置濬河司○王令

圖補北京開修直河○安石盛言用杷之功

宋史河渠志神宗熙寧六年四月始置疏濬黃河司先是有選人李公義者獻鐵龍爪揚泥車法以濬河其法用鐵數斤爲爪形以繩繫舟尾而沉之水篙工急擢乘流相繼而下一再過水已深數尺宦官黃懷信以爲可用而患其太輕王安石請令懷信公義同議增損乃別制濬川杷其法以巨木長八尺齒長二尺列於木下如杷狀以石壓之兩旁繫大繩兩端矴大船相距八十步各用滑車絞之去來撓蕩泥沙已又移船而濬或謂水深則杷不能及底雖數往來無益水淺則齒礙沙泥曳之不動卒乃反齒向上而曳之人皆知不可用惟安石善其法使懷信先試之以濬二股又謀鑿直河數里以觀其效且言於帝曰開直河則水勢分其不可開者以近河每開數尺即見水不容施功爾今第見水即以杷濬之水當隨杷改趨直河苟置數千杷則諸河淺澱皆非所患歲可省開濬之費幾百千萬帝曰果爾甚善聞河北小軍壘當起夫五千計合境之丁僅及此數一夫至用錢八緡故歐陽修嘗謂開河如放火不開如失火與其勞人不如勿開安石曰勞人以除害所謂毒天下之民而從之者帝乃許春首興工而賞懷信以度僧牒十五道公義與堂除以杷法下北京令虞部員外郎都大提舉大名府界金堤范子淵與通判知縣共試驗之皆言不可用會子淵以事至京師安石問其故子淵意附會遽曰法誠善第同官議不合耳安石大悅至是乃置濬河司將自衛州濬至海口差子淵都大提舉公義爲之屬許不拘常制舉使臣等人船木鐵工匠皆取之諸埽官吏奉給視都水監丞司行移

戰監司都轉運當是時北流閉已數年水或横決散漫常虞壅遏十月外監丞王令圖獻議於北京第四第五埽等處開修直河使大河還二股故道乃命范子淵及朱仲立領其事開直河深八尺又用杷疏浚二股及清水鎮河凡退背魚肋河則塞之王安石乃盛言杷之功若不輟工雖二股河上流可使行地中

范子淵詭言濬川杷有功○文彥博條奏其實奏聞

宋史文彥博傳初選人李公義獻鐵龍爪治河宦者黃懷信沿其制為濬川杷天下指笑以為兒戲安石獨信之遣都水丞范子淵行其法子淵奏用杷之功水悉歸故道退出民田數萬頃詔大名核實彥博言河非杷可浚雖甚愚之人皆知無益臣不敢雷同罔上疏至帝不悅復遣知制誥熊本等行視如彥博言子淵乃請覲言本等見安石罷意彥博傳會其說御史蔡確亦論本奉使無狀本等皆得罪摘彥博傳勿聞

劉璯言開直河無功○請開清水鎮河築縷河隄

宋史河渠志神宗熙寧七年都水監丞劉璯言自開直河閉魚肋水勢增漲行流湍急漸衝河隄而許家港清水鎮河極淺漫於不流雖二股深快而濱泊已東下至四界首退出之田略無固護設遇漲水出岸牽迴河頭將復成水患宜候霜降水落閉清水鎮河築縷河隄一道以遏漲水使大河復循故道又退出良田數萬頃俾民耕種而博州界堂邑等退背七埽歲減修護之費公私兩濟從之

都水丞程昉河功及罪狀

宋史程昉傳昉以小黃門積遷西京左藏庫副使熙寧初為河北屯田都監河決棗強釃二股河導之使東為鋸牙下以竹落塞決口加帶御器械河決商胡北流與御河合為一及二股東流御河遂淺澱昉以開浚功遷宮苑副使又塞漳河作浮橋於洺州兼外都水丞與相度興修水利河決大名第五埽昉議塞之因疏塘水溉深州田又導葫蘆河自樂壽之東至滄州五供埽導沙河

入御河以實邊路累遷滄州防禦使制置河北河防水利御史盛陶言昉挾第五埽之功專爲己力假朝廷威福恐動州縣所開共城河斷廢人戸水碾久無成功又議開沘河因察訪官按行始知不便塞漳河滹沱之役水占邢洺趙深祁五州之田王廣廉孔嗣宗錢顗趙子幾等嘗論奏其姦欺之狀則多置喙口指決河所侵便爲淤田其事權之盛剛舉官廢吏唯其所欲俾使者擯斥受聖旨者三發提點刑獄司牒者十二故有違拒小人誤當賞據昉自辦皆違官代還仍行究治神宗曰王安石以昉知河事故加任使令開漳河用工七百萬滹沱八九百萬已議賞異始安石欲興水利驟用昉昉挾安石勢而慢侮埽役安石嘗其虚誕亦疏之以憂死追罷都大制置河防水利司

宋熙寧八年濬河○十年治滎澤河隄

宋史神宗本紀熙寧八年十二月丙申濬河河渠志熙寧十年五月滎澤河隄急詔判都水監俞光往治之

王居卿於青州河溢立飛橋○於曹村河決立軟橫二埽

宋史王居卿傳居卿爲京東轉運使青州河貫城中苦泛溢爲病居卿即城立飛橋上設樓櫓下建門以時開啟人謂其智從河北路河決曹村居卿立軟橫二埽以遏怒流而不與水爭朝廷賞其功進以爲都水法召拜戸部副使錢舉市易

王克臣築隄城下防決河○起扁道隄王陵埽

宋史王克臣傳克臣知鄆州河決曹村克臣亟築隄城下或曰河決澶淵去鄆爲遠且州徙於高八十年不知有水患安事此克臣不聽役愈急隄成水大至不沒者才尺繼復起扁道屬之東平王陵埽人得趨以避水事定皆繪像祀之

俞充陳河防十餘事

宋史俞充傳充召判都水監河決曹村充往救護還陳河防十餘事幕職論水衡之政不修因循苟且漫以成弊方曹村決時兵之在役者僅千餘人有司自取敗事恐未可以罪歲也

曹村之決黃廉全活民二十五萬

宋史黃廉傳廉爲監察御史裏行河決曹村壞田三十萬頃民屋舍三十八萬家廉受詔安撫京東被災饑民不能去者分遣吏移給擇高地作舍以居流民過取無征其轉行者賦糧貿私牛而與之錢督男女棄於道者丁壯則役其力凡所活二十五萬

曹村之決蘇軾護徐州東南長隄○請增築故城爲木岸

宋史蘇軾傳知徐州河決曹村泛於梁山泊溢於南清河匯於城下漲不能洩城將敗富民爭出避水軾曰富民出民皆動搖吾誰與守吾在是水決不能敗城驅使復入軾詣武衛營呼卒長曰河將害城事急矣雖禁軍且爲我盡力卒長曰太守猶不避塗潦吾儕小人當效命率其徒持畚鍤以出築東南長隄首起戲馬臺尾屬於城雨日夜不止城不沉者三版軾廬於其上過家不入使官吏分堵以守卒全其城請復調來歲夫增築故城爲木岸以虞水之再至朝廷從之

宋元豐元年決口塞○蘇軾請自夏津東開舊河○劉璯以立生隄爲枉費

宋史河渠志神宗元豐元年四月丙寅決口塞詔改曹村埽曰靈平五月甲戌新隄成閉口斷流河復歸北初議塞河也故道堙而高水不得下議者欲自夏津縣東開簽河入董固以護舊河袤七十里九十步又自張村埽直東築隄至龐家莊古隄袤五十里二百步詔樞密都承旨韓縝相視縝言漲水衝刷新河已成河道河勢變移距開簽河處甚遠於河身稍立生隄枉費功力惟增修新河乃能經久詔可

宋元豐初詔給緡錢市梢草

宋史河渠志都水監言自曹村決溢諸埽無復儲蓄乞給錢二十萬緡下諸路以時市梢草封樁詔給十萬緡非朝旨及埽岸危急毋得擅用

宋元豐四年帝與輔臣言河事○劉定言諸河水皆注冀州○言者請使直河注東北從故道入海○李立之分築兩

隄○定三等向著三等退背

宋史五行志六月戊午詔東流已塡淤不可復將來更不修閉小吳決口候見大河歸納應合修立隄防令李立之經畫以聞帝謂輔臣曰河之爲患久矣後世以事治水故常有礙夫水之趨下乃其性也以道治水則無違其性可也如能順水所向遷徙城邑以避之復有何患雖神禹復生不過如此輔臣皆曰誠如聖訓河北東路提點刑獄劉定言王莽河一徑水自大名界下合大流注冀州又臨淸徐曲御河決口恩州趙村決口兩徑水亦注冀州城東若遂成河道即大流難以西傾全與李垂孫民先所論道背堤草標制詔送李立之八月壬午立之言臣自決口相視河流至乾寧軍分入東西兩塘次入界河於劈地口入海通流無阻宜修立東西隄詔覆計之而言者又請自王供埽上添修南岸於小吳口北修創遙隄候將來鹽山水下決王供埽使直河注東北於滄州界或南或北從故道入海不從九月庚子立之又言北京南樂館陶宗城魏縣淺口永濟延安鎭瀛州景城鎭在大河兩隄之間乞相度遷於隄外於是用其說立東西兩隄五十九埽定三等向著河勢正著隄身爲第一河勢順流隄下爲第二河離隄一里內爲第三退背亦三等隄去河最遠爲第一次遠者爲第二次近一里以上爲第三立之在熙寧初已主立隄今竟行其言

宋元豐五年詔埽毋虛設工毋横費

宋史河渠志神宗元豐五年正月己丑詔立之凡爲小吳決口所隄防可按視河勢向背應置埽處毋虛設巡河官毋横費工料

宋元豐五年詔并力塞原武決○十月詔都水還護汴河隄

宋史河渠志詔曰原武決口已引奪大河四分以上不大治之將貽朝廷巨憂其輟修汴河隄岸司兵五千併力築堤修閉都水復言兩馬頭墊落水面闊二十五步天寒乞候來春施工至翌月竟塞云十月辛亥提舉汴河隄岸司言洛口廣武埽大河水漲

埽岸壞下臨斗門萬一入汴人力無以枝梧密邇都城可不深慮詔都水監官速往護之丙辰廣武上下埽危急詔救護尋復安

定神宗本紀十二月辛酉塞原武決河

宋元豐七年王拱辰請不拘常制○王令圖奏請復故道

宋史河渠志北京帥臣王拱辰言河水暴至數十萬衆號叫求救而錢穀稟轉運常平歸提舉軍器工匠隸提刑埽岸物料兵卒即屬都水監逐司在遠無一得專倉卒何以濟民望許不拘常制詔事干機速奏稟牒所屬不及者如所請戊申命拱辰[illegible]埽十月冀州王令圖奏大河行流散漫河內殊無緊流旋生灘磧宜近澶州相視水勢使還復故道會明年春宮車晏駕

魯有開預增冀州河

宋史魯有開傳有開知衛州水災人乏食擅貸常平錢粟與之且奏乞蠲其息徙冀州增隄或謂郡無水患何以役為有開曰備不虞古之善計也卒成之明年河決水果至不能冒隄而止朝廷遣使河北民遮誦其功狀

符惟忠請以木岸束伏沙

宋史符惟忠傳惟忠爲都大管勾汴河使建議以爲渠有廣狹若水闊而行緩則沙伏而不利於舟請即其廣處束以木岸三司以爲不便後卒用其議

喬執中不日成廣武埽

宋史喬執中傳執中提點京西北路刑獄時河決廣武埽危甚相聚莫敢登執中不顧立其上衆隨之如蟻附不日埽成

韓絳三奏罷鐵城繫渠

宋史韓絳傳哲宗立絳為北京留守河決小吳都水議修鐵城繫渠東堤金隄役甚衆絳言功不可成徒耗費國力而使魏人流徙非計也三奏乞罷之

趙挺之請勿徙宗城縣

宋史趙挺之傳挺之通判德州魏境河屢決議者欲徙宗城縣轉運使檄挺之往視挺之云縣距高原千歲矣水未嘗犯今所遷不如舊必為民害使者卒徙之明二年河果壞新城漂居民略盡

宋元祐元年以河決賑民○詔以歲旱罷修河兵夫

宋史哲宗本紀元祐元年二月辛酉以河決大名壞民田賑貸者詔安撫使韓絳賑之二月乙丑詔以歲旱權罷修河放諸路兵夫

范百祿回奏回河費用情形○詔罷回河及減水河

宋史河渠志哲宗元祐四年正月癸未百祿等使回入對極言修減水河役過兵夫六萬三千餘人計五百三十萬工費錢糧三十九萬二千九百餘貫石匹兩收買物料錢七十五萬三百餘緡用過物料二百九十餘萬條束官員使臣軍大將凡一百一十餘員請給不與焉猶有番兵和雇之役那移工料縑帛兩堤以護南決未報己亥乃詔罷回河及修減水河

梁燾請責水官修治北流○二月詔罷減水河旋罷修河

宋史河渠志哲宗元祐五年正月丁亥梁燾言朝廷治河東流北流本無一偏之私今東流未成邊北州縣未受其役可謂北流方得遣西州縣日夕可憂其備宜急今傾半天下之力專事東流而不加一夫一草於北流之上得不誤國計乎去年屢決之害全由隄防無備臣願嚴責水官修治北流堤岸使二方均被惻隱之恩二月己亥詔開修減水河辛丑乃詔三省樞密院去冬行會令未得雨外路旱暵聞遣宜權罷修河

李偉言北流淤決○蘇轍再請罷修河司

宋史河渠志元祐五年八月甲辰提舉東流故道李偉言大河自五月後日益暴漲始由北京南沙堤第七鋪決口水出於第三

第四鋪并清豐口一併衆流故道河槽深三丈至一丈以上比去年尤為深快頗減北流橫溢之患然今已秋深水當減落若不少加措置慮致斷絕卽東流遂成淤澱望下所屬官司經畫沙堤等口分水利害免淤故道上誤國事詔吳安持與本路監司北外丞司及李偉按視具合措置事連書以聞九月中丞蘇轍言修河司若不罷李偉若不去河水終不得順流河朔生靈終不得安居乞速罷修河司及檢舉

宋元祐六年冢李偉○朝廷以傳堯俞言罷偉議

宋史河渠志哲宗元祐六年四月庚子數冢責李偉傳堯俞為吏部侍郎水官李偉議大河可從孫村導之東故道堯俞言河事難不可億度然比遣使按之皆言非便而偉又狠愎不肯任責豈可以遽興大役朝廷遂寢偉議

宋元祐七年改河官章程○以大河東流李偉再用事

宋史河渠志四月詔南北外兩丞司管下河埽今後令河北京西轉運使副判官府界提點分認界至內河北仍於衔內帶兼管南北外都水公事十月辛酉以大河東流賜都水使者吳安持三品服北都水監丞李偉再任

水官卒請進梁村上下約○鄭知章亦言北流宜閉○吳安持復用事○范純仁蘇轍力以為不可○詔都水監與本路運議

宋史河渠志元祐八年五月水官卒請進梁村上下約東狹河門既涉漲水遂壅而潰南犯德清西決內黃東淤梁村北出闞村宗城決口復行魏店北流因淤遂斷河水四出壞東郡浮梁十二月丙寅監察御史郭知章言臣比緣使事至河北自澶州入北京渡孫村口見水趨東者河甚闊而深又自北京往洺州過楊家淺口復渡見水之趨北者纔十之二三然後知大河宜閉北行東已下都水監相度于是吳安持復兼領都水即建言近準朝旨已堙斷魏店剌子向下北流一枝斷絕然東西未有堤岸若漲水稍大必披灘漫出則平流在北京恩州界為害愈甚乞塞梁村口縷張包口開青豐口以東雞爪河分殺水勢呂大防以其與

已意合向之詔同北京留守相視時范純仁復為右相與蘇轍力以為不可遂降旨令都水監與本路安撫轉運提刑司共[illegible]
則行之有異議速以聞紹聖元年正月也

詔吳安持以利害上聞○郭知章請專委水官

宋史河渠志詔令吳安持同都水監丞鄭佑與本路安撫轉運提刑司官具圖狀保明聞奏即有未便亦許利害來上三月癸酉
監察御史郭知章言河復故道水之趨東已不可遏近日遣使按視遂為議論未一臣謂水官朝夕從事河上望專委之

張商英劾水官吳安持王宗望欺罔之狀

宋史河渠志六月右正言張商英奏言元豐間河決南宮口講議累年先帝歎曰神禹復生不能回此河矣乃敕自今後不得議
議回河閉口蓋禹用導水之論依其趨下固定也元祐初文彥博呂大防以前敕非是拔吳安持為都水使者委以東流之事京
東河北五百里內差夫五百里外出錢雇夫及支借常平倉司錢買梢草斬伐榆柳凡八年而無尺寸之效乃遷吳安持太僕卿王
宗望代之宗望至則劉奉世猶以彥博大防餘意力主東流以梁村口吞納大河今則梁村口淤澱而開沙堤兩處決口以通水
奏前議築七十里堤以障北流今則云俟霜降水落興工昊朝廷咫尺不應九年為水官蒙蔽如此九年之內年年盛山水漲當
降亦落豈獨今年始有漲水而待水落乃可以興工耶乞遣使按驗虛實取索回河以來公私費錢糧梢草依仁宗朝六塔河施
行

吳安持王宗望因廣武埽危急請別開新河

宋史河渠志七月辛丑廣武埽危急詔王宗望亟往救護壬寅帝語輔臣曰廣武去洛河不遠須防漲溢下灌京師已遣中使視
之輔臣出圖狀以奏曰此由黃河北岸生灘水趨南岸今雨止河必減落已下水官與洛口官同行按視為簽堤及去北岸嫩灘
令河順直則無患矣八月丙子權工部侍郎吳安持等言廣武埽危急劉岺提身二千餘步處地形稍高自鞏縣東七里店至今

洛口約不滿十里可以別闢新河引導河水近南行流地步至少用功甚微王宗望行視并闢并儲各稱利便外其兩岸大隄工力浩大乞下各屬官司躬往相度保明從之

王宗望奏全河東還故道情形○吳安持請先計濬澶州故道工料

宋史河渠志十月丁酉王宗望言大河自元豐潰決以來東北兩流利害極大頻年紛爭國論不決水官無所適從伏自奉詔凡九月上塞底巽自闞村下至棲棹堤七節河門並皆閉塞築金隄七十里盡障北流使全河東還故道以紓河患又自闞村下至海口補築新舊隄防增修疏濬河道之淤淺者雖盛夏漲潦不至壅決望付史官紀紹聖以來聖明獨斷致此成績詔宗望等具析修閉北流部役官等功力等第以聞於是時東流隄防未及繕固頻河多被水患流民入京師往往泊御廊及僧舍詔給券諭令還本土以就振濟已而安持又言準朝旨相度開濬澶州故道分減漲水按澶州本是河行舊道頃年曾乞開修時以東西地形高仰未可興工欲乞且行疏導於案河仍令所屬先次計度合增修一十一埽所用工料詔令都水監候來年將及漲水月分先具利害以聞

三省樞密院奏請預防上流諸埽○詔吳安持等逐一相視

宋史河渠志十月癸丑三省樞密院言元豐八年知澶州王令圖議乞修復大河故道元祐四年都水使者吳安持因紓南宮等埽危急遂就孫村口爲回河之策及梁村進約東流孫村口窄狹德清軍等處皆被水患今春王宗望等於內黃下埽閉斷北流然至漲水之時猶有三分水勢而上流諸埽已多危急下至將陵埽決壞民田近又據宗望等奏大河自閉塞闞村而下及創築新堤七十餘里盡閉北流全河之水東還故道今訪聞東流向下地形已高水行不快既閉斷北流將來盛夏大河漲水全歸故道不惟舊堤損缺怯薄而闞村新堤亦恐未易枝梧兼京城上流諸處埽岸慮有壅滯衝決之患不可不豫爲經畫詔權工部侍郎吳安持都水使者王宗望監丞郭祐同北外監丞司自闞村而下直至海口逐一相視增修疏濬不致壅滯衝決

張商英再劾水官欺妄之狀

宋史河渠志十月丙辰張商英又言今年已閉北流都水監長貳交章稱賀乞付史官則是河水已歸故道止宜修緝堤防將來衝決而已近聞王宗望李仲卻欲開澶州故道以分水勢安持乞候漲水前相度緣開澶州故道若不與今東流底平則纔水落立見淤塞若與底平則從初自合閉口回河何用九年費財動衆安持稱候漲水相度乃是悠悠之說前來漲水并今來漲水各至澶州德清軍界安持首尾九年豈得不見更欲延至明年乃是狡兔三穴自爲潛身之計非公心爲國事也況立春漸近調夫如是時不早定議又留後說邦財民力何以支持訪聞先朝水官孫民先元祐六年水官賈種民各有河議乞取索照會召前後本路監司及經歷河事之人與水官詣都堂反覆詰難務取至當經久可行定議歸一庶免以有限之財事無涯之功

曾孝廣治河之績

宋史曾孝廣傳孝廣爲北外都水丞元祐中大臣議復河故道孝廣闢之不可出通判保州久之復爲都水丞入爲水部員外郎河決內黃詔孝廣行視遂疏蘇村鑿鉅野導河北流紓澶滑深瀛之害復都水使者洛水頻歲溢漲遶鞏北岸孝廣按河防得蔡渡口遺迹曰此昔人所以殺水勢也即日復決之累石爲防自是無水患

河政

宋紹聖元年令計置塞決河〇二年賑災民詔州軍申奏

宋史哲宗本紀紹聖元年冬十月丁酉河北流十二月己丑漳河決溢浸洺磁等州令計置塘塞二年秋七月庚戌河北流溢災民田廬遣官賑之河渠志七月戊午詔沿黃河州軍河防決溢並即申奏

謝文瓘奏罷建廣武四埽

宋史謝文瓘傳紹聖末都水使者議建廣武四埽石岸朝廷命先治岸數十步以驗其可否黃流湍悍役人多死一方甚病功不可成而使者申前說益力文瓘條列利害罷其役

宋治平以後至元符初河事大略

行水金鑑先是治平二年始命都水監浚二股五股河以紓恩冀之患熙寧二年從宋昌言程昉議開二股以導東流裁及六分而北流閉河自其南四十里東決汎濫大名恩德滄永靜五州軍境三年令河北轉運司開修二股上流四年北京新堤第四第五埽決下屬恩冀貫御河五年二股河成深十一尺廣四百尺而新隄決口亦塞又以水或横決散漫常慮壅遏命范子淵於第四第五埽開修直河使大河還二股故道十年大決於澶州之曹村河道南徙東滙于梁山張澤濼分為二派一合南清河入淮一合北清河入海凡灌郡縣四十五而濮齊鄆徐尤甚壞田逾三十萬頃元豐決河復注御河詔東流以填淤不可復將來更不修閉元祐中復議回河久之不決而紹聖初吳安持李偉卒行之然東流堤防未固瀕河多被水患元符二年河決內黃口東流斷絕詔大河水勢十分北流其共力救護隄岸是後不復開二股矣

張商英陳河防五事〇朝廷以河決蘇村詔商英毋治河

宋史河渠志元符三年三月乃以商英為龍圖閣待制河北都轉運使兼專功提舉河事商英復陳五事一曰行古沙河口二曰復平恩四埽三曰引大河自古漳河浮河入海四曰築御河西隄而開東門口泄徒駭河東流大要欲隨地勢疏濬入海會四月河決蘇村七月詔商英毋治河止釐本職其因河事差辟官吏並罷復置北外都水丞司

宋建中靖國元年尚書省請立西隄

宋史河渠志徽宗建中元年尚書省言去夏蘇村漲水全河漫流今淤高三四尺宜立西堤詔都水使者魯睍同北外丞司度之

宋崇寧三年臣僚奏行視河水形勢

宋史河渠志徽宗崇寧三年十月臣僚言昨奉詔措置大河即由西路歷沿邊州軍回至武强縣循河堤至深州又北下衡水縣乃達於冀又北渡河過遠來鎮及分遣屬僚相視恩州之北河流次第大抵水性無有不下引之就高決不可得況西山積水勢必欲下各因其勢而順導之則無壅遏之患詔開修直河以殺水勢

宋崇寧四年工部請修運糧河隄〇言修正隄較修舊隄直隄為省〇尚書省奏大河北流形勢

宋史河渠志徽宗崇寧四年二月工部言乞修蘇村等處運糧河堤為正堤以支漲水較修舊堤直堤可減工四十四萬料七十一萬有奇從之閏二月尚書省言大河北流合西山諸水在深州武强瀛州樂壽埽俯瞰雄霸莫州及沿邊塘濼萬一決溢為害甚大詔增二埽堤及儲蓄以備漲水是歲大河安流

宋崇寧五年詔滑州繫浮橋〇葺陽武副隄

宋史河渠志徽宗崇寧五年二月詔滑州繫浮橋於北岸仍築城壘置官兵守護之八月葺陽武副堤

宋大觀初詔陽武上埽開直河〇有司及工部員外郎趙霆奏河形及工料計數

宋史河渠志徽宗大觀元年二月詔於陽武上埽第五鋪開修直河至第十五鋪以分減水勢有司言河身當長三千四百四十

步面闊八十尺底闊五丈深七尺計役十萬七千餘工用人夫三千五百八十二一月畢役之十二月工部員外郎趙霆言
南丞司合開直河者凡為里八十有七用錢八九萬異時成功可免河防之憂而省久遠之費詔從之

宋大觀二年趙霆上免夫之議○詔上戶出錢下戶出力

宋史河渠志徽宗大觀二年五月霆上免夫之議大略謂黃河調發人夫修築埽岸每歲春首騷動數路常至敗家破產今
州魚池埽合起夫役嘗令送免夫之直用以買土增貼埽岸比之調夫反有贏餘乞詔有司應沿埽合調春夫並依此例立
法詔曰河防夫工歲役十萬濱河之民困於調發可上戶出錢免夫下戶出力充役其相度條畫以聞

宋大觀二年詔遷鉅鹿隆平縣○吳玠請修黃隄防

宋史河渠志邢州言河決陷鉅鹿縣詔遷縣於高地又以趙州隆平下濕亦遷之六月己卯都水使者吳玠言自元豐間小吳
決北流入御河下合西山諸水至清州獨流砦三叉口入海雖深得保固形勝之策而歲月寖久侵犯塘堤衝壞道路齧損城砦
奉詔修治隄防禦捍漲溢然築八尺之隄當九河之尾恐不能敵若不遇有損缺逐旋增修卽又至壞決使與塘水相通於邊
非計也乞降旨修築從之

宋大觀三年詔開兎源河

宋史河渠志是年八月詔沈純誠開兎源在廣武埽對岸分減埽下漲水也

宋政和四年孟昌齡言漲水河流上下並行

宋史河渠志徽宗政和四年十一月都水使者孟昌齡言今歲夏秋漲水河流上下並行中道滑州浮橋不勞解拆大省歲費
編置官吏推恩有差

宋政和五年置修繫永橋所○宣詔河北京東京西路○賜三山橋名

宋史河渠志徽宗政和五年置提舉修繫永橋所六月癸丑降德音於河北京東京西路其略曰鑿山釃渠循九河既道之迹爲梁跨趾成萬世永賴之功役不踰時處無後害人絶往來之阻地無南北之殊靈祇懷柔黎庶呼舞眷言朝野宜暨近畿特推興新昌轉徙民亦勞止朕甚憫之宜推在宥之恩仍廣蠲除之惠應開河官吏令提舉所具功力等第聞奏又詔居山至大伾山浮橋屬濬州者賜名天成橋大伾山至汶子山浮橋屬滑州者賜名榮光橋俄改榮光曰聖功七月庚辰御製橋名摩崖以刻之

史言三山導河注成巨濼○昌齡請移軍城於大伾山居山之間○孟揆請自恩州增築隄橋御河合大河

宋史河渠志方河之開也水流雖通然湍激猛暴遇山稍隘往往泛溢近砦民夫多被漂溺因亦及通利軍其後遂注成巨濼云是月昌齡遷工部侍郎八月己亥都水監言大河以就三山通流正在通利之東慮水溢爲患乞移軍城於大伾山居山之間以就高仰從之十月丁巳中書省言冀州棗強埽決知州辛昌宗武臣不諳河事詔以王仲元代之十一月丙寅都水使者孟揆言大河連經漲淤灘面已高致河流傾側東岸今若修閉棗強上埽決口其費不貲兼冬深難施人力縱使極力修閉東堤上下二百餘里必須盡行增築與水爭力未能全免決溢之患今漫水行流多鹹鹵及積水之地又不犯州軍止經數縣地分邐邐纏御河歸納黃河欲自決口上恩州之地水堤爲始增補舊堤接續御河東岸簽合大河從之

臣僚阿諛導河三山之功

宋史河渠志十月乙亥臣僚言禹跡湮沒於數千載之遠陛下神智獨運一旦興復導河三山長隄盤固橫截巨浸依山爲隈天造地設威視南北度越前古歲無解繫之費人無病涉之患大功既成願申飭有司以日繼月視水向著隨爲堤防益加增固每遇漲水水官漕臣不輟巡視詔付昌齡

史言昌齡鑿山創橋之舉禍由蔡京

宋史蔡京傳京擢孟昌齡爲都水使者鑿大伾三山創天成聖功二橋大興工役無慮四十萬兩河之民愁困不聊生而京

御批旨以為稱職者召也

宋政和七年臣僚請有司同辦河隄〇孟揚請開修北河〇詔揚專一措置北河事〇詔王序辦錢糧督工料

宋史河渠志徽宗政和七年五月丁巳臣僚言恩州寧化鎮大河之側地勢低下正當漲流衝激之處歲久隄岸怯薄沁水透隄甚多近鎮居民例皆移避方秋夏之交時雨霈然一失隄防則不惟東流莫測所向一隅生靈所係甚大亦恐妨阻大名河間諸州往來邊路乞付有司貼築固護從之六月癸酉都水使者孟揚言舊河陽南北兩河分流立中潬繫浮梁頃緣北河淤澱水不通行止於南河修繫一橋因此河項窄狹水勢衝激每遇漲水多致損壞欲措置開修北河如舊修繫南北兩橋從之九月丁未詔揚專一措置而令河陽守臣王序營辦錢糧督其工料

唐恪不與昌齡兵船〇京師汴溢恪決金隄注水之河〇與徽宗言陰盛水溢之理

宋史唐恪傳恪知滄州河決水犯城下恪乘城救理都水孟昌齡移檄索船與兵恪報水勢方急船當以備緩急且爲橋道兵非有旨不敢違昌齡怒劾之恪不爲動益治水水去城得全詔書襃美進龍圖閣待制知揚州召拜戶部侍郎京師暴水至汴且溢付恪治之或請決南隄以紓宮城之患恪曰水漲隄壞此無可奈何今決而浸之是魚鱉吾民也亟乘小舟相水源委求所以利導之乃決金隄注之河浹旬水平入對帝勞之曰宗廟社稷獲安卿之力也恪再拜因上疏言水陰類也至犯宮闕天其或者以陰盛之沴儆告陛下乎願垂意時事益儆天戒

宋重和元年詔植木護隄〇詔固護河陽埽〇詔內侍相度廣武埽

宋史河渠志徽宗重和元年三月己亥詔滑州濬州界萬年隄全藉林木固護隄岸其廣行種植以壯地勢五月甲辰詔孟州河陽縣第一埽自春以來河勢湍猛侵嚙民田迫近州城止二三里其令都水使者同漕臣河陽守臣措置固護秋雨廣武埽危急詔內侍王仍相度措置

蔣興祖治河爲畿邑最

宋史蔣興祖傳興祖知開封陽武縣武古博浪沙地土脈脆惡大河薄其南嘗橫泛溢埽具清興祖鳩材捷實治其上備田閭以不擾治爲畿邑最使者交薦之

蔡京言河行中道請付史館〇免濬河直河畢工

宋史河渠志徽宗宣和元年九月辛未蔡京等言南丞管下三十五埽今歲漲水之後岸下一例生灘河行中道實由聖德昭格神祇順助望宣付史館詔送秘書省十二月開修兔源河并直河畢工降詔奬諭

王黼言直河自成請付史館

宋史河渠志徽宗宣和二年九月己卯王黼言昨孟昌齡計議河事至濬州韓村埽檢視河流衝至寸金潭其勢就下未易禦遏近降詔旨令就畫定涨滑對開直河方議開鑿忽自成直河一道寸金潭下水即安流在役之人聚首仰嘆乞付史館仍帥百官表賀從之

宋宣和三年以河決橋壞降罰官吏〇四年以孟揚言復之

宋史河渠志徽宗宣和三年六月河溢冀州信都十一月河決清河埽是歲水壞天成聖功橋官吏行罰有差四年四月壬子都水使者孟揚言奉詔修繫三山東橋凡役工十五萬七千八百今累經漲水無虞詔因橋壞失職降秩者俱復之

宋靖康元年許翰劾昌齡欺罔狀〇詔落職〇詔減河防夫八千人

宋史河渠志欽宗靖康元年二月乙卯御史中丞許翰言保和殿直學士孟昌齡延康殿學士孟揚龍圖閣直學士孟揆先後相繼領職二十年過爲山橋妄設堤防之功多張梢樁之數窮竭民力聚斂金帛交結權要內侍王仍爲之奧主超付名位不知紀極大河浮橋歲一造舟京西之民猶憚其役而昌齡首建三山之策回大河之勢頓取百年浮橋之費僅爲數歲行路之觀漂沒

生靈興廢萬計近輔郡縣蕭然破殘所辟官吏計金錢續富商大賈爭注名牒身不在公迨分饋賞無與一役乾沒無數請斥罷史莫能鈞考陛下方將澄清朝著建立事功不先誅竄昌齡父子無以昭示天下望褫其名職以正典刑詔並落職昌齡在外宮觀揚依猶擬領都水監職事按候措置橋船輩取索論復議鈞考膺書具其臧乃詔昌齡與中大夫揚揆與中奉大夫三月丁丑京西轉運司言本路歲科河防夫三萬濱河夫一萬八千緣連年不稔處盜劫掠民力困弊乞量數減放詔減八千人

陳求道治陳留決河七日復故道

宋史陳求道傳靖康間求道判都水監陳留河決四十餘日漕輸不通京城大恐開封尹聶昌命求道治之七日河盡復故道

金克宋後沿河上下凡二十五埽

金史河渠志金始克宋兩河悉畀劉豫豫亡河遂盡入金境數十年間或決或塞遷徙無定金人設官置屬以主其事沿河上下凡二十五埽六在河南十九在河北

金世宗諭宗敘勿以河工害民

金史河渠志大定八年三月拜宗敘為參知政事上諭之曰卿昨為河南統軍時嘗言黃河堤埽利害甚合朕意如宜百姓凡有差調吏互為姦若不早計而建期徵斂則民增十倍之費隸其所徵之物或委積經年至腐朽不可復用使吾民數十萬之財皆為棄物此害非細卿既參朝政凡類此者皆當革其弊擇所利而行之

金大定十二年尚書省奏增築隄岸從之○十三年命雄武以下八埽並從事

金史河渠志世宗大定十二年正月尚書省奏檢視官言水東南行其勢甚大可自河陰廣武山循河而東至原武陽武東明等縣孟衛等州增築隄岸日役夫萬一千期以六十日畢詔遣太府少監張九思同知南京留守事紇石烈邈監護工作十三年三月以尚書省請修孟津滎澤崇福埽堤以備水患上乃命雄武以下八埽並以類從事

金大定十七年詔以軍夫半代民役○設京埽巡河官

金史河渠志世宗大定十七年秋七月大雨河決白溝十二月尚書省奏修築河隄日役夫一萬一千五百以六十日畢工詔以十八年二月一日發六百里内軍夫并取職官人力之半餘聽發民夫以尚書工部郎中張大節同知南京留守事高蘇董役先是祥符縣陳橋鎮之東至陳留潘岡黄河隄道四十餘里以縣官攝其事南京有司言乞專設埽官十九年九月乃設京埽巡河官一員

金大定二十年增築衛州至歸德府南岸隄○歸德府設巡河官埽兵○二十一年以河移故道築隄○張大節於東淺境九河故道築隄

金史河渠志檢視官南京副留守石抹輝者言河水因今秋霖潦暴漲遂失故道勢益南行宰臣以聞乃自衛州埽下接歸德府南北兩岸增築隄以捍湍怒計工一百七十九萬六千餘日役夫二萬四千餘期以七十日畢工遂於歸德府檢設巡河官一員埽兵二百人且詔頻役夫之地與免今年稅賦二十一年十月以河移故道命築隄以備張大節傳河決於衛構淤而東淺境有九河故道大節即相宜築堤水不爲害

金大定二十六年王寂奉使具狀○世宗諭宰臣勿推排被災之地○劉瑋[illegible]舉役河復故道

金史河渠志世宗大定二十六年八月河決衛州堤壞其城上命戶部侍郎王寂都水少監王汝嘉馳傳措置備禦而寂視被災之民不爲拯救乃專集眾以網魚取官物爲事民甚怨嫉上聞而惡之既而河勢泛濫及大名上於是遣戶部尚書劉瑋往行戶部事從宜規畫黜寂爲蔡州防禦使冬十月上謂宰臣曰朕聞亡宋河防一步置一人可添設河防軍數他日又曰比聞河水泛溢民罹其害者貲產皆空今復遣官於被災路分推排何耶右丞張汝霖曰今推排者皆非被災之處上曰雖然必其鄰道也既鄰水災之地豈無驚擾遷避者乎計其貲產豈有餘哉尚何推排爲十一月又謂宰臣曰河未決衛州時嘗有言者既決之後有司

何故不令朕知命詢其故世宗本紀是年徙衛州胙城縣劉瑋本傳劉瑋權戶部尚書時河決於衛自衛抵清滄皆被其害詔瑋工部尚書往塞之或以謂天災流行非人力所能禦惟當徙民以避其衝瑋曰不然天生五材遞相休王今河決者土不勝水也俟秋冬之交水勢稍殺以漸興築庶幾可塞明年春瑋齋戒禱於河功役齊舉河乃復故召還增秩

金大定二十七年詔四府十六州長貳皆提舉河防事

金史河渠志世宗大定二十七年二月御史臺言自來沿河京府州縣官坐視管內河防缺壞特不介意若令沿河京府州縣長貳官皆於名銜管勾河防事如任內規措有方能禦大患或守護不謹以致疏虞臨時聞奏以議賞罰上從之仍命每歲將泛之時令工部官一員沿河檢視於是以南京府及所屬延津封丘祥符開封陳留胙城杞縣長垣歸德府及所屬宋城寧陵虞城河南府及孟津河中府及河東懷州河內武陟同州朝邑衛州汲新鄉獲嘉徐州彭城蕭豐孟州河陽溫鄭州河陰滎澤原武汜水濬州衛陝西閿鄉湖城靈寶曹州濟陰滑州白馬睢州襄邑滕州沛單州單父解州平陸開州濮陽濟州嘉祥金鄉鄆城四府十六州長貳皆提舉河防事四十四縣令佐皆管勾河防事

衛州以康元弼言築舊城而不遷治

金史河渠志初衛州為河水所壞命增築蘇門遷其州治至二十八年水息居民稍還皆不樂遷於是遣大理少卿康元弼按視之元弼還奏衛州民復業者甚衆且南使驛道館舍所在向以不為水備以故被害若但修其隄之薄缺者可以無虞比之遷治所省數倍不若從其民情修舊城為便乃不遷州仍敕自今河防官司怠慢失備者皆重抵以罪

金大定二十七年詔被災及防役者免差稅○改築舊衛城於北原

金史世宗本紀是年十一月甲寅詔河水泛溢農夫被災者與免差稅一年衛懷孟鄭四州塞河勞役並免今年差稅康元弼傳河決曹濮間瀕水者多墊溺朝廷遣元弼往視相其地如盆而城在盆中水易為害請命於朝以徙之卒築城於北原曹人賴焉

金大定二十九年責有司報河事遲緩○詔均河工差役○河南路提刑司請於農隙均料○詔尚書省詳議

金史河渠志六月上諭旨有司曰比聞五月二十八日河溢而所報文字如此稽滯水事最急功不可緩稍緩時頃則難固護矣十二月工部言營築河堤用工六百八萬餘就用埽兵軍夫外有四百三十餘萬工當用民夫遂詔命去役所五百里州府差顧於不差夫之地均徵顧錢驗物力科之每工錢百五十文外日支官錢五十文米升半仍命彰化軍節度使內族裔都水少監大齡壽提控五百人往來彈壓先是河南路提刑司言沿河民居多困乏逃移蓋以河防差役煩重故也竊惟御水患者不過隄埽若土功從實計料薪藁稭杙以時徵斂亦復何難今春長隄都水監初料取土甚近及其興工乃遠數倍人夫懼不及程貴價生一隊之間多至千貫又許州初料薪藁十八萬餘束既而又徵四萬四千是皆常歲必用之物農隙均科則易輸納自今堤埽興工乞令本監以實計度量一歲所用物料驗數折稅或令和買於冬月分為三限輸納為便詔尚書省詳議以聞

劉瑋請河隄種柳詔宰相議之

金史劉瑋傳瑋為戶部員外郎上便宜數事世宗謂宰相曰瑋言河堤種柳可省每歲隄防之費及言官錢利害甚可取卿等議其可者行之

金明昌元年尚書省奏定河工力役物料章程制可

金史河渠志章宗明昌元年春正月尚書省奏臣等以為自今凡興工役先量負土遠近增築高卑定功立限榜諭使人先知無令增加力役并河防所用物色委都水監每歲於八月以前先拘籍舊貯物外實闕之數及次年春工多寡移報轉運司計置於冬三月分限輸納如水勢不常夏秋暴漲危急則用相臨埽分防備之物不足則復於所近州縣和買然復應人户遠近泥淖艱於運納止依稅內科折他物更爲增價當官支付違者並論如律仍令所屬提刑司正官一員馳驛監視糾究如此則役作有程而河不失備制可之

金明昌四年王汝嘉請疏大河南岸分流○請創濟北埽以北月隄○敕都水監與省官

金史河渠志十一月尚書省奏河平軍節度使王汝嘉等言大河南岸舊有分流河口如可疏導足泄其勢及長隄以北恐亦有可以歸納排瀹之處乞委官視之濟北埽以北宜創起隄臣等以為宜從所言其本監官皆以謂緣河防故注以是職當使從汝嘉等同往相視庶免異議如大河南北必不能開挑歸納其月隄宜依所料興修上從之十二月敕都水監官提控修築黃河堤及令大名府差正千户一員部甲軍二百人彈壓勾當

金明昌五年田櫟請先於南岸決隄洩水○加功築護北隄○遣水軍户安置梁山分屯軍户○遣幹濟官兩員覆視○又差李獻可焦旭築城隄修舊隄○賜馬琪黃河利害書○責王汝嘉田櫟不稱職

金史河渠志尚書省以櫟等所言與明昌二年劉瑋等所嘗視利害不同及令陳言人馮德輿與櫟面對亦有不合者送工部議復言若遽於檔村疏決終須北清河州縣二十餘處兩岸連亘千有餘里其隄防素不修備恐所屯軍户亦卒難徙今歲先於南岸延津縣堤決堤洩水其北岸長隄自白馬以下定陶以上並宜加功築護庶可以遏將來之患若定陶以東三埽棄隄則不必修止決舊壓河口引導積水東南行流堤北張彪白塔兩河間礙水軍户可使遷徙及梁山濼故道分屯者亦當預為安置詔奏曰若遽從櫟等所擬恐既更張利害非細比召河平軍節度使王汝嘉同計議先差幹濟官兩員行户工部事覆視之同則就令計實用工物量州縣遠近以調丁夫其督趨春工官即充今歲守漲及與本監官同議經久之利詔以知大名府事內族裔尚書户部郎中李敬義充行户工部事以參知政事胥持國都提控又奏差德州防禦使李獻可尚書户部郎中焦旭於山東當水所經州縣築護城堤及北清河兩岸舊有堤處別率丁夫修築亦就令講究河防之計他日上以宋閻士良所述黃河利害一帙付參知政事馬琪曰此書所言亦有可用者令以賜卿二月上諭平章政事守貞曰王汝嘉田櫟專管河防此國家之重事也朕比問其嘗於南岸行視否乃稱未也又問水決能行南岸乎又云不可知且水趨北久矣自去歲便當經畫今不稱職如是耶可

諭旨令往盡心固護無致失備及講究所以經久之計稍涉違慢當併治罪

金明昌五年以河決陽武削王汝嘉等官

金史河渠志八月以河決陽武故堤灌封丘而東尚書省奏都水監行部官有失固護詔命同知都轉運使高旭武衛軍副都指揮使女奚烈奕同往規措尚書省奏都水監官前來有犯已經戒諭使之常切固護今王汝嘉等殊不加意既見水勢趨南不預經畫承留守司累報輒為遷延以至害民即是故違制旨私罪當的決詔汝嘉等各削官兩階杖七十罷職

金明昌五年馬琪按視陽武河決并修復情形

金史河渠志上謂宰臣曰李愈論河決事謂宜遣大臣往以慰人心其言良是當處河北決措畫堤防猶當畫行省況今方橫潰為害而止差小官恐失衆望自國家觀之雖山東之地重於河南然民皆赤子何彼此之間乃命參知政事馬琪往仍許便宜從事上曰李愈不得為無罪雖都水監官非提刑司統攝若與留守司以便宜率民固護或申聞省部亦何不可使朕聞之徒能張皇水勢而無經畫及其已決乃與王汝嘉一往視之而還亦未嘗有所施行聞王村河口開導之月則對以四月終其實六月也月日尚不知提刑司官當如是乎壽命戶部員外郎何格賑濟被浸之民時行省參知政事胥持國馬琪言以至光祿村周視堤口以其河水浸漫堤岸陷潰至十餘里外乃能取土而堤面窄狹僅可數步人力不可施雖窮力可以暫成終當復毀而中道淤澱地有高低流不得泄且水退新灘亦難開鑿其孟華等四埽與孟陽隄道沿汴河東岸但可施功者即悉力修護於農隙興役及涷畢工則京城不至為害

馬琪請汰都水外監冗員〇請巡河官於廉舉人內選注從之

金史河渠志參知政事馬琪言都水外監員數冗多每事相倚或復邀公議論紛紜不一隳廢官事擬罷都水監掾設勾當官二員又因皆是有部除巡河官止由監官辟舉皆諸司人或有老疾避倉庫之繁行賄託以致多不稱職擬升都巡河作從七品於

慮入則令廉舉人內選注外路選河依舊亦於諸司及丞簿廉舉人內選注並取年六十以下有精力能幹者到一年委提刑司體察若不稱職即日罷之如守禦有方致河水安流任滿從本監及提刑司保申量與升除凡河橋司使副亦擬同此選注續而胥持國亦以為言乃從其請

馬琪回奏孟陽隄汴隄修築情形○治河官罪有差

金史河渠志庚辰琪自行省還入見言孟陽河隄及汴隄已填築補修水不能犯汴城自今河勢趨北來歲春首擬於中道疏決以解南北兩岸之危凡計工八百七十餘萬可於正月終興工臣乞前期再往河上監視上以所言付尚書省而治檢覆河堤并守禦官等罪有差

以河工畢賜諸臣

金史章宗本紀六年四月戊寅以修河工畢參知政事胥持國進官二階翰林待制奥屯忠孝以下三十六人各一階設嘉令王維翰以下五十六人各賜銀幣有差

金奥屯忠孝疏各支河

金史奥屯忠孝傳奥屯忠孝大定二十二年進士歷權戶部侍郎佐胥持國治決河以勞進一階除河平軍節度使兼都水監遂疏七祖佛河及王村關平道口雞爪孫家港復開東明南陽岡馬蹄孫村諸河忠孝嘗曰河為患不免勞民復壘石為岸十餘里民不勝其病矣

金高霖請開雞爪河并河隄種木

金史高霖傳字子約東平人大定二十五年進士歷國史院編修官建言黃河所以為民害者皆以河流有曲折遂隘狹故致湍決按水經當疏其河塞行所無事今若開雞爪河以殺其勢可免數埽之勞凡基埽工物皆取於民大為時病乞並河堤廣樹榆

柳數年後堤岸既固埽材亦便民力漸省朝廷從之

金明昌五年築武城新河

山東通志明昌五年河犯武城堤明年詔築新河修石岸十四里有奇以塞之

金泰和二年敕臺官習河事○五年以崔守真言酬償大和買民間河工物料值

金史河渠志章宗泰和二年九月敕御史臺官防利害初不與御史臺事然臺官無所不問原體究者亦體究之五年二月以崔守真言黃河危急多擿物料雖云折稅每年不下五六次或名為和買而未嘗還其價敕委右三部司正郭澥御史中丞孟鑄講究以聞澥等言大名府鄭州等處自承安二年以來所科芻藁未給價者計錢二十一萬九千餘貫詔命以各處見錢差能幹官同各州縣清強官一一酬之續令按察司體究

溫撒可喜請復北流故道○減南岸居民賦役○詔但令減南岸賦役

金史河渠志宣宗貞祐四年三月延州刺史溫撒可喜言近世河離故道自衛東南而流由徐邳入海以此河南之地為狹臣竊見新鄉縣西河水可決使東北其南有舊隄水不能溢行五十餘里與清河合則由濬州大名觀州清州柳口入海此河之故道也皆有舊堤補其缺罅足矣如此則山東大名等路皆在河南而河北諸郡亦得其半退足以為禦備之計進足以壯恢復之基又言南岸居民既已籍其河夫修築河堤營作戍屋又使轉輸芻糧賦役繁殷倍於他所夏秋租稅猶所未論乞減其稍緩者以寬民力事下尚書省宰臣謂數河不復可收水分則淺狹易渡天寒輒凍禦備愈難此甚不可詔但令量宜減南岸郡縣居民之賦役

元泰不華請倣宋置鐵埽

元史泰不華傳泰不華陞禮部尚書兼會同館事黃河決奉詔以珪玉白馬致祭河神竣事上言淮安以東河入海處宜倣宋置

撩清夫混江龍鐵掃撼蕩沙泥隨潮入海朝廷從之會用夫屯田其事中寢而止

元至元九年修衛輝路南北河岸

元史河渠志世祖至元九年七月衛輝路新鄉縣廣盈倉南河北岸決壞都水監丞馬良弼與本路官同詣相視差丁夫併力修完之

元程思廉修懷孟隄

元史程思廉傳思廉為河北河南道按察副使至元二十年關衛輝懷孟大水思廉臨視賑貸全活甚衆水及城不沒者數版即修隄防躬宿督役水不爲患衛人德之

元至元二十三四五年因河決修築故隄

元史世祖本紀至元二十三年三月甲戌雄霸二州及保定諸縣水泛溢冒官民田發軍民築河隄禦之冬十月辛亥河決開封祥符陳留杞太康通許鄢陵扶溝洧川尉氏陽武延津中牟原武睢州十五處調南京民夫二十萬四千三百二十三人分築堤防二十四年三月乙卯汴梁河水泛溢役夫七千修完故堤河渠志汴梁路陽武縣諸處河決二十二所漂蕩麥禾房舍委宣慰司督本路差夫修治

元張庭珍增太康外防○撒巖懽塞汴南決口

元史張庭珍傳庭珍為南京路總管兼開封府尹河決灌太康漂溺千里庭珍括商人渡千船及縛木為筏載糧糗四出救之全活甚衆水入善利門庭珍親督夫運薪土捍之不能止乃鑿城為竇水既退即督民增外防百三十里人免水患○撒巖懽傳撒巖懽為河南行中書省汴南諸州皆為巨浸撒巖懽躬行決口督有司塞完之

元大德二年自蒲口築九十六所○三年修蒲口等七隄○十年築河防

元史成宗本紀大德二年七月大雨河決壞堤防漂沒歸德數縣禾稼廬舍免其田租一年遣尚書那懷御史劉賡等塞之自蒲
口首事凡築九十六所河渠志三年五月河南省言河決蒲口兒等處浸歸德府數郡百姓被災差官修築計修七隄二十五處
共長三萬九千九十二步本紀十年春正月壬戌發河南民十萬築河防

元至大初皇子請括灘河荒地○以中書省言罷之

元史武宗本紀至大元年七月壬戌皇子和世㻋請立總管府領屯田四括河南歸德汝寧境內瀕河荒地約六萬餘頃歲收
其租命河南省臣高興總其事中書省臣言瀕河之地出沒無常遇有退灘則為之主先是有亦馬罕者妄稱省括地鬻食其民
以有主之田俱為荒地所至騷動民高榮等六百人訴於都省遣其騎赤方議其罪遇赦獲免乃獻其地於皇子且河南連歲水
災人方闕食若從所請設立官府為害不細帝曰安用多言其止勿行

元延祐初河南等處行省奏黃河情形○命諸官同州縣相視○詳視陳州最為低窪○上下流均無可決○請卹被災之
家

元史河渠志延祐元年八月河南等處行中書省言黃河涸露舊水泊汙池多為勢家所據忽遇泛溢水無所歸遂致為害由此
觀之非河犯人人自犯之擬差知水利都水監官與行省廉訪司同相視可以疏闢堤障比至泛溢先加修治用力少而成功多
又汴梁路睢州諸處決破河口數十內開封縣小黃村計會月隄一道都水分監修築障水堤堰所擬不一宜委請行省官與本
道憲司汴梁路都水分監官及州縣正官親歷按驗從長講議由是委太常丞郭奉政前都水監丞邊承務都水監卿朶兒只河
南行省右丞本道廉訪副使站木赤汴梁判官張承直上自河陰下至陳州與拘該州縣官一同沿河相視開封縣小黃村河
口測量比舊淺減六尺陳留通許太康舊有蒲葦之地後因閉塞西河塔河諸水口以便種蒔故他處連年潰決各官公議治水
之道惟當順其性之自然嘗聞大河自陽武胙城由白馬河間東北之海歷年既久遷徙不常每歲泛溢兩岸時有衝決強為閉

塞正及農忙科役仿付丁夫動至數萬所費不可勝紀其弊多端郡縣嗷嗷民不聊生蓋黄河善遷徙惟宜順下疏泄今相視上
自河陰下抵歸德經夏水漲甚於常年以小黄口分洩之故並無衝決此其明驗也詳視陳州最為低窪瀕河之地今歲麥禾不
收民饑特甚欲為拯救奈下流無可疏之處若將小黄村河口閉塞必移患鄰郡決上流南岸則汴梁被害決下流北岸則山東
可憂事難兩全當遵小就大如免陳村差稅賑其饑民陳留通許太康舊被災之家依例取勘賑恤其小黄村河口仍舊通流外
據修築月隄并障水隄閉河口別難擬議於是凡汴梁所轄州縣河隄或已修治及當疏與補築者條列具備

河北河南道請求水歸故道○下大司農分監修治

元史河渠志仁宗延祐五年正月河北河南道廉訪副使奥屯言近年河決杞縣小黄村口滔滔南流莫能禦遏陸地為河累被
之地漫沒百姓流散今水迫汴城遠無數里倘值霖雨水溢倉卒何以防禦方今農隙宜為講究使水歸故道達於江淮不惟陳
潁之民得遂其生竊恐將浸灌汴城其害匪輕於是大司農下都水監移文汴梁分監修治自六年二月十一日興工至三月九
日工畢

元至治三年修廣武隄

元史英宗本紀至治三年二月己巳修廣武隄十有九所

元泰定朝以姚煒言修濟陰河隄○被災者賑鈔糧免其租○築汴梁路樂利隄

元史泰定帝本紀泰定二年二月庚子姚煒以河水屢決請立行都水監於汴梁倣古法備捍乃命瀕河州縣正官皆兼知河防
事從之三月癸丑修曹州濟陰縣河隄役民丁一萬八千五百人是年閏月己卯雄州歸信縣大雨河溢被災者萬一千六百
五十戶賑鈔三萬錠三年二月歸德府屬縣河決民饑賑糧五萬六千石十月癸酉河水溢汴梁路樂利隄壞役丁夫六萬四千
人築之十二月亳州河溢漂民舍壞田免其租四年六月汴梁路河決八月汴梁路扶溝蘭陽縣河溢沒民田廬命並賑之

河防官鄆尹郝承務言魏家道口河決修築情形

元史河渠志六月曹州濟陰縣河防官本縣尹郝承務言六月五日魏家道口黄河舊堤將決不可修築以此差募民夫創修護水月堤其功未竟至二十一日水忽泛溢新築三堤一時咸決明日外堤復壞急率民閉塞而湍流迅猛所下樁土一掃無遺又舊隄歲久多有缺壞差夫併工築之

元至元二年河復故道

元史順帝本紀至元二年五月丙午朔黄河復於故道

元至正四年修曹州決河○詔修堤堰○詔大臣求治河方畧

元史順帝本紀至正四年春正月庚寅河決曹州雇夫萬五千八百修築之是月河又決汴梁冬十月乙酉詔修黄河堤堰河渠志水勢北侵安山沿入會通運河延袤濟南河間將壞兩漕司鹽場妨國計甚重省臣以聞朝廷患之遣使體量仍督大臣訪求治河方畧

廉惠山海牙奏徙民治河不便時宰不用○李絅奏崇陽抑陰上不聽○以賈魯為都水○減河間等路鹽額

元史廉惠山海牙傳至正五年廉惠山海牙為河南行省右丞時有詔徙民治決河倚驗郡丞以不便上言而時宰不用遷湖廣行省右丞順帝本紀至正六年五月丁酉黄河決尚書李絅請躬祀郊廟近正人遠邪佞以崇陽抑陰不聽五行志至正八年正月辛亥河決陷濟寧路是年二月詔濟寧鄆城立行都水監以賈魯為都水夏四月辛未河間等路以連年河決水旱相仍户口消耗乞減鹽額詔從之

秀水陳璜纂

河政

元至正九年詔修黃河金隄○賈魯仍以前二策對○脫脫薦魯于帝

元史順帝本紀至正九年五月庚子詔修黃河金隄民夫日給鈔三貫是月白茅河東注沛縣遂成巨浸河渠志是年冬脫脫既復為丞相慨然有志於事功論及河決即言于帝請躬任其事帝嘉納之乃命集群臣議廷中而言人人殊唯都漕運使賈魯昌言必當治先是魯嘗為山東道奉使宣撫首領官循行被水郡邑具得修捍成策後又為都水使者奉旨詣河上相視驗狀為圖以二策進獻至是復以二策對脫脫韙其後策議定乃薦魯于帝大稱旨

元至正十年集河防官議河事○成遵言河故道不可復○脫脫專主賈魯之議

元史順帝本紀至正十年以大司農禿魯等兼領都水監集河防正官議黃河便益事成遵傳至正中成遵為工部尚書先是河決白茅郢城濟寧皆為巨浸言者或言當築隄以遏水勢或言必疏南河故道以殺水勢而漕運使賈魯言必疏南河塞北河役不大興害不能已廷議莫決乃命遵偕禿魯行視河議其疏塞之方以聞十一年春自濟濮汴梁大名行數千里掘井以量地形之高下測岸以究水勢之淺深遍閱史籍博采輿論以謂河之故道不可得復其議有八而脫脫已先入賈魯之言及遵與禿魯至力陳不可且曰濟寧曹鄆連歲饑饉若聚二十萬人於此恐後日之憂有重於河患者脫脫怒曰汝謂民將反耶自辰至酉論辯終不能入明日執政者謂遵曰丞相意已定公毋多言幸為兩可之議遵曰腕可斷議不可易也遂出為大都河間都轉運使

王思誠塞河間決河築夾隄○築郛外隄

元史王思誠傳思誠為河間府總管時河水頻溢決縱橫于其境思誠曰此吾責也遂集民丁作隄會工築月而畢復築夾隄於外亘十餘里命瀕河民及弓手列置草舍於上繫木以防潰決是年民獲耕藝歲用大稔乃率民運磚甃治

郭外行道高五尺廣倍之往來者無泥塗之病

元至正十一年賈魯治河河復故道滙淮入海

元史脫脫傳順帝至正十一年四月初五日下詔中外命賈魯以工部尚書為總治河防使進秩二品授以銀印發汴梁大名十有三路民十五萬人廬州等戍十有八翼軍二萬人供役一切從事大小軍民咸稟節度便宜興繕是月二十二日鳩工七月疏鑿成八月決水故河九月舟楫通行十一月水土工畢諸埽諸堤成河乃復故道南滙于淮又東入于海帝遣貴臣報祭河伯召魯還京師論功超拜榮祿大夫集賢大學士其宣力諸臣遷賞有差賜丞相脫脫世襲答剌罕之號

元至正十一年翰林歐陽原功記賈魯治河事蹟○一故道長短深廣高下○一減水河長短深廣高下○一生地長短深廣高下○一塞專固缺口修隄三重○一詳述刺水隄截河隄護岸隄縷水隄石船隄之法○一詳述岸埽水埽龍尾欄頭馬頭等埽及爲埽量之法○總計其所用物用數之數

元史脫脫傳其浚故道深廣不等通長二百八十里百五十四步而強功始自白茅長百八十二里繼自黃陵岡至南白茅闢生地十里口初受廣百八十步深二丈有二尺已下停廣百步高下不等相折深二丈及泉曰停曰折者用古算法因此推彼知其勢之低昂相準折而取勻停也南白茅至劉莊村接入故道十里通折墾廣八十步深九尺劉莊至專固百有二里二百八十步通折停廣六十步深五尺專固至黃固墾生地八里面廣百步底廣九十步高下相折深丈有五尺黃固至哈只口長五十一里八十步相折停廣墾六十步深五尺乃浚凹里減水河通長九十八里百五十四步凹里村缺河口生地長三里四十步面廣六十步底廣四十步深一丈四尺自凹里生地以下舊河身至張贊店長八十二里五十四步上三十六里墾廣二十步深五尺中三十五里墾廣二十八步深五尺下十里二百四十步墾廣二十六步深五尺張贊店至楊青村接入故道墾生地十有三里六十步面廣六十步底廣四十步深一丈四尺其塞專固缺口修隄三重并補築凹里減水河南岸豁口通長二十里三百十有七

步其創築河口前第一重西堤南北長三百三十步面廣二十五步底廣三十三步樹置樁橛實以土牛草葦雜梢相兼高丈有三尺堤前置龍尾大埽言龍尾者伐大樹連梢繫之堤旁隨水上下以破嚙岸浪者也築第二重正堤并補兩端舊堤通長十有一里三百步缺口正堤長四里兩堤相接舊堤置樁堵閉河身長百四十五步用土牛草葦梢土相兼修築底廣三十步修高二丈其岸上土工修築者長三里二百十有五步有奇高廣不等通高一丈五尺補築舊堤者長七里三百步表裏倍薄七步增卑六尺計高一丈築第三重東後堤并接修舊堤高廣不等通長八里補築凹里減水河南岸豁口四處置樁木草土相兼長四十七步於是塞黃陵全河水中及岸上修堤長三十六里百三十六步其修大堤刺水者二長十有四里七十步其東復作大堤刺水者一長十有二里百三十步內創築岸上土堤西北起李八宅西堤東南至舊河岸長十里百五十步顛廣四步趾廣三之高丈有五尺仍築舊河岸至入水堤長四百三十步趾廣二十步顛殺其六之一接修入水兩岸埽堤並行作西埽者夏人水工徵自靈武作東埽者漢人水工徵自近畿其法以竹絡實以小石每埽不等以蒲葦綿腰索徑寸許者從鋪廣可一二十步長可二三十步又以曳埽索綯徑三寸或四寸長二百餘尺者衡鋪之相間復以竹葦麻檾大繂長三百尺者為管心索就繫綿腰索之端於其上以草數千束多至萬餘勻布厚鋪於綿腰索之上橐而納之丁夫數千以足踏實推卷稍高即以水工二人立其上而號于衆衆聲力舉用小大推梯推卷成埽高下長短不等大者高二丈小者不下丈餘又用大索或互為腰索轉致河濱選健丁操管心索順埽臺立踏或掛之臺中鐵貓大橛之上以漸縋之下水埽後掘地為渠陷管心索渠中以散草厚覆築之以土其上復以土牛雜草小埽梢土多寡厚薄先後隨宜修疊為埽臺務使牽制上下縝密堅壯互為犄角埽不動搖日力不足火以繼之積累既畢復施前法卷埽以壓先下之埽量水淺深制埽厚薄疊之多至四埽而止兩埽之間置竹絡高二丈或三丈圍四丈五尺實以小石土牛既滿繫以竹纜其兩旁並埽密下大樁就以竹絡上大竹腰索繫於樁上東西兩埽及其中竹絡之上以草土等物築為埽臺約長五十步或百步再下埽即以竹索或麻索長八百尺或五百尺者一二雜廁其餘管心索之間俟埽入水之

後其餘管心索如前薦埽法以管心長索遠置五七十步之外或鐵貓或大樁曳而繫之通管束累日所下之埽再以草土等物通修成隄又以龍尾大埽密掛于護隄大樁分析水勢其隄長二百七十步北廣四十二步中廣五十五步南廣四十二步自顯至趾通高三丈八尺其截河大隄高廣不等長十有九里百七十七步其在黄陵北岸者長十里四十一步築岸上土隄西北起東西故隄東南至河口長七里九十七步顯廣六步趾倍之而强二步高丈有五尺接修入水施土牛小埽梢草雜土多寡厚薄隨宜修疊及下竹絡安大樁繫龍尾埽如前兩隄法惟修疊埽護隄用白闌小石并埽上及前洊修埽隄一長百餘步直抵龍口稍北欄頭三埽並行埽大隄廣與刺水二隄不同通前列四埽間以竹絡成一大隄長二百八十步北廣百一十步其顚至水面高丈有五尺水面至澤腹高二丈五尺通高三丈五尺中流廣八十步其顚至水面高丈有五尺水面至澤腹高五丈五尺通高七丈並創築護隄一東起北截河大隄西抵西刺水大隄又一隄東起中刺水大隄西抵西刺水大隄通長二里四十二步亦顚廣四步趾三之高丈有二尺修黄陵南岸長九里百六十步內創岸土隄東北起新補白茅故隄西南至舊河口高廣不等長八里二百五十步乃入水作石船大隄蓋由是秋八月二十九日乙巳道故河流先所修北岸西中刺水及截河三隄猶短約水尚少力未足恃決河勢大南北廣四百餘步中流深三丈餘益以秋漲水多故河十之八兩河爭流近故河口水刷岸北行洄漩湍激難以下埽且埽行或遲恐水盡湧入決河因淤故河前功遂隳魯乃精思障水入故河之方以九月七日癸丑逆流排大船二十七艘前後連以大桅或長樁用大麻索竹絙絞縛綴爲方舟又用大麻索竹絙用船身繳繞上下令牢不可破乃以鐵貓於上流硾之水中又以竹絙絕長七八尺者繫兩岸大橛上每絙或硾二舟或三舟使不得下船腹略鋪散草滿貯小石以合子板釘合之復以埽密布合子板上或二重或三重以大麻索縛之急復縛橫木三道於頭桅皆以索維之用竹編笆夾以草石立之桅前約長丈餘名曰水簾桅復以木榰柱使簾不偃仆然後選水工便捷者每船各二人執斧鑿立船首尾岸上槌鼓爲號鼓鳴一時齊鑿須臾舟穴水入舟沉遏決河水怒溢故河水暴增即重樹水簾令後復布小埽土牛白闌長梢雜以草土等物隨宜

填垛以繼之石船下詣實地出水基趾漸高復卷大埽以壓之前船勢略定尋用前法沉餘船以竟後功昏曉百刻役夫分番甚勞無少閒斷船隄後草埽三道並舉中置竹絡盛石並埽置樁繫纜四埽及絡一如修北截水隄之法第以中流水深數丈用物之多施功之大數倍他隄船距北岸纔四五十步勢迫東河流峻若自天降深淺叵測於是先卷下大埽約高二丈者或四或五始出水面修至河口一二十步用工尤艱薄龍口喧豗猛疾勢撼埽基陷裂欹傾俄遠故所觀者股弁衆議騰沸以為難合然勢不容已魯神色不動機解捷出進官吏工徒十餘萬人日加獎諭辭旨懇至衆皆感激赴工十一月十一日丁巳龍口遂合決河絕流故道復通又於隄前通卷欄頭埽各一道多者或三或四前埽出水管心大索繫前埽硾後欄頭埽之後後埽管心大索亦繫小埽硾前欄頭埽之前後先羈縻以錮其勢又於所交索上及兩埽之間壓以小石白闌土牛草土相半厚薄多寡相勢措置埽隄之後自南岸復修一隄抵已閉之龍口長二百七十步船隄四道成隄用農家場圃之具曰轆軸者穴石立木如比櫛薶前埽之旁每步置一轆軸以橫木貫其後又穴石以徑二寸餘麻索貫之繫橫木上密掛龍尾大埽使夏秋潦水冬春凌簿不得肆力於岸此隄接北岸截河大隄長二百七十步南廣百二十步顛至水面高丈有七尺水面至澤腹高四丈二尺中流廣八十步顛至水面高丈有五尺水面至澤腹高五丈五尺通高七丈仍治南岸護隄埽一道通長百三十步南岸護岸馬頭埽三道通長九十五步修築北岸隄防高廣不等通長二百五十四里七十一步白茅河口至板城補築舊隄長二十五里二百八十五步曹州板城至英賢村等處高廣不等長一百三十三里二百步稍岡至碭山縣增培舊隄長八十五里二十步歸德府哈只口至徐州路三百餘里修完缺口一百七處高廣不等積修計三里二百五十六步亦思剌店縷水月隄高廣不等長六里三十步其用物之凡椿木大者二萬七千榆柳雜梢六十六萬六千帶梢連根株者三千六百藁秸蒲葦雜草以束計者七百三十三萬五千有奇竹竿六十二萬五千葦蓆十有七萬二千小石二千艘繩索小大不等五萬七千所沉大船百有二十艘鐵纜三十有二鐵錨三百三十有四竹篾以斤計者十有五萬硾石三千塊鐵鑽萬四千二百有奇大釘三萬三千二百三十有二其餘若木龍蠶椽木

麥稭抉椿鐵叉鐵弔枝麻搭火鉤汲水貯水等具皆有成數官吏俸給軍民衣糧工錢醫藥祭祀賑恤驛置馬乘及運竹木沉船渡船下椿等工鐵石竹木繩索等匠傭貲兼以和買民地爲河併應用雜物等價通計中統鈔百八十四萬五千六百三十六錠有奇

元賈魯所浚故道

穀山筆麈賈魯河自黃陵南達白茅放於黃堌等口即今賈魯河故道也白茅在曹縣黃堌在單縣萬歷丙申黃堌河決由賈魯河故道出符離集等處蓋即元人所挑矣河防一覽黃河故道自虞城以下蕭縣以上夏邑以北碭山以南由新集歷丁家道口馬牧集韓家道口司家道口牛黃堌趙家圈至蕭縣薊門出小浮橋此賈魯所復故道直隸通志賈魯河在東明縣南六十里斷頭隄元漕運所也賈魯所開故名

鄭州北賈魯河有三源○賈魯河河道通塞興廢

自遊四海記鄭州北有賈魯河自滎澤縣流入又東入中牟縣界其源有三西源自密之聖水峪中源自滎陽之婁泉東源自州境之九仙廟合於張家村名曰合河至京水鎮曰京水河又北受須索二水曰雙橋河元末命賈魯疏治以通漕起鄭州至朱仙鎮皆名賈魯河儀封縣東北有黃陵岡與山東曹縣接界賈魯於黃陵岡開黃河故道今爲黃河要害賈魯河在黃陵岡南二里曹縣西南有黃陵岡賈魯開黃河故道始此西北有賈魯河桑堉前猶爲運道自黃陵岡塞而此河遂塡其南爲大河洪流矣○世傳諸書大約自河南開封之儀封縣歸德府之睢縣考城商丘虞城夏邑山東兗州府之單縣曹縣至江南徐州而止故紅治中河撫徐恪疏云黃陵岡賈魯舊河南經曹縣梁進口下通歸德於丁家道口今梁進口以南則淤淺無阻以北則淤塞將平計其功力之施僅八十餘里若疏而浚之使之由徐入淮又萬曆中科臣楊應文上疏議開榆渠道商丘虞城而下至於徐州亦賈魯故道也據此則賈魯治河之功至今猶烈

總論古今大河經流之地○大河所以不東之故

顧一柔山居贅論大河之流自漢至今遷移變易不可勝記然孟津以西則禹迹具在以海爲壑則千古不易也自孟津而東由北道以趨於海則澶淵其必出之途由南道以趨於海則曹單其必經之地衛澶滑必由陽武之北而出汲縣胙城之間衛曹單必由陽武之南而出封丘蘭陽之下此河變之託始也由澶滑而極之或出大名歷邢冀道滄瀛以入海或歷濮范趨博濟從濱棣以入海由曹單而極之或溢鉅野浮濟鄆挾汶濟以入海或經豐沛出徐邳奪淮泗以入海此其究竟也要以北不出漳衛南不出長淮中間數百里皆其縱橫糜爛之區矣自陽武而入封丘河益東南流荆隆口直東則經長垣東出曹濮直趨大清河矣較之出徐邳合淮泗以入海者道爲徑易大河行之道宜直不宜紆入海之口宜近不宜遠河之兩岸宜濶而歸流宜深平水則宜置斗門且多置之用王景更相迴注之意使不得旁洩河未必不可東也雖然大河東則會通河廢會通河不廢則大河不可得而東兩者不並立矣此大河所以屢決而東終抑之使南也與

元王宣以河事自薦數月成功

明太祖實錄元順帝至正二十六年四月丁巳王宣元末爲司農掾會黃河決省部舉淮楊才能之士俾召集民丁疏濬之宣擬舉自薦元以爲淮南淮北都元帥府都事齎楮至揚州市竹簏募丁夫數月之間得丁夫三萬餘就令宣統領治河數月工成

明洪武八年詔塞開封府決河○十四年詔河決不必塞但令防護舊堤

明太祖實錄洪武八年春正月河決開封府大黃寺堤百餘丈詔河南參政安然發民夫三萬餘人塞之十四年秋七月庚辰河南原武祥符中牟諸縣河決爲患有司以爲言上曰此天災也今欲塞之恐徒勞民力但令防護舊堤勿重困吾民

明洪武十六年塞朝邑決河○十七年築磁州堤塞開封決隄貸民賦稅○十八年築滹河隄有司各以決河圖上

明太祖實錄洪武十六年三月庚午河決朝邑縣發民塞之十七年春正月乙巳彰德府奏臨漳縣河決宜於磁州築隄以障之

詔從其請八月丙寅河開封府河決東月堤命戶部遣官督所司奏之丙子上諭戶部曰比者河決開封屬邑漂沒民居淹浸田畝受害者必衆其有被水災者悉蠲其賦稅十八年九月丁亥詔修築滎澤河堤先是上諭工部臣曰河決滎澤民受其患雖嘗修築堤防恐不可久宜遣官與布政司都司會議凡堤塘堰壩可以禦水患者預爲修治至是有司以黃河沁河漳河衛河沙河所決堤岸丈尺之數具圖計工以聞詔以軍民兼築之

明洪武二十三四年賑河南災民○二十五年修河南十一州縣堤○免河決郡縣租○修築陽武縣河防

明太祖實錄洪武二十三年秋七月壬辰河南河決漂沒民居命賑卹被災之家一萬五千七百一十二凡鈔二萬五千二十錠開封府西華等縣南河水暴溺沒民田廬民多饑困上命賑之二十四年三月乙丑河南河水暴溢時開封府陳留睢州鄢陵夏邑寧陵被水患民千三百七十四戶詔遣官備例賑之未幾陳州項城縣亦奏河溢民被水患仍遣官往賑之二十五年春正月庚寅河決十一州縣有司具圖以聞乞發軍民修築隄岸以防水患從之丙午以開封府祥符等縣河決詔免今年田租冬十月辛酉發河南開封等府民丁及安吉等十七衛軍士修築陽武縣河防十一月甲辰河南開封府祥符縣民爲黃河決浸沒田土至今不可樹藝而徵稅如故上命免其賦凡萬一千二百餘石綿五千四百餘斤

明洪武二十九年罷開封府等八牐○因藩臣請修宜陽河防○三十年詔除黃河兩岸魚課

明太祖實錄洪武二十九年夏四月己亥罷開封滎陽十字河龍堂快活林傘兒三里灣龍及陳州東橋凡八牐河南通志是年河南藩臣請修宜陽河防先因洛河泛溢宜陽田廬漂沒殆盡至是始聞於上令預治磚石俟農隙時爲之實錄三十年春正月乙亥詔除黃河兩岸河泊所魚課先是河決懷慶等府州縣民人貧困上聞之命除懷慶而下至正陽河口黃河兩岸河泊所魚課仍聽其民採魚以給食

明永樂元年至九年歲修各處河防

明太宗實錄永樂元年八月丁巳修河南安陽縣河隄壬申工部言山東福山縣河決壞城隄二百九十餘丈命即修築九月壬午工部言河南陳州西華縣沙河水溢衝決隄堰以通黃河傷民禾稼乞量起民丁趁農隙修築從之十二月丁亥修山西夏縣古河決隄三十餘里二年五月癸酉修河南府孟津縣河隄九月己酉修河南武陟縣馬曲隄岸丁巳河南守臣言開封府城為河水所壞命發軍民修築十月丁丑河南黃河水溢命河南都司布政司城池有衝決者即修之三年二月丁卯河南布政司言河決馬村隄命本司官躬督民丁修治四年八月癸巳修河南陽武縣黃河隄岸及中牟縣汴河北隄六年正月甲子河南武陟縣知縣應任言縣東關至北賈村等處去年淫雨沁水衝決隄岸淹没田廬請用民力修築從之七年正月己卯河南陳州衛言河水衝決城垣三百七十六丈護城隄岸二千餘丈請以軍民兼修從之八年十二月戊戌河南守臣言汴梁河決壞城二百餘丈宜及時修理上諭工部臣曰汴梁城近黃河不免衝決之患而此國家藩屏之地不可以緩且聞黃河水增三尺其急遣人往視隄防九年二月己酉河南武陟縣言去歲天雨淫沁河南北九百餘步泛濫底河淹上田廬舍請以丁夫修築從之

明永樂九年浚黃河故道自魚王口至中灤下○民自効者亦給其糧○七月乙酉訖工

明太宗實錄九年三月壬午浚河南黃河故道蓋河水累歲為患修築隄防民用困弊至是河決壞民田廬舍甚衆開道工部侍郎張信往視信訪得祥符縣魚王口至中灤下二十餘里有舊黃河岸與今河面平浚而通之俾循故道則水勢可殺遂繪圖以進詔發河南民丁十萬命興安伯徐亨工部侍郎蔣廷瓚率運木夫同侍郎金純相度開浚丁夫給糧賞且蠲戶內今年租稅仍遣定國公徐景昌以太牢祠河神戶部侍郎古樸以太牢祭河南境內山川時工部尚書宋禮督工開會通河遂命禮兼董之四月癸卯命戶部開河自効民丁一體給糧賞免租稅初朝議開會通河及浚河南黃河命戶部凡民丁皆給米鈔及蠲戶內是年租稅而山東河南之人多有自願効力者上聞之遂有是命六月丁未敕諭尚書宋禮等曰曩命卿等浚黃河故道及築塞河港以紓河南水患今久未見成績而河水泛溢日加為民患者卿等其協心併力無分夙夜脫民墊溺用副委任之意七月己卯

遣官視新開黄河隄岸爲水所溢者悉增築之乙酉河南浚黄河故道訖工凡役民丁十一萬四百有奇月餘而畢自是河循故道與會通河合而河南之水患息矣

明永樂塞決河之議出於張信

明史稾張信祥符人舉建文二年鄉試第一永樂中歷工部右侍郎河決開封遣信視之請疏魚王口至中灤故道二十餘里繪圖以進詔如其議役十萬人浚之決遂塞

明永樂十年皇太子撫視河南災民○藺芳請捲土楗樹以捍決隄

明太宗實錄永樂十年六月癸亥河南鄢陵臨潁二縣霖雨河水壞隄岸没田禾事聞皇太子遣人撫視阜來初河南陽武縣言河決中鹽隄二百二十餘丈漫流中牟祥符尉氏諸縣中鹽隄與原武縣大賓隄皆河流之衝屢塞屢決上遣工部主事藺芳按視至是芳言隄當急流之衝夏秋之交雨水泛漲往往決㐌請以新開河岸捲土爲埽樹楗捍禦之庶不至重爲民害從之

明永樂十年藺芳上木囤隄法從之

明太宗實錄十年九月丙申工部主事藺芳言天下之水惟河爲大故水患惟河爲甚今於中灘分導河流使由故道北入於海河南之民免於昏墊誠萬世之利然緣河新築隄岸埽座止用蒲繩泥草不能經久臣愚以爲若用木編成大囤若欄圈然置之水中以椿木釘之中實以石卻以横木貫於椿表牽築隄上則水可以殺隄可以固而河患可息如允臣所言乞令河南近河府衛徵軍民於農隙採木春和修砌從之

明永樂十年以河決治河南三司官罪

明太宗實錄十年十二月戊戌都察院左副都御史李慶等劾奏河南三司官坐視河決爲患不奏[illegible]令所督修治又稽[illegible]而不親行以致軍民勞而無功上曰下不恤民患上不奉君命其治之如法

簡芳木圍法即王延世竹落遺法

河志按光業鼎張信岡用木圍則王延世竹落遺法也延世以此成功芳襲之而仍效尤矣古人之成法不可不知也

明永樂十一年李琳請暫停河南河工○修朝州遂平滎澤隄

明太宗實錄永樂十一年三月己丑巡按河南御史李琳言軍夫修築河岸者今河水日長難於用力况東作正興請暫停止俟秋收水落用工皇太子從之六月癸亥修朝州衛城以河水衝決故也八月庚午河南遂平縣言河決隄岸漂沒民居四百二十餘所壞田稼六十頃有奇皇太子遣官撫視修築十月戊寅修河南滎澤縣大賓河隄

明永樂十二年修河南土城○修武陟縣土隄○徙陳州○宛丘驛遞運所

明太宗實錄永樂十二年八月辛亥黃河溢壞河南土城二百餘丈事聞命工部遣官修築九月丁亥修河南武陟縣郭村馬曲等河土隄凡五百六丈閏九月丁巳徙陳州宛丘驛及遞運所於沙河北岸初置於州城之北比年黃河淤塞故徙之甲子修河南開封府土城隄岸百六十餘丈

明永樂十三年除山西遼州租○賑北京山東河南災民○修興濟縣隄

明太宗實錄永樂十三年六月甲申山西布政司言遼州淫雨河水暴溢壞民田三百餘頃命戶部除其租是月北京河南山東淫雨河水泛溢壞廬舍沒田稼而東昌府臨清縣尤甚民被害者九萬九千二百戶有奇命戶部遣官賑卹九月丙申修河間府興濟縣水決隄岸十二月丙子山東館陶縣北京南樂縣民自陳今夏河水泛溢淹沒禾稼秋收不足以輸稅乞折鈔帛從之

明永樂十六年修大名府及河南隄○二十年工部請浚開封府河故道

明太宗實錄永樂十六年七月丁丑大名府魏縣言河決隄岸命修築之十月甲申行在工部言河南黃河溢決埽座四十餘丈命遣官修築二十年十月壬寅工部言河南開封府仁和門外土城隄岸離黃河五里餘河自邊村經稍樂岡南入淮比河決南

所濬築城隄雖屢經修築旋復衝決宜浚故道以殺其患從之

明永樂二十二年詔免河南稅糧馬草○命王彰等往撫輯軍民

明仁宗實錄太宗永樂二十二年九月庚辰仁宗紀以河南黃河泛溢祥符陳留鄢陵太康陽武原武諸縣多傷禾稼敕免今年稅糧馬草仍命都察院右都御史王彰都指揮同知李信往鎮撫軍民上諭彰曰爾往朝廷耳目之寄且河南鄉邦下情鬱不上達久矣凡有可以利安軍民者悉具奏來各府州縣亦須周歷咨訪庶幾可以得民之情十月辛卯漳河水溢廣宗縣傷民田稼百餘頃有司以聞命戶部遣人振卹十一月庚子敕河南布政司令永城縣奏去年七月黃河泛溢傷稼其被傷去處去年稅糧馬草悉與蠲免

明宣德元年陳懋請徙靈州千戶所

明宣宗實錄宣德元年十一月庚戌寧夏總兵官寧陽侯陳懋奏靈州千戶所城垣舊距黃河三里今河水衝激切近城下恐致崩塌難於守禦城東有地高爽寬平請徙城於彼上命行在工部遣官覆視果當徙俟來春用工

明宣德元年修直隸河決隄堰

明宣宗實錄宣德二年七月乙卯直隸河間府獻縣真定府晉州饒陽縣奏河水衝決官倫口及黨隄口黃滦漫流田禾淹沒上命行在工部遣人巡視凡水勢衝決之處隄堰當增修者即發民興工

傅敬讓築開封決隄○諭工部預防河隄

明宣宗實錄開封城東河水為患敬讓帥率民築隄百五十餘丈捍禦田得耕種民免流移又開歸德州鳳池口以泄河流民受其利乞賜本官復任上諭行在吏部臣曰僉事可謂能興利除患其民愛之當從所欲令赴任而加其祿六月庚寅上諭行在工部臣曰緣河隄岸每歲多是預防今年雨多潦水泛溢必傷田禾宜遣官督軍衛有司巡視倘有潰決即用修築其地卑濕之處

亦令增高[illegible]岸[illegible]患

趙泰於常州開孟瀆得勝河作魏村閘

王英撰趙君墓志趙泰永樂卯癸舉人爲常州同知開孟瀆得勝二河作魏村閘會河決東昌特陞公都水郎中往塞河既興功

時尚書陶公爲侍郎巡撫南畿總蘇松諸郡糧賦屬公協同都運諸從之

明宣德七年命免開封秋糧馬草○九年以許宣言命視沁河堤

明宣宗實錄宣德七年六月乙卯巡撫侍郎于謙奏開封祥符中牟尉氏扶溝太康通許陽武夏邑八縣去年七月黃河泛溢衝決堤岸淹沒官民田五千二百五頃六十五畝該納秋糧五萬六千八十餘石馬草七萬六千五百餘束乞爲除豁從之九年正月癸卯河南新鄉縣知縣許宣言比年沁河水漲衝決馬曲灣溢於獲嘉縣至新鄉水淹處河環繞城垣北又匯爲潭其患滋甚已累堤百餘丈防之終莫能禦蓋緣修築馬曲灣堤岸不固所致乞令懷慶府縣督工堅築俾水復沁河則水患可息上命行在工部遣人視其地勢及議計用工難易以時興役

鄭辰罷大名開渠之議

明史稿正統元年命辰賑南畿河南饑時河堤決即命辰同便修築議自大名開渠引諸水通衛河利灌輸辰言勞民不便事遂寢

明正統二年免河南山西糧賦○命鄭辰往視直隸河南等處水災○停止買辦等項○振開封懷州決隄仔留河南糧米

補賑

明英宗實錄正統二年四月壬午巡撫河南山西行在兵部右侍郎于謙奏開封彰德河南懷慶衛輝五府所屬州縣自去年閏六月以來天雨連綿河水衝溢淹沒田土其被災地畝糧草乞爲除免從之六月庚辰命行在都察院右副都御史賈諒等賑濟

饑民時直隸鳳陽淮安揚州諸府徐和滁諸州河南開封府各奏自四月至五月陰雨連綿河淮泛漲民居禾稼多被渰沒人不聊生勢將流徙上命諒及工部侍郎鄭辰往視之諒陛辭諭之曰民困已甚卿等速往發廩濟之撫卹得宜毋令失所河隄衝決相機築塞毋興大役重困吾民八月戊寅巡按河南監察御史薛希璉奏近因天雨連綿河水泛漲開封府所屬祥符等縣民居學舍田禾頭畜多被渰沒上命行在戶部遣官覆視仍戒三司官善加撫諭其一應買辦并未納錢糧勾軍等項悉皆停止九月己酉河南開封府陽武原武滎澤三縣秋雨漲漫決隄岸三十餘處有司請發民二萬單一千餘協力修築從之十月己未濮州范縣奏八月黃河溢決民居牲畜禾稼皆被漂沒上命該部勘實從宜修築優卹十一月乙巳河南左參議吳傑奏所轄各府州縣今年春旱傷禾五月淫雨河溢田禾盡損民饑待哺乞將原定本布政司起運并兌軍糧米二十九萬八千五百石存留以補賑濟上從其言

明正統三年以于謙言築沁河○詔直隸山東修築決隄

明英宗實錄正統三年謙又奏請修築沁河以便民耕種從之八月乙丑直隸淮安府邳州河決田禾渰損山東魚臺等縣祥尤甚巡撫右侍郎曹宏以聞詔令隨宜修築

明正統十年修鄭州城○修金龍口等決口○修河南睢州等決口○治張秋滎澤決河○十三年修金村隄等決口○修寗夏等決口○命王永和修八柳樹口決口

明英宗實錄正統十年九月辛巳陝西鄭州奏今夏大雨河水泛漲決本州城垣一隅官民廬舍欲先修理城垣而被患之餘工力不堪乞分命旁縣協助從之庚子河決金龍口陽穀隄張家黑龍廟口上命山東三司亟修完之十月辛亥河南睢州磁州祥符杞縣陽武原武封丘陳留安陽臨漳武安湯陰林縣涉縣皆以今夏久雨河決渰沒民田屋宇畜產無算巡撫少卿于謙以聞上敕河南三司率夫往修之續文獻通考正統十二年秋七月河決張秋沙灣入海再決滎澤入淮工部尚書石璞治之實錄

正統十三年六月壬申河南陳留縣奏今年五月闔河水泛漲衝決金村隄及黑潭南岸已倩人夫修築將完復決比舊潭闊

渺乞命軍夫協力修築從之秋七月寧夏久雨河決漢唐壩衝敗黑山營及沿邊汶莫等口關墩壞臺總兵都督同知黃真以聞上

命真亟率工修完之七月己酉河決河南入柳樹口漫流山東曹州濮州抵東昌壞沙灣等隄傷民田廬舍事聞工部言水勢

洶湧恐敗各州縣城垣請命山東三司於附近不被災府衛發工修築視其緩急而先後之蘇其窮乏而撫卹之上命工部右侍

郎王永和往視其事

英宗責王永和治河不盡職○諭以用工先後之方

明英宗實錄十二月丁丑工部右侍郎王永和修沙灣等隄未成以冬寒停工且奏河決自衛輝八柳樹口直敖河南運河及三

司官修塞上敕責之曰八柳樹河決不由金龍口故道東流徐州呂梁以溢運河致妨漕運患及山東特簡命爾往董其事爾任

急卿其患預定其謀躬詢其源以副朕意乃輒以天寒罷工且以築塞之工諉之與人不知朝廷所以委任爾之所以盡職何任

且治水有術當先其源先治八柳樹口然後及沙灣則易成功苟治其末不事其源朕知春冬水小暫能閉塞夏秋水漲必仍決

溢今正用工之時其令山東三司築沙灣爾即往河南督同三司等官躬橋置八柳樹上流如何修塞金龍口等處如何疏通務

在河由故道不為民害仍先以圖等體畫方略及合用軍夫物料之數以聞或爾不能獨理宜添重臣亦可奏來

明正統十四年王永和奏治河事宜

谷應泰明紀事本末正統十四年春三月工部右侍郎王永和奏治河事宜先是沙灣之役永和以冬寒遽停工又以決口河南

數彼共事上切責之至是言黑陽山西灣已通水從泰通寺資運河東昌則置分水閘設三空泄水入大清河歸於海八柳樹工

猶未可用沙灣隄宜時啟分水二空瀉上流庶可亡後患從之

明正統十四年命休沙灣等河役○河南山東仍東時淹事

明英宗實錄正統十四年五月辛卯上聞沙灣等河修理略有成績諭工部臣曰河道既通漕運今夏務方殷其令軍夫休役河南山東河口隄岸仍命各巡河及三司官乘時率工濬築

明景泰三年遷原武縣治○因河決修延津等處城

明景帝實錄景泰三年四月丙子遷河南原武縣治先是黃河決縣治城垣學舍俱淪沒古黍縣址去舊治十餘里地頗高爽乃遷於其處從巡撫河南右副都御史王暹奏請也八月丁丑陝西大雨黃河泛決延安綏德等處城圮御史王禎以聞命撫督工亟修完之

明景泰三年命王文相視山東河南等處治河事宜○以太牢祭河神

明景帝實錄九月辛卯敕諭太子太保兼都察院左都御史王文近聞南京地震江淮以北直至濟寧水漲淹沒房屋禾稼道近之食糧止無所或至流移及東昌府接連河南地方俱因黃河奔潰北流散漫衝決漕河隄岸阻滯官民運輸雖嘗遣人修濬尚未有經久計此皆朕所晝夜在心不遑安於寢食者也朕以爾為廷臣之長素有幹濟之才特命往理其事凡所至處務有可以安輯國家拯濟生民通順河道一切興利除害之事悉聽爾廣詢訪便宜而行有應奏請及與山東河南巡撫方命府州縣及公差官員同議從長處置者並聽行務在停當舉之有益行之無弊凡前數事為之果有成效爾即具奏還京爾其欽承朕命毋負毋忽仍命文以太牢致祭於朝宗順正惠通靈顯廣濟河伯之神曰朕為民牧神為河伯皆上天所命今河水為患民不聊生伊誰之責固朕不德所致神亦豈能獨辭必使河循故道民以為利而不以為患然後各得其所而俯無所愧幸俟感通以慰懇切

明景泰四年以王暹言築開封大隄

明景帝實錄景泰四年六月己丑巡撫河南右都御史王暹奏黃河舊從開封北轉流東南入淮不為害自正統十三年改流為二一自新鄉八柳樹決由故道東經延津封丘入沙灣一決滎澤漫流原武抵開封祥符扶溝通許洧川尉氏臨潁郾城陳州商

十西年塌堤太厚寄慶沒田數十萬甲而開封為患特甚會於城西沿河築小隄內又築大隄皆約三十餘里惟沙土易壞

築隨決往歲久雨已沒小隄今歲復壞大隄之半不即修塞必及城垣其害非小臣會同三司計議請於不被災府衛州縣起倩

軍夫偕築大隄用防後患從之

明景泰四年以黃士儁奏免徵地稅○以鍾成奏敕有司濬塞運郡近河諸縣災民

明景帝實錄己未太僕寺少卿黃士儁奏臣經過河南見黃河一派自滎澤縣南流入項城縣界一派自新鄉縣八柳樹北流入

張秋會通河二派河流皆經六七州縣約有二千餘里俱係民間耕種之地民皆蕩析離居差稅不相保聚或徙或聚為盜而有

司猶徵其稅民屢訴告戶部恐失糧額不與分豁夫古者計地徵稅猶恐傷民況取無地之稅乎乞敕所司俱視免徵加意撫卹

從之八月乙酉御戶部養病主事鍾成奏黃河衝決被其患者尤莫甚於原武縣原武北自黃河黑羊山界南自古汴河界

橋鋪界相去五十餘里水皆浸灌縣治居其中於今已六年矣男欲耕而無高埠之地女欲織而無蠶桑之所束手愁歎坐視其

斃屢蒙朝廷發廩賑濟然水患未除民飢無已倉廩之積恐不能已乞敕有司疏濬渠塞以消水患轉運郡近縣糧餉以備賑濟從

之

明景泰四年作沙灣口九堰八閘○開渠引水入運河

明會典是年命官塞沙灣決口乃更作九堰八閘以制水勢復於開封府金龍口筯口銅瓦廂等處開渠二十里引河水東北入

運河

明景泰六年修高門隄

明英宗實錄景帝景泰六年六月癸未河決河南開封府高門隄二十餘里詔修築之

明天順元年修祥符縣大隄

明英宗實錄天順元年三月癸酉工部奏河南祥符縣逼近黄河舊有大隄四十餘里用護城垣近年爲雨水衝決千百餘丈不即修築恐妨城垣請令河南三司於無災州縣量起夫修築從之

河政

天順四年河溢議修河南城

明英宗實錄河南都指揮使司奏本處城垣逼臨黃河雖有隄岸常爲衝決水至土城爲人害者數矣夫城中所恃土城須高豎庶保無虞不然倘水溢爲害灌土城而內則王府三司衛府務局軍民屋廬悉爲魚鼈矣乞敕有司備物料夫役臣等率軍餘於農隙之後歷視其坍塌虛薄者以漸修完從之

天順五年命薛遠相河南河防事宜

明英宗實錄天順五年七月丁巳巡按河南監察御史陳璧同都布按三司奏自六月霪霖雨黃河漲七月初四決汴梁土城當時築塞磚城五門以備至初六日磚城北門亦決城中稍低之處水入深丈餘官舍民居漂沒過半公帑私積蕩然一空周府宮眷并臣等各乘舟筏避於城外高處達官鄰近州縣官多挐舟筏赴城救濟軍民然死者已不可勝紀許州襄城縣亦奏水決城門渰沒官民屋舍死者甚衆上命工部右侍郎薛遠往視之遠陛辭賜敕諭之曰黃河衝決爲患非小卿須多方設法消除水患築塞河堤務令堅完仍巡視下流開通疏濬以洩城中積水尤先撫卹被災之家有缺食者於附近官廩出粟給之或勸諭富家賑貸被災田畝蠲其租稅官舍民居以次修理須水患止息軍安民安然後回京

開封隄高城下○薛遠作護水隄以殺決流

呂原紀略維開封城周廻二十里外則繚以隄當宋時近於城者惟汴蔡諸水而黃河流遶城之東北以達於海至元時河始南徙遶城流合汴泗入淮正統戊辰亦嘗分決張秋口東北入海其後復東北入淮如故繇隄護城其來蓋已久矣夫土疏固易遷徙而流雜泥沙又易淤澱以故水載高地隄日增而城益下也天順五年秋七月四日客水暴至河溢踰防土城遂決越六日風

激浪擁突北門以入平地水深丈餘王府及宮衛儀賓營廬井市廛無慮數萬區盡淹沒摧圮力能移徙者僅以身免而老弱往往溺死事聞上特命工部右侍郎瓊臺薛遠往拯治之乃命官督夫下樁捲埽作截水隄二百四十餘丈決口隄就決口絕流而水趨故道蓋首事於是年九月十二日而以明年二月二十六日竣工

于坦請疏山西石州城下舊河

明憲宗實錄成化四年十一月辛未行人于坦言原籍山西石州城下有河一道流入黃河邇者河路崩塌約長三十餘丈遇天雨水溢崩塌之處復倍於昔請疏通舊河以固城垣事下工部請命三司勘實區處從之

張鎣請修寧夏二壩改木為石

明憲宗實錄成化六年四月己巳巡撫寧夏右副都御史張鎣言寧夏屯守之資全賴黃河水利前人創立漢唐二壩引黃河之水分為二渠以滋灌溉然閘舊淺專人掌之先以遣發屯軍修築壩閘但獨漢壩城堡未立寨柵看守橋梁被毀得如例修築且請易二壩之木以石環以周垣庶便屯守事下工部以為須覆實乃報從之

原傑奏奸民結王府指免科地為圍場。請據洪武例免科從之

明憲宗實錄六年五月辛卯巡撫河南戶部左侍郎原傑奏黃河自古為河南患蓋以水勢瀰漫彼陷則此淤軍民隨處開墾退灘之地以給日食以供租稅蓋以此而補彼也奈何姦詐之徒陰結王府官校將指為圍場屯地投獻還實王信之輒便標封界至占收籽粒有不從者興詞委官勘經歲月民不聊生固今有犯者不問軍民舍餘俱[illegible]戍附近衛所其王府官亦不許陰結受獻致興詞訟違者一治以法則姦猾有警而民無積擾矣又彰德懷慶河南南陽汝寧五府山多水浸衛輝沙鹹過半軍民稅糧之外僅可養生開封地雖平曠然河決無時洪武間蒙太祖高皇帝恩例除常稅外荒地許民耕種永不起科景泰間乃創起科例致今姦民互相告訐徵斂日重請如舊例凡軍民有告訐不起科者不聽則可免騷累之患矣戶部覆奏從之

明憲宗實錄十四年十一月癸亥巡撫河南右副都御史李衍等奏河南地方累有河患皆由下流壅塞以致衝決散漫渰沒民居今宜自開封西南隅新城下抵梁家淺舊河口七里疏浚壅塞以洩杏花營上流水勢又自八角河口直抵南頓分道散漫以免祥符鄢陵諸縣睢陳歸德諸州渰沒其衝決隄口則候水落之日興工修築工部覆奏上仍命衍等斟酌行之

成化十五年遷滎澤縣治○十七年蔣遼塞河南決口

明憲宗實錄成化十五年正月戊寅遷河南滎澤縣治於北丁鋪以避黃河水患也王鏊撰兵部尚書蔣公遼神道碑十七年河決河南詔起復公以工部侍郎往塞之至則集丁夫分工授任決口遂塞

楊理增築汴隄○沈浩築德州長隄○開白椰等河

楊公傳楊理巡撫河南值歲歉河大決汴城幾墊有議遷改者民心洶懼公曰遷豈易事乃增築汴隄高厚積於河水亦去王鏊撰沈公墓表沈浩長洲人成化甲辰進士知歸德州州當黃河衝隨塞隨決公至相度源流地形高下乃於城外五里許築長隄捍水樹以榆柳又開白椰等河河水由之入淮睢民始免墊溺

宏治二年酌河南河工需用銀兩

明孝宗實錄宏治二年四月癸丑河南鎮巡等官奏修築黃河決隄財用浩繁欲將今歲起運各邊糧存留三分之一戶部覆議邊儲見缺難準存留惟折銀分數可隨宜量減舊例河南輸大同宣府米每石徵折色銀一兩輸真保定者石徵五錢或六七錢今請各遞減一錢於內可得錢六萬餘兩并以布政司積貯十七萬餘兩給之亦可足用

宏治二年詔巡撫修築河南河道

明孝宗實錄上曰黃河衝決民居淹析朕深憫念其即行巡撫官督所司役五萬人修築務使河復古道不為民害以副朝廷敉

宏治二年命白昂修治河道○諭以治河事宜

明孝宗實錄九月庚辰改南京兵部侍郎白昂爲户部左侍郎修治河道賜之敕曰近聞河南黄河汎溢自金龍等口分爲二股流經北直隸山東地方入於張秋運河所過閘座閘有淹沒隄岸多被衝塌若不趁時預先整理明年夏秋大水必至潰決旁出有妨漕運所繫匪輕今以爾實監督工程績效著聞特陞前職馳驛會同山東河南北直隸巡撫都御史督同三處分巡分守并知府等官自上源決口至於運河一帶經行地方逐一踏看明白從長計議修築疏濬應改圖者從便改圖各照地方量起軍民人夫乘時興工務要隨在有益各爲經久不可虛應故事仍須禁約所司毋得指此妄加科派騷擾地方凡用工軍夫皆須撫卹周備毋令下人逼迫刻害違者輕則聽爾量加懲治重則送各該問刑衙門問理爾爲朝廷重臣受茲委託尤須盡夜用心躬親勤勞博采衆長相機行事務使軍民不擾工程易集斯爲爾能事完之日爾即回京仍將修過緣由并用過工料數目造冊奏繳以憑查考故敕

以陳寬等言罷遷汴城之議

明孝宗實錄宏治二年十一月庚辰巡按監察御史陳寬等奏前議遷汴城以避河患上疏言黄河之水自古爲患所以禦防之者亦惟修築隄岸耳今幸下流衝決分爲數派徐圖修塞豈爲善策匪不必多穿漕渠分殺水勢亦不宜輕議遷城搖動人心況當饑饉之餘公私匱乏百爾財力於何仰給上命所司知之遷城之議遂不果行

白昂治河事實○築陽武長隄○疏月河十餘○塞決口三十六○議修古河隄作石壩

明紀事本末宏治二年河決支流爲三其一決封丘金龍口漫於祥符長垣下曹濮衝張秋長隄一出中牟下尉氏一汜溢於蘭陽儀封考城歸德以至於宿遷漫四出不由故道未幾泛民溺死者衆議者欲遷河南藩司以避其害左布政司徐恪力陳不可

乃止命白昂往治之昂舉南京兵部郎中婁性協治乃築陽武長隄以防張秋引中牟之決以入淮浚宿州古睢河以達泗自小河西抵歸德飲馬池中經符離橋而南皆浚而深廣之又疏月河十餘以殺其勢塞決口三十六由河入汴汴入睢睢入泗泗入淮以達於海水患稍息昂又以河南入淮非正道恐不能容乃復自魚臺歷德州至吳橋修古河隄又自東平北至興濟鑿小河十二道引水入大清河及古黄河以入海河口作石堰櫃水盈縮以時啓閉蓋東北分治而東南注疏云

宏治三年祭河神

明孝宗實錄二月己丑遣祭大河之神以戶部侍郎白昂奏欲開浚河道故也

張瑋請濬徐州小黄河

明孝宗實錄十二月庚戌總督漕運都御史張瑋言徐州小黄河舊州城西北上通沁水下接漕渠宋熙甯間河決為患守臣蘇軾隄以巨石鎮以鐵犢自是水不為患近年黄河復決溢流城北其勢洶湧壞兩岸軍民居舍及城郭俱可虞臣會巡按管河等官議疏濬但上流地屬河南請敕工部移文河南巡撫都御史錢鉞等協同勘處併工修濬務為經久之計從之

明白昂治河政績

吳寬撰白公傳公始至河南相度水勢處水復趨張秋發卒數萬自陽武封丘祥符蘭陽儀封歸德築長隄捍禦遂導河自中牟決口至尉氏下潁川經塗山合淮水入海又修汴隄令高廣如一上樹萬柳使不崩頹又浚宿州古睢河入運道以分徐州之勢又鑿蕭縣徐集等口以殺汴徐之勢

宏治五年以陳政為總理河道○諭以黄河情形并治河事宜

明孝宗實錄宏治五年八月庚戌命工部左侍郎陳政兼都察院右僉都御史總理河南等處河道敕曰朕聞黄河流經河南山東南北直隸平曠之地遷徙不常為患久矣近者[illegible]自開封東南入淮今故道淤淺漸徙而北與沁水合流勢益奔放河

南蘭陽考城山東曹縣鄆城等處俱被淹沒勢逼張秋運道源水一減難保無虞廷臣屢請修濬且言事連四省不相統攝須得大臣總理庶克濟事今特命爾帶同本部員外郎闕嵩署員外郎事張讓前去同各該巡撫巡按督同布按二司及直隸府衛掌印并管河官員自河南上流及山東直隸一帶直抵運河躬親踏勘計議何處應疏濬以殺其勢何處應修築以防其決會計椿木等料若干著落各該軍衛有司措辦然後相度事勢緩急工程大小起倩附近軍民相兼在官人夫趁時用工務使民患消弭運道通行不可虛應故事然此係國家大計凡事有相關及敕內該載不盡者聽爾計議停當便宜而行文武官敢有怠慢誤事者輕則量情責罰重則文職五品以下徑自送問四品以上并方面軍職參奏爾受茲重託尤當晝夜盡心勉圖成功仍撫卹下人使皆樂於趨事則工易就而人不怨斯爲無負委任其勉之故敕

宏治五年冬沈鍾請暫停河工

明孝宗實錄十一月庚辰山東按察司副使沈鍾言臣提調所屬學校自濟南至兗州所見郊野蕭條絕無禾稼轉徙流民扶老攜幼呻吟道路蓋由今歲山東天久不雨曹濮一帶黃河衝決朝廷遣工部侍郎陳政巡視河決役夫數萬修築隄防臣竊謂隄防不可不修而民情亦不可不念今天氣漸寒夫役止月給米三斗晨夜暴露將必有受凍而死者欲乞暫停工役俟來春二三月後即并督成之庶民不深怨而事亦易集工部覆議請仍行侍郎陳政斟酌事宜從之

陳政治河無功

河防一覽是年復決金龍口潰黃陵岡再犯張秋侍郎陳政督夫九萬治之未績明紀事本末時河溢汴梁之東蘭陽鄆城諸縣皆被其患復決楊家金龍等口東注潰黃陵岡下張秋隄入漕河與汶水合而北行張秋隄乃遣政往政尋卒

宏治六年陳政卒劉大夏代之○論以決河情形○令其先治會通河再治黃河

明孝宗實錄宏治六年二月丁巳陞浙江布政司左布政使劉大夏爲都察院右副都御史修治決河先是河決張秋戴家廟運

工部左侍郎陳政總領疏濬修築之政歷山東河南會守臣行視水勢疏言河之故道有二一在滎澤縣之孫家渡口經中牟縣朱僊鎮直抵陳州一在歸德州之飲馬池與鳳陽府亳縣地相連屬俱入淮今已淤塞因致上流衝激勢盡北趨自祥符縣地名孫家口楊家口車船口蘭陽縣地名銅瓦廂決為數道俱入運河以致張秋一帶勢甚危急自堂邑至濟寧隄岸多崩圮而戴家廟減水閘淺隘不能泄水亦有衝決今欲浚舊河以殺上流之勢塞決河以防下流之患修築隄岸增廣閘座已集河南丁夫八萬人山東丁夫五萬人鳳陽大名二府丁夫二萬人隨地興工分官督役奏上未幾政卒管河郎中陳綺請仍遣大臣總其事上命會廣才識可用者三四人務在得人不限內外於是吏部尚書王恕等薦工部右侍郎謝綬南京工部右侍郎蕭禎四川布政使何鑑及大夏皆可用上曰今日治河不但恐其為民害抑恐有妨運道致誤國計所繫尤非輕必得通古今識地勢有巧思者久任之而後可汝等舉此四人孰可以充當是任於中宜定擬一人或兩推可用者以聞會議大夏才識淵優可當是任而大理寺右少卿馬中錫南京通政司左通政鄒說亦次之請簡命一人以往遂以命大夏敕之敕曰朕聞黃河自宋元以來與淮水合流由南清河口入海所經河南山東南北直隸之境遷徙不常屢為民患近年汴城東南舊道淤淺河流北徙合於沁水勢益衍故河南之蘭陽考城山東之曹縣鄆城等處俱被渰沒逼近張秋有妨運道先命工部侍郎陳政會同各該巡撫按等官設法修理今幾半年未及即工而政物故有司以聞朕念古人治河只除民之害今日治河乃是恐妨運道致誤國計其所關係蓋非細故事有緩急而施行之際必以當急為先今已春暮運艘將至敕爾即移文總督漕運巡河管河等官約會自濟寧循會通河一帶至於臨清相視見今河水漫散其於運河有無妨礙今年漕船往來有無阻滯多方設法必使糧運通行不至過期以失歲額糧運既通方可逐流尋源按視地勢商度工用以施疏塞之方以為經久之計必須役不再興河流循軌國計不虧斯爾之能

劉大夏治河事實○濬賈魯舊河○開孫家渡新河○濬四府營淤河○至歸德饋為二河○作長隄自胙城至徐州

南河全考宏治六年又決張秋東隄奪汶水以入海是時議者謂河不可復宜復治海運而廟議弗是也命都御史劉大夏管治

之時河流湍悍決口闊九十餘丈大夏行視之曰是下流未可治治上流先導之南行且築長隄以防大名山東之患隨河觸備軌而後決可塞也於是發丁夫數萬濬賈魯舊河四十餘里由曹出徐以殺水勢濬孫家渡開新河七十餘里導使南行由中牟至潁以入淮又濬四府營淤河由陳留至歸德分為二一由符離出宿遷一由亳州會於淮於是治張秋兩岸東西築臺立表貫索網聯巨艦穴而窒之實以土至決口去窒沈艦壓以大埽合且復決隨決隨築連晝夜不息決既塞繚以石隄隱如長虹又起河南胙城經滑長垣東明曹單諸縣下盡徐州作長隄亘三百六十里即今太行隄也而漕道復通役歷三時用軍民夫十二萬餘人鐵一萬九千斤有奇竹木薪芻不可勝計

宏治七年命太監李興等同治河決○工部奏治河經畫事宜

明孝宗實錄宏治七年五月甲辰命內官監太監李興平江伯陳銳往同都御史劉大夏治張秋河決丁巳太監李興平江伯陳銳奏今茲修築河防閘以糧運為急尤以恤民為先必須處置財力之所從出乃可濟事若全藉一方民力實有不能堪者乞敕該部議處其宜工部覆奏請先是會官奏准已將本部原貯抽分銀二百萬兩運送都御史劉大夏為修河之用凡河南山東在官錢糧除送運外其存留者悉聽取用如尚不足請以浙江蘇湖二抽分廠之銀兼濟之其山東河南京班人匠亦聽存留應役修理閘座石壩隄岸所用甎石請以糧船民船帶運城甎量留備用文武職官人等有智識過人可備咨詢辦理者俱聽其自延訪取用惟假此以希進者不得參與從之

楊茂元乞取李興陳銳回京○以河事專任劉大夏○請匠人盡行取回○請除河南民阻撓河事

明孝宗實錄宏治七年十月甲戌山東按察司副使楊茂元奏張秋之役官多而責任不專供億甚鉅日費百金臣聞各官初祭河神天氣陰晦帛不能燃久之似焚不焚之處宛然人面耳目口鼻皆具萬目咸見衆口騰傳示此怪豈偶然哉乞取太監李興總兵陳銳回京專任都御史劉大夏以責其成功若太監總兵官不可取回亦乞將帶來匠作人等盡行取回量留一二名以

儻役徒又言滎澤之水以彌漫其上游使從故道則濟運可通今欲作減水壩以省工力又言河南之民不欲黃河入境但見山東委官往彼增築黃陵岡即謀欲毀之此非細故乞令河南巡撫等官嚴加禁約事下工部議謂治水惠鄰民恐值朝廷重事成元所言取回差官人匠乞為裁處其欲止滾水壩請行興等會議處置河南之民阻築河隄亦請行巡撫等官禁約上令會官議處以聞於是會多官廷議以為自興等至張秋之後始與大夏相地勢水勢所宜即決口西南開越河一道穀糧運可以通濟且今霜降水落正係修築之時而調到官軍民夫數多亦正可併工修築請令興銳大夏同心協力務底成功仍惜財卹民減省冗費嚴禁所部人匠不許生事害人其工役人等加意撫卹毋致失所河南之民該管有司不行禁止者一體治以重罪從之

李興等奏張秋決口成功○命仍留河所來春再加培築

明孝宗實錄宏治七年十二月甲戌太監李興平江伯陳銳都御史劉大夏以築塞張秋決口功成奏聞上遣行人賫羊酒往勞之以黃陵岡工程未可即已命工部集議以聞於是議謂張秋決口雖已塞完但今天寒土凍恐來春冰土融化或雨水泛溢復有後患其黃陵岡在張秋上流亦宜築塞但水勢洶湧隨築隨決恐非一時所能成功請仍留興等三人來春量起丁夫再培築張秋決口及新舊河岸務令堅厚以期永久其東昌臨清德州一帶河道亦須遣一經理復請究黃陵岡事宜可疏可築相機而行必求允當而後已俟事畢興銳具奏先回大夏仍會同各巡撫等官用心修理如賈魯河孫家渡口四府營并馬樵家口等處亦宜再加疏築使運道疏通以為經久之計議上有旨命安平鎮等處河道及南旺湖水利仍令興銳大夏設法疏築俟功完具奏待報回京

宏治七年劉大夏等塞黃陵岡事實

劉健記畧初河南諸口之塞惟黃陵岡屢合而屢決為最難故既塞之後特築隄三重以護之其高各七丈厚半之又築長隄荊隆口之東西各計二百餘里黃陵岡之東西各三百餘里直抵徐州俾河恒南行故道而下流張秋可無潰決之患矣是役也以

宏治七年十月而畢以八年二月會張秋以南至徐州工程俱畢

鄧舉請大夏分下流水勢○李善勸大夏奏張秋決

張璧撰鄧公墓志鄧舉爲河南副使遇河決張秋東山劉公檄公問計公曰河卽未可治須下流分殺其勢乃發隄防廢竇可塞東山如其言事集治上聞其賢書陞俸一級李公墓志李善爲河南僉事河決張秋劉公與平江伯偕來求綜理其事者循卒以公應公爲相度水勢開修賈魯河四十八里浚河南注孫家黃陵岡決口百餘丈斷水東流功垂成復決公僅以身免乃更作數月功乃成詔陞俸一級

劉大夏初議治張秋事宜○張秋復決訛言四起情形

明紀事本末先是大夏既受命循河上下千餘里相度形勢乃集山東河南二省守臣議之上言河流湍悍決張秋乃下流襟喉未可輒治治於上流分道南行復築長隄以禦橫波且防大名山東之患候其循軌而後決河可塞也疏上報可工方興而張秋東堤復決九十餘丈奪運河水盡東流由東阿舊鹽河以入於海決口闊至九十餘丈訛言沸騰謂河不可治宜復元海運或謂陸輓雖勞無虞乃復命鋭等偕治之

張縉繪大夏總河事○歲修河防事蹟

明紀事本末七年九月加山東參政張縉秩爲通政使代劉大夏理河道初大夏治決河委縉調度及成功遂陞爲通政司右通政時衝決之餘溝防不治縉相其緩急以漸修濬無所遺又於決口之東砌石岸數里以固隄防又新浚南旺東隄樹柳其上每歲夏秋水溢視卒得分行無阻至今便之

劉大夏述黃陵岡情形○河流復故并長隄新隄事實

明孝宗實錄己卯河復南流故道先是都御史劉大夏等言安平鎮決口已塞河下流北入東昌臨清至天津入海運道以通然

[illegible]之計事下廷臣集議如大夏等言大夏等乃以正月十日興工築塞黃陵岡及荆隆等口七處凡旬有五日而完蓋黃陵岡居安平鎮之上流其廣九十餘丈荆隆等口又居黃陵岡之上流其廣四百三十餘丈河流至此寬漫奔放皆喉襟要地諸口既塞於是上流河勢復歸蘭陽考城分流逕徐州歸德宿遷南入運河會淮水東注於海而大名府之長隄起河南胙城歷滑縣長垣東明等處又歷山東曹州曹縣直抵河南虞城縣界凡三百六十里荆隆口等處新隄起於家店及銅瓦廂陳橋抵小宋集凡一百六十里其石壩俱培築堅厚而潰決之患於是息矣

楊茂元劾李興擾民狀○李興劾楊茂元並奏事不實降調

明孝宗實錄宏治八年四月辛巳先是都御史劉大夏太監李興平江伯陳銳奉命治張秋決初至祭大河之神時天氣陰晦帛不能燃山東按察司副使楊茂元聞之以為神明示此必有譴戒又聞興等奏隨人衆廩康之外日費銀七兩又見同知王珣呈銀二千兩不足十日之費遂上奏欲取回興等專委大夏以免地方煩擾上曰成大事者不惜小費興等皆不取回惟令工部移文速其成功仍令興節省浮費約束所部毋生事擾民興等因劾茂元所奏皆妄下巡撫都御史熊翀巡按御史王槐勘實以元茂不能黑罪刑部因請下御史逮問上不允命執送錦衣衛獄於是刑科都給事中龐泮等并南京十三道皆論救之獄具刑部擬茂元贖杖還職得旨茂元奏事不實降二級調別任

謝緝請塞歸德決○疏沁河隄○工部議從之

明孝宗實錄宏治十一年七月壬子工部管河員外郎謝緝乞敕工部行直隸并河南巡撫都御史各委官於歸德衛決處所量為築塞疏濬遏黃河之水流入徐州以濟漕運其沁水仍行河南管河官員常加挑濬淤修築隄防務使流入徐州以濟徐呂二洪不至為黃河奪引別流如此庶水利深廣漕運通利工部覆奏請下所司會勘計議築塞挑濬從之

張鼐請於上源武陟築壩堵荆隆口○工部覆議從之

明孝宗實錄十一年十二月己未河南按察司管河副使張鼐言臣前此奏擬修侯家潭口決河接濟徐呂二洪以便運道今自六月以來河流四溢隄防盡決而潭口決嚙彌深比舊廣闊數倍工費浩大卒難成功臣嘗行視河勢見荊隆口隄内舊河通賈魯河由丁家道口下入徐淮其故迹尚在若於上源武陟縣木欒店別鑿一渠下接荊隆口舊河俾此後河流南遷載引入淮庶沛然之勢可以接濟二洪而糧運不致艱阻事下工部覆奏請移文漕運都御史李蕙與同議處從之

郭鋐請從張鼐引沁入淮停徵梢草之請

明孝宗實錄宏治十二年二月戊申鎮守淮安漕運總兵都督僉事郭鋐等言河南按察司副使張鼐奏欲將荊隆口等處舊河隨宜修濬倘後黄河南遷載引沁水入淮庶使徐呂二洪糧道不致艱阻又欲停徵侯家潭缺口買辦梢草等項銀兩止將各該軍衛有司人夫起倩疏濬歸本官專管河道年久且才力足以辦此宜即令其督理待工完事請旌擢工部覆奏從之

龔宏奏張鼐欲河由丁家道入徐○乞行山東河南守臣會勘定議

明孝宗實錄宏治十三年二月戊戌山東兗州府知府龔宏奏近河南管河副使張鼐見河勢南行奏欲自荊隆口分沁水入賈魯河又自歸德州遶西王牌口等處分水亦入賈魯河俱令由丁家道口入徐州以便運道但今秋以來水從王牌口等處東行仍逆流東北至黄陵岡又自曹縣入單縣南達虞城漂沒廬舍人畜乞行山東河南守臣會勘二省地土之高下水勢之逆順河南地方如黄河水勢不從丁家道口入徐州當聽其南行將歸德州等處王牌等決口修築堅固不使水往東流山東地方將大小隄岸俱築至丁家道口為止以防漕運及將兗州府管河通判專在黄陵岡至丁家道口管理隄岸管泉同知不妨疏濬泉源兼管河道事下工部議以預防水患接濟運河各官處置不同然無歸一之論難以遙度宜行河南山東巡撫都御史帶同管水利官親詣二省地界相度計處其管泉同知仍會管泉主事定議管理從之

郭鋐奏河沁二水形勢并疏濬事宜

明孝宗實錄河南巡撫都御史鄭齡奏[illegible]河決隄岸者十有二處共闊三百餘丈而河道淤塞者三十餘里上源每決則曹單受害而安平可虞下流散漫則蕭碭被患而漕流有阻疏濬修築誠今日急務臣等請各盡其力工部覆奏從之

當王鑄按視河決采疏築之方○詔河南山東守臣區處

明孝宗實錄十三年十月丙戌巡按直隸監察御史曹玉奏徐州并蕭沛碭豐諸縣皆被河患蓋因曹縣河丁家道口衝決散漫東注不歸故道巡撫河南都御史鄭齡雖曾奏請修築久未成功乞遣有幹局官一人總河南并直隸山東之處閱視水決源流咨詢修築方略以為經久之利事下工部覆奏請宜行河南山東巡撫巡按等官親歷災所履視各決口[illegible]即當所司速成或工鉅費繁奏聞區處管河等官或仍前因循廢職者具奏治罪從之

宏治十三年山東守臣治河事實

山東通志是年河南水決李家楊家等口淤塞馬水河河水橫流曹單被害時河南濮州挑馬水河身使下流是河曹州知縣鄒魯陳言修長隄以捍水兗州知府熊其鑑具實以聞明年春事下巡撫參政陳某修完潰決又委參政杜某內築隄分命同知李某督夫二萬人給以糧加修之兩閱月告成隄高一丈五尺基三丈五尺頂一丈二尺自武家口起至馬㙍集止計一百五十里

郭鋐請濬小浮橋一帶河道

明孝宗實錄宏治十七年五月癸巳鎮守淮安漕運總兵官郭鋐奏徐州小浮橋一帶河道乾涸有妨糧運由曹縣河決上流淤淺所致乞行疏濬工部覆奏下河南及直隸巡撫漕運等官查勘處置從之

何鑑請罷防河夫○河南巡撫議勿罷從之

明武宗實錄武宗正德元年十二月庚申刑部左侍郎何鑑以黃河已平議停防河夫役事下巡撫河南都御史陶琰奏河患

仁常先年荆隆口決水奔入海當河夫科於河大陸建議起夫所乃時驚其害始思因循行一省爐户丁之多寡編僉河夫五萬八千七百餘名以備之近已減五分之一矣若再停革恐非先朝預防之意況所設雖有前數亦惟用於有事之日若河流循軌國不妨廢農業但宜嚴禁有司勿騷擾而私役之耳工部覆奏請勿革從之

正德四年漕臣守臣陳治河事宜○詔及時修理

明武宗實録南行故道淤塞水惟北趨漸不可遏請濬遣豐山東鎮巡官以經鉅野陽穀二縣故道則南爲安平運河雖淤無虞各陳疏濬修築之宜事下工部議得旨河患重事宜即行各該鎮巡官公同相視用心計處及時修理務須停當不許妄費財力事完之日差科道官勘實以聞

正德四年崔巖塞決河功垂成復壞

通漕類編是年河東決曹縣楊家口趨沛縣之飛雲橋入運工部侍郎崔巖役丁夫四萬二千有奇塞東平暴漲潰之敗以免去侍郎李鐩代之四月弗績盜起而罷河南通志侍郎崔巖於祥符董盆口寳陵五里鋪各開地四十里接黄河故道引水由鳳陽達亳州又濬孫家渡故道十餘里引水由朱仙鎮至壽州而各入於淮疏賈魯舊河四十餘里以殺水勢築濮州口上埽以防衝決會霪雨暴漲新築[illegible]埽遂潰[illegible]遂罷矣

李鐩治汴徐河患以兵荒罷役

當侵撰李公傳鐩以工部右侍郎督修京倉時汴徐河患告急敕兼左僉都御史總理修浚抵曹縣因已集人夫築堤自大名至沛縣三百餘里又自榮澤抵永城縣疏通水道以防潰決是時流寇劉六劉七兵荒言官乞罷取回京詔可

正德五年林茂達等以河決議封請先治上流○詔崔巖會同官計議

明武宗實録是歲[illegible]北決[illegible]入[illegible]御史林茂達[illegible]

下衛北決龍王廟埽安平鎮又為運河害法當先治上流從封考城等縣疏濬故道引河南流勢有所分然後築塞決口修復故隄自張岡馬頭而東至龍王廟別築月隄倍加高厚庶幾大隄可全運河可保是時河南上流不以舊道為慮而大名諸郡舊無悟華夫價兵部請下侍郎崔巖會合鎮巡官逐一計議務令調度合宜毋得居民田廬亦為區處無得傷財興怨

崔巖奏河決形勢○請命知水利者共議○詔切責之

明武宗實錄六月己亥工部左侍郎兼右副都御史崔巖奏頃奉命治河自祥符縣黃陵岡濬四十餘里梁濬縣孫家渡濬十餘里儀封縣濬八十餘里亳州濬四十餘里及長垣諸縣決口修築已漸有緒曹縣外隄梁靖決口未塞者止四丈為驟雨衝潰臣詢諸父老皆云黃河從遠道自有過贓之數若正然開沙灣之決宏治間黃陵岡之決為患數年所費不貲後上流水勢稍殺方克成功今河勢衝蕩愈甚且流入王子河亦河故道若非上流多殺水勢決口恐難卒塞莫若於曹單豐沛沿河處增築隄防毋令北徙庶可護障運道且乞別命內外大臣知水利者與臣共議仍俟秋成之時施功工部議覆有旨責巖治河無方仍令與鎮巡官詳議務期成功

李鐩上修河事宜

明武宗實錄九月己丑工部右侍郎李鐩上修河事宜大略謂黃河自河南蘭陽儀封考城一帶故道淤塞其流俱入賈魯河經黃陵岡至曹縣勢甚瀰漫衝梁靖楊家二隄決口淹沒曹單田畝前此侍郎崔巖亦嘗修濬縣地高河澱隨濬隨淤水殺不多而決口又難築塞以今觀之梁靖口以下地勢最卑故眾流奔注成河直抵沛縣凡河流故道湮塞不復疏濬況河勢北徙有如建瓴不但直趨梁靖決口其黃陵岡上下及杜勝集纘水隄俱被衝嚙水淹大隄討安平鎮甚近觀梁靖口勢成其容受全流無地必致迴激黃陵岡隄岸正妨運道尤為可慮今欲起自大名府地名三春柳至沛縣飛雲橋止築隄共長三百十里正以防河北徙可保運道無虞雖若一時工役重大而於久遠誠為有益工部覆請從之

正德七年劉愷趙璜築大隄曹單始安

明紀事本末是年秋九月以右都御史劉愷總理河道愷築大隄起魏家灣亘八十餘里至雙堌集都御史趙璜又隄三十里續之曹單以安

工部議遣重臣總河〇劉愷以河南徙歸功於神

明武宗實錄正德八年六月戊戌河決黃陵岡工部議以黃陵岡界在大名及山東河南之間工料夫役各有主掌欲此事權不一宜遣重臣一員專委責成庶有濟克上命管河都御史劉愷兼理其事仍協同各處撫巡官議處九月丁丑總理河道右副都御史劉愷奏河決黃陵岡寧致祭告越二日河南徙山川之效靈昨我國家如此工部尚書李鐩因請遣愷祭河伯之神而愷亦宜獎勵詔賜愷羊酒愷於修河之役束手無策乃歸功於神雖從而獻諛皆可羞云

正德十年添設山東河官

明武宗實錄壬戌添設山東兗州府同知直隸大名府通判長垣東明曹縣城武四縣主簿各一員專管修河以河決陳家等口為患甚劇從巡撫山東都御史趙璜等奏也

趙璜分水須水二河

河南通志是年侍郎趙璜疏分水須水二河先是崔巖功弗就河道衝決益甚至是璜乃於滎澤東濬分水河鄭州西鑿須水河疏兗州河渠至是水勢漸殺不為害

趙璜請留兵防河〇請黃陵岡重造河神祠

明武宗實錄正德十一年二月甲子總理河道工部右侍郎趙璜奏曹州當山東河南北直隸之交乜警發錯盜賊竊發且河決黃陵岡等處方議修治宜留兵備副使吳漳仍舊管事兵部議覆從之九月己亥總河趙璜言黃陵岡舊有昭應河神之祠自河

決徙之口以築北至滄德所祀殿久缺今沿河工成宜答神貺乞重造祀宇令有司以時致祭其沿河諸城皆築護城堤以備分撥

種請減免及賑卹曹縣爲水患尤甚乞下撫按官從長議處從之

正德十二年龔宏奏修河事宜四

明武宗實錄七月總河龔宏奏修河事宜一山東河南管河副使宜於秋冬水汎後同各守巡官及沿河知府會計一年修河所用物料多少呈總理衙門覈實起派各官不協力催督者參奏罰一東昌兖州大名工役煩累宜分派山東六府及直隸所屬大名廣平順德真定四府以均勞逸其隄岸仍令以時修築庶不妨農務事一每年修河物料自會計後宜即分令各府州縣領價買納庶緩急得用而侵隱之弊絕一各處夫役差遣不均故多有逃慢逃亡者宜令所司通融分派委官管轄赴工其有跕違顧出僱直者輒後期不到者罪坐所司下工部議山東直隸夫役原有定額難以別議如遇河患非常職料酌奏請量派協濟餘如宏奏詔可

宋袠以河濁請遷城武單縣二城

明武宗實錄正德十四年五月甲辰巡按山東御史宋袠奏城武單縣二城近因河水漲溢皆淹沒乞相地改遷工部覆議從之

龔宏奏河徙流決埽情形○導流築隄事宜

明武宗實錄正德十六年五月乙卯總理河道右副都御史龔宏爲工部右侍郎宏言黃河自正德初變遷不常日漸北徙大河之水合成一派歸入黃陵岡前乃折而南出徐州以入運河其黃陵岡原築三埽先已決去其二臣茲撥集水夫補築一埽以備衝嚙又廣山陝諸水横發加以霖潦或決二埽復歸張秋復由故道入海全河之勢瀰汎勞瞻如建瓴而下不可復禦臣先會築隄一帶起自長垣由黃陵岡抵山東楊家口延袤二百餘里廣百尺高十有五尺今擬於隄後相距十里許再築一隄袤高廣並如其數即河水滋甚衝越前隄流十里而遠性緩勢平可無大決水衝則仍修舊隄以爲先事之防斯一勞永逸計也從之令

計畫周詳以行毋妄費財力

臺臣請倣陶諧植柳蘆法通行各隄〇舟刻鳥獸形始於諧

呂本撰莊敏陶公墓志陶諧嘉靖初為河南副使管理河道立法治河植柳圍隄傍植蘆葦採取捲埽以當草束捲木當麻則以水利河道職罪紙米俱準收折纖毫不取於民總理臺臣奏請通行歲省費十餘萬人渡河舟中流篙師又窮索錢貨不識姓名無所訴公令舟刻鳥獸形有被害者即指形籍有司皆令天下津渡多刻鳥獸自諧始

嘉靖五年命章拯同守臣相宜濬築

明世宗實錄以章拯署權未重命陞工部右侍郎兼都察院右僉都御史令其督同山東河南淮揚撫按官親詣地方逐一相度將戴金梁宏所奏事宜斟酌應築應濬遴委司府勤能官員鳩工庀事以濟漕運

章拯言河漕道有二處〇北岔河一道宜濬

明世宗實錄嘉靖六年六月丙午朔總理河道侍郎章拯等言黃河漕渠固為國家之利至於汜濫則為地方之害今欲疏漕分殺免民患而濟運漕者有二處一曰孫家渡在滎澤縣北一曰趙皮寨在蘭陽縣北皆可以引水南流以殺河勢但此二河通亳州渦河東入淮又東至鳳陽長淮衛經壽春王等園寢為患臣測恨考之寧陵縣北岔河一道通飲馬池至文家集又經夏邑至宿州符離橋出宿遷小河口自趙皮寨至文家集凡二百餘里其中淤塞者宜大發丁夫濬治庶水勢易殺而於園寢亦無所患乃為圖說以聞工部請從拯等議上然之命拯等刻期舉工

建河神祠於沛縣〇章拯以治水無效自劾不許

明世宗實錄癸亥詔建河神祠於沛縣時漕河淤通議者以為神助請復其故宇春秋致祠工部為請從之九月丙申總理河道工部侍郎章拯考滿再疏自劾治水無効乞罷不許

河政

章拯乞休許之○盛應期薦陳文沛可治河

明世宗實錄嘉靖六年十一月辛丑總理河道工部右侍郎章拯上疏乞休詔拯還京別敘十二月辛酉總督河道都御史盛應期薦蘇州府知府陳文沛才堪治河頃曹濮河道副使王言以病去文沛可代之上曰可令速往視事

嘉靖六年塞各處決○開昭陽湖東新河○築單沛舊隄

明會典是年復塞老和尚寺八里屯張家莊等處命官發丁夫於昭陽湖東北起汪家口南抵留城口改鑿新河以避黃河衝塞之患尋以災異罷役命官即故道濬之修築單縣林家至沛縣舊城隄百四十餘里以塞入湖之道又濬趙皮寨孫家渡口殺上流之勢沛漕復通

盛應期奏留山東河南糧米給河工

明世宗實錄嘉靖七年四月丁巳總督河道右都御史盛應期言治河丁夫七萬計工六月約費米十萬餘石乞暫留河南山東二省起運糧米四五萬石就近給工詔如所請或米已起允許於臨清倉內支用即以修河銀解還太倉

潘希曾奏河漕事宜○請敕濬塞督河官尅期成功

明世宗實錄嘉靖七年八月辛丑都御史潘希曾言近沛漕沙淤旋挑旋塞蓋由秋水逆漲黃河奔衝所致決隄遷沙大為漕患今日之計固當挑濬舊漕以通糧運加築隄岸以防衝決然非疏其上流殺其水勢沙難挑而徙勞隄難築而復決近因趙皮寨開浚未通正在疏孫家渡以殺河勢第恐巡撫官牽制使力分請敕都御史潘埙兼督管河副使調集夫役選委職官專為疏濬尅期成功功成驗實具奏上命具議從之

潘希曾奏仲中於廟道口○濟沛梁陵上流分濬事宜

明世宗實錄七年閏十月丁酉河道侍郎潘希曾言濟沛廟道口以下淤淺數十里者由決河西來橫衝廟道口之上并黎閘河之水東入昭陽湖以致閘水不復南流而沛縣飛雲橋之水時從北漫故也今宜於濟沛間加築東隄以遏入湖之路更築西隄以防黃河之衝則水不散緩而廟道口可永無淤塞之虞仍於黃河上流分濬趙皮寨孫家渡二處夫二水兼通則横流以殺而運道可保無虞工部覆奏得旨允行

唐龍議設夫廠于穀亭鎮○豐沛單三縣隄成○儀封縣河患平○潘希曾乞休舉陶諧自代不允

明世宗實錄嘉靖八年二月己丑時豐沛苦河患而南北往來漕挽不絕民力大困都御史唐龍建議請仍設夫廠於魚臺之穀亭鎮以分沛縣民力工部覆議從之六月乙酉豐沛單三縣河隄成增設豐縣管隄主簿一員十二月辛未總理河道侍郎潘希曾言河南儀封縣河患已平管河主簿宜革孫家渡口已濬通請於鄭州增設判官一員專駐其地以防復淤工部覆議從之甲戌總制河道侍郎潘希曾引疾乞休且舉布政陶諧副使周忠陳文沛自代不允

孫家渡隄成○傅炯請以直隸十州新田補民淤地

明會典世宗嘉靖九年五月癸卯孫家渡河隄成命加工部右侍郎潘希曾正二品俸級總理河道如故己酉巡按直隸御史傅炯言直隸河間十州縣及山東東昌諸府瀕河之地水勢啮決不常舊田淪沒者本為除稅而河壖新壁者轉復起科是地日益退而糧日益增也請通融勘處以新田與民補淤地之數計地徵糧庶免重困部覆從之

潘希曾奏本年河決曹縣○胡村寺東衝河一道至小浮橋入運河○胡村寺東北衝河一道至穀亭入運河○全河復其故道○支流達於魚臺

明世宗實錄嘉靖九年十一月丙午總理河道工部右侍郎兼都御史潘希曾奏本年六月以來河決曹縣胡村寺東衝開一道

門三里有踣東南至本縣豐家墻入古踣黄河由歸德州丁家道口至徐州小浮橋入運河胡村寺東北衝開一道濶一里有餘又分二支東南支經虞城縣至碭山縣合古踣黄河出徐州東北支經單縣長隄至魚臺縣漫為坡水傍穀亭入運河其單豐沛三縣黄河賴長隄障遏今沙淤平滿民多耕作不復為沛豐患夫黄河由歸德至徐入漕者故道也永樂閒濬開封支河達魚臺入漕者以濟淺也自塞治以來黄河改由單豐出沛之飛雲橋而歸徐故道始塞魚臺支河亦塞然以其出於沛橋亦可資以濟淺以其逼近沛漕又恒有衝決沙淤之患倘濬惜專令全河復其故道則患害已遠支流達於魚臺則淺澀無虞此漕運之利國家之福也詔下所司知之

嘉靖九年濬趙皮寨故道○築睢州長隄

明會典是年自沛北徙橫流金鄉魚臺出穀亭口命官濬趙皮寨抵寧陵故道及築睢州張見口至歸德州長隄百餘里以禦泛漲尋以河流改還寢役

潘希曾治河事實○上疏陳因舊從省事宜○與劉麟言淺河築長隄之驗○運河無復沙淤之患

程文德撰潘公希曾傳希曾提督南贛軍務召為工部右侍郎運朝值河溢淤漕任事者與新河之役嚴還不繼上憂之廷議必得公代乃可歸途書兼憲職往蒞事還甫三月也既受命殫慮畢力以沛漕之淤塞因黄河之旁衝黄河之旁衝因上流之未疏今宜疏支河以殺其勢築長隄以防其衝然後挑通沛漕自無復淤之患乃上疏畿甘上嘉納焉至濟即遣徵徐沛淤漕開新河險阻沿黄河出豐單以求決嚙奔衝之迹洞悉利害而得其要領遂築長隄起單至沛凡百四十餘里時建議者欲別達官相度竟在限公適有旨下公計處乃復上疏畿實又言隆祭 亞益不敢求新奇之功不敢為苟且之計唯欲因舊以為功從省以計事順水性以除患故會新河而修舊漕者圖其易也沿黄河為隄者防其溢也停集派夫十數萬復用河夫二萬餘者恐民勞也覽類纂而行楊勳者應旨也上復納之劉司空麟道書言近日議者請趙皮寨孫家渡不足濬黄河怒漕渠甚不免復於荼何

公復書曰黄河為中原患非一日矣智者不與水爭地唯順其勢而導之後世或塞其決或隄其卑或疏其派皆臨時救患者也
國家漕渠為南北咽喉勢不得不與河爭地宏治初河決荆隆口又決黄陵岡又決張秋當時塞決濬渠小河而復荆隆
黄陵張秋可塞此分洩河勢之驗也況自河南歷直隸至山東之曹縣特長隄以禦河患亦既有年今單豐沛為隄獨不可以捍
禦乎善事理可據與人力可為者如是而已若欲别求遠圖則新河之役可為龜鑒今漕艘既行之後大費不滿二萬不朞年
功成沛漕流通歲運如故每河漲隄下水退沙迴民多耕作為其後河徙成化間故道出徐州小浮橋合運河而飛雲橋道遂無
復沙淤之患矣

趙漢陳河道便宜六事○工部覆從之

明世宗實録嘉靖十年九月壬申工科都給事中趙漢條陳河道便宜六事一瀕河故設舖舍申夫使修隄撈淺宜嚴飭如舊制
一各處所納樁草多侵尅冒費之弊宜加查覈一黄河變遷無常即横流而出亦宜防其北徙請勿廢宏治中故隄所遣督水者
相視緩急預加疏塞庶有備無患一南北管河郎中法當久任及府州縣管河者當專居瀕河公廨中專理其職請一切如故事工
部覆奏從之

劉節奏黄淮漲沙入河口情形○并改河築隄事宜

明世宗實録嘉靖十一年四月癸卯總督漕運都御史劉節奏黄河舊通淮河口流沙淤塞挑濬方完糧運可過不意黄淮二河
伏水泛發流沙漫入河口直抵淮安府城西浮橋一帶俱被淤巳興工挑濬以拯目前之急更乞會議長久之策或改河口以避
奔流或築長隄以障巨浸疏入工部議覆令行節等以改河築隄二議虚心講究何者可以永保漕渠杜絶後患計定即興工挑
濬毋得復時得旨運河淤塞隄岸坍塌皆因近年管河官員不行疏導修築所致茲所議俱依擬通行各該管河官員用心修治
如仍前怠惰御史參奏以聞

以河溢遷孟津縣城

河南通志嘉靖十一年夏六月大水溢孟津縣城圮民被災乃議遷於舊城西二十里聖賢莊經始於甲午春二月訖工於夏五月

嘉靖甲午劉天和治黃運兩河事實

劉天和問水集嘉靖甲午冬十月趙皮寨河南向亳泗歸宿之流驟成東向梁靖之流漸微梁靖岔河口東出谷亭之流遂絕自濟甯南至徐沛數百里間運河悉淤閘面有沒泥底者運道阻絶朝野是慮於是有引黃河濟漕河二議莫能決總理河道右副都御史劉公天和曰吾誰適從哉吾惟審地形相水土之宜計工役權利害輕重任勞省費以求無負於國無病於民爾吾何敢哉乃博採群議躬行相度自趙皮寨東流故道凡百二十餘里而至梁靖河底視南流高丈有五尺自梁靖岔河口東流故道凡二百七十餘里而始至穀亭已悉爲平陸曰道遠費鉅河不可復導矣東塞亦尾如歐陽修所謂故道難復縱復於寨是徒費財力而且以其勞貽後人也況梁靖新河之復驗當歲耶運議惟滙於修閘以復先朝成法爲便而時已冬涼入春運舟且至期限逼甚遂測淤淺深度河廣狹於以尺計工以日計定會休以節夫勞兼顧役以省民力復張浦南駐於淺以便稽利錄曹單長限以防衛決復沽頭管閘部屬及諸閘官督役夫公手自籌算旬日而議定謀協纖悉詳備區畫程度先後條列以聞上深用嘉納賜敕有賜誠體國之褒南北畿輔山東河南文武監司而下悉聽節制許一切便宜從事遂申令戒期分土畫地植扁會以便居廬給醫藥以療疾病用是大小臣工罔敢弗協淤深泥陷不能著足之工則雜施土草載河播墊鋪壚路下施新制兜杓方杓杏葉杓魚筲以濬之泥最稀陷最深者則用木楷柳斗下取孫偕傳遞登岸交璉之工則用鐵鑽濬沙之工則用兜杓沙簍石之工則劉鏟齒鐵叉尺寸鑿之濬深泉湧之工則先稀泉稍淺者分會役夫畢具併力急濬而後將泉深者倒水施工濬已既深工已畢既而河廣淤深所在隨浚隨淤者則倍給夫值增顧夫役以畢濬之凡閘座之頹廢者悉增葺而修復之蓋合木土金石之工而

河政 三

為工甚巨為力甚難若河之廣狹視上流之南旺處還廣則水易散也培閘面之低者以齊高下俾水不易洩也用平漿以測濬之淺深俾舟行無滯也復栽植柳六法以護堤岸濬月河以備蓄洩建減水閘以司蓄洩築鎖水隄以防衝決置鳴水壩以束漫流且躬親撫問疾苦犒撫慰勞飲食宣諭上德意以國計至重役民為不得已之故於是眾心和悅奮力畢効徹水晝夜以繼日重濬者至再至三歲忘其勞百工告成還道復通萬艘畢達舖聞天子嘉悅晉公工部右侍郎兼左僉都御史仍理河道部屬方面而下勞最者遷官晉秩賞資有差方役之初興也內外遠近咸以為難就京師百官勝費餽餉不至至有請復海運者惟仰賴我天子明聖專任責成以故公畢盡智慮澄思宿憶忠報國身親董理野處河濱經畫擘採靈葉竭其心思智力以期於必成蓋惟計工以定役故為力甚簡視役之成數以謂役吏胥無所容其奸故民不擾額頑惟計工不計日故為費甚省畫地分工究即散遣故人自為力廬舍飲食器具醫藥周至故民不知勞尤仰賴我天子神聖川靈効順雨晹時若疾疫不作民命獲全歲前所未有也是役也凡濬河三萬四千七百九十丈築長隄繚水隄一萬二千四百丈修閘壩一十有五順水壩八植柳二百八十餘萬株役夫一十四萬有奇白金七萬八十餘緡木以根計一萬七千四百餘稍草以束計一十九萬五千餘鐵以斤計六萬五千九百餘斤灰磚石之類稱是役始於乙未春正月中旬迄於夏四月初旬財力不多費而功倍於昔人時日不久曠而竣收於三月亦前所未有也

劉天和淤以尺計工以日計之法

劉天和問水集役巨欄廸公廼先測諸閘自水面至淤自淤至閘底之淺深而復逐里逐段止測水之淺深即知淤之淺深灸淤之淺深自數尺以至丈有九尺通融計算各淤深一丈二尺九寸該止浚一丈為準復度河中心至岸廣狹自三十餘步至四十五步一以四十五步為準復置方斗深廣各一尺取泥實之稱錘一百四十斤每一筐以百斤為準淺河則以面廣十丈底廣五丈通融折算七丈五尺為準浚河工每長一尺廣七丈五尺即得泥一千五十筐為準復計每月每日可行百里許擔泥止以往還

五十里為準餘為休息以每里三百六十步計之二人每日可撈泥二百筐四人撈泥即一人取泥五人總計各得泥八十筐防減十筐止計七十筐一人用工兩月內以一月為陰雨天泥水妨工止計實工一月是一人可撈泥二千一百筐即該分工二尺先是重議以前此會通張秋近年新河之役計之非役夫數十萬不可蓋彼皆用工久而茲役止兩月故也公曰審如是民不堪命矣遂竭心思規畫既定而夫役勞費大省

兜杓鋸齒鐵叉之法

劉天和問水集泥陷者施隔子法每州縣各截河為數橫牆牆之內則縱橫填路如井字然兜杓者以鐵為方口繫布為兜以取泥幾至斗許泥稀及溜沙用之方杓者以鐵為平底而邊達各高寸許泥稍堅者用之二杓俱前加鋸齒及鐵叉皆創製也舊兜杓者猶有之而加廣厚泥最陷者用斗干法塗泥為坡自下倒岸於上出水隄外

濬深泉湧倒水施工之法

劉天和問水集浚淤兩數尺泉即湧出盡日車戽一夕復滿不能措手乃併力晝休先將下牆徹夜取水戽數坎始達隄外水盡即急浚之淤盡河成方將上牆倒水急浚如前法浚河之功莫難於此

均平各閘之法

劉天和問水集運河諸閘惟前元及我朝永樂至宏治閘先後所建以故高低不一如下閘過低則上閘易涸公乃逐閘測其閘面至水面之高下一以梁林閘為準低者墊而平之自閘板水面至閘石面各以三尺為準其下閘底過低者則量留底板自是諸閘一律水不驟洩而下流底板則閘上之水益深運舟可直達上閘免中途淺閣其利及久遠云

平準測濬之法

劉天和問水集水平法用錫匣貯水浮木其上而兩端各安小横板置於數尺方樁之上前豎木表長竿繫紅色横板而低昂之

必於運上横板平準以測高下凡上下閘底高低及所浚河底淺深悉稽此以度之今新閘測量甚密且日行泥淖中出底諸閘人不堪其勞公弗卹也

嘉靖十四年築縷水隄長隄〇遷豐沛縣治

明世宗實錄嘉靖十四年二月丙午河道都御史劉天和請於曹縣梁靖口東行舊河口添築壓口縷水隄於曹縣八里灣起至單縣侯家林止接築長隄各一道從之七月丙寅遷河南孟津縣治於聖賢莊避河患也

遷夏邑縣城〇于湛請地上店野雞岡等口開一新河

明世宗實錄嘉靖十六年七月癸卯命遷河南開封府夏邑縣城以避水患十二月癸丑先是總理河道右副都御史于湛等言地邱店界牌口楊鐵鋪等水俱入亳州經渦河新道壽春王陵且恐鄭家口上流易成淤塞無以接濟二洪若挑飲馬池原淤河身地遠費多宜於地上店野雞岡等口上流開鑿一河四十餘里由桃源集丁家道口入舊黃河既可截渦河之水入河濟洪復可以免遷衛王陵之虞工部覆以為便詔從之

于湛請裁河工夫役

明世宗實錄嘉靖十七年七月乙酉先是總理河道右副都御史于湛奏展設河夫二十二百餘名今黃河南徙夫役無用量留五百名備修隄岸其一千八百名折銀貯庫以備河道支用工部覆議從之

胡纘宗言孫繼口孫祿口各支河口導另築長隄

明世宗實錄嘉靖十八年正月乙酉河道都御史胡纘宗疏言河南睢州考城縣地方新開孫繼口孫祿口各黃河支流以一分殺上源歸睢二處水患一以濟下流徐呂二洪以濟運漕請於孫繼口至孫祿口另築長隄及將考城縣烏牧集等處修堵決口務養高廣堅實俱栽榆柳護之河身既寬土隄亦實大水漲發亦能容受可免衝決散漫之虞而黃河安流二洪順受運道可無

悉如議入下工部議行之

嘉靖十九年淪睢州於河○開李景高支河

明會典嘉靖十九年涌睢州孫繼口至丁家道口淤河五十里河防一覽是年河決野雞岡由渦河經亳州入淮二洪大涸兵部侍郎王以旂開李景高支河一道引水出徐濟洪役丁夫七萬有奇八月而成毒洪

嘉靖二十一年鑿支河三○楊本深等處口俱已涸

明會典明世宗嘉靖二十一年又鑿野雞岡上流李景高等口支河三道河東注以濟二洪六月癸丑巡撫山東都御史楊本深趙繼本奏黃河孫繼口李景高口梁靖口俱已疏濬徐呂二洪水勢通行糧運無阻上賞其勞績

明治河用尚書故事

鄭曉今言嘉靖癸卯二十二年王以旂與爵爲文選郎中起用周恭肅公以工部尚書總理河道已上清勤者係言河道者用尚書故事王以問余余曰永樂初開會通河尚書宋禮爲總其事至西漢時新頭之度會通河上塞其人觀宋尚書者是也景泰時河決張秋尚書石璞治之正德中李燧亦以尚書治河嘉靖初江南白茅港之役李充嗣亦尚書也

萬表奏請夫濬新河

明世宗實錄嘉靖二十六年十月戊辰提督漕運兼都督僉事萬表奏濬口新河淤淺請調順天永平二府及通州衛所軍民夫役挑濬工部覆奏從之

詹瀚請於趙皮寨穿支河　論治河不當與水爭

明世宗實錄嘉靖二十七年五月癸未總理河道都御史詹瀚以河決曹縣及金鄉魚臺定陶城武等縣奏乞於趙皮寨等處穿支河以分水勢詔可又令視河道何利不當與水爭智不當與水鬬以汲唯支河是開庶幾有防其見於一疏有明識

守臣遣道蹟可考也隳益起事務者模擬公為河夫典之格制比當時者至創免已踰河蓋其事不避難如此

勞神不待報而治淮河

呂本撰墓志二十七年公總督漕運時河溢淮安府潰淮市屋幾大決議者以為必上聞公曰民危在旦夕而俟報其事待報此殆

非忍為事非任事之體無下令就決所審度形勢令民築之以石木爲亦漸殺凡若干處若干而隄成淮土之淮人祠

之立碑於淮河下以紀功德

陳其學請久任漕河官○馮岳請宗允治河專任

明世宗實錄嘉靖二十八年五月辛卯御史陳其學言請久任治河都御史從之時都士其請以曾不宜月而罷其事亡益宜

年公為河南左參政時河決為患至不可禦公親歷決所規畫成法所費不資而隄固河晏民無墊溺之患宗允臣

人嘉靖乙丑進士歷刑部郎中史官理河道清流以通

請開三里溝以通漕船從之

明世宗實錄嘉靖三十年七月己亥漕運都御史應檟奏先年黃河入海之道經由清口故開清河口通黃河之流以濟運道今

黃入海下流如潮口安東等處俱係淤塞河流壅而淤高漲入清河口泥沙淤塞漕船阻礙黃河之水不入清河口須於舊

口以從浚支河以殺水勢工力浩繁未敢輕議舊聞泗陽三里溝在淮河下流黃河未合之上淮水清急少淤者宜開溝河

口經三里溝至通濟橋使船由三里溝出淮河達黃河且道里甚近工費不多欲除河患無以易此疏下工部議覆從之

曾鈞奏治河當宜事宜

明世宗實錄嘉靖三十一年十二月壬子河道都御史曾鈞奏上治河方略自房村集至邳州雙溝曲頭諸處當淺自徐至邳州

近河堤岸宜加修築用銀十一萬三千餘兩有奇乞發淮揚等府銀兩協濟其副

賍贖罰等銀亦宜暫留以助大工工部覆議上曰河患異常所在有司漫不經心姑記罪俟處銅所請贓罰銀兩俱依擬仍令會同漕運都御史連鑛以實舉行自後河道錢糧別衙門不許擅自動支曾鈞字廷和進賢人嘉靖十一年進士三十一年以刑部御史總理河道徐邳等十七州縣連被水患帝憂之趣上方略鈞請浚劉伶臺至赤晏廟八十里築草灣老黄河口增高家堰長隄繕新莊諸閘閱數月成

嚴嵩奏遣大臣賑徐邳等州○曾鈞等奏劉伶臺至赤晏廟宜浚○草灣老口宜築○三里溝新河宜閘

明世宗實錄嘉靖三十二年正月戊寅朔遣刑部左侍郎吳鵬賑徐邳等州先是大學士嚴嵩等疏言徐邳等十七州縣連被水患饑民甚眾而劉勃束不能策恐生他變乞命戶部給發餘鹽銀兩及徐淮等倉存留糧米遣差大臣出賑仍令工部行道撫及河道官急將黄河下流設法疏濬令水歸故道百姓有室廬田可依得以安堵上命河道都御史曾鈞漕運都御史連鑛作速勘處以聞至是鈞等奏謂劉伶臺至赤晏廟凡八十里乃黄河下流頃為淤沙壅塞以致奔潰此其疏濬所最先者次則草灣老黄河口衝決渰没安東一縣亦當急築既成之後宜築長隄磯嘴以備衝擊又三里溝新河口比舊口水高六尺若開舊口雖有沙淤之患而為害猶輕若開新口未免渰没之虞而漕舟頗便宜將新口暫閉建置閘座及將高家堰增築長隄修建新莊等閘加石修砌以遏横流但執築工料計用銀十三萬九百餘兩乞發淮揚蘇鹽二鈔關并蕪杭二榷分銀兩解用工部覆議從之已命發淮徐倉米麥四萬石運司餘鹽銀五萬兩遣刑部左侍郎吳鵬往賑之

吳鵬奏請招民種昭陽湖淤植

明世宗實錄嘉靖三十四年正月丙辰工部尚書吳鵬奏運者黄河衝決舊堤在昭陽湖水積淤為平阜今東運河與沙積外餘田四百九十餘頃悉召民佃種人授田五十畝每畝徵銀三分以備河道之用日後或於河渠有濟仍復還官其場圃莊安山等三湖水櫃不在此例

河通汴城周瀋請疏復故道○張永明奏但宜修塞上從之

明世宗實錄嘉靖三十八年公巡撫河南先是河決遶汴城周瀋上言龍郭示變水災異常不即改復患且滋甚詔下所司集議大役且興屬公至原委堙決所肆乃決策曰因勢利導修塞足矣改復何為於是條上利便上可其奏民不勞而河卒遵故道

嘉靖三十九年至四十三年四年中七易總河官

明世宗實錄嘉靖三十九年三月壬午南京大僕侍卿林應亮為都察院右副都御史總理河道十月乙巳起服闋總理河道右僉都御史胡植仍總理河道明世宗嘉靖四十年四月戊戌命總理河道都察院右僉都御史胡植回院協理丁未陞右侍郎光祿侍御孫植為都察院右僉都御史總理河道十一月甲寅陞總理河道右僉都御史孫植為南京大理寺卿十二月丁卯陞大理寺左少卿王士翹為都察院右僉都御史總理河道明世宗嘉靖四十二年四月甲寅陞總督河道都察院右僉都御史王士翹為右副都御史提督南京糧儲乙亥陞提督撫治鄖陽右僉都御史吳桂芳為右僉都御史總理河道九月乙巳陞總理河道都察院右副都御史吳桂芳為兵部右侍郎兼右僉都御史提督兩廣軍務兼理巡撫十月乙未以奉達為工部右侍郎總理河道明世宗嘉靖四十三年二月乙巳陞南京戶部右侍郎陳堯為工部右侍郎兼都察院右僉都御史總理河道五月壬子河道僉都御史王士翹龍士翹疏舉方面官至四十五人而考察閒住副使曾學麟亦以賢能陞任為給事中趙灼劾其違例市恩士翹坐罷

陳堯奏免椿草通賦○河於沛下引漕舟由刀陽湖入

陳公墓志嘉靖四十三年公總理河道比歲水溢奏蠲江北椿草河夫通賦二萬餘會黃河由溜溝入漕淤上流數十里帥以為計者二方議興工適河水出飛雲橋於惡衍去其後於沛下百二十里大害漕公遣小艇得古廟碑刀陽湖道引漕舟悉由武陵城入即河塞漕如期已改刑部右侍郎公始為郎以水部出治清江浦所至審擇便利人至今法之

嘉靖四十四年以河決祭大河

明世宗實錄八月辛卯以徐邳河淤命總理河道尚書朱衡祭告大河東岳等神

嘉靖四十四年浚南陽新河○疏舊河○遏河流出飛雲橋

明會典是年郭貫樓淤遂決華山出飛雲橋截沛以入昭陽湖北泛湖陵城孟陽泊至穀亭南溢於徐呂官住台乃接六年所鑿故迹復大浚之為南陽新河又疏舊河自留城至境山又隄馬家橋遏河流出飛雲橋者使盡歸秦溝由沛徐流始通唯茶城時有淺阻

嘉靖四十四年以朱衡議開南陽河○以潘季馴議開留城舊河

河防一覽是年七月河水大淤全河南逸沛縣戚山入秦溝北遶豐縣華山漫入秦溝接大小溜溝泛濫入運河至湖陵城口漫散湖陂從沙河至二洪八月工部尚書朱衡乃請開都御史盛應期原議新河自南陽至留城僉都御史潘季馴請挨復留城舊河并力挑浚八閱月而成

嘉靖末河決馬家橋命朱衡潘季馴並為經理

明世宗實錄嘉靖四十五年六月癸酉河決馬家橋等處詔總理河道尚書朱衡都御史潘季馴以聞工部議覆請令衡等亟為經理仍及水盛之時親詣黃河上流督率有司視某處故道可復某處新河可開務圖上策以弭後患從之

朱衡治徐方決河事實

朱公行狀乙丑公以久次擢南京刑部尚書會河決徐方運道湮塞上憂之改工部尚書兼右副都御史總理河漕公日夜馳至徐方率四部人吏行視河所決道淤為平陸浚之沙隨水積淳不可足其旁橫流汗漫舟行樹杪力無所施則下令吏民父老有能以河事獻者立召見口對久乃得新渠規度焉

潘季馴治沛縣決河○議復三沽故道○以夏鎮有成議遂治夏鎮

申時行撰潘公季馴傳公晉都察院右僉都御史總理河道乙丑河決沛縣破三沽閘漕道爲梗議者言欲從開夏鎮從南陽至留城出茶城口就高卬避潰流便天子以爲然命大司空衡晉理以公副公分工受事躬行畚鍤間十旬竣事費所估三之一粵丁內艱河工成詔褒録公晉右副都御史王錫爵撰墓志黃決沛縣之飛雲橋散壽沙河留城境山一帶河身皆墊公遡流而西問故道於土老篙師喟然歎曰漢瓠子之役沉璧投馬不過曰復江南舊跡而已異役費當亦一切以復故爲主宜仍三沽故道便而夏鎮業有成議遂躬行督相不三旬告成

翁大立請重治隄防不力官員之罪

明穆宗實録隆慶三年二月庚子總河都御史翁大立奏言國家張官置吏爲治河計至詳密矣然往往能收臨患搶築之功而未有先事徙薪之策以懲怠情之法大疏也稽之律令凡失時不修隄防者罪止笞杖是以當事者率漫然視之請自今吏令隄防不効者府佐及州縣正官俱以差降級并管河副使與職專守巡者俱治罪工部覆行其言因陳漕渠黃河變遷自古不常乞并敕大立及時疏濬下流建築進隄以備之報可

翁大立請留漕糧賑災○工部請敕守臣及時繕修河防

明穆宗實録隆慶三年七月己亥總河翁大立奏洪水爲患在北則廣大河間在南則淮揚徐沛在河南則開歸彰衛在山東則兗濟東昌人民昏墊愁苦萬狀宜令戶部轉行漕司以最後漕糧收貯徐州廣運倉平價出糶以賑災民及他州郡饑饉卹則可以活數百萬之命時工科都給事中嚴用和亦以爲言戶部覆請留漕糧三萬石賑濟工部請行河道諸臣及時繕修隄閘壩堰其茶城西岸曹單河隄以屬大立南直隸淮河口等處山東臨清德州等處河南虞城夏邑等處決口屬各巡撫經理務剋期竣事上皆從之

翁大立呈河患十二圖○言時事大可慮者有五

明穆宗實錄隆慶三年九月丙子總河翁大立言陛下念濱河之民重罹水災特下蠲租之令發內帑以賑之不勝大幸顧閭閻窮苦之狀宮禁遼遠有不盡見聞者臣謹繪圖十二以獻一曰水決充軍二曰漕河築隄三曰黃河驟漲四曰昏夜守隄五曰種稻遇洪六曰黃河搶埽七曰茶城撈淺八曰洪水衝城九曰風雨暴常十曰海潮漲溢十一曰災民避水十二曰種稻漂沒險阻艱難備載之矣陛下豁然省覽知大官之膳皆軍民膏血必有惻然傷之者且今時事可深慮者五東南財賦之藪而江海泛溢粒米不登轉運難加徒積民命此京儲可慮一也邊鎮關隘洪水衝激城堡傾頹何恃以守此虜患可慮二也直隸山東河南皆饑饉之鄉霖雨既久城郭不完積貯空虛振貸無策卒有寇盜何以備之此內地可慮三也海徼之閩颶風鼓浪兵船戰士悉被漂沈此海防可慮四也淮浙產鹽之場鹹泥盡衝團竈蕩廢此國課可慮五也願陛下以此五患十二圖召公卿輔弼之臣與共討之求所以消弭變異者無為文具上以圖留覽下其章於所司

隆慶三年水衝開回回墓河○翁大立開鴻溝廢渠

南河全書是年黃河及南直隸山東河南俱大漲秋復海嘯徐邳豐沛一望無際由黃水衝開回回墓河上通昭陽湖灌沛城河口以洩城水凡二千六百餘丈河道都御史翁大立奏開鴻溝廢渠自昭陽湖中以達鴻溝自鴻溝以達李家口自李家口以達回回墓而東出留城閘河計長六十餘里墾民田數千頃三閱月告成滕沛利之按沛縣舊河漕運累人今奏開新河比舊河徙東三十餘里然新河餘流舊河積水猶注昭陽湖至是開鴻溝廢渠則新舊河俱得宣洩鴻溝廢渠在新河以西昭陽以東乃往年沙薛二水從此以入舊河者自舊河淤而此渠亦淤其年故廢今所開即此

翁大立請濬戚家港一帶

穆宗實錄四年七月壬辰時山東沙薛汶泗諸水驟溢決仲家淺等處而黃河暴至茶城復淤於是侍郎翁大立言今山水甚盛

由禄山之下張孙山之東內花山之西南出戚家港合於黃河宜遂加開濬依山築隄以避秦溝濁河淤淺深淤之患此所謂因勢而利導不與黃河爭尺寸之地者也工部是其議請令大立督所司相度興行從之

潘季馴治睢寧決河事蹟

潘公季馴墓志隆慶四年七月庚午河稍南徙決睢寧淤其隄百五十里皆為平野公復以故節來涖事而繕治之復其所濬築深廣再倍於故河而費半之出官民之舟於積淤者以萬數

隆慶五年免河工夫雜辦○潘季馴上保邳河新隄五事○令季馴速治決隄

明穆宗實錄隆慶五年二月乙亥以河工免山東布政司及淮揚徐潁三道各派夫人戶雜辦一年從河道都御史潘季馴奏也五月丙戌總河都御史潘季馴議保邳河新堤條陳分委監督議委官員議處人夫議設鋪舍預備物料五事工部覆請從之壬寅命總理河道都御史潘季馴速治呂梁等處淤決隄

明世河防盜決故決律○潘季馴請徐邳河防律做山東例

明穆宗實錄隆慶五年十月辛丑先是問刑條例有盜決故決河防之律在河南山東者俱問發充軍而南直隸徐邳一帶罪止徒配至是河道都御史潘季馴言徐邳每歲河決之由河流衝射居十之四而居民盜決居十之六皆以法輕易犯故也請著令自徐邳上下為河流所經行處凡有貪水利避水患盜決故決河防者一如山東河南例俱發充軍仍增入條例中刑部覆從其議

雒遵勘工回奏陳炌潘季馴誤漕罪狀

明穆宗實錄五年十二月辛亥先是總理河道都御史潘季馴同原任漕運都御史陳炌俱以漕帶閒住時禮科左給事中雒遵自邳河勘工還為上言運船漂沒之故始於漕司欲船併糧太重故一遇水發相隨而敗又官旗侵盜者多度不能償輒爭引船壞自解此則漕臣陳炌等之罪也至於王家口初決之時黃水盡從浸坡經流南出小河口潘季馴稍緩築隄一月則漕船可以盡

出漫堤避新生之險乃計不出此反駕舟以就新溜坐視陷沒方復賸章報功罪滋大矣今竹雖回籍未盡其辜而季馴尤不宜獨免乞并賜罷工部覆從其言故有是命

潘季馴治油房等決口事實

河防全書五年河決油房等十一口都御史潘季馴役丁夫五萬開老黃河塞十一口築縷隄三萬丈挑浚八十里故道漸復

隆慶末黃河枝多幹微情形

明紀事本末是年河決雙溝先是河漲徐州上下茶城至呂梁兩崖束山不得下又不得決至是乃自雙溝而下北決油房曹家青羊諸口南決關家口曲頭集馬家淺關家口張擺渡王家口韓家淺諸口凡十一枝洪既散幹流遂微乃淤自匙頭灣八十里而河變又極矣

朱衡請築長隄大黃隄

明穆宗實錄六年正月辛未工部尚書朱衡疏請修築徐州至宿遷長隄凡三百七十里并修治豐沛大黃隄從之

雒遵言治河必大司空朱衡

于慎行撰公行狀徐邳河決漕沒官船八百餘艘上遣給事中雒遵往視還奏河漕易治然必大司空往乃可圖也上又以公兼右都御史經理徐邳等河悉心經畫疏汶濟之淺築徐邳之隄塞豐沛之決鑿猪門之要數月告成會相者升迎山陵工作乃趣召公還部

河政

復歸杞人河南黄河退灘地

明神宗實錄隆慶六年十月戊辰復歸河南黄河退灘地三百三十頃于杞縣灘地原屬考城永樂間杞人樂冕其稅復隨承於杞後杞縣民避重就輕復歸入考城奏告紛紜至是撫按查勘明白乃復歸杞

張文佳請敕諸臣勿倚海運以弛河工

明神宗實錄隆慶六年十月庚午工科都給事中張文佳言河道國家命脈所關海運方通河運之間道輕重緩急其爲較然顯黄河遷徙不常今河流雖安河道諸臣未可自謂妥往年河工報完河患繼報至變起倉卒與可支持凡以防之不預圖之不早尚書朱衡之所經畫至爲詳盡乞敕河道諸臣及時舉行併力運圖不得倚以海運弛懈河工疏下工部

戶部請開濬榆河

明神宗實錄十月己卯戶部奏請開濬榆河自鞏華城達於通州渡口運糧四萬石給長陵等八衛官軍月糧從之

萬曆初以河工成賞河官○萬恭言治河舍堤無策

明神宗實錄十一月乙未以河工告成賞尚書朱衡侍郎萬恭銀幣及郎中吳自新銀兩有差萬恭言國家財賦仰給東南貫運輸輓全資河道徐州以上河廣廣則水有所匯而常遲徐以下河狹狹則水無所容而逕溢故欲河不爲暴莫若令河專而深欲河專而深莫若束水急而驟束水急而驟使由地中舍堤别無策前都御史潘季馴議開一百里故道給事中雒遵議築三百里長堤人情洶洶議實具興於河獨何先是尚書朱衡及臣等督司道等官申畫堤之約下畚夫之令期以九十日而工立六十期以六萬兩而費止三萬堤工遂成河流順軌臣等復令築堤即築堤守堤即守遂又會題設官布夫立鋪鎮沿隄修守以此今年

黃水大發雨三隄竟不敗河卒無虞北運無一水阻南運無一水阻因陳各官勞勛請加叙錄工部覆從之

萬恭力陳章時鸞治隄功效

明神宗實錄十一月己酉河道侍郎萬恭奏管隄副使章時鸞築運河隄自[illegible]超度寨至廣城驛凌家灣長二百二十丈呈有奇用工五十萬七千七百四十一工除調撥夫外仍募夫一十六萬七百一工支河道銀四千八百二十一兩有奇秋分起未盡十月而成為照前隄係運道上源先議築於南北並峙若南强北弱則勢必北侵秦秋今可虞北强南弱則勢必南逼徐吕二洪可虞又恐占民業賦致生咨怨今時鸞收地數萬之夫僅七十日竣事役既不多損民地爲集官役又不多費官銀且隄處城以上則上源水有所束得沖刷之宜不隄碭山以下則下流水有所容無泛溢之患治河之策似爲長便時鸞應從優叙乞敕注實在衙門庶便稱報疏下吏部

萬恭治河事實

明史萬恭傳隆慶六年春河決邳州運道大阻已進尚書兼衙總理復命恭以故官總理河道恭與尚書朱衡築長隄北自磨臍溝迄邳州直河南自離林迄宿遷小河口各延三百七十里費帑金三萬六十日而成高實諸湖夏秋泛溢嚴議增隄而水益漲恭緣隄建平水閘二十餘以時洩蓄專令浚河不復增隄河遂無患恭強毅明達一時稱才臣治水三年言者劾其不職竟罷歸

傅希摯請增設徐淮夫料

明神宗實錄萬曆四年三月壬午總理河道傅希摯言清河桃源為利乃徐淮當衝寬頻赴海之委而一切夫料曾不足敵河南什百之一向遇年年沖決議除借河道銀三萬兩修築外再議添設隄夫三千七百名定爲長夫畫地修守仍照舊規椿木柳梢編草各料每年先期責辦傳知為歲額必用兩留折耗折兌二項銀五萬一千五百兩於治河有濟亦免加派民間下部覆內糧折耗銀不得輕議折兌則漕臣吳桂芳已題為新設水利用餘如議

吳桂芳謂河溢由於海壅請設治海專官

明神宗實錄二月癸未總督吳桂芳言淮揚二郡洪潦奔衝災民號泣所在淒然蓋濱海汊港歲久湮塞入海止恃雲梯一徑致海擁橫沙河流泛溢而鹽安高寶不復可收拾矣國家轉漕惟知急漕而不暇急民故朝廷設官亦主治河而不知治海臣請專設水利僉事一員專疏海道而以淮安管河通判改為水利同知令其審度地宜講求捷徑如草灣及老黃河俱可趨海何必專事雲梯并乞留漕糧五萬石及鹽贓內河工銀二萬五千四百三十餘兩以備工費淮河各得其所歸運道亦通矣疏下吏戶二部議悉如其請乃優詔答之曰淮揚積年水患朕切隱憂念無實心幹理之人吳桂芳素有才望所陳治河當先治海尤切事理即令悉心經畫舉行若能力踐其言事先底績當重加陞賞以酬其功

吳桂芳請開草灣決口為入海路○并計開築丈尺工料實數

明神宗實錄四月庚午漕運侍郎吳桂芳言黃河自徐邳而來至清河與淮水合流經清江浦外河東至草灣又折而西南經淮安新城外河轉入安東縣前直至雲梯關入海近年雲梯關海口沙塞水勢折回河流漸淺淮安新城外河深不過五七尺桃清江浦相對草灣地方地形低下黃河屢向沖決欲從安東縣後迤邐下海以縣治攸關屢決屢塞致近年淮黃交溢去歲草灣遂東自決一口宜於決口之西王家山之東開挑新口以迎埽灣之溜量長五百一十八丈四尺計土十萬四千九十一方共工銀七千二百八十餘兩糧米二千八十一石準銀一千二百四十餘兩總約銀八千五百三十餘兩其全不通河及河身窄狹之處逐段估計通長九千七百二十三丈計用六萬八千一百五十餘兩又兩處用管工官一百九十一員口糧銀共一百五十餘兩又用水車四十部共銀八十八兩又金城至桂甲墩五港岸地勢低窪應築束水隄岸一道合用銀四千四百四十兩應築決口一十八處約用銀五百兩通計該銀一萬八千八百七十餘兩查截留河工鹽贓折席等銀及正耗糧米共銀七萬二千四百餘兩未足九千四百餘兩應於鹽商修河銀內支用語云救一路哭不當復計一家哭今淮揚鳳泗邳徐不啻一路矣安東自是孤

匯圖以來獨文廟縣衙僅存椽瓦已不成邑即使全河趨之亦不過一覈實之耳況勢又不得不然耶創始爲作事所難任乃人情共忌乞下所司議工部覆言奏一書闢之安東以護全淮之脊潤漕臣言可從報曰可

吳桂芳請用混江龍浚河法

明神宗實錄辛巳總督漕運侍郎吳桂芳言淮揚水患在下流海口之塞上游河身之高欲浚河身先闢海口臣前開草灣入海漸有次第至於河身之高不過積淤不浚曾見前輩文集中有以混江龍浚河者其制用樑木遊輪沉水入泥隨船行走船行龍轉積泥隨起大約一回可浚積淤二尺日逐推滌務深三尺而止但遇桃花伏秋水發即行推浚每歲將浚過河身丈尺年終彙報其清河以上邳徐茶城則責在河臣浚否惟命下工部言疏浚兼施治河長策宜令總河衙門一體推浚從之

河工銀兩報部備稽

明神宗實錄五月癸巳工部言河道銀兩專備修河迄不報部致偶有奏請無憑酌議乞行河南山東各布政司并南直隸各府州查數查出置備道二簿明開舊管新收開除實在每年赴部遞換底本部有籍可稽而河臣推調難施從之

酌調洪夫以當溜夫

明神宗實錄七月庚申工部覆御史陳功漕政五事一議溜夫黃河綿亘五六百里中間隨地轉曲牽挽最難各船有限之夫前後安能調集查徐呂二洪設有洪夫約二千名二洪今淤爲平流洪夫多用之修築宜於糧運經行時酌添沿河溜處隨宜調用此則宜如御史言權宜借調俟糧船過盡仍歸二洪者也上然之

萬曆四年草灣河工告成〇工部奏工料實數并經理人員

明神宗實錄八月乙丑工部覆直隸巡按御史行勘奏草灣河工告成計河身長一萬一十一百四十八丈九尺築塞大小決口二十二處實募人夫四萬四千名實用銀三萬九十六百六十兩糧四萬六千一百七十一石草銀二萬七千七百兩以二月二

十日起工本年六月十二日報完固叙總督吳桂芳副使舒應龍分守黃獻吉淮安知府邵元哲及同知劉順之通判蔡玠等并府縣各官分理功上曰海口開浚水患漸平各官功實可嘉先賞吳桂芳銀幣舒應龍以下各賞銀有差仍用心修築功成另叙

吳桂芳奏遷宿遷縣治

明神宗實錄十月丙寅鳳陽巡撫吳桂芳等以宿遷縣爲黃河衝嚙請遷縣治於堤土城以避之前輩去縣不數百步不必移民而儒學亦稍僻當事另請戶部覆言遷縣治以避水患正爲民則遷之之權也雖時詘未暇舉贏顧縣官廨何以畢弟子無閭閻何以保百姓政有大體宜惜小費則儒學當與縣治并興移民當與遷縣同舉責有司限而撫按道府州縣紙贖尚可通融併趣贖鍰金即數千宜無難於取足況工作原救災之一政淮揚一帶昔已從權行此以取失業之人豈徒寬賑卹之仁亦將見儀秦之變於以興教化鄉流離胥此舉矣然之

工部請行河漕官分地修浚

明神宗實錄癸卯工部言黃淮交漲沖決太多請將天妃閘以北行傅希摯修決浚淤遠南行吳桂芳增修堤岸毋誤明年漕餽然之

邵陛言漕臣河臣功效得失

明神宗實錄丁未巡按直隸御史邵陛言今日大政莫重漕河頃以吳桂芳督漕傅希摯總河顧重之上厥圖其所重者桂芳以鳳淮水宿九閒月而草灣之道陸工半就臣親履其地見入海之口勢如奔馬即九月閒淮水陡發黃河暴漲之勢追其交會河強淮弱不能暢趨草灣入海之道而高寶閒溢沖數口大者十餘丈小僅二三丈今補築且竣矣然茲數以河漲黃下草灣不築且任事之氣至於徐呂掣高河勢已阻不聞希摯畫一策以疏浚之七月以來決徐州決豐縣大者二百多丈小亦四五十丈曾單決至一百餘丈而崔鎮之決至分正河十之二三雖諸湖下會猶會草灣入海將來恐奪全河之流如實排閘疏鑿而顧力修

之氣數托疾高卧恐工拙以洪吹無辨牛驥以並驚俱疲乞勉桂芳益殫任事之忠毋以長隄讒厭職責衡以司空之職急以疏浚塞決贖前愆庶乎新運可濟工部亦以爲言上然其說命兩臣加意經理務圖修築無悞新運

萬曆四年免河工贓役

明神宗實錄十二月丁丑免河南本年應徵河夫銀三萬三千餘兩未調夫役見追贖工已調者與夫更番歇役

劉鉉請添淮北郎中一員裁二洪主事○部覆從之

明神宗實錄萬曆五年閏八月戊子時徐州河淤睢宿邳清桃兩岸多決淮水爲河所迫徙而南高寶湖堤大壞於是工部都給事中劉鉉建議南河郎中不便顧理淮北請添郎中一員於淮徐適中處專治淮黃一帶河道其徐吕二洪主事可并一員上諭工部近來偶以一事輒便增官增之不便又議裁革殊爲輕率添設部員及先年河漕會地分管之議本欲責成反滋推諉并議以聞部覆國家特設總督漕運大臣則凡有關於運務皆其責也又設總理河道大臣則漕河自張家灣直抵瓜儀黄河自河南山東上源至淮安入海皆其地也與其畫地分管之異同孰若漕河之各供厥職之畫一宜各遵領降敕書行事惟若郎中一員專治淮北裁吕梁洪主事即令郎中帶管則無增官之費而有得人分治之益從之

萬曆六年户部請速發河工銀

明神宗實錄二月乙巳户部題黄淮爲患總理河漕吴桂芳已於十八日興工築隄數萬之夫需集待哺銀糧不可一日有缺所請南京户兵二部庫貯糧剩馬價銀兩各支一萬兩及户部遼餉見年每年漕糧奏請準留八萬石行漕運衙門分貯沿河各倉支用從之

潘季馴請久任河官○責成分司專管

明神宗實錄七月壬子工部覆總河都御史潘季馴等奏河工浩大須多官分督往年一遷陞遷竟自代去以致錢糧不明勤惰

莫稽今後凡有陞調留待工完將經手錢糧併其勤惰稽查明白方許離任至若分布政司屬秦有專敕而有司視之竣如動有製附今後除本地方守巡各有專職自行督責外凡供事河工者俱聽分司責成如有玩愒不遵該上司參奏有司河工事重必須委任責成以後該管河官皆俾陞調候河工完日分別賞罰考覈賢否但以該管河道官爲主別道不得干預

潘季馴江一麟林紹交章互劾

明神宗實録十月丁酉先是總河都御史潘季馴漕運侍郎江一麟交章論徐州道副使林紹治河無狀既而紹揭季馴謂遥隄不當築決口不當塞天妃閘不當閉而徐北雁門北陣一帶淺阻可虞其詞相左令相論列部覆紹應罰黜季馴一麟身任重寄不宜推諉各議以督初心上然之著林紹冠帶閒住

萬曆六年築隄建壩總數

明會典是年議塞崔鎮口因築遥隄東水衝沙其南岸自三山頭至李字鋪長二萬八千五百五十八丈又自歸仁集築横隄至孫家灣長七千六百八十餘丈又於桃源縣馬廠坡築隄長七百四十丈以遏南奔入淮之勢其北岸自谷山至直河長九千四百六十四丈又自古城至清河長一萬八千四百十丈建崔鎮等滚水石壩四座以緩泛溢之水使不能潰隄而出河流乃安

吳桂芳總河時治河事實

明史吳桂芳傳桂芳字子實新建人嘉靖二十三年進士萬曆三年冬以兵部侍郎總督漕運兼巡撫鳳陽四年春桂芳以淮揚洪潦奔流惟雲梯關一徑入海至海湧横沙河流泛溢而興鹽高寶諸州縣所在受災請益開草灣及老黄河故道以廣入海之路修築高郵東西二隄以蓄湖水皆下所司議行未幾草灣河工告成是年秋河決崔鎮徐州桃源給事中劉鉉請亟濬河路役桂芳桂芳疏辨曰草灣之開以高寶水患衝齧故以拯之非能使上游亦不復漲也今山陽以南諸州縣水落佈種斗米四分則臣斯舉亦既得其要若徐邳以上非臣所屬臣亦何與焉因請罷御史都水言諸臣以河漲歸咎草灣阻任事氣帝慰勉桂芳益嚴厥

續而詰責河臣傳希摯嚴檄從之其明年希摯請塞崔鎮決口束水歸漕而桂芳欲衝刷成河以為老黃河入海之道兩議以二人意見不合改希摯巡撫陝西以李世達代未幾又改世達他任命桂芳兼理河漕六年正月紹進士工部尚書兼右副都御史居職如故未踰月卒壽以高郵湖隄成贈太子少保

潘季馴謂河決下流宜築不宜疏○自徐抵淮築長隄六百里

南河全考先是萬曆三年黃決桃源崔鎮淮決高堰寶應而山陽高寶興鹽等處盡為巨浸桃源一帶運道梗阻是時議者謂諸決口當毋塞開支河以殺水而濬海口以通之至是總河侍郎潘季馴行相視以為海口固潮汐之所從來往也隨濬隨淤何可濬惟導河歸之海則以水治水導河即以濬海也然河未易以人力導惟當固隄防使無旁決水入地益深則治防即以導河也今河決上流固宜疏今下流決也欲疾赴海而害枯其必類哉於是築高堰起武家墩經大小澗至阜寧湖以捍淮東復築隄起清江浦沿鉢池山柳浦灣迤東以衛河南迤應河內衛閘而蝕漕也嚴五閘啟閉以待漕艘六月還塞築遙堤官民船隻由通阜盤沙無內灌自徐抵淮亘六百餘里築南北兩隄蜿蜒相望於是淮專趨清口會大河入於海海口不濬而通

潘季馴奏往鎮築高堰事實

申時行作潘公季馴傳萬曆五年丁丑河決崔鎮淮決高家堰橫流四溢連年不治詔晉公為都御史兼工部左侍郎以往仍敕公總理河漕以一事權濟撫侍郎江一麟副他撫臣境內關河道者皆受約束矢心任事日行兩河間延見吏民三老問善敗度且得其要領而是時廷臣條事者以百數言人人殊其言海口當疏者近是公謂海口不能以人力疏治而可以水勢衝決計莫如築堤塞崔鎮束河淮二流使並趨入海且言天下之事不難治河而難塞口天子下其議大司空幼孜對如公策仍敕公便宜不中制公乃得行一意集羣力三年畢工凡築土隄丈以億計石隄以數千計塞決口以百計浚運河以萬計閘壩涵洞之屬創以數十計而高堰之工最鉅

工部覆漕臣題挑濬封築事宜

明神宗實錄萬曆十五年十一月戊子工部覆總督漕運楊一魁題挑濬封築事宜一草灣口應量挑東岸長二百六十丈西岸長四百丈工料銀共六千一百四十四兩六錢零一崔鎮徐昇黃家營三壩止折石從下另砌量浚引水支河祖陵東南護陵外用荒石砌子堤一道高四尺根闊三尺長與大堤等工料銀三百一十七兩零一挑濬淮安府臨城澗河四千二百丈計工料銀四千四百四十八兩四錢一幫築范家口堤壩除原估銀四千餘兩外續用過工料等銀六千餘兩一包砌清河口通濟閘前直河堤長五十七丈砌石高一十二層本閘後外河長五十四丈五尺砌石高一十三層工料等銀共二千五百九十九兩六錢四分一天妃壩加築平滿排釘樁木內外用石包砌堅固以防衝洗各項工料共該銀一萬九千五百九兩零俱於原題濬黃工內動來用銀兩動支其折改崔鎮等壩并築砌天妃壩計費不多俱於河道歲修銀內酌量支用待吉崔鎮壩應否議折俟差科臣到彼再議定奪餘依議行

分地專管以領修築

明神宗實錄萬曆十六年二月丁丑工部覆議黃河為患自古已然而治河之難中州為甚何也其地沙壤土疏修築既難守應多艱一望千里無崇山複嶺之束獨恃捲埽以列防自為捍禦故功難就而費亦倍今據科臣常居敬撫臣衷貞吉按臣王世揚會勘議工程地亘千里遠於縣界兩省而曹家口為黃河要害在考城曹縣之間兩省居民互相推諉決大於運道尤有關者宜分地專官嚴程修築在祥符陳留中牟三縣者屬河道僉事徐希周領之在封丘陽武二縣者屬大梁道參政王泰賢領之在蘭陽儀封二縣及考城縣之麻莊陳隆莊曹家口等處堤壩屬兵備副使王之屏領之河內武陟沁河諸衛屬河北道參議徐三畏領之堤壩以丈計者凡三萬三千一百五十丈約費至八萬四千六百餘金發銀一體查取上命依議及時修築依限報完責有司省交界處有違誤者依法嚴參毋得推諉

潘季馴復起視河事

明神宗實錄四月庚午工科給事中梅國樓薦原任刑部尚書潘季馴習熟河之用時季馴已爲民而科臣謂其向在河上有築濬功會巡按董子行給事常居敬亦先後薦之故部覆起都察院右都御史總督河道兼理軍務上諭之敕

潘季馴萬歷十六年復起治河事務

王錫爵潘公墓志戊子[illegible]河大潰天子以言官言拜公田間至是不特公習河而河亦習公矣既告成歸其功所加築土隄縷隄月隄裕隄長隄横隄守月隄寄子隄凡三十四萬七千八百八十五丈有奇磯閘料廠凡二十有四座石塘土塘月塘護塘凡五十一道濟浚淤淺塞決口鑿老土凡三十萬一千一百丈有奇栽護隄柳八十三萬有奇前後十餘年轍迹所至更數千里公興役夫雖暑寒饑疲者靡間沐風雨冒霜露齒髮白而髮盡而後兩河合軌數萬艘轉運無害緣河之民始復見室廬正爨煙火彌望萬公之言曰運濟於河則治河即以治漕會河於淮則治淮即以治河合河淮而同入於海則治河淮即以治海故竟公在事止以築隄東水借水攻沙爲萬全第一義

萬歷十七年治各處決河工程

明紀事本末是年河決雙溝單家口於是季馴築翅隄及寨子壩高口遙隄於將軍廟至塔山長隄築平山草上山横隄河防事巢事南河全考是年河由李景高口決衝月隄入睢陳故道季馴築之其明年自翅隄及寨起至泰口加築遙隄長二千三百二十九丈以防浸溢山東通志是年以清水河月隄缺壞縣每被淹汕又添築月隄長二千五百丈以鄆東境過斷泰濤傷路最爲喉噤又接築數百丈復制築高厚淮安府志是年草灣河大通先是草灣河淤塞不常至是大通奪正河十分之七至赤晏廟仍歸大河清江浦外居民恃以爲安而河面數之正河僅三分之一上流未免稍稍遲滯耳又築裕山隄長九百餘丈

萬歷十八年築淮安府諸隄

淮安府志是年又築塔山隄長七百餘丈新莊單口辛安傍灌馬家蕩洋山峰山諸格隄縷隄既不可恃萬一決漫而入横流遏格而止可免汎溢水退本格之水仍復歸漕於淄地高處為便並水無分流奪河之患

潘季馴開魁山支河

明神宗實錄萬曆十九年五月癸酉總督河道都御史潘季馴議開魁山支河條議四事一甃石隄以固保障一設長夫以備修守一改隄夫以專疏浚一信法令以防淤阻部覆俱依議行

張朝端罷鑿徐義額之役

張公墓表明萬曆二十年張朝端為濟寧兵使者兼治河時有議鑿徐義額者公相度川原為鑿空而勞數十萬人之力損大司農金錢非便慨然建議有三當罷八可已二可畏之說與總河大臣意忤杜門求去固請全衛道

萬歷二十三年分黃導淮實

南河通考是年三月總河楊一魁會禮科給事中張企程并撫按各院會題分黃導淮明年行委郎中詹在泮等開桃源黃壩新河自黃家嘴起至五港灌口止分洩黃水入海以抑黃強導淮關清口沙七里建武家墩運河閘洩淮水由永濟河達涇河下射陽湖入海又建高良澗減水石閘子嬰溝周家橋減水石閘洩淮水一由當河下涇河一由草子河寶應湖下子嬰溝俱逓廣洋湖入海仍恐淮水宣洩不及南注各湖為患又挑高郵茆塘港通邵伯湖開金家灣下芒稻河入江以疏淮漲明紀事本末是年九月總督漕運褚鈇議導淮總理河道楊一魁議先分黃次導淮御史牛應元議合行之又為祖陵計黃壩口決當創小林口新當挑歸仁隄當培上從之括帑五十萬役夫二十萬分黃導淮自黃壩新河分趨五港灌口徑入海以殺黃勢毋盡入淮導淮則自清口開積沙數十里又於高堰旁武家墩周家橋開引淮支流入於湖為預歲入江入海路以泄之祖陵水漸退而水患息

治黄堌口河流顛末

南河道考按黄堌口乃賈魯舊河故道也先是河決事聞朝廷命總河大司空舒應龍奪官而以楊一魁代之一魁以河雖南出猶緣淹没民田無幾而河水一半由舊河下徐州足以濟運議不治又二年一魁入掌部事代之者爲大司空劉東星亦守議但河日益南而黄堌之下李吉口淤淤益高北流遂絶東星每至冬即其地開一小河春夏則引水以下徐州濟運然亦至秋即淤不能久也若是者三年而彭城吕梁之間古所謂懸水三十仞者可褰裳而涉於是江淮間漕舟者建議欲開於河中節宣山東汶濟之水聯以通漕而漕舟至京往往愆期

王道成請整頓隄鋪夫

明神宗實録萬曆七年正月戊辰工科給事中王道成言兩河修築道隄未成徐邳等隄宜守萬曆四年議河臣傅希摯議設隄夫三千七百名每三里建一鋪一里用十人而使管河官晝夜分督水消則隨處修補水發則併力防塞此亦支持終歲長計其後官夫不復省視遂貽河決之害宜於舊隄按鋪責成防守從之

河工成行賞○祭三瀆之神

明神宗實録萬曆八年二月戊戌河工告成工部開叙勤勞諸臣上詔各優賚之加總河潘季馴太子太保陞工部尚書兼都察院右副都御史蔭一子陞總漕江一麟都察院右都御史兼户部右侍郎各銀幣同季馴賜敕獎勵加漕運總兵官靈璧侯湯世隆太子太保先任山東巡撫趙賢户部尚書張學顏工部尚書曾省吾等俱陞俸銀賞有差○三月甲辰以河工告成命太常寺屬官齎告文香帛付總理河漕等官祭告大海河淮之神

勘估治漕河經費

明神宗實録萬曆二十六年十一月乙丑黄河之役先是漕臣力主復故道之議新河臣有漕河併治之議以復故道爲治本挑

運河爲治標誠𨿅勘估工食費用四十七萬有奇其役括在工零餘支剩並援例陳乞者二十五萬有奇尚有二十餘萬無從措處科臣韓學信上言該部履按長計竣果然糧價濟如數及期一體河臣料理上以河被無常議從故道迂遠艱難下河漕臣再酌議之

劉東星治河政績

明神宗實錄萬曆三十九年癸丑工部尚書兼右都御史劉東星卒東星沁水人隆慶戊辰進士爲吏部右侍郎丁艱戊戌河決起工部左侍郎兼左僉都御史總理河漕河漕之有總理自東星始是年八月開趙圍稍商家以下至於彭城賈魯所濬故道也起曲里鋪至三仙臺凡四十里又起三仙臺抵小浮橋開支渠若干里又濬漕渠自徐邳至宿遷若干里工竣以來估費四百萬是年僅十萬凡五月成特留工部尚書兼都御史廕一子明年庚子渠邵伯界首二湖又明年辛丑鑿泇河泇河界滕嶧間通淮海引漕甚徑萬歷初數遣官行視皆憚鉅費中輟東星力主其役初議百二十萬實費七萬所開已十二三而病不起矣東星風骨三十餘年布衣脫粟家人化之其學以清靜爲宗病革猶從林貲治書總理河事云

吏部請循舊例分設河漕大臣

明神宗實錄萬曆三十年三月辛巳吏部尚書李戴覆巡按御史吳崇禮議國家大務無過漕河往年並設漕河二大臣不惟綮劃各有攸司抑且獸大期於共濟頃因分節漕淮之議所見不同防海備倭之處爲慮孔深遂以語我專責之總督而以漕運歸并之河臣亦一時權宜之計未可以垂久遠况今之漕運河道其要在淮揚故可以一人兼今漕運於東南而河決於西北欲以一人之身而東督備西治河雖有智巧亦苦於力之不足矣請復舊制將總河衙門專管河務仍駐劄濟寧往來督理其總督漕運衙門仍兼管鳳陽巡撫防海事務駐劄淮安並行各該部撫給敕書以便行事詔曰可

曾如春請發內帑以濟河工

明神宗實錄庚申總理河漕侍郎曾如春疏上年黄堌口決勢雖南徙而黄堌十二里之下若徐家口至李吉口百有餘里涓滴之流固在也屹然之陂如故也故東行故道所宜亟爲開復者但故道自歸徐至宿遷不下六百餘里非集夫數十萬費金百萬何能展手臣備查各屬衙門報前總河庫冊總計積不滿三萬之數日夜焦勞非請發內帑暫撥東吳臣豈不知國用浩繁竊念國家莫重於陵寢億萬年王氣所鍾又莫重於運道百萬斛漕糧所繫而徙之衝刷愈深故道之梗塞愈甚倘陵寢受之洪濤胡越起於輦下即盡捐內帑何及臣即萬死其何補哉不報

萬曆三十年濬新河六百里

賈開宗治河議是年河決荆隆口山左撫臣建議以天下莫非王土決南則見北決北則見南河不能兩據也今河趨於宋但遷民而避之願其貢者即以宋爲河壑毫不費而河以大治矣河南撫臣曾抗疏爭之廟堂喜其及陵寢卒就曾議濬新河六百里強之北侵大工之役破中人之產數百萬家大江之役繼以瘟死者又數百萬家

李頤治河事實

劉應麟撰大司馬李公行狀萬曆三十年李公顧重南京都察院事時黄河汎濫總河大臣或以罪去或以憂死迄無成功致厪主上旰食擇可爲荒度者延臣會推十數人未允及推公次日命下以御史大夫兼司空總督河漕兼程赴任數宿黄沙風波奔馳千里而遍閲洛計莫權順下流爲永賴且疏奏報先定期日鳩工疏略云必須上築決口下疏故道乃能奠固皇陵永濟漕運先爲陂防挑浚以救目前一時之急繼則肆力疏鑿以爲日後經久之計緊恐汴陂增修新土未堅則難禦排山之勢閘座增建黄水斷流則實慮勝舟之患迦河備運濬湖支渠未開則又慮風波之險每一念及心悸股慄寢食俱廢敢不唯力是視章兩有濟何敢言功敬陳施爲之略少紓旰食之憂疏上天子以爲然溫旨飭勞時公方督率各屬巡行隄埋更念膈膏已竭時熾暑蒸日夜焦思即積疴嘔血輿回淮署卒贈兵部尚書

曹如春治河始末

明紀事本末曹如春治河力主開黄家口領六十萬金竭智畢慮既開新河僅三十丈不任受或告如春曰若河流既回勢如當貫稽其自然之勢衝之何患淺者之不深如春遂令放水河流濁下皆泥沙流勢稍緩下已淤半矣一夕水漲衝與岸平隄壘潰開如春聞之驚悸暴卒

工部陳開泇分黄事

明神宗實録萬曆三十二年四月庚戌工部尚書姚繼可題泇河業有成績泇成而漕可藉矣至於黄河仍決魚臺單沛若非因勢利導何以拯救元元總河議於堅城集以上開渠引河而下流多通復分六座樓苑家樓二路而水勢多殺既可以移豐沛之患又不至沿碭山之城行所無事莫善於此自今開泇分黄兩工並舉需錢糧若然屑陸續措五萬兩本部行南部查發外其所望漕糧馬價等銀乞敕各該臣工曲爲體亮速發以濟急需上允之

曹時聘大挑朱旺始末

南河全考萬曆三十三年總河侍郎曹時聘題准大挑朱旺從河南山東直隸丁夫挑濬由堅城集出徐州小浮橋河長十六萬丈至明年工完於是河回故道民生真安時聘欽賞挑河於是復請於朝發部寺漕折馬價等銀八十餘萬以冬十月興工自朱旺至徐州幾二百餘里悉州縣正官受役分地而漕之州縣官急欲竣事其私派夫役謂之跨夫河垂成惟徐州之上有八九里許未及濬而朱旺通近黄河隄土單薄忽從地下穿入新渠衝壞東下不待放水也流至未開處稍被壅遏汎濫於新河之外三四十里然大勢已定可以隄約束之而魚沛單濟金鄉之水去歸大河民兒無墊溺矣未及論功行賞竟以憂去

萬曆三十四年大挑河工成

明神宗實録四月癸亥大挑河工成自朱旺口達小浮橋延袤一百七十里渠勢深廣隄高厚漕流復歸故道用銀共五十萬

費金錢八十萬兩自十一月至今五閱月而工成河道總督曹時聘上疏報聞兼請建祠賜額以旌河神敘錄綸征以酬力役皆從之

劉士忠塞狼矢決河

河南全考萬歷三十九年六月河決狼矢總河部御史劉士忠命中河郎中吳大山淮徐道袁應泰築塞之明年春工竣

萬歷四十年治徐州決河

明神宗實錄萬歷四十年九月丙辰吏部覆河道總督劉士忠黃水衝決徐州蠻隄長二百八十丈元字遙隄口陵一百四十丈荒字遙隄口隄闊四十丈桀杯鋪以下二十里正河悉為平地邳睢河水陡耗司道議開韓家壩隄外小渠引水歸河由是壩以東河流漸深可通舟楫大約挽回水十分之三唯元字決口尚淺改為縣渠請留徐邳睢寧宿遷桃源等處州縣正官見覲共襄河事從之

徐州決河工成

明神宗實錄萬歷四十三年正月乙丑先是徐州黃河繒隄決口一百七十餘丈先後河臣或欲估計應動錢糧或請築塞或欲濬正河以便水之歸闢下流以便水之出釐經奏錄是時管理中河工部郎中吳大山淮徐道副使袁應泰督同多官以次挑濬三山故道掬築遙縷各隄計二萬三千餘丈用人夫四萬七千四百八十六名實用銀八萬七千一百餘兩然不煩內帑不派里甲較諸原估尚省銀五萬三千三百有奇總督漕運陳薦疏列效勞各官以聞下工部覆

萬歷四十四年治狼矢等決河

南河全考萬歷四十四年五月河復決狼矢溝水由蛤蟆周柳等湖入泇河出直口復與黃會運船入口迎溜稱艱帝管河道陳薦檄中河郎中黃景章開武河等口洩水平淄後二年決口新長於沙河復故道總河侍郎王佐加築月壩以為保障是年八月

又決陶家店張家灣[illegible]河帶管河道陳薦命河南管河道全良範管河同知徐可大挑河挽水

本年冬決口[illegible]大挑河流復故

[illegible]宋統殷等塞決口

南河全考知府宋統殷知縣練國事力塞王公祠總河陳道亨行郎中徐待聘率同知[illegible]八月南河郎

中朱國盛方受事奉行嚴督河官畢力堵塞其高堰武家墩則躬親課工清查鐵鍋石灰樁料[illegible]塞至明年工竣

朱國盛等治山陽等決河

南河通考天啟元年七月山陽外河決乾溝新河西河決馬湖閘月壩等處南河郎中朱[illegible]淮海道宋統殷會行淮安府同

知張元鄭於是年秋築塞之更於清口大王廟分水處建立礮臺以遏上流之勢

天啟中不講河事○四年遷徐州治

明史河渠志是年六月決徐州魁山隄一向東北倒灌州城淹人畜房屋甚衆城[illegible]一丈三尺一自南門至雲龍山西北天安橋

入石狗湖一由舊支河南流至鄧二莊歷祖濮東南以達小河出白洋[illegible]徐民苦淹溺議集貲遷城給事中陸文獻上徙

城不可遷六議而勢不得已遂遷州治於雲龍而河事置不講矣

諸臣言高堰不可開

明史河渠志總河朱光祚方議開高堰三閘淮揚在朝者合疏言[illegible]閘口未塞民田盡沈水底三閘一開高寶諸邑滿爲湖海而漕

糧鹽課皆害矣高堰建閘始於萬歷二十三年未幾全[illegible]堰日壞方當急議修築可輕言開浚乎帝是其言事遂寢又從御

史吳振纓請修宿寧上下西北舊隄以捍歸仁

明末年治決河始末

明史書總河周堪賡上言河之決口有二一為朱家寨寬二里許居河下流水勢盛漫不可測兩口相距三十里至汴堤之外合為一流決一大口直衝汴城以去而河之故道則涸為平地怒濤千頃工力難施必廣濬舊渠遠數十里分殺水勢然後畚插可措顧築濬並舉需夫三萬河北荒旱兗西兵火竭力以供不滿萬人河南萬死一生之餘未審能應募否是不得不借助於撫鎮之兵也乃敕兵部速議而令堪賡刻期興工至四月塞朱家寨決口修堤四百餘丈馬家口工未就忽衝東岸諸埽盡漂沒堪賡停東岸而專塞西岸帝令急竣工六月堪賡言馬家決口百二十丈兩岸皆築四之一中間七十餘丈水深流急以捐手指候霜降後興工已而言五月伏水大漲故道沙灘壅涸者刷深數丈河之大勢盡歸於東運道已通陵園無恙疏甫上而決口再潰帝趣鳩工未及奏績而明亡矣河之決也開封推官黃澍脫身抵京進守汴至苦狀帝令議敘推御史給事中陳燕翼攻之謂決河灌賊皆其謀澍以巡按御史嚴雲京嘗疏請決口具疏申辯給事中李永茂因劾雲京而其同官光時亨劉昌先後言河決有因請治首事乃命撫按確核於是河南巡按御史蘇京核奏始末言雲京為禍本云會國亡雲京竟獲免

河政

秀水陳璜輯

唐虞司空即河官

舜典舜曰咨四岳有能奮庸熙帝之載使宅百揆亮采惠疇僉曰伯禹作司空帝曰俞咨禹汝平水土惟時懋哉

月令所言河官河政

月令季春之月命司空曰時雨將降下水上騰循行國邑周視原野修利隄防道達溝瀆開通道路毋有障塞○此經言隄備水災之術語移與今之河政相關切月令之命司空乃行水者之所當遵循而無忽者也道路即道路之有水者障塞二字最有味不修利不道達不開通即為水所障塞矣

月令言百官即今大小河官

月令孟秋之月命百官始收斂完隄防謹壅塞以備水潦○此經言百官猶之乎今之大小河官也八月正秋汛之時完全隄防謹慎壅塞深得行水之精蘊矣

周禮川衡澤虞即今之河官

周禮川衡每大川下士十有二人史四人胥十有二人徒百有二十人中川下士六人史二人胥六人徒六十人小川下士二人史一人徒二十人○川衡掌巡川澤之禁令而平其守以時舍其守犯禁者執而誅罰之鄭注川流水也高曰九川雖源會其守者時按視守者於其舍申戒之賈公彥疏川衡者平知川之遠近寬狹及物之所出官及師徒多者以其川路長遠巡行勞遠故也中川小川之等自若常法故少差水鍾曰澤澤與川不同官令川衡兼主澤者澤與川連者則川衡兼掌之謂若滴水過為滎澤滎澤則與濟連則當濟川者兼滎澤掌之周禮澤虞每大澤大藪中士四人下士八人府二人史四人胥八人徒八十人中

澤中藪如中川之衡小澤小藪如小川之衡澤虞掌國澤之政令鄭注澤水所鍾也水希曰藪高賈曰九澤藪藪爾雅有八藪

周禮言大澤大藪有可徵於今者

經言大澤大藪即如今山東濟運之昭陽蜀山等湖江南瀦水之射陽氾光等湖以及山陽海州泰州之蓄瀦皆是也爲之厲禁則小民不得侵占而容蓄之水足以濟運守其財物則葦草不致荒蕪而刈穫之利足以供料豈不大有裨於河工者哉

周禮掌固司險亦有關於河工

掌固上士二人下士八人府二人史四人胥四人徒四十人掌修城郭溝池樹渠之固　此經言掌國雖指國守禦國之事然樹渠二字似與河事相關渠水道樹種柳渠以通水樹以固隄亦河上之最要務也　周禮司險中士二人下士四人史二人徒四十人司險掌九州之圖以周知其山林川澤之阻而達其道路設國之五溝五涂而樹之林以爲阻固皆有守禁而達其道路鄭注周猶徧也達道路者山林之阻則開鑿之川澤之阻則橋梁之五溝遂溝洫澮川也五涂徑畛涂道路也樹之林作藩落也賈疏開鑿之者謂若禹鑿龍門之類橋梁之者若十月輿梁成之類是也

漢世河官之制

後漢書百官志司空公一人本注曰掌水土事凡營城起邑浚溝洫修墳防之事則議其利建其功凡四方水土功課歲盡則奏其殿最而行賞罰世祖即位爲大司空建武二十七年去大建安十三年又罷司空置御史大夫屬長史一人千石掾屬二十九人漢官目錄云令二十四人史及御屬四十二人漢承秦凡山澤陂池之稅名曰禁錢屬少府世祖改屬司農考工轉屬太僕都水屬郡國孝武帝初置水衡都尉秩比二千石別主上林苑有離宮燕休之處世祖省之并其職於少府每立秋貙劉之日輒暫置水衡都尉事訖乃罷之少府本六丞省五又省水衡屬官令長丞尉二十餘人州郡皆置諸曹掾史漢官曰監津渠漕水掾二十五人

文獻通考言漢河官之制

文獻通考初秦漢又有都水長丞主陂塘灌溉保守河渠自太常少府及三輔等皆有其官漢武帝以都水官多乃置左右使者以領之至漢哀帝省使者官至東京凡都水皆罷之併置河隄謁者漢有水衡丞五人亦有都水丞復漢都水使者有參軍二人蓋亦丞之職任舟楫署令漢主爵中尉屬官有都船令丞水衡都尉有楫櫂令丞

魏河官之制

魏書官氏志水衡都尉從第五品都水使者從第五品河防謁者第六品下監淮海津都尉從第六品中永平二年正月尚書令高肇奏都水臺請依舊二使者參軍事謁者并錄事令史亦隨事更立諮回使者置二可如所奏其下屬司唯須充事耳亦何勞置也參軍錄事並更置一謁者加二令史依舊事又奏諸州諸鎮記室戶曹刑獄田曹水曹集曹士曹參軍悉并省之

晉時河官之制

晉書職官志魏尚書郎有水部晉武帝受命置水部後又置運漕凡三十五曹康穆以後有水部後又省大司農統都水長東西南北部護漕掾及浪江表帝省并都水孝武復置侍御史有水曹都水使者漢水衡之職也漢又有都水長丞主陂池灌溉保守河渠屬太常漢東京省都水置河隄謁者魏因之及武帝省水衡置都水使者一人以河隄謁者為都水官屬及江左省河隄使者置謁者六人諸州置都水從事各一人文獻通考晉元康中初都水使者有參軍二人復有水衡都尉有主簿為前後左右中五水衡令悉皆有之又有船曹吏

宋史言歷代河官之制

宋書百官志司空一人掌水土事舜攝帝位以禹為司空契之子曰冥亦為夏司空殷湯以咎單為司空周時司空為冬官漢西京初不置成帝綏和元年更名御史大夫為大司空哀帝建平二年復為御史大夫元壽二年復為大司空光武建武二十七年去大字獻帝建安十三年又罷司空置御史大夫魏初又置司空魏世晉景帝為大司空置掾十八人有水曹一人無屬咸熙中晉文

晉爲相國（有水曹掾屬各一人）晉楊駿爲太傅掾屬（有水曹）置屬趙王倫爲相國（亦置掾屬四十人其中亦有水曹）宋高祖爲諮議曹有水曹初晉元帝鎮東丞相府有運漕其後又有水曹高祖爲相會則攝二也尚書晉西朝有水部曹又有運曹江左（有運曹）庾穆以來猶有水部曹後又省宋高祖初加置水部侍御史晉西朝有水曹凡十三曹而置御史九人都水使者一人掌舟航及運部（此宋世之事）秦漢有都水長丞主陂池灌溉保守河渠屬太常東漢省都水置河陂謁者魏國之漢世水衡都尉主上林苑魏世主天下水軍舟船器械晉武帝省水衡置都水使者而河陂爲都水官屬有參軍二人謁者一人令史減置無常員晉西朝有參軍而無謁者謁者則江左置也懷帝永嘉六年胡入洛陽都水使者屍潛先出督運得免然則武帝置職使掌運矣江左省河陂（此適魏晉世之事）都水使者第四品參軍謁者第七品（此又宋世之品級也）

宋河官之制

宋書孝武帝本紀宋孝武帝孝建元年冬十一月癸卯復立都水臺置都水使者官文獻通考宋都水使者有參軍二人

南齊河官之制

南齊書凡諸將軍公督府諸曹（有水曹）都官尚書（有水部曹）

齊梁陳後魏北齊後周河官之制

文獻通考齊有都水臺使者一人有官船典軍梁初亦有都水臺使者一人又有大舟卿有丞有主簿陳因之後魏北齊有水部屬都官尚書掌舟船津梁之事亦置都水臺二使者有參軍後周有司水大夫小司水上士有舟中士

隋河官之制

隋書百官志隋尚書省（有水部郎）天監七年以都水使者爲大舟卿是爲冬卿置丞及功曹主簿大舟卿梁初爲都水臺使者一人參軍事二人河陂謁者八人七年改爲位視中書郎列卿之最末者也主舟航隄渠陳承梁皆循其制文獻通考隋初有水部

作部屬工部煬帝改作寺開皇二年廢都水臺入司農十三年復置仁壽元年改臺爲監更名使者爲監煬帝又改爲使者尋又爲監加置少監又改監及少監並爲令領舟楫河渠二署都水有丞舟楫署有令丞煬帝置河渠署令丞各一人

唐書言河官之制

唐書百官志唐工部尚書其屬有四四曰水部凡津梁道路治以九月水部主事二人龍朔二年改水部曰司川天寶十一載改水部曰司水水部令史四人書令史九人掌固四人水部郎中員外郎各一人掌津濟船艫渠梁隄堰溝洫漁捕運漕之事京畿有渠長斗門長諸州隄堰刺史縣令以時檢行而莅其決築有埭則以下戶分牽禁私者都水監使者二人正五品上掌川澤津梁渠堰陂池之政總河渠諸津監署凡漁捕有禁溉田自遠始先稻後陸渠長斗門長節其多少而均焉府縣以官督察丞二人從七品上掌判監事凡京畿諸水因灌溉盜費者有禁水入內之餘則均王公百官主簿一人從八品下掌運漕漁捕程會而糾舉之○武德初廢都水監爲署貞觀六年復爲監改令曰使者龍朔二年改都水監曰司津監使者曰監武后垂拱元年改都水監曰水衡監使者曰都尉開元二十五年不隸將作監有錄事一人府五人史十人亭長一人掌固四人初貞觀六年置舟檝署有令一人正八品下掌舟檝運漕正一人府三人史六人監漕一人漕史一人典事六人掌固八人上元二年置丞二人正九品下掌運漕隄失開元二十六年署廢○河渠署令一人正八品下丞一人正九品上掌河渠陂池隄堰魚醢之事凡溝渠開塞漁捕時禁皆顓之饗宗廟則供魚鱐祀昊天上帝有司攝事則供腥魚日供尚食及給中書門下歲供諸司及東宮之冬藏渭河三百里內漁釣者五方捕治之供祠祀則自便橋至東渭橋禁民漁三元日非供祠不採魚唐有河隄使者貞觀初改曰河隄謁者有府三人史六人典事三人掌固三人魚師十三人初有監漕十人從九品上大歷復省興成五門六門龍首涇堰渭隄凡六堰皆有丞一人從九品下府一人史二人典事一人掌固二人貞觀六年皆廢河隄謁者六人正八品下掌完隄堰利溝瀆漁捕事涇渭白渠以京兆少尹一人督視諸津令各一人正九品上丞二人從九品下掌天下津濟舟梁灞橋永濟橋以勳官散官一人蒞之天津橋中橋則衛士掃除凡舟梁之備皆先儗其半御塞竹篾所供焉唐改津尉曰令有錄事一人府一人史二人典事三人津吏五人橋丁各三十人匠各八人京兆河南諸津隸都水監使橋渭橋爲年三橋有丞一人從九品下府一人史七人典事二人掌固二人貞觀中廢

舊唐書言河官之制

舊唐書職官志唐工部尚書一員（正三品。南朝損之，起部有所營造則置起部尚書，事畢則省之。隋初改置工部尚書，龍朔為司平太常伯，光宅改為冬官尚書，神龍復舊也）侍郎一員（正四品下。龍朔為司平少常伯）

尚書侍郎之職掌天下百工屯田山澤之政令其屬有四一曰工部二曰屯田三曰虞部四曰水部總其職務而行其制命凡中外百司之事由於所屬咸質正焉水部郎中一員（從五品上。龍朔為司川大夫）員外郎一員（從六品上）主事二人（從九品上）令史四人書令史九人掌固四人郎中員外郎之職掌天下川瀆陂池之政令以導達溝洫堰決河渠凡舟楫灌溉之利咸總而舉之凡天下水泉三億二萬三千五百五十九其在遐荒絕域殆不可得而知矣其江河自西極達於東溟中國之大川者也其餘百三十五水是為中川其又千二百五十二水斯為小川也若渭洛汾濟漳淇淮漢皆亘達方域通濟舳艫從有之無利於主人者也凡天下造舟之梁四（河則蒲津大陽河陽洛則孝義也）石柱之梁四（洛則天津永濟中橋灞則灞橋）木柱之梁三（皆渭川便橋中渭橋東渭橋也）巨梁十有一皆國工修之其餘皆所管州縣隨時營葺其大津無梁皆給船人量其大小難易以定其差都水監使者二人（正五品上。漢官有都水長屬主爵掌陂池沼復改為使者後漢改為河隄謁者晉復置都水臺立使者一人掌舟楫之事梁改為大舟卿北齊曰都水臺隋改為都水監大業復為使者尋又為監後改監為令品第三武德復為監自觀改為使者從六品龍朔改為司津監光宅為水衡都尉神龍復為使者正五品上仍隸將作監）使者掌川澤津梁之政令總舟楫河渠二署之官屬凡虞衡之採捕渠堰陂池之壞決水田斗門灌溉皆行其政令丞二人（從七品上）主簿二人（從八品下）錄事一人府五人史十人掌固三人舟楫署令一人（正八品下）丞二人（正九品下）舟楫署令掌公私舟船運漕之事河渠署令一人（正八品下）丞一人（正九品上）府三人史六人河隄謁者六人掌修補隄堰漁釣之事典事三人掌固四人長上漁師十人短番漁師一百二十人明資漁師一百二十人河渠令掌供川澤魚醢之事祭祀則供魚醢諸司供給魚及冬藏者每歲支錢二十萬送都水命河渠以時價市供之諸津令一人（正九品上）丞一人（從九品下）津令各掌其津濟渡舟梁之事

五代時河官之制

小谷口晉叢五代史無職官志唐臣兼南傳有河堤牙官李為告本軍謀反周本紀顯德五年秋七月乙酉水部員外郎韓彥卿市銅於高麗二事則五代時亦有水部與都官屬官矣餘無聞

宋河官之制

宋史職官志宋工部尚書掌百工水土之政分務其功緒以詔賞罰侍郎爲之貳水部郎中員外郎掌溝洫津梁舟楫漕運之事凡隄防決溢疏導壅底以時約束而計度其歲用之物修治不如法者罰之規畫措置爲民利者賞之分案六置吏十有三紹興累減吏額都水監舊隸三司河渠案嘉祐三年始專置監以領之判監事一人以員外郎以上充同判監事一人以朝官以上充丞二人主簿一人並以京朝官充輪遣丞一人出外治河埽之事或一歲再歲而罷其有諳知水政或至三年置局於澶州號曰外監元豐正名置使者一人丞二人主簿一人使者掌中外川澤河渠津梁隄堰疏鑿浚治之事丞參領之凡治水之法以防止水以溝澮水以陂池瀦水凡江淮海所經郡邑皆頒其禁令視汴洛水勢漲涸增損而調節之凡河防謹其法禁歲計茭揵之數前期備積以時頒用各隨其所治地而任其責興役以復月至十月止民功則隨其先後毋過一月若導水溉田及疏治壅積爲民利者定其賞罰凡修隄岸植榆柳則視其勤惰多寡以爲殿最南北外都水丞各一人都提舉官八人監埽官百三十有五人皆分職涖事即干機遣非外丞所能治則使者行視河渠事元豐八年詔提舉汴河隄岸司隸本監先是導洛入汴專置隄岸司至是亦歸之元祐四年復置外都水使者五年詔南北外都水丞並以三年爲任七年方議回河東流乃詔河北東西漕臣及開封府界提點各兼南北外都水事紹聖元年罷元符三年詔罷北外都水丞以河事委之漕臣三年復置重和元年工部尚書王詔言乞選差曾任水官諳練者爲南北兩外丞從之宣和三年詔罷南北外都水丞司依元豐法遣差文武官一員分案七置吏三十有七所隸有街道司掌轄治道路人兵若車駕行幸則前期修治有積水則疏導之建炎三年詔都水監置使者一員紹興九年復置南北外都水丞各一員南丞于應天府北丞于東京置司十年詔都水事歸于工部不復置官

宋史河渠志詳載官司廢置

宋史河渠志宋太祖乾德五年正月詔開府大名府鄆澶滑孟濮齊淄滄棣濱德博懷衛鄭等州長吏並兼本州河隄使蓋以謹

力役以重水患也宋太祖開寶五年三月詔曰朕每念河渠潰決頗爲民患故著使職以總領焉宜委官聯佐治其事自令開封等十七州府各置河隄判官一員以本州通判充如通判闕員即以本州官充宋太宗淳化二年三月詔長吏以下及巡河主埽使臣經度行視河防勿致壞隳違者當寘於法宋眞宗咸平三年詔緣河官吏雖秩滿須水落受代知州通判兩月一巡隄縣令佐迭巡隄防轉運吏勿委以他職宋史仁宗本紀宋仁宗皇祐三年五月壬申置河渠司宋仁宗嘉祐三年十一月己丑置都水監罷河渠司宋仁宗熙寧六年四月詔置疏濬黃河司自衛州迄至海口人船木鐵工匠皆取之諸埽官吏俸給視都水監丞司行移與監司敵體宋史神宗本紀宋神宗熙寧九年九月丙寅詔罷都大制置河北河防水利司宋神宗元豐三年五月甲申詔改都大提舉導洛通汴司爲都提舉汴河隄岸司宋史河渠志宋哲宗元祐四年復置修河使宋哲宗元祐七年四月詔南北外丞司管下河埽今後令河北京西轉運使副判官府界提點分認界至内河北仍於衙内帶兼管南北外都水公事宋哲宗紹聖三年詔武陟丹陽丹徒縣界沿河隄岸及石碰石木溝並委令佐檢察修護勸諭食利人戶修葺任滿稽其勤惰而賞罰之從工部之請也宋哲宗元符三年七月復置北外都水丞司宋徽宗崇寧元年十二月置提舉淮浙澳閘司官一員掌杭州至揚州瓜洲澳閘凡常潤杭秀揚州新舊等牐通治之宋徽宗政和五年置提舉修繫永橋所宋徽宗宣和四年臣僚言都水監因恩州修河奏辟文武官至百二十餘員授牒家居不省所領何事皆乘傳給券第功希賞詔除正官十一員外餘並罷所隸有東京四排岸司監官各以京朝官閤門祗候以上及三班使臣充掌水運綱船輸納顧直之事汴河上下鎖蔡河上下鎖各監官一人以三班使臣充掌算舟船木筏之事天下堰總二十一監官各一人渡總六十五監官各一人皆以京朝官三班使臣充亦有以本處監當兼掌者

金河官之制

金史百官志金泰和四年吏部定考課法准唐令作四善十七最之法十一曰隄防堅固備禦無虞爲河防之最工部尚書一員

正三品侍郎一員正四品郎中一員從五品掌修造工匯屯田山林川澤之禁江河隄岸道路橋梁之事員外郎一員從六品主事二員從七品覆實司管勾一員從七品主事有令史十人都水監街道司隸焉分治監專規措黃沁河衛州置司監正四品掌川澤津梁舟楫河渠之事興定五年兼管勾沿河漕運事作從五品少監正六品以下皆同兼漕事少監從五品〇明昌二年增一員衛州分治丞二員正七品內一員外監分治貞元元年置掾正八品掌與丞同外監分治〇大定二十七年添一員明昌三年併罷之六年復置二員勾當官四員惟備分治監基委〇明昌五年以罷撩設二員興定五年設四員 都巡河官從七品掌巡視河道修完隄堰栽植榆柳凡河防之事分治監巡河官同此諸都巡河官掌提控諸埽巡河官〇明昌五年設以合得縣令人年六十者選充大定二年設導洺河巡河官二員 散巡河官〇於諸局及丞簿廉擧人并見勾當人六十以下者充 黃沁都巡河官下六處河陰雄武滎澤原武陽武延津各設散巡河官一員黃沁都巡河官下四處懷州孟津孟州城北各設黃沁散巡河官各一員衛南都巡河官下四處新鄉崇福上崇福下衛南淇上散巡河官各一員滑濬都巡河官下四處武城白馬書城教城散巡河官各一員曹甸都巡河官下四處東明西佳孟華陵城散巡河官各一員曹濟都巡河官下四處定陶濟北寒山金山散巡河官各一員〇凡二十五埽埽兵萬二十人 諸埽物料場官掌受給本場物料分治監物料場官同此唯崇福上下埽物料場官與當界官通管收支南京延津渡河橋官兼譏察事管勾一員同管勾一員掌橋船渡口譏察濟渡驗受本橋諸物等事內譏察事隸留守司餘浮橋官同此〇皇統三年四月懷州置黃沁河隄大管勾司未詳何年罷正大二年外監東置歸德西置於河陰散巡俾正九品內泗州以管勾掛岸兼之皆設副使一員為之佐大慶關管勾河橋官兼譏察事一員正八品掌解繫浮橋濟渡舟楫巡視河道修完埽岸兼率埽兵四時之功役栽植榆柳損備物料譏察奸偽等事同管勾一員司吏二人女直漢人各一人 提控三門集津南北岸正六品 南遷後置

金史本紀河渠志言河官之制

金史河渠志金世宗大定十年二月滹沱河創設巡河官二員金世宗大定十九年九月設京埽巡河官一員金史世宗本紀金

世宗大定二十七年二月丁亥命沿河京府州縣長貳官並帶管勾河防事金章宗本紀金章宗泰和六年春正月癸卯諭以沿河縣官兼管勾漕河事州府府官兼提控金史河渠志十二月通濟河剙設巡河官一員與天津河同為一司通管漕河牐岸上名天津河巡河官隸都水監

元河官之制

元史百官志元工部尚書三員四員二員一員不等侍郎員外郎亦多少不等巡河提領所提領二員副提領一員都水監秩從三品掌治河渠并隄防水利橋梁牐堰之事都水監二員從三品少監一員正五品監丞二員正六品經歷知事各一員令史十人蒙古必闍赤一人回回令史一人通事知印各一人奏差十人壕寨十六人典史二人至元二十八年置二十九年領河道提舉司大德六年陞正三品延祐七年仍從三品大都河道提舉司秩從五品提舉一員從五品同提舉一員從六品副提舉一員從七品河南山東都水監至正六年五月以連年河決為患置都水監以專疏塞之任行都水監至正八年二月河水為患詔於濟寧鄆城立行都水監九年又立山東河南等處行都水監十一年十二月立河防提舉司隸行都水監掌巡視河道從五品十二年正月行都水監添設判官二員十六年正月又添設少監監丞知事各一員都水庸田使司至元二年正月置都水庸田使司於平江既而罷之至五年復立至正十二年因海運不通京師闕食詔河南窪下水泊之地置屯田八處於汴梁添立都水庸田使司正三品掌種植稻田之事庸田使二員副使二員僉事二員首領官經歷知事照磨各一員司吏十二人譯史二人

元河官不專主漕運

元史河渠志元有天下內立都水監外設各處河渠司以興舉水利修理河防為務　自元以來都水河渠設官專以興舉水利以為民也不專主漕運於此可見

元都水官有專主河者有專主漕者有兼管河漕者

元史世祖本紀元世祖中統四年九月乙酉立漕運河渠司元世祖至元十四年三月癸巳以行都水監兼行漕運司事元世祖至元十九年四月庚戌設懷孟路營河渠使副各一員元世祖至元二十五年二月丙寅改河渠提舉司爲轉運司山東全河備考至元二十六年會通河成後四年始建都水分監於東阿之景德鎮掌河渠壩閘之政元史世祖本紀元世祖至元二十七年十月甲戌立會通汶泗河道提舉司從四品元世祖至元二十九年正月己亥命太史令郭守敬兼領都水監事仍置都水監少監丞經歷知事凡八員四月壬子敕都水監分視黃河隄堰罷河渡司元史成宗本紀元成宗大德二年二月乙丑立浙西都水庸田司專主水利元成宗大德三年四月己未自通州至兩淮漕河置巡防捕盜司凡十九所元史尚野傳尚野改懷孟河渠副使會遣使問民疾苦野建言水利有成法宜隸有司不宜復置河渠官事聞於朝河渠官遂罷遷國子助教元史成宗本紀元成宗大德八年正月辛巳自滎澤至睢州築河防十有八所

元至大三年請都水官專治河患

治河通考至大三年十一月河北河南道廉訪司言於汴梁置都水分監妙選廉幹深知水利之人專任其職量存員數頻爲巡視職掌既專則事功可立於是省令都水監議黃河泛漲止是一事難與會通河爲比先爲御河添官降印兼提點黃河若使專一分監在彼則有妨御河公事況黃河已有拘該有司正官提調自令莫若分監官吏以十月往與各處官司巡視缺破會計工物督治比年終完來春分監新官至則一一交割然後代還庶不相誤工部議黃河爲害難同餘水欲爲經遠之計非用通知古今水利之人專任其事終無補益河南憲司所言詳悉今都水監別無他見止依舊例議擬未當如量設官精選廉幹奉公深知地形水勢者專任河防之職往來巡視以時疏塞庶可除害省準令都水分監官專治河患任滿交代

明會典所載河工官制

明會典明工部尚書左右侍郎掌天下百工營作山澤採捕窯冶屯種榷稅河渠織造之政令屬舊有水部後改水部爲都水清吏

司郎中員外郎主事分掌川瀆陂池橋道舟車之事凡運河職官永樂初年差主事一員疏導寧陽縣等處泉源以濟運河復又差通政郎中各一員又差主事一員專管閘河臨清閘則令提督衛河提舉司主事兼管之二年更代十二年以罷海運令工部尚書一員及都督一員疏濬運河十五年令伯一員充總兵官總行漕事又遣都督侍郎各一員及尚書伯二員往來提督以本部員外郎主事二員分理又遣侍郎提督監察御史錦衣千戶等官巡視十九年遣侯伯各二員分理濟寧等閘及徐州呂梁二洪通州等處河道徐州洪差御史一員又差郎中一員呂梁洪差少卿一員又差河南按察司官一員又差郎中一員今二洪各差主事一員專管三年更代遂為定例宣德中設濟寧管閘主事正統四年定巡視河道部屬官六員提督侍郎都御史各一員以濟寧為界其南屬侍郎其北屬都御史又以都督一員巡捕提督景泰元年令提督河道專屬都御史二年減巡視河道主事一員復減巡河御史二員以巡鹽御史兼理三年設山東府州縣管河官六年令總督漕運都督兼理河道天順元年減淮安臨清沙灣巡河主事三員仍差主事一員管揚州一帶河道成化初定設主事一員專管寧陽縣等處泉源七年始分河道為三節北自通州至德州南自沛縣至儀真各屬郎中一員中自德州至濟寧屬山東按察司官一員又以侍郎一員總理罷主事御史惟管洪閘主事如故八年復令長蘆巡鹽御史兼理通州臨清一帶河道又御史一員兼理濟寧至南京河道十三年奏准管河郎中兼理河道緝捕盜夫役等事又令河道自通州至濟寧濟寧至儀真仍以郎中二員分理十九年令沛縣沽頭等閘則差主事一員提督二十一年罷河南布政司管河沁二水官添設主事一員弘治元年罷沽頭閘主事令濟寧以南河道令巡鹽御史兼理又罷管河沁二水主事令徐州洪主事提調三年令山東勸農參政兼理山東河道又令各府州縣管河官帶領家口專在該管去處住管理河道不許回衙門營幹他事七年復差沽頭主事八年因治河工完奏准仍以河道分三節設官三員理之革淮揚二府山陽等縣管河通判主簿十八年令浙西水利僉事帶管鎮河以便復運正德二年革河南新鄉獲嘉武陟等縣管河主簿八年設大名府通判一員東明長垣武城曹縣主簿各一員專管河道嘉靖二年復罷沽頭閘主事并罷湖陵沽頭上中下金溝謝溝新興黃

家等八閘官吏令徐州洪主事帶管又設漕運都御史一員提督河道事務山東河南南北直隸巡撫三司等官俱聽節制仍添設郎中員外郎各一員分理七年罷提督衛河提舉司主事令管碑主事帶管閘座又以修濟大通河成設郎中一員駐劄通州往來督理兼管天津一帶河道八年罷戶部督運官令管河郎中兼理又令徐州兵備副使兼理曹沛徐淮一帶黄河十三年復設沽頭閘主事並新興黄家湖陵等七閘官吏人夫十四年復設直隸景州滄州管河通判十五年設兗州府同知一員疏濬泉聽管泉主事提調又令清江浦抽分主事兼管移風等五閘二十年設南旺管閘主事置魷山鎮閘及官吏人夫又令濟南駐安山馬場昭陽四湖並提閘渠添置閘壩斗門仍照地界隸本分部郎中帶管二十四年革南旺管閘主事令管泉主事帶管添設歸德府通判一員商丘縣主簿一員專管河道二十五年改兗州府管泉同知駐劄曹縣添設單縣管河主簿一員隆慶元年移沽頭主事於夏鎮駐劄管理新河一帶三年革棗林魯橋利建各閘官以南陽閘帶管革師家莊新閘閘官以仲家淺帶管六年添設河南副使一員給敕專管黄河兼管隄岸又題復夏津魚臺二縣各主簿一員專管新河石隄隄壩設廣惠閘官吏帶管通惠閘萬歷元年題准蘇常鎮三府運河責之蘇松兵備副使浙西運河責之浙江水利僉事驗所害地方府加疏濬如有疏濬不早致誤糧運者俱聽總理河道侍郎升僉都御史參究革移風閘帶管板閘官吏三年革兗州府南旺管河通判令本府管河同知帶管仍兼管泉濟寧衛管河指揮一員四年設添山東督儲官東平濟寧二州各判官一員泰安州吏目一員汶上曲阜鄒滕四縣各縣丞一員泗水魚臺二縣各主簿一員新泰萊蕪肥城平陰寧陽滋陽嶧七縣各典史一員鉅野嘉祥各典史一員每州縣設管泉老官一員兼管壩惟魚臺平陰不設泉官以濟寧東平帶管又泰安州泉官二員革一員鄒嶧二縣各泉官俱革以濟寧縣驛帶管其各州縣管泉老人並革添設淮安府管河同知一員五年添設總理河漕都御史一員裁以工部侍郎升革提督河道都御史其事務併歸各該巡撫照地分管又革呂梁洪主事添設中河郎中一員駐劄呂梁兼管洪事六年革徐州洪主事併屬中河中兼管其動務歸併戶部分司七年議准山東河南南北直隸各巡撫銜内添兼管河道四字給與專敕添設高堰柳浦二縣大

使一員歸仁集逍陂義官一員八年革土橋李海務二閘閘官以民家鄉周家店官各帶管十一年裁淮淮安府管河同知二員原駐邳州者改於甘羅城專管清桃山睢等處河道原駐徐州者改於邳州管徐州至宿遷河道設梁境古洪各閘官一員內華閘以古洪帶管十三年令山東濟青登萊四府管糧通判及所屬州縣管糧官俱帶管水利　凡漕河正閘各設閘官吏一名其無官吏者以別閘帶管

明代河官廢置

明太宗實錄明太宗永樂二十一年五月丙戌設直隸淮安府山陽縣移風閘置閘官一員明英宗實錄明英宗天順元年七月戊子初工部奏河道有郎中主事及巡河御史管理上先右都督徐恭專管漕運至是恭言平江伯陳瑄總督漕運兼理河道今令臣不得兼理河道恐有誤漕運上從之令如平江伯故事十月乙巳漕運總兵右都督徐恭奏揚州一帶寶應氾光邵伯高郵等處隄岸衝決數多清江提舉司造船主事不能兼理乞增設管河主事一員從之

明世河官之制運河重於黃河

治河通考按國初或以工部尚書侍郎侯伯都督提督運河自濟寧分南北界或差左右通政少卿或都水司屬分理又遣監察御史錦衣衛千戶等官巡視其沿運河之閘泉及徐州呂梁二洪皆差官管理或以御史或以郎中或以河南按察司官從宜革去而止設主事三年一代俱然為漕運之河不為黃河也惟總督河道大臣則兼理南北直隸河南山東等處黃河亦以黃河之利害與運河同也總督之名自成化宏治間始或以工部侍郎或以御御史實於濟寧駐劄其河南山東二省巡撫都御史則重書所載河道為重務又二省各設按察司副使一員專理河道山東者則以曹濮兵備帶管其巡視南北運河御史亦以各巡鹽御史兼之不別差也成化十年令凡漕河事悉聽專掌官區處他官不得侵越凡所徵椿草并折徵銀錢備河道之用者毋得以別事擅支凡府州縣添設通判判官主簿閘壩官專理河防不許別委凡府州縣管河及閘壩官有犯行巡河御史等官問理剔

頃上司不得徑自提問

明初漕官即河官嘉靖後始分漕河爲二

靳文襄公治河書按明初之制自瓜儀以至通州河道皆屬漕撫設郎中二員南北專理之其諸洪閘各有主事一員專司漕運

都御史敕諭則各有自通州至揚州一帶水利皆當蓄洩者嚴飭該管官司并巡河御史管河管洪郎中等官設法疏濬以便糧運怠職僨事者一體參奏凡有便於糧運者利於軍民者悉聽爾等便宜處置之命河漕事原歸一其後偶遇黃河潰決則專設大臣一員治黃事竣不常設遇有水患遂以爲定員其職專管黃河於曹州駐劄河南山東管河副使則屬之管河郎中洪閘主事不相屬也故總河敕云今特命爾前去總理河道其黃河北岸長隄并各該隄岸所轄等官專管用工修築高厚以爲預防之計如各該地方遇有水災即便相度妨究水源可以開通分殺并可築隄防衆所切要者各該管官員料酌事勢緩急定限工程分撥用工作急修理凡修河事宜敕內該載未盡者俱聽爾便宜處置事體重大者奏請定奪此原敕也後增入去近年沛縣迤北漕河屢被黃河衝決已經差官整理今特命爾前去總理河道督率管河管洪管泉管閘郎中主事及各該三司軍衛有司掌印管河兵備等官時常往來親歷多方經畫遇有淤塞去處務要挑浚深廣並此敕意爲黃河衝塞漕河故有是命其實專爲黃河也先年總漕都御史每歲押糧運進京會議往返會看河道其後私托巡按奏留自嘉靖元年都御史俞諫復奏不赴京矣至嘉靖二十年二洪淺阻糧運不通總漕乃具疏查推河道專官一切責自管河都御史而下俱聽其料理自此總河總漕分爲二竟以漕爲要不知爲河患而且彼此水火漕法始亂

總論明世河官之制

南河全考漕河總始官無定員當其時故道久廢天子親書親畫一時誠宣其謀之士獻智略者輻輳上前故自工部尚書宋禮都督周長平江伯陳瑄而下有若尚書劉觀侍郎蘭芳張信都察院僉都御史員外郎夏庸主事劉文貞等凡數公徐事

督視其役河工職咸天子重其事遣泰寧侯鎮遠侯新寧遠安兩伯分理濟寧諸閘及徐呂二洪通州諸處河道嚴復遣大理少卿工部郎中員外主事監察御史河南按察副使等官景泰二年都御史王竑始奉敕總漕兼領河道自通州至揚州一切水利有當奏聞者得以便宜暫所司行之六年總命都御史陳泰提督濟寧至儀真瓜洲河道亡何罷不設成化六年漕河底淺澀遣戶部尚書薛遠工部侍郎喬毅分行疏濬御史丁川上言請如先年用陳泰事為設提督官令其久任工部議以為運河洪閘有兵部郎中一人主事八人巡河御史二人河南黑羊山有參議一人山東張秋河道有僉事一人兗州有同知一人管泉及各府皆有通判一人管河立法已密宜勿設便宜至是言者復以為河道國無專主以至廢弛乃命郎中陸鏞郭昇分治南北副使陳善則治沙河以北德州以南兩刑部侍郎王恕總之主事則分理洪閘其提督淮安至儀真河道主事及巡河御史奏罷不用自恕以後總理不復設閘值河有他故遣大臣行視圖方略治之事竟還朝正德十一年始專設總理以工部侍郎兼都御史或左右副都御史兼侍郎兼掌務其沿河分理河務則有工部郎中三人北河張秋一中河呂梁一南河高郵一又遣主事員外一人主事五人一臨清一南旺一夏鎮一徐州一清江浦隆慶元年始分巡漕御史兼管其各府州縣濱漕河者長吏與有修治之責此外有管河同知通判州判主簿等官專領其事衛亦有巡河指揮諸閘壩有閘官壩官　山東全河備考明永樂都燕最重漕政始差主事一員疏導山東泉源及分汶水以利漕其後或以通政少卿及監察御史錦衣衛千戶等官巡視運河閘泉宣德中設主事管理濟寧閘座兼管河道又設主事提督徂徠等處泉源已罷遣以山東參政副使管理河漕天順二年以河南道副使一員整理濟寧以北河道成化初改命通政駐劄濟寧管衛河會通河漕政北至天津南至魚臺一帶凡泉湖閘壩隄岸之事皆隸馬駿以山東副使兼攝之尋改都水司郎中奉敕行事凡沿河有司及管河文武官員悉聽節制又除都水司主事二員奉部檄行事一駐劄寧陽管泉源一駐劄濟寧管閘座其南陽以南沛縣所轄用平江伯陳鋭議命主事一員駐劄於上沽頭以治水事宏治十八年以南旺南北二閘係水泉總會分泄之所最為要害二閘一官一吏管理職卑任小往來官豪得以擅自啟閉常至

屯田水利糧艘之閘别設分司以寧陽管泉主事兼攝之正德間專差主事一員駐劄南旺又設主事一員管理臨清閘座嘉靖間罷遣南旺主事仍以寧陽主事兼攝其政亦罷臨清主事分其事於穀亭移沽頭分司於夏鎮隆慶初議併濟寧閘務於管泉主事遂以都水主事一員管理供徐以下泉源兼管南旺濟寧閘座政轄南旺分司萬曆十六年以科臣張居敬請夏鎮南旺各給關防以重事權

明世山東漕河各官舊制

山東通志漕河至山東為府者三為州者四為縣者六自魚臺至臨清得洸汶泗沂四水其泉百七十餘會於四水而分流於漕渠有水部郎一人以掌之為牐凡三十有守牐吏以啟閉為溪凡二百二十各有津老以時疏治又黃河常決張秋決曹單魚臺其道非一有司空兼御史臺一人水部郎一人按察副使一人統州邑判官主簿以分治其事漕河之有牐於山東者極重如此此舊較也唯有水性遷徙靡常隆萬之間總河潘季馴為之疏濬建置凡湖河壩口泉閘多所創修

總論歷代河官之制

北河紀自虞帝命伯禹作司空帝曰俞咨禹汝平水土至秦漢有都水長丞漢武帝以都水官多乃置左右使者以領之成帝以王延世為河隄使者哀帝初平當為鉅鹿太守明禹貢使行河為騎都尉領河隄晉武帝置都水臺而河隄為都水官屬梁改都水使者為大舟卿其最卑者主舟航河隄後魏初有水衡都尉及河隄謁者都水使者隋煬帝河渠署置令丞各一人唐因之開元中以宇文融為九河使石晉置隄長宋置都水監黃御等河都大提舉巡河主埽使提舉河隄司元以工部尚書為總治河防使明或以工部尚書侍郎侯伯都督提督運河自濟寧分南北界或差左右通政少卿或都水司屬又遣監察御史錦衣衛千戶等官巡視運河閘泉宣德以後遣郎中一人提督濟寧河道主事一人提督徂徐等處泉源已而郎中罷遣以山東參政副使管理河漕天順二年以河南道副使一員整理濟寧以北河道成化初敕命通政駐劄張秋專衛河會通河漕政北至天津南至

魚臺一帶凡泉湖閘壩隄岸之事皆隸焉旋以山東副使兼攝之已改都水司郎中奉敕行事凡沿河有司及管河文武官員悉聽節制又陞都水司主事二員奉部檄行事一駐劄寧陽一駐劄濟寧掌諸泉源閘壩之政凡有司管泉管河官員皆屬焉弘治十八年南旺別設分司以寧陽都水兼攝正德十四年專差主事一員駐劄南旺嘉靖二十四年罷遣南旺主事而以寧陽主事兼攝其政隆慶三年罷遣濟寧主事而三分司之政俱屬寧陽（今止南旺分司一員駐劄濟寧管理泉閘）其臨清閘座則正德間設都水司主事一員管理嘉靖七年罷之而屬其事於甎廠（甎廠今順治八年裁歸併北河）然地雖分管而總理之者北河郎中也其在所屬者文武官都有丞判州有判縣有簿尉閘有官衛有指揮所有千百戶（今易以守備千總）各守其疆不相踰越

秀水陳璜輯

河議

常居敬等議河工十四款○錄七款

明神宗實錄癸亥勘理河道科臣常居敬會同督臣舒應龍再上河工一十四款一添遶閘座以便防守議於古洪閘外加鎮口閘一座外禦濁水内蓄清河一接築縷隄以防中潰計自茶城以下埝山支河西岸起至河口止長五百丈闊四丈又補築舊河缺口一道長六丈一議修埽壩以防危急王公隄異經衝決與黃河止隔丈許兩河夾之勢最危急議於舊壩設法增築實土石於堤壩之内密釘樁木於舊埽之外并設順水壩以遏黃水之北流一開建月河以避衝決於遶河南岸旁開月河以引清水之南呂二洪水相隔頗遠時加埽築可保無虞中如以通河一移調官夫以資策應呂梁徐州二洪水勢既平夫役閒暇且舊流寬緩地可安議撤六百三十三名均派新舊五閘餘者留二洪撥運而管河同知移住境山巢扈以鎮口一條新築各壩以保成功復議鑲昇專責三壩原為洩水而設議拆者為其高而壩外隄岸更高於壩是存之未嘗洩之利折之反滋沉溺之虞也一律鑲築專責以節制用草灣一河闊二百餘丈先當開之以保淮城且淮黃之水藉以分流而閘基原宗無煩濬鑿議如議行

潘季馴議於茶城設閘

明神宗實錄總理河道都察院右副都御史潘季馴題黃河之水濁而強汶泗之流清且弱交會之處則茶城是也每伏秋黃水盛發則倒灌入漕沙停而淤勢所必至黃水消落漕水隨之沙隨水刷不待濬而自通矣如萬曆十年中河郎中陳瑛創建古洪內華二閘每遇黃水暴發即下板以遏濁流而閘內無壅阻之害黃水消落則啓板以縱泉水之出而閘外有洗滌之功去伏秋失閘閘之防遂至淤墊夫當屢催當二臣於前月望至宿遷閘視同知徐中鎬本月望前黃水偶漲漫入洪口即令監丁閘撈至二十一日黃水消落於是啓板通漕通行無滯至閏六月等日復發前不過七日後不過三日隨漲隨落此即二水勝負適塞之

故也勘科當歷來候建口閘一座去河愈近則吐納愈易足爲水利但建閘易守閘難遇黄之驟行閘口易墊塞之虞故不時數日之疏挖不能待而千百年之利害且決裂矣乞特賜綸音如萬歷八年淸江浦三閘之法以時啟閉庶河渠永有賴矣部覆如議

潘季馴條議河工八事○錄五條

明神宗實錄十月甲申工部覆總督河道潘季馴條上河工八事一久任部臣謂水性有順逆河流有分合地勢有險夷如崔鎮逆溜作河搶築以當其衝草灣堵灣作何留護以防其泄事在分司宜委任南中二河郎中滿三考方與陞擢則總督又兩河防自熟一責成長令謂理河如理家然家務繁瑣不妨分任而庀材鳩工則家督主之今瀕河州縣長猶家督也調募夫役備辦料物宜專屬之至於巡行督率責之行河者而郡守亦有總理之責焉議處堡一禁調官夫謂治河有補偏救弊之法無一勞永逸之事爲泰平成不數百年而祖乙之都圮則防守弛也故曰防河無止工宜申飭治河官夫專以河爲事不得別差撥調致悞河防一預定工料謂黄河泛漲每在伏秋修築不預往往爲河所乘宜於十月中旬即行踏勘分工備物務令正月興作四月報竣後時者罰一立法增築謂徐淮之間咫尺河流衛遙隄一線爲捍禦雨風雨剝蝕車馬踐踏日就卑薄宜令每歲修隄高厚俱以五寸爲限遇低薄處隨宜加幫編植楊柳不如法者總理河參治一添設隄官一加幫真土一搜築舊隄以上三條以淮河俱命依議行

工部覆潘季馴河事六議

明神宗實錄戊子工部尚書石星覆總督河道潘季馴題稱河南黄河上流三門七津而下地平土鬆每易衝決特非遙遠所經往往忽視以爲無虞而不知上源既決運道未有不阻者故修守之法在河南尤屬緊要其故道歸新集出小浮橋舊衝處所當關復而歲偷費繁未能遽行惟慎加修守庶係無虞因條列六議一黄河北岸過漕南岸過省先臣劉大夏於兩岸各築長隄綿亙千有餘里百年來頗受其利乃坍塌衝汕歲修易湮宜刻期修築一沁水發源沁州至武陟與黄合勢最湍悍而蓮花池金屹當其險要也生靈無算寄命一隄危若累卵而最險處止四百餘丈即當議以石工亦易辦所當亟議石隄以圖永賴者也一

河工悉雖而所作工費止河堡夫銀而已近據併入條鞭有司輒急其運而縱河道任民占爲墓塋已徹而別用竟不知還河工所以堅誤也今議從前借用者如數抵還在民者徵解貯闕封待不時之用一役民用其力當恤其私今議開歸懷三郡近隄沒官田地給堡老六畝堡夫五畝不足則以額工銀置產以授之則民有身家之惡防益力矣一河之害在河南尤大則治河之功在河南尤難往秋防禦動僅行於淮徐而不及河南誠爲缺典宜一體頒劄以示激勸一河南雖非運道所經而河情水性與淮徐無異固當以治淮徐之法治之則夫責郡邑長吏以一事權乘歲修工程以預興舉增幫捲埽以圖隄防所當通行者也諸如議行

常居敬上河工大舉條議○一預積埽料

河防一覽一預積埽料以防未然臣等查得河南水平岸高而土疏其湍急埽灣之處東當在下雖有高厚之隄卒然崩壞無所措手故防河之患莫急於捲埽而捲埽之料全資於稍草橋麻與土也往年所用稍木苘麻俱分派於出產州縣當運而稍稭草俱於臨河地方召商收買已有定議近因沿河各縣連年苦旱復遭大水百穀無收欲暫停稭草派之則開州縣買納解送票遞驗之累但道途隔遠不惟脚價浩費抑恐反滋騷擾及查往年稭草定價每束連耗二十二斤給銀二分今年稭草缺乏價當合照晉東增銀一分共給價銀三分仍著召商收買此後當年酌量估裁康草價既增而商販自至矣至於捲埽所用好土始得堅完必須預積平日應可取辦倉卒近因久無水患管河員役不復議積每遇急迫取土寫遠縱不誤事竟目擁運不成一埽邊堤決口漸闊爲害滋大矣合無令各守隄守鋪堡夫於閒暇之時查照成法令各管河官督令預運埽土堆聚於埽壩及緊要隄岸之上每年會計之時查其某處該積土若干責令各夫如數運積若實查驗無容虛報其河流衝射之處仍當預置平埽如伏秋水發徵有衝刷即時添補管河官一面督行一面申報則有備無患而埽不虛費隄防實有賴矣

一議處工費

河防一覽一議處工食以䘏窮民臣等查得估計修築隄墻工程每築方廣一丈高五寸爲一工每夫一名日完一工方給工食銀三分三釐三毫夫以一人而日築一工已爲難完況取土有遠近之不一填築有險易之不同槩以一例計較不能依期報完復又計工給銀安能事滿所望且今歲米價騰貴數倍往昔一工給銀三分三釐三毫亦不足其食用若一日不完一工則所得工食益不足以餬口無惑乎每遇募夫名之不至也合無將今歲做工夫役每一工給工食銀四分如取土在百步之內及在平地修築者俱仍以方一丈高五寸爲一工若在坑坎水內堆築及在百步之外取土者酌量減其寸數俱每工給銀四分如此則工食既加而養贍足工程有等而勞逸均人心亦知樂從矣其已往歲熟年分仍照舊查給

一議設堡房

河防一覽一議設堡房以慎守禦臣等查得黃河兩岸長月等隄并埽墻之處先年每二里建堡房一間僉堡老地方各一名統領火夫十名巡守以防河患原無工食數年以來夫時充旱河患稍息人心懈弛堡房傾倒而才遣災民星散求食各隄防守遂無人矣惟各埽墻處堡房尚存數名然爲數亦少不足應用昨歲河患雖出異常之災未必不由疎虞所致也合無於黃河兩岸各斷簡長月等隄每二里仍建堡房一間每堡僉鄰近堡夫二名每五堡僉勤能堡老一名統率各堡夫晝夜往來巡守栽培柳樹但有盜決隄防及砍伐隄柳者即便擒拿送官究治遇有河水泛濫衝刷損傷即行填補每堡老一名月給工食銀五錢各役每名月給工食銀三錢俱於河道官銀內支給至於臨河埽墻尤係要害修築之工倍當加謹仍每二里建大堡房一連三間藏放埽料以備急用每堡設堡夫五名每二堡設堡老一名管河官不時查點遇有緊急衝刷不拘晝夜本堡鳴鑼各堡老皆率各夫前來搶濟併力堵塞其堡老必於鄰近鄉民中選精勤守法者充役如此庶防守俱各得人而河患可保無虞矣

一議處廠夫

河防一覽一議處廠夫以杜偏累臣等查得臨河祥符等縣設有官廠八處收貯稍草檾麻以備捲埽每廠僅有廠夫二名或三

名今其看守物料先年俱於各州縣堡夫内選殷實大户充之凡管廠官合用心紅紙劄并修葺書手遞運備環倒換器皿及僱人搬運物料并修理廠房牆垣充費百出每名每年費銀五六十兩如遇不才官員需索常例費至百金者有之彼因賠累以堡夫二名朋應廠夫一名每年工食銀四十八兩至萬曆十三年該前任總河臧惟一允河道議每名裁定工食銀三十六兩以其數非不多也不知工食有限而額外之費無窮夫廠夫原以看廠為名惟賠貯物料是其職守乃至責以不貲之費曆累無休貧家蕩敝無異手合口搞帶不敢承役也相應備罪以後每廠夫一名以二人當之給條鞭工食銀二十四兩扣除銀十二兩存貯官庫不許復僉正額惟召募鄰近土民充當一切雜費如管河官心紅紙劄等項量於編派其簽報文冊修理牆垣即於前扣銀内申請動支不許濫派廠夫出辦惟稍草等料有泛編數多各役夫於答蓋賠賠者姑免關罪令其量賠如此庶需索之弊既革而廠夫之害可免矣

一及時給散以杜侵剋

河防一覽一及時給散以杜侵剋臣等查得河工全賴人夫夫役全賴工食河道錢糧俱貯府庫管河官不得自由必至河府衙決方議調人夫請發錢糧已無及矣合無通行管河同知通判等官赴府領銀分發沿河州縣專聽不時之需遇有河患一面募夫一面申請事完稽查原不眠至於給散工食往時據責之各縣管河佐貳官各官多不親理又委之部夫總甲等官稽覈給散其中不免扣剋以致各夫難受實惠合無以後給散河夫工食俱聽該府管河官督同各縣掌印官驗國包封唱名給散再不許令各縣部夫官總領致滋奸弊如府管河官偶在別縣督工一時不暇者聽各縣掌印管河官徑自給散如此庶扣減之弊既除而夫役之勞可免矣

一責成正官以使專責

河防一覽一責成正官以使專責臣等竊惟設官定制在府州縣雖有清軍管糧捕盜理刑管河等官分任佐理而兼綜條貫則

掌印官事非謂各官之外掌印官全無相干也故一州縣之中河渠要害孰非正官之所當料理防守者況中州土壤鬆係於黄河可以正官而漫不關心乎乃向來河務該道止行文府管河官府管河官止行文州縣管河官而該府州縣全不經由故河水衝決非不曰某州某縣之某口決也問應用人夫應動錢糧所以治其決者則曰有管河官在非本州本縣事也不知河患係民瘼最切不此之究而徒諉之於一二佐貳彼其威令不行召集人夫既多推諉據持不定動用錢糧又難清楚況修理工程必動錢糧管河官身任其事則錢糧即有牽帶每年會計既令其籌議矣乃年終覆實亦令其自為而自覈之無論工程虛濫錢糧有破無由而覺即工程堅固錢糧明白誰則信之是尤不可解也合無自後申飭各府州縣掌印官凡遇河務雖有管河官專管至於催僱人夫給發錢糧各掌印官務破積習協心共濟其會計工程亦與管河官會同估議每年防河事日該道將各掌印管河官分別勤惰開呈兩院量行獎戒如此則精神流貫而法紀昭明責任各專而功可永賴矣

一議豁隄糧以蘇民困

河防一覽一議豁隄糧以蘇民困臣等看得黄河兩岸皆係民間納糧田地而新舊所築長月縷水減水等隄壩南北兩岸上下綿亘六七百里其根闊有七八丈者有十餘丈者所壓占民地不下千百餘頃自舉地內夏秋稅糧並各項差銀尚係地主賠納臣等竊謂築隄乃為一縣小民捍患非一人一家私事其占用各戶之地既不償以原價復令包納虛糧誠於人情有所不堪合無候部議行臣等轉行臨河各縣逐查各該地方除年遠舊隄外其有五年以內新創及新築隄壩若干道某道根闊若干長若干共計壓占民地若干每年共計稅糧差銀若干即與除豁均派縣地內徵收抵數及查見今撥募跳陞者量給倉穀以補于種之廢農包賠之糧不致偏累而沿河之民可免向隅矣

潘季馴條議河事〇一放水淤平內地〇一接築遥隄〇一增支渠大隄

河防一覽萬歷十九年十一月癸亥工部題覆河道都御史潘季馴條議一放水淤平內地以圖堅久謂縷遥二隄俱為防河要

法但宿遷以南有遙無縷獨直河以西地勢卑窪歲歲患水宜將遙隄盡閉堅固却將縷隄相度地勢開缺放水沙隨水入地隨沙高庶消患而費可省一接築遙隄以防奪河謂黄河之勢分則河淤奪驟則沙淤悍宜自水梢亭以下接築遙隄計五百四十丈至黄家灣止庶河無分流而事可永賴一增支築大隄以杜淤淺謂徐城積水為患議開新開支河洩出惟鯢山遙北王家林一段約長十餘丈逼南傀家林一段約長三十餘丈宜做支河新隄之法築大隄一道自無塌損之患積水勢若建瓴矣

陳邦科議治淮治黄治諸湖

明神宗實錄萬曆二十年五月庚辰南京河南道御史陳邦科題黄淮水患隄不可恃水不可障欲除淮害須開支河以殺上流欲除黄害須多逵隄縷隄諸草口以殺下流欲禦高寶諸湖患須挑深寶應等處三工以歸之江海成大工者不惜費乞發帑銀濟用庶早成之績可奏工部言御史原言湖邑近復經行案訪必真如挑濬倚復先後科臣屢有條議其開支河曾經覆勘中止而逵隄二隄多開閘口則諸臣所未及者乞行勘河科臣會同河漕部院確勘併議工費以聞報可

張貞觀會勘淮黄形勢○會議治河事宜○估計工費

明神宗實錄萬曆二十年丁酉勘河給事中張貞觀題會總河尚書舒應龍總漕陳於陛巡按御史高舉分屬參王明勘得淮黄同趨者惟海而淮之歸河達海者惟清口自海沙開濬無期因而河身日高自河流倒灌無已因而清口日塞以致淮水停蓄於時泗水上漫祖陵下墊民社近且漫及高寶興泰遙隄亦苦衝決矣令據司道等議一闢清口之沙計費二萬有奇一分黄河之流計費三十四萬有奇清口有大挑之工又議常浚之役使不復塞也分黄於淮之上流先殺其勢也上流必於清口上十里去口不遠不致為運道梗卽少梗而力易圖也分於上復合於下衝海之力專也合必於草灣之下恐其復衝正河為淮城患也鮑家口王家營必塞者二決橫衝新河恐散溢無歸也兩岸俱隄以地勢東北下恐潰決則清沭海安之民不得卽害也是役也費固頗而效亦廣若海口淺塞欲求浚治之策卽渺沙莫窺其涯況可施畚鍤哉惟全淮合黄東下庶河身稍刷而漸深海口刷而漸

關係事理所可必者工部覆議臣查覈其工費通計三十六萬七千有奇請支兩淮鹽課及州東昌河道銀兩裁覈銀不足則撫按設處本月興工限明年六月報完命如議行

潘季馴隄防告成疏○陳舊隄潰決之故○述新隄修築之法○請以歲修責成河官

河防一覽萬曆二十年總河潘季馴上隄防告成疏略云竊惟防河如防敵自古記之矣防敵則曰邊防防河則曰隄防邊防者防敵之內入也隄防者防水之外出也欲水之無出而不戒於隄是猶欲敵之無入而忘備於邊者矣且自古稱治水者莫過於禹而考之禹貢曰九澤既陂四海之水無不會同而各有所歸陂障即隄也神聖如禹而尤不免致力於隄則舍隄之外別無所以防河者矣臣於萬曆六年奉命治河即請築遙隄以防其潰築縷隄以束其流八九年間河流順軌故道甚然業有成效矣而歲久官吏弊滋法弛以河防為末務視隄工為贅疣一簣莫加萬夫關頓而車馬之蹂躪風雨之剝蝕河流之汕刷高者日卑厚者日薄又何怪其東潰西決哉荷蒙我皇上授臣以總理之權責臣以修復之事臣機緣才困不能剏為新奇之策而管窺小見尤不敢為僥倖之圖惓惓以隄防陳乞欽承俞命畢力仰承督率南直隸河南山東司道等官將漕河一帶地方躬親覓度閘壞塌損舊者而今圮者則議加幇舊無而宜有者則議創築遙隄約攔水勢取其易守也而遙隄之內復築格隄蓋慮決水順遙而下亦可成河故欲其遇格即止也縷隄拘束河流取其衝刷也而縷隄之內復築月隄蓋恐縷逼河流難免衝決故欲其遇月即止也防禦之法頗稱周備數之已卯告成之功更為詳密而夏鎮河南山東往歲原未經理者皆一體增建矣倘能歲守不失則河流自無衝決之患河不衝決則故道要然衝由順軌而運艘自無阻滯之虞矣但築土成隄原非鐵石脩不修葺便至傾頹歲歲修之歲歲此河也世世守之世世此河也故歲修錢糧之設議編僉募類夫凡以為河也而可置之虛廢閒曠之地哉臣是以諄諄為申明修守之請也伏望天語叮嚀嚴諭地方司道等官責照臣所開次第奉欽依事理每歲務將各隄頂加高五寸兩傍汕刷及卑薄處所一體幇厚五寸年終管河官呈報各該司道委見本隄原高闊若干今加幇共高闊若干司道官躬親驗覈

閘報總河衙門覆奏年終遴選并奏繳不如式者指名參究庶河防永固而國計民生俱有賴矣

潘季馴河工易惑浮言疏○推求河患致潰之故○備述嘉靖後黃強淮決之患○請臣設法挑濬之方○法當責在於該地

普設啟閘三閘○會河高於地十四州縣○徐州浮言不足信○啟閉緩城之法○請以此疏頒給沿河各省河官守閘

河防一覽河工易惑浮言疏云臣樗櫟無知久甘廢斥荷蒙我皇上拔之廢棄之餘授以總理之任二三年間殫竭心力一意事體請自聖裁輕信得保有成書甚有小效矣尚有一二事宜理本如此而人言必不如此工本難為而人情必欲驟為若不早為剖議浮言不免蜂興全河之工未必不由此而決裂也敢條陳之夫鎮口閘內為汶泗清流鎮口閘外為黃河濁流平時清濁相當內水外出順惟黃水一發則黃強清弱倒灌入漕而河渠淤塞此理勢之必然者上源山陝以西雨少則黃水易消而內水之出遂上源雨多則黃水難消而內水之出遲此又理勢之必然者自開河高堰以來淤塞之患無歲無之其年遠者姑置勿論近者錄論矣臣始以嘉靖末年尚有卷可查者言之查得嘉靖四十一二年黃水由大小浮溝會漕於茶城而黃漕淤閘該總河都御史王士翹行徐州管夫挑通嘉靖四十四年大小浮溝淤斷該總河陳堯行徐州一面挑濬一面起剝前運隆慶元年黃河南徙秦溝會漕於梁山之北從秦溝淤塞該總河尚書朱衡行徐州洪分司督夫挑濬隆慶二年黃河衝塞運道河改至茶城與漕交會茶城之閘自此始隆慶三年茶城閘塞該總河都御史翁大立呈稱茶城淤淺至徐州子房山下另開新河以避茶城之淤嗣因黃落漕通其議遂罷隆慶四年茶城填塞八里內水淺由張孫山東會出翁大立呈稱就與張孫山閘河本年冬本河復塞仍將茶城挑通隆慶五年茶城淤淺該臣先任總河行委管河郎中督夫會同挑濬近者賴以無阻隆慶六年茶城淤阻該總河萬恭行司道疏濬通行萬曆元年八月茶城淤塞該工部題行總河衙門議處疏濬萬曆二年黃水倒灌茶漕三十餘里該總河侍郎萬恭大挑濬前給事中吳文佳題行總督御史傅希摯議出子房山閘河一道行總督御史勘得子房山前兩峯山西俱有伏石萬難興工一議俱係水土難以議閘萬曆三年十一月黃水大發

茶城淤塞十里調夫挑通萬曆四年茶城淤淺糧運艱阻復開張孤山東鎮北基故道至萬曆五年二河俱淤復開茶城直河通運萬曆六年茶城淤淺徐州道參政游季勳築順水丁頭壩一十六道束水衝刷萬曆七八九十等年淤塞尤甚至十一年開穀中河郎中陳瑛題呈漕撫尚書凌雲翼改濬河於古洪出口即今之鎮口閘河也復建內華古洪二閘遞互啟閉黃淤停入而去黃河口僅一里挑濬甚易人頗便之萬曆十五年秋黃水大發河與閘平總閘閘守金私受民賄擅啟將牛角灣挑開黃水竟入淤塞甚淺議者欲復歸德府丁家道口故道使黃水盡出小浮橋以免濁河內灌該勘工部郎中常居敬看得閘河出口無往而不會黃則無往而不會淤豈從濁河則淤而出小浮橋則否耶是其議斷難從於古洪閘外添設鎮口一閘去河僅八十丈縱有沙淤挑濬尤易甚深如清黃交接之處難免淤淺故不得已而為易濬之計良有以也今之議者不察水勢不察往昔偏見異紛紛議論風生如臣昔廉無又論矣向來臨河諸臣豈無一人高才明識者乎而卒無如之何也大小浮橋淤矣改而為梁山北淤亦如之梁山北淤矣改而為茶城淤亦如之茶城淤矣改而為張孤山東淤亦如之張孤山東淤矣復改而為茶城淤亦如之茶城復淤矣改而為古洪淤亦如之勞民傷財畢竟無益所幸郎中陳瑛創築三閘遞互啟閉而挑濬始易計無出於此矣臣又查得萬曆十六年閏六月內該臣題為清黃交接處所淤淺側漕易淤懇乞特賜申飭以嚴閘禁事奉特旨洪等閘每遇黃水泛發即下板以遏濁流之横黃水消落則啟板以縱泉水之出又照清江浦三閘啟閉之法刻石全書竪立各閘俾知畏忌等因題奉聖旨是各閘啟閉嚴約俱依議有勢豪人等阻撓的照淮安閘例事則即便拏問如鎮干碍職官指名參奏欽此倘如所題何至淤淺而王程難稽客心難強關上官胥力難阻遏每縱豪強恣廢題三閘遞互啟閉之法遂致黃淤有淤淺不過八十丈挑濬猶易亦無難者至於糧艘入口大約俱在三夏以前水未大發淤亦不久或少加挑濬之工必無阻滯舍此之外別無他策如謂鎮口逼近濁河故易淤塞要得別尋一道則邳州之直河離濁河二百里矣而何其淤也宿遷縣之小河口去濁河三百餘里矣而何其淤也清河縣之清口去濁河五百餘里矣會淮之力十倍於漕何以黃發即淤而每歲初伏過濬

關外樁埽築墻以防其衝潰也要之黃強河弱隨處相接則隨處衝潰隨處淤塞繫之不出料臣前疏所云無往而不會黃則無往而不受淤兩言盡之矣似不必過為紛更也但人情不見其形未信其影必須勤為以杜後言此其一矣臣又查得清河州縣河高於地者在南直隸則有徐邳泗三州宿遷桃源清河三縣在山東則有曹單金鄉武城四縣在河南則有虞城夏邑永城三縣而河南省城則河高於地丈餘矣惟宿遷一縣已於萬曆七年改遷山麓其餘州縣則全恃護城一隄以為保障今夏又已相安並無他說惟徐州則議論頗多其故有二一以山陝久旱之後連歲雨水頗多伏秋不免加漲觀者不考其源而惟歸罪於河圖無隄其默矣一以前歲十一月間知州張世美初任未諳為義民官虞基所惑開隄放水遂忘築塞清淤水雖黃水灌入內澇使及街衢地方官民不歸罪於知州張世美之失宜虞基而惟歸罪於河至有謂護隄與城平者有謂泉從地湧者又指城石隄自昔有之非一二年間所築者則河之原高於地可知矣且隄高不過丈餘遂謂與城相平城何若是其卑耶徐州為邳睢上游徐州而水平隄隄平城也則邳睢一帶州縣皆陸沉矣有是理哉且黃河入伏始漲秋杪漸消冬春則隄外露有沙灘非嘗年冬濬者近讀徐州察去年十一月間揭報河水已消再過數日內水可放臣近又令人視水將及址矣今轉入冬黃水而與隄平則伏秋又將何如耶至於隄內之水蓋因虞基濬放頗多兼之去歲雨雪甚頻徐民不善車戽一時難於消涸若謂泉從地湧則城中之水宜乎與外河相平即護隄亦所用之矣何待虞基放濬之後方有水耶非臣所能解也然臣有治河之責凡可圖維即宜面處不必問其人言之有無也臣已行徐州道將城中窪地用土墊高仍一面督夫車戽復要黃低之處開渠自去年九月以來向在料理不敢訖暨但為今之計惟有戽城濠之水使內水可洩固護城之隄使外水不入正虞基之罪必盡將來更加高徐城數尺以防不虞此則事理之所當為而人力之所可為者也舍此惟有照宿遷縣事例遷城而已若所患者惟在城之積水於運道原無阻礙若必欲舁黃河伏秋之水以就徐城之地則天地氣候之自然恐非人力所能強也若勢或傷則之事或從此起矣人情厭舊喜新臣言既不盡信臣在留當力諍必不依違今黃高已劇然有日矣猶今臣從事此河已歷三朝又為衆議

主之情豈肯以將去而遂置此河於度外耶伏望敕下該部轉行該地方巡撫及各差御史會同總河衙門嚴行徐州道副使陳文燿或淮安海防二道中河夏鎮二分司逐一勘議如有別策使淸黃交接之處可免於淤之患徐州城外之水可免暴漲之虞不妨從長計議如必不可當仍舊貫毋狥人情毋拘成說務求經久可行之道不爲勞費無益之工則事體畫一而浮言可息矣

潘季馴併勘河情以駁浮議

河防一覽萬曆二十年總河潘季馴上併勘河情疏云臣以河事君父者凡四任矣壯於斯老於斯朝於斯夕於斯蓋未之與情或得之目擊或稽之已往或驗之將來水有性拂之不可河有防弛之不可地有定形強之不可治有正理鑿之不可故厭常者每欲棄舊以更新而臣則以爲祖宗二百餘年之故道必不可失也泥成說者每欲支分以殺勢而臣則以爲黃河之濁流必不可分也臣執此以治河者前後一十二年矣而不意去秋霪霖連月河水瀰漫物議遂騰牢不可破夫當伏秋暴漲之時兩河並高人言無足怪也而寧知漲之必有消乎以方漲之河而律之既消之後不可也人見水盈及隄輒謂隄可棄也而寧知無隄則水逆外潰則中乾不數日而水落岸出河安如故固隄所以存河乎行者止見其漲而不見其消談者不聞其消而惟聞其漲一人言之百人從而和之若謂水之有漲無消而冬春之河猶然伏秋之河也不知其夫有不待者耳倘覩其漲復覩其消則全河之形勢皆在目中自無臆度之說矣臣已去矣業木拱矣何敢以筆舌與人爭曲直哉且議者原無怪臣之心見者言其所見聞者言其所聞凡以爲國也臣器局拘攣才識短淺非兩河之故道不敢循非先哲之成規不敢踏曾不能別輸一籌以紓天下之耳目臣亦自愧其無當矣而況於人乎但處天下之事議論多者成功寡興作侈者工費倍煩支離勝者正道必廢有求竭天下之財力以事河而國以大敝卒之橫潰決裂不可收拾者職此故也故敢備述人言之最易惑眾最能病河者逐一辯解於後

駁水漲多濬支渠易開決口議

河防一覽一議者謂水勢宜殺黃水暴漲何不多濬支渠以殺之乎臣曰此分合之說正所當辯也分流誠能殺勢然可行於淸

水之河非所行於黃河也黃河斗水沙居其六以四升之水載六升之沙非極迅溜滋恩則必淤阻分則勢緩勢緩則沙停沙停則河飽飽則奪河河不兩行自古記之積勢行沙合之者乃所以殺之也又謂水漲之時當開決口以分其流水落復塞此言誠似有見但塞決如升天之難費帑不貲臣於萬曆八年築有崔鎮徐昇季太三義減水石壩於桃源縣遙堤中壩與堤平水降則洩此與開決之說無異而水過石止難於潰敗可無奪河之虞水落歸漕壩復如故可免塞決之費此外不須另開決矣

駁河墊底高另穿新河議

河防一覽一議者謂舊河沙墊底高不若另穿新河之為得也臣曰沙固易停亦易刷即一河之中灘處則深緩處則淺水合沙刷必無偏墊之理此淺彼深亦無妨運之事人見伏秋水高輒歸罪於沙墊殊不知此水高於河而非沙高於底也如使河底果為沙墊則冬春水落岸出之時舟楫不能行矣且去秋蘇松報稱水溢入城七尺湖廣報稱公安等處堤為沖潰亦豈以沙墊底高而然乎論今固此而欲棄故道別鑿新河無論其無所也即得美宜之地而鑿之人力能使闊百丈以至二百丈深二丈以至三四丈如故河乎即使能之將置黃河於地乎如不可置則行之數年新者舊矣河何擇於新舊哉則不淤非臣之所能料也且禹之治水九河曰疏濟漯曰瀹汝漢曰決淮泗曰排備者曰疏通也瀹亦疏通之意排決皆去其壅塞也蓋天地間固有之初即有百川四瀆原自朝宗於海禹但去其壅塞以復天地之故道耳凡民知識不逮神禹遠甚乃欲棄故就新乎議者又謂徐邳非黃河之故道也蓋獨非泗沂之故道乎禹貢所謂導淮自桐柏東會於泗沂即此河也志稱宋神宗十年河大決於澶州合南清河而會於淮南清河者即泗沂也行之六七百年是亦黃河之故道也

駁防川開鑿近乎障水議

河防一覽一議者謂書稱有云土之有川猶人之有口也治土而防其川猶之兒啼而塞其口故禹之治水以導而今之治水以障何也臣曰昔白圭逆水之性以鄰為壑故謂之障若順水之性以隄防溢則謂之防河水盛漲之時無隄則必傍溢傍溢則必

汎濫而不悖軼豈能以河為壑耶故隄之者欲其不溢而悖軼以入於海正所以導之也考之禹貢云九澤既陂四海會同傳曰

九州之澤已有陂障而無決潰四海之水無不會同而各有所歸此禹之導水何嘗不以隄哉議者又謂水實高則隄愈增不將

隆隄於天乎臣則曰若謂河水有長無消耶亦豈以隄外卽水耶隄外為灘灘外為河平時水不及灘隄若伏秋暴漲之水

亦止丈許始逾灘而及隄然或三日或五日或七日或旬日卽復歸於漕隄之高者不過丈何能隆之天也至如倚隄城郭

之說有目者所共睹不必辯矣

駁徐呂二洪為沙所掩議

河防一覽一議者尚謂昔年徐呂二洪怪石嶙峋上浮水面激湍之聲如雷如霆舟觸之必敗今皆無聲得非沙掩其上而然乎

臣曰二洪本體甚高沙能掩之是無徐州矣徐州洪為主事郭昇鑿除後劉靈志所謂翻舟等石悉去無餘又云盤渦羃積

突隱見於波濤之間激兩溢而鳴雷霆者刻削殆盡是也呂梁洪為主事陳洪範所鑿先臣大學士徐階記中所稱嶄利如劍戟

之相向虎豹獅象之相攫夭矯交而蛇蚓蟠者怪石盡去舟行如出坦途是也自諸臣鑿平之後往來更無覆溺之患厥功甚大

蓋此時偶因黃河他決二洪為涸天假之便以成諸臣之功而不知者遂謂洪為沙掩耳又有為其鑿之後水不激石故不能

刷沙則誤矣夫水之激石止在水面豈能刷及河底之沙且自河南至雲梯關海口幾二千里惟徐呂五十里內有此二洪縱能

刷沙豈能刷及二千里耶不以諸臣為功而以為罪寃哉

駁海口沙塞河停不流議

河防一覽一議者謂雲梯關海口沙塞以致兩河停蓄不流有之乎臣曰黃河自星宿海發源崑崙山萬里而來僅從雲梯關出海

並無他處分洩海口果塞兩河豈有不停之理但自春徂冬自朝及暮滔滔東下迅流滿激何嘗有一息停蓄如其停也則水當

有長無消矣乃朝而長暮而消或今日長明日消消有多寡有遲速然必無長至旬日而不消者而大分則伏秋長多消少冬春

長少消多上源雨多則長雨霽則消此一定而不可易者海口既塞則所消之水何往耶臣往歲嘗親至雲梯關視海口踏勘勘得雲梯關以下自夾套至十一套面闊三五七八里及十里不等水深一丈五六尺及二三丈不等滔滔迅駛廣無隘窒至云對口有橫沙一線在四十里之外望之不見潮長上可行舟潮退尚深三四尺人言自來如此並無淤積及又查得各套俱不通海等固在吞納想之語未足深聽

駁黃高淮高宜為之處議

河防一覽一議者謂黃高於徐淮高於泗可不為之處乎臣曰不能也非不為也自河南開歸以至淮安之黃東其地皆卑於河不獨徐泗為然也如黃而可卑則湯遷於亳仲丁遷囂河亶甲遷相祖乙遷耿盤庚遷殷凡以避河也而何其不憚煩如此也淮而可卑則宋景祐三年泗州張守不必築護城隄三丈三尺以捍之矣此載在志傳中可考也如有能卑河以就地者臣當共嘉何敢辭哉以上數端言若有理而按之不覺其深信事若可從而行之必至於為河

沙墊底高固棄故河患之者議

河防一覽或有問於馴曰沙墊底高之說何如馴應之曰河底甚深沙墊則高然以論於衝決之時則可非所論於河水歸漕之後也蓋衝決則水去沙停其底自高歸漕則沙隨水刷自難墊底但沙最易停亦易刷即一河之中淵潭積底則深平淺頃刻淺此淺彼深總不出乎範圍此挽水歸漕之策必不可緩而欲挽水者非塞決築隄不可也宋臣蘇軾呂梁詩云坐觀入市卷閭井吏民走盡餘王尊歲寒霜重水歸壑但見屋瓦留沙痕則彼時黃河之水固嘗入市而河流之沙高於屋矣自宋迄今墊而疏疏而墊者不知其幾豈可以此而遂棄故河哉沙墊底高者乃故道難復之根而故道難復者乃別尋他道之根此說蓋動當世之疾治河者宜審之

駁黃沙墊固故當海淤之者議

河防一覽

或有問於馴曰河以海為壑自海嘯之後沙塞其口以致上流壅滯必須疏濬或別尋一路另鑿海口方為得也馴應之曰海嘯之說未之前聞但聞有沙塞使兩河之水順軌東下水行沙刷海能逆之不適乎蓋上決而後下壅非下壅而後上決也馴嘗親詣海口闊視寬者十四五里最窄者五六百丈茫茫萬頃此身若浮旦暮兩潮疏濬者何處駐足若欲另鑿一口不知何等人力乃能使之深廣如舊假令必鑿易矣又安保其海之不嘯嘯之不復塞乎舊則塞新鑿者則不塞非馴之所解也

河議

秀水陳璜輯

草灣入海未可久恃

河防一覽或有問於馴曰河由草灣入海何如馴應之曰河由淮城北西橋地方入海此故道也嘉靖三十年間河忽衝開草灣而西橋正河遂塞遣都御史塞之不得未幾自塞河復歸故道今於萬歷十六年河水仍歸草灣而故河復淤淮城之民恃以安枕矣查草灣六十里至金城廟復歸正河似爲無礙但正河之面三百餘丈草灣闊僅三分之一譬之咽喉狹小吞吐不及則稽卻之水消洩未免遲滯此則可慮耳今欲挽歸正河人力或可施者而清江浦一帶居民方恃正河之塞爲安人情難於遽挽而以水勢度之二三年間恐當復歸正河姑俟之可也

分黃支河正河必奪

河防一覽或有問於馴曰黃淮原爲二瀆今合而爲一妄也自宋迄今千支萬派如涇渭沁汴諸河與山東諸泉俱合之又何怪其淮也爲今之計莫若多穿支河以殺其勢何如馴應之曰黃流最濁以斗計之沙居其六若至伏秋則水居其二矣以二升之水載八升之沙非極汛溜必致停滯若水分則勢緩勢緩則沙停沙停則河塞河不兩行自古記之支河一開正河必奪故草灣開而西橋故道遂淤崔鎮決而桃清以下遂塞崔家口決而秦溝遂爲平陸邇事固可鑒也問者曰禹疏九河何如馴曰九河非禹所鑿禹順之耳蓋九河乃黃河必經之地勢不能遏故仍疏之而禹仍合之同爲逆河入於海其意蓋可想也然則如賈讓所云多穿漕渠使民得以溉田分殺水怒可乎馴曰此法行於上源河清之處或可若蘭州以下水少沙多一灌田中禾爲沙壓尚可食乎然則淮清其可分乎馴曰引淮而西其勢必與黃會引淮而東則與決高堰而病淮揚無異也蓋河經行之處未有不爲民者而有欲自盱眙鑿道天長六合出瓜埠入江者無論中亘山麓必不可開而天長六合之民非我赤子乎且所藉以敵黃而刷

清口者全淮也淮若中潰清口必塞運艘將從何處經行弗之思耳

河流挾沙挑不勝挑

或有問於制曰治河之法凡三疏築濬是也濬者挑去其沙之謂也疏之不可要不以濬而惟以築乎制應之曰沙底深者六七丈淺者三四丈闊者一二里隘者一百七八十丈沙飽其中不知其幾千萬斛即以十里計之不知用夫若干萬名爲工若干月日所挑之沙不知安頓何處縱使其能挑而盡也隄之不築水復旁溢則沙復停塞可勝挑乎以水制沙如湯沃雪制之難挑之云易何其愚何其拘也聞者曰昔人方舟之法不可行乎制曰滿溜之中舟難羈繫而如飴之流遇坎復盈何窮已耶此但可施於閘河而非所論於黃河也

水分勢緩分不如合

河防一覽或有問於制曰淮不敵黃故決高堰避而東也今制復合之無乃非策乎制應之曰禹貢云導淮自桐柏東會於泗沂東入於海按泗沂即山東汶河諸水也歷徐邳至清口而與淮會自宋神宗十年七月黃河大決於澶州北流斷絕河遂南徙合泗沂而與淮會矣自神宗迄今六百餘年黃淮合流無恙乃今遂有避黃避淮之說耶夫淮避黃而東矣而黃亦將決崔鎮等處避淮而北乎蓋高堰決而後淮水東崔鎮決而後黃水北隄決而水分非水合而隄決也問者曰茲固然矣數年以來兩河分流小漲即溢今復合之溢將奈何制曰水分則勢緩勢緩則沙停沙停則河飽尺寸之水皆由沙面止見其高水合則勢猛勢猛則沙刷沙刷則河深尋丈之水皆由河底止見其卑築隄束水以水攻沙水不奔溢於兩旁則必直刷乎河底一定之理必然之勢此合之所以愈於分也

遙隄縷隄勢難偏廢

河防一覽或有問於制曰隄以遙言何也制應之曰縷隄即近河濱束水太急怒濤湍溜必至傷隄遙隄離河頗遠或一里餘或

二三里伏秋暴漲之時難保水不至隄然出岸之水必淺既遠且淺其勢必緩緩則隄自易保也或曰然則縷可棄乎制曰縷欲不能棄有無也宿遷而下原無縷隄本書為遥隄也假令盡削縷隄伏秋黄水出岸淤留岸高積之數年水雖漲不能出岸矣縱已成之業不忍告棄而如雙溝等處縷隄之內頗有民居安土重遷姑存目前但逼官諭民五月移住遥隄九月仍歸故址從百固難強之然至危急之時彼亦不得不以遥隄為家也問者曰縷不去則兩隄相夾中間積滲之水或縷隄決入黄流何處宣洩制曰決可入水亦可出水水落之後放水歸漕無難也縱有積澇秋冬之間特開一缺放之疑即填補亦易易耳若無格隄為所積水順隄直下仍歸大河猶不足慮矣

遥隄或不隄固地之利也

河防一覽或有問於制曰遥隄之躬是矣而直河至古城一帶何以不築制應之曰此地俱繫宿遷內有落馬侍丘等湖湖外高岡綿繞乃天然遥隄也黄水暴漲則灌入諸湖黄水消落則諸湖之水隨之而出已經題覆如堤不敢曾也問者曰桃清二縣之北亦有諸湖聯絡何以築之制曰湖與宿同而湖外皆係窪地水從五港灌口出海故宿遷一決而桃清遭淹此則與宿異耳問者曰止築北岸而南岸自馬頭城而下何以不築制曰此處岸外即係淮河勢能敵黄黄水泛溢未免灌入黄落仍歸故道不能會河故不築也

設減水壩俾隄之策也

河防一覽或有問於制曰南隄並峙重門堅築又何需於減水壩也與其多費以築減水之壩孰若留決之為愈乎且與支河何異也制應之曰防之不可不周慮之不可不深異常暴漲之水則任其宣泄少殺河伯之怒則隄可保也決口底沙水衝則深故制全河之水以奪河端而有石水不能汕故止滅盈溢之水水落則河身如故也俱建於北岸者欲其從灌口入海也問者曰今四壩何以不洩水也無怪乎議者之欲毀也制曰初創之時伏秋水洩喧騰若吉日入河深漲則可洩異常之水何嘗不洩特不

常也且所謂減水壩者減其盈溢之水也不溢則已何必減爲留之以待異常之水可也今將常給事勘覆應題附貳一傳折三壩以保成功重得萬歷七年該總督潘題覆兩河善後固隄處縷隄束水太急恐有奔潰也遂創遙隄以廣容納又慮遙隄涓滴不洩恐有噎刺也叛建滚水壩以便宣洩從鎮徐昇季太等壩皆因地勢卑下使水易趨原以防異常之漲非以減平漕之水也數年以來東水歸漕河身漸深水不盈壩隄不被衝此正河道之利也議者欲將三壩拆落用心良苦然量將崔鎮壩石頂去地僅二尺八寸視遙隄低七尺徐昇壩石頂去地僅二尺五寸視遙隄低七尺三寸季太壩石頂去地僅二尺視遙隄低八尺三壩歸水河岸離水面各八九尺一丈不等較之三壩各高三四尺不等是河岸甚高石壩原低每遇伏秋水高於岸即從各壩滚出其不得出壩者乃不得出岸者也欲分水勢壩可拆矣一帶河岸可盡削耶據鄉民畢九皋馮吉趙倫等訴稱壩外水鄉漸成膏腴遠徙之民近方歸業若欲將壩改拆二層是爲無壩先年河從此決又可慮矣酌之事勢仍舊爲便

清江浦內外冬春宜搶築大埽

河防一覽淮南險要清江浦內外河相隔僅得一線之隄最爲喫緊況黃河自清河縣出口由西射東勢甚湍急每歲埽潰迎之奏不過一百五十丈止是捲築雞嘴六道每道相去二三十丈不等阻隔來流復於雞嘴中間捲埽護岸即可支持秋審年措辦未免張皇莫若於冬春之間捲築大埽幫護老隄埽外深下密樁內用兩邑兩原以護埽亦如歲防高堰之法自可無虞

徐家壩宜營月壩

河防一覽清河而下黃淮二瀆交流注海越五十里一大折於淮郡之西橋又三十餘里一大折於徐家壩其衝激怒號之勢無異西橋前此治者屢埽屢壞爲與水爭尺寸耳今議棄址只營月壩去水稍遠令無湍激外護捲埽用實壩基事省功倍良得策也每歲派撥官夫預備物料伏秋將屆專責山陽令督管河主簿不時巡視少有圮壞輒先綜理年復如斯斯永賴也

清江至高嶺大隄宜備修守

河防一覽自清江浦起由柳浦灣至高嶺止共隄一萬六千九十一丈近又加至貳百戶營止共隄八千一百五十六丈俱衆負之若弃萬曆十三年范家口一決淮城頓爲魚鼈工費不貲復還故物今已增築夫使一員夫五百名專守一帶隄岸乃淮安城北外捍殊爲喫緊如有汕刷隨宜修補倘遇大有損動即於隄內有事之家量起夫役相幫修築伏秋之時選撥府縣佐貳等官畫地分守仍須預備柳草樁葦之類各堆置要害處所以待不時之需每歲冬春之交郡縣行申飭山陽縣掌印官可也自今河由草灣正河俱淤緣不足慮然河性不常一旦忽歸正道修守之法仍須志之

草壩接草處大墻宜加意保全

河防一覽淮北陵要碣山縣舊縷隄原因傍隄取土以致隄根成河每上流劉官等口漫溢則直灌隄河更激衝縷隄坐此不支今兼此隄於不用而另築近年所築月隄已爲得策又慮縷隄決則月隄亦危且碣山居當沖上游碣隄乃當沖外戶外戶失守則堂奧隨之該復仿黃河順水壩之意於草壩接草處築斜長大墻一道長千餘丈使上流漫溢之水循墻徑歸大河不得迫縷隄以危月隄設有成效宜加意此墻冬春耕夫幫培伏秋倍夫防守此係全碣當沖一帶隄防關鍵也

邵家大墻宜修守〇華山大墻宜補築

河防一覽邵家大墻乃斷絕秦溝舊路最爲喫緊今已倍築高厚又接長數百丈每歲宜撥調徐北隄夫赴此加修加守若日後夫役錢糧有餘再於華山斜築大墻直至接子集將秦溝濁河二口俱斷則全勝之策也但墻須高大斜向東南勿令兜水乃可經久姑識之以俟將來

董陳二溝宜添減水壩

河防一覽徐州東岸南去十餘里有狼矢溝又東十五里許有虞縣溝每歲黃水暴漲則從狼矢溝直下至虞縣溝流出赤龍潭龍蟠蛤鵝湖落馬湖出宿遷董陳二溝嘉靖年間全河俱從此出而南洪正河俱爲之奪萬曆七年已於本溝築遙隄一道而地

形甚卑水入重底溢復衝決遂議築減水石壩一座余郎中親往視之不可而止今此議尚存制軍年中河沈郎中往視之地形較之河口卑數丈黃河暴漲之時必至遥隄漫流直貫摘款入壩

徐邳宿遷睢寧埽灣宜時加勘議

河防一覽徐州之房村牛市口梨林鋪李家井雲覺之雙溝曲頭集馮家灣睢寧之馬家淺王家口白浪淺阿宇鋪邳州之匙頭灣張林鋪沙坊等處皆係埽灣急溜先年屢經衝決最爲要害今雙溝一帶已議築縷堤遥長其餘每歲冬春閒務更時詳加勘議應護埽者急護應築磯嘴壩者急築若水既發則難施工矣水發之後尤須倍嚴防守司道府官俱當不時巡閱雖淺河田地毋利於黃河出岸淤積肥美村民往往盜決盜挖既決隨溜止須搖一蟻穴而數十丈立潰矣凡此等處夜防尤不可懈議之慎之

邳州對河横隄宜培築

河防一覽雙溝集鍾吾巡圍爲將策但恐漲水直至峰山乘勢分流今於邳州對河羊山龜山土山相接處衝築横隄長四百八十丈縱有順隄之水遇格即返仍歸正漕自無奪河之患此隄雖係睢寧縣地方然去邳州不遠專責該府掌印管河官時加督閱培築之工勿急勿怠

格隄之用多多益善

河防一覽防禦之法格隄甚妙格即横也蓋縷隄既不可恃萬一決縷而入横流遇格而止可免泛濫水退本格之水仍復歸漕淤流地高最爲便益今於南岸房村單家口雙溝馬家淺新安峰山等處俱築格隄一道併羊山横隄共七道倘歲歲增修高厚可永無分流奪河之患矣緣工力有限再爲增築北岸亦徹而行之多多益善也

歸仁集隄最要○自高卑之時溯當加築長隄

河防一覽歸仁集隄所以捍禦黃水睢水湖水使不得南射泗州并攻高堰而又是睢水湖水使之并入黃河[illegible]

為重大每歲三月間即當撥洪夫二百餘名協同本隄夫併力修護隄下宜密栽茭柳以捍風浪其水次隄根椿埽淺處隨損隨補埽一二層稭芭較朽者務逐一拆換填築內四鋪以至九鋪尤為危險工宜倍之每歲冬春宜多運稭料轉筆分給各鋪其管河主簿督令專駐本隄以便督率然其害稍減則又在小河口之通塞蓋小河通則睢水徑入黃河而歸仁之水減半其隄稍鬆則又在耿車時兇灘一帶之隄蓋此隄高厚堅固則睢水不能漫入第子等湖而小河常通矣故上自高隄下至時兇灘皆當接築長隄歲加修守且密栽茭葦等以護之蓋修守此隄即所以修守歸仁也況小河常通則靈睢宿遷積水得泄而沮洳漸成膏腴可行播直充杞湖險而小民便於販易為地方利又非淺鮮也司河者宜加意促成之

馬廠坡橫隄宜慎修之

河防一覽桃源縣地方有馬廠坡橫隄長七百四十六丈蓋遇黃水大漲則從此入淮而淮為之淤淮水大漲則從此流出而清口流弱故特築橫隄一道以遏之使黃不得入淮不得出最為緊關宜慎修之

遙隄夾中居民宜以時遷徙

河防一覽遙隄夾中居民及濱河居民俱當諭以移居高阜或附近即結廬於遙隄之上蓋黃河伏秋暴漲之時縷隄逼水必難情以為安若水至而後避則無及矣此亦保民當水衛隄之道也即小民安土重遷亦須諭以四月暫移至九月復還故址每歲春秋司道即嚴行各州縣家諭而戶曉之久之而民知遙隄之外皆樂土有不待驅逼而相率移居者矣

曹單二縣隄宜加幫

河防一覽山東險要山東兗州府曹單二縣有太行隄六十九里有奇弘治十年河決黃陵岡大為張秋運道患臣都御史劉忠宣公自河南以至碭沛築長隄一道即太行隄也向來修守止及近水縷隄而行隄置於度外萬曆四年河決曹家口則曹單全被渰沒萬曆八年題准大加修築屹然可恃以後每二年一次加幫著為定例當事者毋居安忘危致期廢格可也

河南南岸各隄險要

河防一覽河南險要河南黃河南岸逼近省城滿封重地最爲喫緊如滎澤縣之小沈村中牟縣之黃練集祥符縣之貝子寺護城隄劉獸醫口陶家店張家灣時和驛兔伯堽埽頭集陳留縣之王家樓蘭陽縣之趙皮寨儀封縣之李景高口黃家營商丘縣之楊先口俱爲要害劉獸醫口先年築有埽壩壩內有月隄一道但恐月隄不支又於萬曆十七年築遏隄一道長一千七百三十二丈足爲屏翰本年題准埽壩不足恃專守月遏二隄矣又陶家店幫築隄長一千八百七十一丈壩長三千六百二十九丈張家灣加幫舊壩一道舊隄一道時和驛幫築隄長九百二十丈壩長三百二十七丈又兔伯堽並埽頭集止有一隄偶被衝決則水直至野雞岡趨鳳泗重千陵寢萬曆十八年增築遏隄長二千九百三十丈實門村並式可兼顧又趙皮寨起至李景高口一帶係黃河舊趨鳳泗故道萬曆十七年創築遏隄長二千三百五十九丈九尺最爲要害宜慎守之

河南北岸各隄險要

河防一覽北岸逼近漕河關係運道最爲要害如滎澤縣之魏家莊郭家潭陽武縣之脾沙堽原武縣之祝王口封丘縣之于家店中欒城荊隆口祥符縣之黃陵岡陳橋賈魯馬家口陳留寨蘭陽縣之銅瓦廂板廠樊家莊張村集馬坊營儀封縣之宮溪河練城口榮華樹三家莊考城縣之陳隆莊芝麻莊李城口俱爲要害荊隆口萬曆十五年河決長東二縣幾溺萬曆十七年創築遏隄長二千九十丈所當加意防守又榮華樹幫築隄長一百七十五丈六尺壩長五百五十九丈三家莊創築壩長二百七十丈芝麻莊創築壩長八十六丈李城口補築隄長二十八丈壩長二十丈四尺皆係喫緊隄岸亟宜分撥官夫防守不懈者也以上南北兩岸要害處所每歲冬春掌印管河官沿隄相度或預搶乾埽以防其汕或多築磯嘴以還其衝各縣管河官駐守河濱謹遵不時巡閱四防二守之法務須三令五申丁寧告戒慎之慎之

太行隄宜加幫高厚

河防一覽宏治十年河決黃陵岡張秋運道淤阻都御史劉忠宣公築有長隄一道荆隆口之東西各二百餘里黃陵岡之東西各三百餘里自武陟縣詹家店起直抵碭沛一千餘里名曰太行隄蓋取縈峙蜿蜒如山之狀南岸亦舊有長隄一道起自虞城縣至睢寧縣止兩隄延亘一千五百餘里實為護省屏輸但地盡老土最易衝汕卑薄已甚已經題加幫築於萬歷十七年計築完隄墻共長四萬八千一百二十二丈庶幾可恃以後每年分管河官各照地方但有剝損悉如歲修事例寬取老土實杵加幫高厚不得擁沙塞責管河官不時巡視探驗加意督察

直隸長隄剝害全在荆隆

河防一覽直隸險要直隸大名府轄長東二縣舊有長隄一道延亘一百三十里東至山東曹縣白茅集西至河南封丘縣新豐村止隄外即有涸北河一道相傳即黃河故道也萬歷十五年河由河南封丘縣荆隆口決入大涸北河衝決本隄之大社口兩邑昏墊該工科都給事中常會同撫按題奉欽依修築隄完然隄外有月隄三塘名曰三尖口吳家口劉家口在長垣則任洩水不肯閉塞在東明懼其受衝堅欲培築兩相掣肘雖有塘名時屬虛應即今長隄專設府佐駐劄杜勝集而又畫界分理長垣轄管九十七里東明轄管三十三里建鋪設夫以時修守隄既固矣三塘有無不足較也夫塘之有無係於長隄而隄之剝害全在荆隆一帶議添設開封府同知專駐劄荆隆雖衛河南實衛長東二縣也總之荆隆堅守則長隄無事長隄無事則三塘不用二縣之民永帖枕席此探本溯源之論不可不知也長東河官須時時偵探荆隆口隄岸少有衝汕即申總河施行

築隄計土論方之法

河防一覽一築隄凡黃河隄必遠築大約離岸須三二里庶容蓄寬廣可免決齧切勿逼水以致易決隄之高卑因地勢而低昂之先用水平打量每一縣以若干丈尺為準插取真正老土每高五寸即夯杵三二遍若有淤泥與老土同者須取起曬晾候稍乾方加夯杵其取土宜遠切忌傍隄挖取以致成河積水刷損隄根驗隄之法用鐵錐筒探之或間一掘試隄式貴坡切忌陡峻

如根六丈頂止須二丈俾馬可上下故謂之走高隨工費凡割揉者每方廣一丈高一尺爲一方計四工土遠者每加工三分遠近者二分土遠者四分如隄根六丈頂二丈須通融作四丈折算此計土論方之法也如幫隄則先計舊隄若干今幫高闊若干亦以前法折算

塞決相地計估之法

河防一覽一塞決先隄初決時急將兩端下埽包裹官夫晝夜看守稍待水勢平緩即從兩頭接築如水勢洶湧裹不住即於本隄退後數丈圈築下埽如裹頭之法例呈筱必往矣此謂截頭裹也如又不住即於上首築逼水大壩一道分水勢引河下洩回溜衝刷正河則塞工可施矣塞將完時水口漸窄水勢益湧又有合口之難須用頭細尾粗之埽名曰龍門埽俾上水口關下水口收底不致滲失而塞工易就也埽以土勝爲主埽表須要軒平坦以便推挽頭繩須要緊扯以防下淌又須時時打探令其深下仍覓慣會泅水之人入水探驗底埽着地方下簽樁簽樁須要酌中埽埽釘着方爲堅固倘有數寸空隙無有不敗事者如寒天或水急不能泅水卽看擺頭寬鬆使長着地之驗繫纜留纜令人看守略有走動便須另下一擺擺頭上填起幾埽撥頭滾肚明白以便點查收放埽面出水未高寬加一小埽不可多用土牛推埽時易動故也此等事須要責往真前條諸之捨築稍退避必有後悔以上數端苟不詳審勞費罔功輒疑鬼怪甚可嘆也如用大埽長五丈高六七尺者用草六百束每束重十斤價銀二釐該銀一兩二錢柳梢一百二十束每束重三十斤價銀一分該銀一兩二錢如無柳梢以葦代之草繩六十條每叁四十二條每條長二丈四尺價銀三分該銀一兩八錢揺木五根每根銀一錢該銀三錢撥頭滾肚繩四條共用麻二百五十斤每斤價銀五釐該銀一兩二錢五分每大埽一箇約共該料價銀五兩九錢五分挑土夫土遠近不等難以預計中埽并土牛工料以次遞減

下護根乾埽之法

河防一覽一下護根乾埽凡隄俱埽灣須捐下乾埽以衛隄根此埽須土多料少簽樁必用長壯入地搪溜庶不坍卸長三丈高三尺埽一箇用草一百六十束該銀三錢二分柳梢四十束該銀四錢草繩十二套該銀六錢樁木三根該銀三錢晝用蘇作行繩用隄夫二十工不議工食每埽一箇約共該料價銀一兩六錢二分

栽柳護隄之法

河防一覽一栽柳護隄臥柳長柳須相兼栽植臥柳須用核桃大者入地二尺餘出地二三寸許柳去隄址約二三尺密栽俾枝葉繁茂風浪長柳須距隄五六尺許既可捍水且每歲有大枝可供埽料俱宜於冬春之交津液含蓄之時栽之仍須時常澆灌長柳宜用棘刺圍護以防盜拔畜嚙

栽茭葦草子護隄之法

河防一覽一栽茭葦草子護隄凡隄臨水者須於隄下密栽蘆葦或茭草俱掘連根叢株先用引橛鑿窩深數尺然後栽入計闊丈許將來衍茁愈蕃即有風不能鼓浪此護臨水隄之要法也況根至面再採草子來春初撒復密種俾其暢茂雖雨淋不能刷土矣

四防之法〇一晝防〇二夜防〇三風防〇四雨防

河防一覽四防一曰晝防隄岸每遇黃水大發急溜埽灣處所未免刷損若不即行修補則埽灣之隄愈漸坍塌必致潰決宜督守隄人夫每日積土牛小埽聽用但有刷損者隨刷隨補毋使崩卸少暇則督令取土堆積隄上若子隄狀以備不時之需是為晝防二曰夜防守隄人夫每遇水發之時修補刷損隄工盡日無暇夜則勞倦未免熟睡若不設法巡視恐夜無防未免失事須置立五更牌面分發南北兩岸協守官并管工委官照更挨發各鋪傳遞如天字鋪發一更牌至二更時前牌未到日字鋪即差人挨查係何鋪稽遲即時拿究餘鋪做此隄岸不斷人行庶可無誤巡守是為夜防三曰風防水發之時多有大風猛浪撞岸

難免搶頂若不防之於微久則埽坍堤潰決矣須督堤夫綑扎龍尾小埽擺列堤面如遇風浪大作將前埽用繩擺繫附堤水面縱有風浪隨起隨落足以護衛是為風防四曰雨防守堤人夫每遇驟雨淋漓若無雨具必難存立未免各投人家或鋪舍躲避堤岸倘有刷埽何人看視須督各鋪夫役每名各置斗笠簑衣遇有大雨各夫穿帶堤面擺立時時巡視乃無疎虞是為雨防

二守之法〇一官守〇二民守

河防一覽二守一曰官守黃河盛漲管河官一人不能周巡兩岸須添委一協守職官分岸巡督每堤三里原設鋪一座每鋪夫三十名計每夫分守堤一十八丈宜責每夫二名共一段於堤面之上共搭一窩鋪仍置燈籠一箇遇夜在彼棲止以便傳遞更籌巡視仍畫地分委省義等官日則督夫修補夜則稽查更牌管河官併協守職官時常催督巡視庶防守無頃刻懈弛而堤岸可保無事二曰民守每鋪三里雖已派夫三十名足以修守然各夫調用無常仍須預備宜照往年舊規於附近臨堤鄉村每鋪各添派鄉夫十名水發上堤與同鋪夫併力協守水落即省放回家量時去留不妨農業不惟堤岸有賴而附堤之民寧得各保其田廬矣

各鋪警報之法

河防一覽各鋪相離頗遠倘一有警別鋪不聞有誤救護須令堤老每鋪豎立旗竿一根黃旗一面上書某字鋪三字燈籠一箇晝則懸旗夜則掛燈以便瞭望仍置銅鑼一面以便轉報一鋪有警鳴鑼為號臨鋪夫老接次傳報各鋪夫老併力齊赴有警之處所即時救護首尾相顧通力合作庶保萬全

謹防盜決四端

河防一覽守堤之法隄防盜決最為喫緊蓋盜決有數端坡水稍積決而洩之一也地土磽薄決而淤之二也仇家相傾決而灌之三也至於伏秋水漲處處危急鄰堤官老陰伺便處盜而洩之諸堤皆易保守四也巡警稍怠或乘風雨之時或乘鬧賺之處

[illegible]

歲修籌備物料事宜

河防一覽河防全在歲修歲修全在物料而州縣河官視爲奇貨歲估既定實銀入已括取黑濕草束河夫攀折柳梢梁捲一江徒爲了事近日徐州判官彭鵬害甚至簿元仲贊之事可鑒也今議於十一月間司道官估計併當各掌印官類銀收貯官庫若兵又須特委廉能職官一二員專管收支工完之日將搭蓋過埽壩收支過物料數目開報總河衙門查考庶錢事有責成而錢糧無冒破矣又冬初修守捐職即督夫於漫坡中採取野草每束十斤者每夫每日可採四十束積至百萬可省千金錢益非小草料既備埽護必周衝決之患可免即脫有不測而物料存貯計日可塞何至延閣廢費此河道第一喫緊工夫也

工部覆議小河濁河及引泌事宜

明神宗實錄萬曆二十一年二月乙未工部覆今日河道之患皆起於河身高故自魚沛至徐邳一帶泛濫淹滅大爲可慮並淮流被黄濁及祖陵龍脈聖明深憂特差給事中張貞觀會議查勘今本官報命內議開歸徐一帶達小河口以救徐邳之流議導濁河入小浮橋故道以紆鎮口之患事體關係見並真又議引泌一節其創析利害毫髮可據合行河臣會集地方司道等官逐一從長計議要見鎮口之變作何塞浚徐邳之溢作何消導小河濁河兩議利害事體孰爲緩急錢糧孰爲繁省責成應與有項餘銷工役一併舉行或應於夫河三議之中求一長策至其引泌之策事出創議更宜詳慎如利多害少務在必行兵有益無功毋得輕動

舒應龍以河溢邳州議修築四要

明神宗實錄八月甲申總理河道舒應龍疏五月既望以來大雨傾注河流漲溢邳州城邑業已陷沒高家等處湖堤衝決及今修築其要有四一使夫役實從寬估二一無賦贅帑金及所積金花銀三溥惠撫淮數郡山東河南二省均包協及四事任

在徵河臣便宜下所司議

陳邦科議疏築濬○議濬之方有三

明神宗實錄九月癸酉南京御史陳邦科題治河之法不外疏築濬疏者今宜濬渠以分其勢蓋河身日高惟分之則流緩而沙隨停築者固隄束水以刷沙然徐邳以南節年增卑培薄不遺餘力矣乃未收刷沙之利而反滋衝決之害至於揚州高郵一帶至儀真閘口地勢本亢兼之積淤漸墊率者本務淤揚儀之淺而歲增高寶之隄湖水常實深至一二丈餘而運隄遂以不支則河之未可專恃築而刷沙之未可專恃水亦明矣濬者去沙以避其淤其方有三趁冬春水涸之候卑沿河淺夫乘時撈淺則沙因撈取不待而去此濬之不費官錢者也官舟運舟商舟民舟往來如織舟尾西繫犁耙乘風搜滌則沙因搜滌亦常而去此濬之不勤官夫者也水雖水起水激自旋若今皆巧匠妨其意置為木攬乘水流盪則沙因流盪不留而去此濬之不勞人力者也用此三者積日累月水赴海則沙亦赴海河不挑而深矣淺隄則沙亦塗隄卑不倍而高矣水決狀則沙亦塗陝不填而平矣用此法以濬黃流則黃身日就刷深淮出可以無梗而免鳳泗之患用此以濬揚儀不虞淺澀湖水方可以少蓄而免運隄之患此外如淮必不可不會黃故高堰斷不可築湖水盈溢必傷隄故周家橋漕斷不可閉已棄故道必淤滿故老黃河草灣等處決難復下所司議

華存禮議復老黃河浚草灣○沈節甫議復故難浚可從

明神宗實錄萬曆二十二年二月乙卯戶部郎中華存禮請復老黃河故道并浚草灣工部侍郎沈節甫以為復老故難新議浚者似或可從之命總河委官查勘果查與原題勝舖工程利害孰多事體孰當貴執首議內所稱挑浚四瀆及小河口草灣等處浚塞是否可行又言近來河患在於河身日高高在清口則淮水不得出而為祖陵憂故開勝舖者所以使黃讓淮而安祖陵高在鎮口則閘河之水不得出而為運道憂故開韓家莊者所以洩閘河之水而保運道然皆補偏救弊臣部日求治本之策而

未得乃議者紛紛多不可行之事宜照舊停止曰可

吳應明奏淮黃交會情形○請開腰鋪支河○疏海口○闢老子山○決張福隄○建閘啟閉

明神宗實錄萬曆二十三年三月甲戌工科都給事中吳應明奏淮黃二流會於清口而海口一帶則淮黃之尾閭也先因黃河遷徙無常設遥鏤二隄東水歸漕乃水過沙停河身日高徐邳以下居民盡在水底今清口以外則黃流阻遏清口以内則淤沙横截強淮倒灌上流約百里許淮水僅出沙上之浮流而瀦蓄於盱泗者遂爲祖陵患矣先年科臣張貞觀所議自腰鋪開一支河歸之草灣或從清河南岸另開小河至駱家營馬廠等處出會大河建閘啟閉一遇運淺即行此河亦策之便者至泗水則有議闢老子山百折而入之江者即禹導淮泗注江之故道也宜於此處建閘淮平則閉秋漲則開使不得爲陵泗患又考河形北高南下張福口居淮河北流與清口對陵張福則水向南而淮爲隄清口則水向北而淮不爲敵折張福隄而於清口遏隄以東之亦兩利也疏下工部覆請腰鋪支河之開及濬清口之議容臣等行總河詳勘次第舉行至疏海口闢老子山決張福隄與夫建閘扒沙實土甃石之議實難遽斷蓋俟命下行漕部院及各御史會勘畫一以憑覆請報可詔如部議

牛應元奏歷來河臣築閘浚支之失○條陳補救事宜○沈思孝議復老黃河闢清口沙

明神宗實錄四月癸亥巡按直隸牛應元因謁祖陵目擊河患乃繪圖以進隨上疏言黃淮交會其來已久今據言黃高淮堙者皆於嘉靖末年管河部臣見徐呂二洪巨石嵯峨艱阻運道不便令鑿去河中衝激之勢淤沙日停河身日高於是潰決起矣當事者計無所之旁河兩岸築長隄以夾束之名曰縷隄縷隄復決更於數里外築重隄以防之名曰遥隄雖歲決歲補而莫可誰何矣但黃淮原有交會之處黃從西北來自清河縣北二十里駱家營折而東至大河口會淮所稱老黃河是也永樂初年平江伯陳瑄以其迂曲從駱家營開一支河爲見今河道而老黃河淤矣萬曆年間復從草灣開一支河黃舍故道而趨以致清口交會處二水相持淮不勝黃則竄入各湖口淮安士民於各湖口築一土埂以防之嗣後淮畜漸深水退沙停清口遂淤今稿

門限沙是也此時當事者不思挑闢門限沙唯旨築塞之故令臣為金錢土埂築大堤橫亘六十里名曰高堰全淮盡注之
口置不為理復將從舊入黃之張福口一并築堤塞之遂倒流而為祖陵患矣前歲勘科張貞觀始議闢門限沙疏張福堤其所
重又在支河腰鋪之開總之金口淤沙未盡挑闢即腰鋪功成淮水未能出也況目今下流鮑王諸口已決難以施工矣若復黃
河故道盡闢清口淤沙之為害乎至欲於上流施工則不如科臣吳應明疏中所云就草灣下流浚諸決口俾縣安東歸海是
一策也不則原議周家橋昔為淮道者為一策若乃急將黃埔舊家等見決水口早為隄防又於黃埔等處淪沒處就成渠道又於
符離集一帶河身淺阻處實為黃河剩流之所宜通疏西舊有小河一道為淮水入黃正路急宜挑闢使有所歸大意惟以復淮故道闢
門限沙為主而腰鋪之開海口之浚在所緩者已而總河舒應龍題稱張福堤已決百餘丈闢口挑沙見在行功至腰鋪之開尤
不可緩事下工部侍郎沈思孝因奏言臣頃道出淮口詢諸父老皆謂黃高勢猛淮弱倒灌抑此患者唯有復老黃河於上以奪
其勢闢清口沙於下以導其流因詢所謂老黃河則自桃源縣三義鎮起至葉家衝僅八千餘丈河形尚存工費似易一意開浚
河勢必分為二一從故道抵顏家河入海一從清口會淮患必可弭矣第議論甲乙未定既奉有是言謀者之言請需風力工科
一人會同總河總漕與各御史從長計議務期會議畫一永有利賴可也上詔著風力科臣一員去會同撫按官計議其工易舉
者作速議宜疏洩以安陵寢事干重大垂永利者仍確議奏報不得仍前意玩以取罪戾

秀水陳璜輯

河議

楊一魁奏河議得失大旨

明神宗實錄萬曆二十三年六月總理河道工部尚書楊一魁以御史蔣春芳論其力薄不堪艱鉅乃上疏乞罷且言清口宜浚黄河故道宜復高堰不必修石隄不必砌減水閘壩不必用乞責臣先後奏議并行司道文移苟有可采勿因臣去而廢其言議以盡心任事不允辭

崔邦亮請專任責成○林熙春言臺臣巡河有三不便

明神宗實錄江北巡按御史崔邦亮條陳治河事宜有曰今日之事不在動議而在果斷今日之功不在謀始而在考成欲事之成必專責之巡河御史而御史中當於高舉牛應元內擇一人任之以二臣舊按江北經歷稍諳曾所奏疏且言開決高堰改地方甘結疏上給事中林熙春等言臺臣巡河有三不便莫若令科臣張企程寬限以相度成功為按臣蔣春芳加敕以稽覈錢糧敕諸臣以同心共濟毋爭聽掌以徼成功而圖規避給事中[illegible]復言邦亮意在分爭不為通論均為王臣[illegible]何分意當謂科臣主於動議心氣銳而限易滿則何不代請寬限而必欲另遣一人以滋紛更之議哉今黄淮相隙不啻謂於道臣[illegible]民全未有確然未當次第行之可耳若必欲取士民甘結而後行毋乃啓舍道旁之說也疏下工部部臣[illegible]熙春二說以請上報可

科臣河臣會議分殺黄流以緩淮○別疏海口以導黄

明神宗實錄九月壬辰勘河科臣張企程總河楊一魁等議欲分殺黄流以緩淮別疏海口以導黄以淮[illegible]黄由於河身日高河高由於海口不深若上流既分則下流日減清河之口淮無黄逼則泗之積水自消而祖陵永保無虞總漕褚鈇以江北歲遭大祲民不堪大役欲先浚淮而徐議分黄工部議導淮分黄勢宜相須不容偏廢宜將導淮分黄并疏浚海口等處工程遵一舉行

其一應工費酌議動支事完日分别勸懲從之報可

河臣議分黄以導淮○漕臣議黄家壩之役宜緩○牛應元折衷其説

明神宗實錄丙申時治河諸臣咸論稍異河臣既欲分黄以導淮而漕臣以黄家壩之役工夫費大宜在所緩御史牛應元折衷其説言治水猶治病病有的症藥有對藥治黄的症也河圖草壩之開實爲不利逆致黄流上壅礙因黄流之壅適添淮之阻迫致淮流下決尋因淮流下決清口空隙河水乘而上溢遂致有門限沙之壅沙壅而淮體高而淮愈淤今欲爲治標之圖則如漕臣言導河南下大拔曲防歸清俾淮導便高功甚易若清口之壅如故則病根實在欲爲治本之圖則如河臣言分黄他道淮流無憂功大而利遠但水勢之逆難定而交會之處亦有妨若累月不效則受病不已科臣林熙春河臣楊一魁等奏請托科臣張企程奉特遣分黄勘議並奉明旨是河臣既身負大役屬成所請不過六十八萬而止國家亦何靳於此但是議見不可不詳勸費不可不先侵冒不可不禁紀律不可不嚴循前説先河臣之請以鼓德兆之心工部覆具覆上從之

陳燁言周家橋必不可開○請多開入海之路

明神宗實錄十月戊申南京四川道試御史陳燁言今當慮周家橋既開則必以高寶邵伯爲壑運道民產盡爲魚鼈其害上疏言之路甚微且言治水必先疏下流自興鹽過東如白塗河石礶口廖家港等處尋爲數河分門出海從下而上將清水灌子與溝等處疏濬深廣使水有所容又於各處多開閘口以廣分洩之路庶免潰決之患又云河與淮合則河道萬一壅行爲害更大五港口之議亟宜舉行大意欲分黄爲先而淮不必深治且欲多開入海之路令高寶諸湖之水次第東行而後周橋武墩之水受納有地工部議分黄導淮二役伊始更難支復有興鹽開河之役工費更當何底請下治河諸臣勘議報可

河臣漕臣撫按守臣分黄導淮開地議

明神宗實錄十一月辛未時分黄流已有成議漕臣褚鈇又以爲應先培淮安府知府馬化龍分黄五難之説謂可以緩……

道謂宜開高堰具疏上請大意以導淮功小易成分黃功鉅難就[illegible]

胥輔之疏上科臣林熙春言積水為患害及祖陵者淮也流行不駛致有退縮者非淮也黃也淮不東會與黃遇者壩也泥沙日淤致淮滯流者非壩也故導淮分黃之議不自今日而已然矣[illegible]之說可言[illegible]惟[illegible]為道力主開高堰一節關係非小若以長淮之水盡決高堰而下之淮揚東注有不淹沒淮揚田廬者哉者曰根陵運道民生三者高堰未修而興事高堰既修而多事殊不知淮猶昔日之淮而河非昔日之河先是河身未高而淮尚安流今則河身日高而淮受倒灌此導淮固以為淮分黃亦以為淮也紙工部覆議[illegible]如事有[illegible]不妨酌量次第奉行工部覆言先前議開[illegible]支河以分黃流以便[illegible]清竟至停寢迄蹈今日之患上廑聖慮宜敕河臣今黃堡壩分黃之工再行阻格萬一河患益甚誰任其咎今宜行治河諸臣舉行[illegible]應將導淮分黃工程亟行興舉其高堰應決與否仍聽科臣會同河漕諸臣從長酌議詔報可

祝世祿奏分黃導淮請議得失

明神宗實錄十二月乙巳南京吏科給事中祝世祿奏為之治水治之也非隄之也三十年來當事者不師禹而師鯀徐淮之河束之以縷隄隄善決決而塞不勝塞也又外加以遙隄[illegible]以塞[illegible]功亦以築塞[illegible]主疏浚分黃以治其本導淮以治其標分黃功先下流要策五港別開海口至為得策獨導淮除淺清口外議開高良澗子嬰溝放淮從廣洋湖東入於海議開武家墩注河故淮從射陽湖東入海廣洋湖濶僅八里射陽名為湖實則為河濶僅二十五丈離海且三百里紆回淺窄高寶等七州縣之水惟此一線宣洩之宣洩不及即苦漫淹而又淮注高田[illegible]必具奔[illegible]廣陽湖東有一湖名大湖方廣六十里河北口有舊官河自官河直至鹽城石䃮口通海只五十三里此河見濶六七丈若加挑深廣此導淮下流入海之一便也至云周家橋放淮下高寶諸湖從金家灣芒稻河南入於江而北瀦此河入江之路甚隘十不能入其一二非開廣十五丈深五丈不可工部議疏覆請詔令與勘河科臣總河總漕及各御史等官從長酌議以奏

張兆元分黃導淮議○淮黃決溢情形○河漕議論得失○疏濬淮流自宜

張兆元分黃導淮議余嘗攷山海經河自崑崙虛數千餘里至徐邳出清口會黃而東入於海淮自桐栢挾七十二溪至泗盱趨清口會黃而東入於海而我祖陵王氣北來中峙誠聖子神孫億萬年鞏固苞桑之地也漢唐若宋都秦都汴歲漕東南不過數十萬三十萬二十萬石而已我國家定鼎北平非四百萬石無以待命非浮江絕淮挽河越濟無以通達京師國家運道倚賴獨無論六十萬金堤當星布淮揚即林林總總之生靈億萬實繫焉者亦不可勝算矣以故我朝經理漕河之臣咸稱隆重其經理清河之費亦咸稱浩繁宜祖陵之鞏固如磐石漕渠之輸輓有利涉民生之從來有安居也夫何頻年以來黃淮為災洪水氾溢河勢猛疾不受淮流沙為波濤壅遏清口遏使淮水不得東注盱泗鎮從宣洩而陵園始有侵嚙之虞耳議者謂宜殺河流之强勁使不得為淮梗宜洩淮水之停蓄俾不得為泗病斯二者即醫家標本之說相為表裏而不可偏廢者也夫水之流於地中猶人身之血脈也血脈不調不察其所以受病之原與所以發病之業則攝視雖勤醫理難切均非對症之藥哉曰緩則治其本急則治其標執此以投劑則病去而神王神王而營衛自固非有潰裂而四出者乎非有壅閼而不宣者乎萬曆二十三年淮水逆壅遶至泗城飄泊陵寢以外淹為巨浸民居廬舍變為池沼皇上宵旰焦勞詔旨屢頒督責嚴切眾議盈庭終底道寄之議莫可適從惟時總漕褚公則謂時有重輕導淮宜先而分黃可已總河楊公則謂患有相因分黃宜急而導河繼之藩科張公則謂分黃導淮折衷宜慎按臺蔣公毅然主持務在分導並舉而楊與張議遂決矣乃於黃家壩開新河分黃由周伏莊並黃家綻陳家窩廟稆朝口掛甲墩五港灌口入海又因鮑王決口議建閘座俾河水分洩亦入周伏莊與黃交會同至灌口入海夫分黃之議其說眾矣有從歷鋪開者但恐清河縣治夾於兩水之中漂泊侵嚙或有可慮有從老黃河開者雖係故道緣水勢崔澳且原口淤為平陸惟黃家壩在清河之上黃流入口既順舊渠又有可因且與鮑王口下流交會誠為便利此分黃之大畧治本之不得已者也又於清河口爾議導淮闢門限沙截去張福堤於周家橋則疏濬澤灘於高良澗議建滾水石壩於涇河議築

築隄以遏武墩之下流由射陽湖入海於子嬰溝浚渠隄以分周橋高澗之下流由廣洋湖入海又於今瀉芒稻河闢一新渠俾之入江此導淮之大畧爲治標之不得不急者也及黄墻工完蓄水之日黄水從新河入者十之五六從清口出者十之三四水勢頓減四尺有餘蓋之清口淤沙盡闢周橋武墩高澗堤墻疏通淮水滔滔順流會黄東注祖陵積壓向者漸遠欲避宮今退至橋數十丈盱泗民廬一旦脫昏墊而登樂土此有目者所共見有耳者所共聞謂非濬河力任之功勳料實異之力挽會禧之決不可也議者謂淮黄交會清口乃祖陵一大合襟今從王墻分流王氣稍洩殊不知二流之合始於武廟初年祖陵之靈應於勝國末造我國家肇運天成非土屬家瓦壁可比實不東南而東北總爲環繞同入東海即爲會合豈在區區一清口哉況黄墻之水與鼬王之流會於周伏莊由灌口而入海黄河正流又與長淮之水會合於清口同由雲梯而入海是合襟之外又添一合襟矣何勿思之甚耶方泗州淹沒祖陵浸寬嘗事者既不敢言又莫能救初於外建隄以障之而隄内之水自若也萬又救水車於子隄以撤之一如泗州城中撤水務之救外之法然一月之撤不過一日之雨而即盈一日之雨加以一月之撤而不盡況地泉已滿簸撤何益大水嘗發有畏何用臣子至此惟痛心疾首恨欲以身赴之尚可信堤與之蹕裁尚合襟之餘說專守隄視而不爲一拯乎夫下未有浸先人於水底而尚哆言形勝者也議者又謂泗陵水患獨在高堰求解祖陵之厄非去高堰不可勘料洛源張公蘸曰高堰之築非始於近日乃漢陳登鄉之我朝平江伯陳瑄稍爲增築至陵宮南寳淮捍遮運海啟前河臣始大加修砌以捍衛之而水患稍息其功不可盡泯蓋高堰屹峙高淮水陡下疾若建瓴瀰漫平湖江洋停蓄萃然不能入江達海西風冒濤狂瀾東擊淮南一線之隄潰如破竹高寶興鹽之民求爲魚鼈不可得矣其爲運道民生之害可勝言哉料臣視公有言曰隄寶國脉也運道覽民國計也民生國本也一病四痛有發急而無復此爲運道民生鹽場任祖陵之沉淪誠情急也爲祖陵一利而運道民生鹽場三害非完計也今周橋武墩高澗即所稱高堰也武墩周橋列於首尾高澗當其中閘此三處即拆高堰無異也矣於盡廢其形迹而後謂之拆耶抑尚有隱憂也夫淮流行至清口會河入海能拒強河之不内灌者以全力勝也如高堰一拆

或閘橋大開淮水大洩勢分力弱難以控河安保河之不躡其後而興淮南注乎是二水反背奔騰淮與黃風馬牛不相及合轍安在哉大都治河之法各有不同治弱者利用合治強者利用分宋儒曰以數千里湍悍難治之河而欲使一淮以敵其衝萬無此理分其半以殺其力則河患可平味宋儒之言則分殺河流楊公固自有見功在社稷三祖在天之靈當不使勢臣與草木同朽腐也議者又曰欲導淮須先疏黃欲疏黃須先闢海口夫防河諸臣屢屢有究心海口者矣率多為雲梯一海所拘也夫以萬里之橫流而洩以雲梯關之一口下流安得不壅還上流安得不潰決哉論者率曰疏草灣曰復老黃河故道總之歸此雲梯海口耳浪議者且欲濬此海口嘵嘵海口舊沙幾二十里潮退則沙見潮漲則深不測矣即驅十萬之眾費百萬之金何所著力鍬鋤扒澡役何施乎訪之土人云雲梯關以北別有海口可以洩水蓋河自清口南奔衝決鮑王口西入周伏莊陳溪等湖況關黃壩口分黃亦由周伏莊會合北趨東入羅家口桑墩等湖此處可析為五支一支入五港口一支入平望湖皆從灌口入海一支入五丈河入海一支從板浦入海一支從海州新壩遶河入海諸口稍加疏濬使可通流今急建鮑王口閘使決口之水從閘而入分黃之水從黃壩而入會合於周伏莊由陳溪等湖從五口而入海黃河正流仍出清口會長淮從雲梯關而入海則分流之路既多宣洩之勢自易今日所謂下流計者莫善於此矣海口分司灌南樊公先任贛榆時嘗已究心於此至是疏請當亦見之施行五港一支業已沛達正圖循次漸舉不虞坐數罷去未竟其志惜哉張兆元曰河之為患自古記之矣然未有害及陵寢如今日者當事者乃開黃壩以分黃閘清口以縱淮而又開周橋武墩高澗以消盱泗積水又濬五港灌口以廣下流所謂治本治標之策可謂曲中肯綮矣總之急除祖陵之患以紓君父之憂耳適有疾底而喜服者吾不知其何以為心也

高舉言黃淮受病之原

通漕類編是年巡按高舉疏黃淮受病之原略云臣於去年奉命巡按淮揚比五月入徐時徐州月河新成積水甚淺臣一望黃流見城外有隄幾與城齊隄外有河水與隄齊且水日益漲隄日益增將不知其所終是黃水之日高為徐城害者如此既由徐

而河一決淮水則城牆以內積水占之城牆以外淮水環之所餘民舍淹沒民田是淮水之日高為泗城害者如此又由淮安歷
揚州見揚州運道漕渠三百餘里所恃一線長隄乃其所以為隄者皆岸上加土水高平地多者丈餘少亦不下五六尺夫隄高
則易潰隄薄則易潰今日報決清水潭明日報決寶應灣又明日報決邵伯口築土砌石歲無虛日費料鳩工日無停晷閘閘日哉
於壽命田舍悉淹為巨浸是漕水之日高為地方害者又如此臣嘗得之耆舊黃河之水自星宿海歷崑崙萬里而入於
海淮河之水自桐柏涉壽潁夾七十二溪之水由泗會黃而達於海夫此流濟兩河納百川當此一海口以洩其朝宗之派則海
口其咽喉也海口沙壅咽喉作梗斯則河泥日結淤而高泥高於河水漲於上向所稱呂梁一洪至高陵峽今則復為坦途而不
知有洪於是乎黃漲而徐城坐困矣强黃外抗弱淮中停況又截以高堰隄以張福即向所稱洪澤等湖各有界限今則匯而瀦
渺無涯淮漲而泗城告急矣淮不此出勢必南注故每遇夏秋都會城周家橋等處汪洋四十餘里水漫而南於是乎水漲而漕
隄決矣於此而揆其勢探其源則鳳泗淮揚之陷溺病在淮淮之停病在黃黃之泛漲病在海口是故疏濬海口以導黃抑黃水以減
淮此誠首務第必欲從沱海口工力難施則於今昔所議三丈鎮耿公祠暨安東縣魏家口等處另開支河驟由灌口而注之海以治
其本黃水既分淮無艱遏或又盡決張福之隄大闢清河之口而縱之以治其標則相度以寬運道以安而鳳泗高寶之民可措
之衽席矣

工部議分黃導淮大工事宜〇一議錢糧〇一議官夫〇一議分委〇一議法紀

通漕類編是年冬十月工部覆議得分黃導淮大工事宜一議錢糧河工用銀六十八萬各役議留餘兩堂廉各道管理各府佐
官每十日一驗依期給領不許措遲致悞工程一議官夫該夫八萬餘名每夫給銀一兩五錢凡科徵者嚴行禁革赴工
之日照行伍之法每十有長每百有率各營旗牌以便識認稽查分界止宿以杜爭鬪設局施藥以療疾病調兵巡邏以防奸外
之虞一議分委以便責成河工重大工費不訾所賴以督率夫役稽查錢糧者惟大小官員也各府推官等員暨各州縣官分理

周橋武墩涯河子嬰溝等處五港口三岔墩工程專屬之海口分司家分黃家壩三大工等以部司及兵道各一人管理備事人夫及放錢糧措備器具與查夫役責之各部司與各道查催工程稽驗土方給散工食帑米等項則屬之府佐官一應收放河工錢糧屬之淮安府掌印官查盤分黃錢糧屬之廬州府推官各官如遇陞遷不許離任一線責法紀以繫屬人心大工畢竣易生所賴以繫屬人心鼓舞眾志者惟法紀嚴明也宜飭別勸懲有錢糧明白工程如式者定行紀錄否則紀罪總河以此甄別司道司道以此甄別各委官如橫生疑畏致誤大工者許指名具奏重治詔從之

萬曆二十三年林熙春等責成河臣疏○先論漕河關係之重○次述臣工議論之殊○終陳專任河臣之要○再議處置大役之方○議錢見○議勸賚○議懲魁○議紀律

題覆河工奏議臣等竊惟天下有大興作亦有大議論使議論而合也人得持定見而奏膚功議論而不合也人將惜見而猶成績今讀漕臣之疏則謂時有重載導淮宜先宜讀河臣之疏則謂患有相因而分黃宜急宜讀臺臣之疏則謂分黃導淮折衷宜慎矣大都諠切奉公何嫌彼此心在爲國焉問異同惟是旁觀者身在委任之外而持議也易當局者身在付託之中而任事也難臣等請以淮河關係及疏濬務議爲皇上陳之河自崑崙及數千餘里而至徐邳淮自桐柏挾七十二溪而至泗盱而祖陵王氣毓焉中峙盖聖子神孫億萬年鍾祥於茲焉若宋都汴都米歲漕粟不過數十萬二十萬二十萬石而已國家定鼎北平𢾺四百萬石與以特命亦非浮江絕淮挽河越濟無以通達京師矣且邊陲半倚餉以論六十萬金錫當是宜看淮揚仰林林總總之生齒高貲與鹽通泰等處者亦不可勝算矣以故我朝經理漕河之臣最稱隆重其經理漕河之責亦最稱繁劇而不虞其本日之昏墊至是也爲今之計倘亦一併分黃乎則珠米桂薪之地何堪大興九死一生之民何當重役萬一外變叢奇禍不在祖陵而且在地方此漕臣之所以有酌議之請也倘亦一意導淮乎則淮勢既分強河不無倒灌河勢益振弱淮豈能相容萬一祖陵再淪禍不止運道而且移郡邑此河臣之所以有並舉之請也臣等私心以爲天下事當論利害亦當論利害之重輕真利害

在人者人猶得而操其權利害在天者人不得而操其柄則治人治地之別也治人無法則有河工亂無河工亦亂治地有法則無災不亂即災亦不亂顧其柄則又在人而不在天耳今河臣楊一魁業已奉有重託科臣張企程業已奉有詳道上流分黃一併勘議具奏業已奉有明旨是淮河大役雖以付河臣矣在河臣之疏一則曰效有可必一則曰利害甚多是淮河大役亦若以身肩之矣河臣既以身肩淮河則據其原疏所請亦不過六十八萬金而止也國家雖甚拮据處亦可籌究餉此時猶淺淤未決恐日甚一日如根本重地何獨不可及今責成令其得以便宜從事乎如其只導淮而可也則周家橋武家墩高良澗金家灣芒稻河子嬰溝涇河之一一疏濬也惟河臣如其必分黃而可也則黃家壩毛家溝五港口之一一疏濬及鎮子總王口之當有待也亦惟河臣如其導淮分黃即折衷而可也則金家灣芒稻河之當從者黃家壩之當嗚濬總王口之當甃砌高良澗之當建閘淮安城北之當益廣也亦惟河臣大率以數十萬兩而聽其設施以數萬餘兩而任其調度自是而甚處當增也不得為虛冒自是而甚處當減也不得為刻削務求一勞永逸無負朝廷任使乃為快耳不然而糜費金錢貽誤功績臣等且以白簡從之矣惟是勞民動眾容有意外他虞臣等所以慮之者則諸臣疏中猶未及焉永樂中宋禮原武之役發丁夫十有六萬而無怨言者以蠲租八十萬石也景泰中徐有貞張秋之役發丁夫五萬八千而無怨言者以蠲瀕河民徭為優也況今大役何妨倣格是蠲免不可不議也董率官員惟廉生威惟能集事尚得正官解印專理庶為上策即不可得就擇佐貳賢以攝篆而兼管非定掾屬功有勤勞者咨吏部超遷義民宜給扁冠帶有差是勸賞不可不議也海口郎中樊兆程曾有河防要議謂十六年開黃河丈報二錢其實未給毫末十六年開雲山日報四分其實只給一半合與食派之夫仍就丁充差募之夫只就工算值其工食毋侵得專肆長有司不妨頒冊遞名回封唱名給散是稽察不可不議也眾數萬焉盡一心謂宜定以界限編以字號以一約十以十約百層層諭譯亦杜姦竊是紀律不可不議也誠如是則興作之中即治荒賑恤之策豈惟子來樂見顯格神人實嘉山岳即書所稱地平天成何以加焉伏乞敕下部覆議遵行河道諸臣分猷共念刻期舉行至於臨工之員處出自天裁伏乞俯允

河臣之請以鼓倦怠之心臣等無任悚息待命之至

牛應元折衷漕河一疏議○先述諸臣建議之異○確指黄淮受病之證○再陳黄淮治標之方○請以河臣之見酌行督臣之策○請以督臣之見酌行河臣之策

河工奏議四川道監察御史牛應元題爲河工會勘平成有期當事諸臣意見稍異懇乞陳畫一之畫以決萬全之策事頃臣巡按江北目擊祖陵水患及奉繪圖爲說及條陳疏通方略上關特發聖明嘉納特遣科臣張企程會勘節該本官同總河工部尚書楊一魁奏報疏浚宜及陵園水消尺寸不盡聖心喜慰滿朝臣工莫不快稱二十年臨頤之患可以解除且甚且夕確有成效速奏底績也不謂近接邸報該巡按御史蔣邦亮題請治河會臣期錄賞敘等因聞者莫不詫異臣以邦亮素有才名豈輕言浪多事若此近又接總漕户部尚書褚鈇揭帖爲直陳災民艱苦之狀河工緩急之宜懇乞聖明酌議以社稷陵寢爲重以滿地方蒼夏事大都地方災傷九死一生之民不能供極大難成之役欲先將高堰建墻及周家橋金家灣芒稻河子嬰溝涇河等處各令議疏通以爲目前導淮之計可以計日底功而黄家壩分黄之役工力重大姑在所緩等因則其意以與楊一魁議論正相矛盾已勘定自黄家壩爲分黄之計者莫少相左然後知邦亮之疏蓋有激乎其言之也今照濬黄非宜經科臣林熙春等題白以爲具覆無容別議惟是事在萬公何嫌異同而斟酌萬全總歸一致則諸臣之見正所以相濟而非所以相左也臣嘗勘其地稍察知其故意固陋再以諸臣之見折衷論之蓋治水猶治病然病有的證藥有對證投劑而尤有君臣佐使以爲輕重緩急之後則其術周詳穩妥而病無不治矣若持一偏之見舉一而廢一昧標本之宜百藥而雜試豈所以語國手也哉臣請先言黄淮的證而後及今日治病之方則標本當分而功難偏廢也夫黄淮的證何在乎初因草灣之開宣洩不利遂致黄流上壅阻歸黄淮之難遇湍激遂致淮流下決爲因淮流下決清口受淤黄水乘而上灌遂致有門限沙之壅至於沙勢既防淮東而濟多變遷漲甚矣此則千百年至受之海口向未曾阻數百年交會之黄淮向未曾逆而獨二十年來臨頤之患所由致也謂非黄淮之的證

與永諾石山今謂從流治標之謂則如臣言導淮南下由防大禦其清使河其勢論傷而其工由是其考得流之勢行可難書裝而岸內之正流終難倒行若清口之壅如故則病根固自在也豈長計乎此河臣之不敢專力於彼者良非無見已誠欲爲治本之圖則如河臣言分黃他趨淮流無復百病盡御其功誠大而其利誠甚遠著但水勢之通塞難盡預定而交會之氣脈不可有妨若歲月之久其必則受病與無已也豈甚善乎此曾臣之不敢首議乎此者良非無見已曾臣有見則司道偏主分黃而將高良澗通不謀俗者非也其必周家橋雖云衝闢而伏落以後之淺阻仍加疏濬可也武家墩雖已闢放而塗河子塞漢之下流仍加挑闢可也至若高良澗之建壩放水猶或有限高若抽底建閘所洩更廣爲滯乎如是則出口儘多自可以助清口宣洩之所不及而淮流泛溢之病將無不除矣其全淮並稱一河既稱淺水甚快則再濶十丈之工姑從省焉可也少俟前工報完再看水勢緩急而爲之圖可也無已先將三閘中間隔砌拆去今其全口廣利常常流通亦可也何者水一落岸即勞壩禱洩口終歸涸斷又何必過常速除之河道廢金發濁爲乎則節其財力以充正項急用似爲計之得耳是則以河臣之見酌行曾臣之策乃所以相濟而非以相左矣河臣有見則司道專主導淮而於五港等工概不之急著亦非也其必清口涉雖云見闢而伏落水底之板泥亟於盡挑之可也鮑王口雖已衝決而運河五港之下流亟於疏濬之可也至若淮安城北之故道商民向稱疏通以便船貨往來爲若量爲浚行益廣分流乎如是則下流迅利自可以助草灣宣洩之所不及而黃流逼阻之病將無不除矣至黃家壩分黃工力既稱浩大即小估四十餘萬之費姑從省焉可矣稍俟前工報完再看水勢緩急而爲之圖可也無已先順決口以下凡有淺阻去處略加疏濬拆去入口壓壩或更寬稍竟使水滌則分洩以殺清口強逼之勢水落則順流以併清口交會之脈而利而俱存之亦可也何者清口一通則黃淮相附而行參自順軌又何必過爲上流之強挽虛縻金錢爲乎則節其財力以充正項急用似爲計之得耳是則以曾臣之見酌行河臣之策亦所以相濟而非以相左矣蓋臣嘗治病期於病除斯已耳故不可使方外有餘證亦不可使議外有餘方臣愚所謂標本宜分而功難偏廢者此也其財力之省而易就無歧言也伏祈敕下該部

行令會勘諸臣再加采擇施行未必非合異為同綏奏底績之一助矣他如黃堌口之果否可築衛觜小河口之果否可築關道歸仁隄之果否可恃永賴誠恐草木為所萬一涓滴不塞潰成江河他日引全黃而南徙不但地方淪溺可虞而關係祖陵利害尤不啻淮流之患止於漫衍淤淺已也此臣業已備陳議者原題議中而部覆未之及者伏乞天語并加叮嚀申飭當事臣工通一勘議斯次第舉則尤萬全無弊之衛也總臣犬馬愚悃欲効涓埃少禆大計業已與諸臣會見稍持異不無耽延誤事之慮茲幸本縣呼嗟徒遡流歸之請乃會統惟聖明采擇臣不勝瞻仰屏營之至

部臣復題覆臣牟應元議○覆題科臣林熙春議

覆題河工奏議今日治河要務不越導淮分黃二者而已既督臣褚鈇之欲先導淮者謂時詘難以舉贏也河臣楊一魁之欲併分黃者謂一勞可以永逸也已經本部題覆奉行會勘則議外茲覆臣牟應元之條陳則又折衷二臣之議總為一致之論顧如督臣之欲先導淮當以河臣之見濟其所不及如河臣之欲併分黃當參以督臣之議助其所不逮庶彼此相濟而績用可成然又為祖陵萬年慮也則謂黃堌口之決制小河口之淤當挑復大歸仁隄之恃賴當培厚臣牟應元地方得於聞見之真者其所以翊贊臣者若此其深且遠也而科臣林熙春等之奏則又稱衡二臣之論而專重於黃成謂或先治標以淺淮澤或併治本以殺黃勢責在河臣或高良之當疏或金家灣等處之當從宜或鮑王等處之當開其責在河臣應責任既專而功效易就然又為勞民動眾計也謂宜急議見以恤民災民窮物貴以黜眾裁浮役以息夫役嚴紀律以肅人心蓋科臣身歷其地得於參考之詳故其所以決策定謀者若此其周且悉也總而論之大要謹切為國而非所以為私志期相成而非所以相病其為今日河工之裨益也宜復議恭候命下備行河道諸臣將二臣所奏各項事宜遵照逐一舉行

駁分黃則傷王氣之說○駁不塞高堰則淹祖陵之說

明神宗實錄萬曆二十四年三月丙申工部覆御史蔣春芳題分黃導淮之說且足石置分黃即所以導淮而分黃之工未就

則清河口之闢沙高良澗武家墩之建閘周家橋之疏河撫臣之議亦確乎其不可易者矣所以避時下泛漲之水紓祖陵眉睫之急也若分黄大工就緒門限淤沙盡闢祖陵無恙黄淮兩軌則此數處不妨堵塞使淮水專由清口而出亦無不可今之淮清流與黄各工漸次底績乃喜事者議論多口泥壩與者曰分黄之工遂成則淮黄不交有傷王家營河道見者曰高堰不拆則淮流泛濫終淹祖陵不知武家墩高良澗周家橋即所稱高家堰也高良澗其中而武家墩周家橋其首尾也開此三處即拆高家堰矣必如何方謂之拆也而堤興之說猶無根據蓋二流之合始於武廟初年祖陵之爲害於勝國末造我國家無遑遇下爲不係此況分黄工程毋論淮黄決合且有重添一合襟者而論者特未之思耳信如彼拆堰之說水真南射與黄風馬牛不相及合襟安在風氣安在信口而談其於國事若秦越人之視肥瘠不足置也彼任事者之苦與其任事之心惟是分黄以闢清口沙爲第一要務但往者黄流未分一時積淮宣洩未及故不得不開周家橋武家墩等處以洩泛漲之水權爲急救祖陵之計若高家堰之不當拆則固無容議者乞無浮言應使責成議論既定而膚功可奏疏入從之

楊一魁分黄導淮議十事

明神宗實錄壬寅工部題覆總督河道工部尚書楊一魁條議分黄導淮事宜十事一議展河岸以固隄防蓋舊河身闊二百餘丈尚有縷隄遥隄以束之而新河由常上縣伏秋之防不可不慮宜於新渠中挖處所再闢二十丈以廣容納兩岸後遥隄之制另築厚隄一道以固衝擊其王家口閘為運道經由之地今加浚挖并築墩隄以便牽挽工期三載費約八萬於大工餘剩數內支用一議長夫以時修守蓋黄堤至五港口約三百餘里河隄始創勢易潰決議設夫一千七百名以待修守之用而州縣之加派累難乃於鹽口閘原設夫內裒四百名并高家堰隄夫八百名責闢新河防守於山陽長夫內撥高堰清江浦諸守分守又折銀引鹽募五百名責令遇有淺閘更爲挑浚則夫不增而用足一議設專官以便責成蓋修浚築以夫役而督率責成專官其壩子集以下應以府同知縣丞兆元專高督管河清營馬政而以總攝管置二事則專責成專用□□者隄設主簿二員各

有信地則管理可以專屬一議裁新隄以免壅淮一議修祖陵以培國脈一議立河官以理淮泗一議設官兵以嚴稽察一議
口淮口地界四鄉河海既通奸宄出沒應添設五港巡檢司東安縣典史兵除撥於鹽課添設內勤支專司捕務一議
故湖水以疏清渠一議建廟宇以答靈貺蓋河之有神所從來矣而自建功以至竣役河伯效順酬報宜隆除宜廟宇五港口立
廟外議於黃墩剛莊處所各建廟祀請勅賜廟額以示崇報一議備錢糧以儲緩用蓋守護之官既立則物料亦宜并備宜於邳州
通濟鎮口請開如儀真事例量取船稅以濟河工之用一議關清口以導淮流一議浚海口以免內溢疏上如議行

韓春芳條河工善後十六款

明神宗實錄十月丙寅工部覆直隸監察御史蔣春芳題河工告成善後事宜條爲一十六款乞敕河漕部院等官遵照施行一
築遙隄以防潰決一砌新河以禦衝刷一截張福隄以縱淮流一議浚清口以防壅塞一疏蔣家河以分横流一闢五港口以助
宣洩一建減水壩以分暴漲一積物料以濟緩急一設舖舍以嚴夫匠一議修閘以杜陵害一復淺船以疏河身一填泗城以護
陵寢一治溝渠以興水利一塞黃堌口以防河徙一固王公隄以保漕渠一專責成以覈實效其說與漕臣合

李應策奏河臣意計不同○漕臣議塞黃堌口○河臣謂不可塞

明神宗實錄工科署科事刑科給事中李應策奏河漕意見稍分乞敕協議以急國家事部議黃堌口之決而南也在蕭碭睢宿
則病於淹沒在徐州至宿遷三百三十餘里運道乾涸故漕臣褚鈇謂黃堌旁洩太多徐邳之河幾奪以塞黃堌口爲一義河臣
楊一魁謂決口至一千二百餘丈深三尺兩岸浮沙堅築固難措手雖下楗椿擋之無益河性趨下勢不可回況往年金河盡注
徐邳下流壅塞鎮口張秋每患潰決今年黃堌分流暴漲得減既於鎮口有補又於運道無傷唯當於水溜地面築草壩刷木關
引諸湖之水以濟目前浚小河口增築遙隄通睢宿一路之塹蘋鳳泗萬年之脈蓋漕臣主運河臣主工各自爲見而方經營
之餘遠爲異同之見故不得不再行折議者也

楊一魁議酌復濬河舊制

明神宗實錄十二月丁丑河道尚書楊一魁奏酌復濬河舊制謂黃堌口一股由虞城夏邑接碭山蕭縣宿州至宿遷出白洋河一小股分蕭縣兩河口出徐州小浮橋相去不滿四十里且係先年河經故道所當疏浚與正河會接濟運道夫役之用集山東河南徐邳遙夫二萬限止兩月更於鎮口閘以資諸湖之水道放與小浮橋二水會則黃堌口不必塞而運道且無阻滯之患部覆如議行

河議

[illegible]

張企程杜浮言駮○黃淮分而未嘗不合○黃淮會清口之說不足信○皇家風水之說不必泥○導淮南洩之說不可行

○開高家堰之說不可從

題覆河工奏議萬曆二十四年正月日勘議河道禮科左給事中張企程題爲河工大興浮言當杜以爲黃在今日之不得不分也以其壓淮爲害也分黃必於黃家嘴也以其決口迎溜既有爲下之勢更以其去清口稍遠非若腹鎮地方逼近淮水爲可慮也分而必合於周家莊也以鮑王決口原自灌溜東下由周家莊經陳渡五港等處入海也此爲淮黃交會乎不交會乎此爲二水合轍乎不合轍乎且名曰分之實以疏之而已若至全奪則黃水利而不能取必也臣前疏所謂重合轍者也卽淮之大勢由雲梯關入海黃河奪之由灌口入海雲梯與灌口俱在安東地方相去止三十餘里耳同歸東海又何嘗不會耶且清口淮黃交會之說原無的據淮黃之或分或合原無定在臣備查大明會典並未載有黃會清口之文但云至河南始散漫浮溢至山東始患泛濫討其所決之處或由中牟至潁州東入於淮或由亳州渦河會於淮或至泗州會淮入海此班班可考者萬曆六年閣臣淮揚巡按御史邢𤊹云正德以前黃河從開封以上分爲四派會淮同行始專會於徐下清河入海邇年上流盡塞全出徐州獨行千有餘里至清河始與淮會矣曰獨行下清河亦非至清口始會也又查揚淮安府舊志乃正德十二年閒纂修者內載諸水止云淮泗環帶於西北湖海襟帶於東南未聞兼有黃河也其志清河縣亦止云大清河由治東北入於淮小清河由治東南入淮亦並未載有黃由清河合淮也據土人云正德以前黃由老黃河故道入海嘉靖宗末年尚昔說不行其黃始逆於清口雖此言之黃淮之不合於清口也其來久矣臣今分黃之路南循老黃河故道舊河形迹班班尚存夫昔之分流既無所妨則今之分黃亦何必盡泥況皇家大風水非士庶家立塋可比黃不東南而東北繞爲逆逆同入東海卽爲會合至在屆一清口

識清口交會乃近年事塞害者創為水會天心之說以聳人聽也不圖討民生其重而專泥於形家幻妄之譚不會與郡志其考而唯嗜於人乎須知一書何爲者哉且彼議者論黃水則欲其由清口以合淮主論淮水則又欲其會清口而南洩矯詞虛議識稱高堰可開開之而足以了河上事臣河督職分臣督工睏時每與道府諸臣討議相度淮之不可使南洩也其理亦甚明蓋淮由泗之東北境出清河縣雲梯關海口以入於海此從古不易之故道故雲梯關海口名曰淮子口也清口者廣闊二百餘丈乃諸湖水匯出之處正當運河與淮關之交淮水必由此出使湖水可合勢以通流運艘可藉水以接濟若欲合清口而洩之使南且無論其爲害於兩岸淮揚有妨於運道究竟從出之路安在乎欲洩之出海舍得興鹽一帶至通泰從東無淮水出海正道去年高武家墩之間請濬通河議閘子營濬鋃闊不過十丈耳既使可以導淮使行而射陽湖自高郵於內河石口止二丈八尺之闊口乃滲入海之道若臣子營浚鋃能受洚洞之淮水使之滔滔入海乎卻不借工力開濬而東南地勢既亢於東北故自宋迄今捍海范公堤屹然一百四十里亘此來未有寔欲導淮者其故可知也欲洩之出江音得江岸反高於諸湖萬曆五年以前淮水南注高寶告急不得已關係揚運江都儀真乃高郵之水復減二尺而揚州往來船隻阻淺者幾三十里地勢高下迥殊可知若必欲擺深成儀諸口盡歷閘壩以煖其出第恐全淮諸湖之水來必傾瀉而長江盛漲內灌之患何以當之即近日金家灣芒稻河之閘竟不能大洩湖水出江其故可知也南入海不得南入江不可則惟有分黃於淮之上流俾淮循清口正道直出入海雲梯海口稍有沙墊猶可會黃入清口也淮竟不可南洩則高家堰之關竟屬何益臣竊致高堰之築非始於近日乃淺陳瑄之後朝平江伯陳瑄補為增築前河臣不過復加修砌於萬曆七年方成今度堰之地厥高下不等惟周家橋稍下積歲通流高良澗武家墩稍亢而高家堰最卑湖淮彌射於此若姑徇折堰則淮水日東黃水且躡其後淤淺而入清口日塞其爲患於祖陵運道又何可勝言者故臣視事以來廣詢細度不敢議折高堰上議於周家橋量開小河一道建壩於高良澗建閘於武家墩注令稍加寬洩濟之消洩漲之水非敢盡洩而東之也然臣等尚慮察清口正流迄今少第與舉惟彼處

黄流既分之後直闢清口之沙俾淮由故道通流不須借黄此固與河臣相一體苦心籌度所新開道府將臣僉以為然敢竊擬以無遺策識事關陵寢運道雖不能必盡利實不敢貽害也

蔣春芳分黄導淮善後事宜十六款〇一築遥隄以防潰決

題覆河工奏議一築遥隄以防潰決照得防河之法莫善於遥隄河性湍悍數年來徐邳之民幸不爲魚則遥隄是恃也蓋水本勁而來縷隄傍岸或潰而入至於數百步而遥物或障之則力弱而退矣新河形勢自西而東地漸窪下水若建瓴但縷隄相去不遠故有余家莊安娘城南湖蓋張家溝諸決口即今雖土牛廂埽築苙稍堅然決而塞塞而復決必無他潰故亟宜徹正河遥隄之制其兩岸洗重夾土則取土審易且鬆浮不堪者另覓老土夯杵堅厚去河身必一二百丈而遥隄堅則可守而水不能攻遥則有容而水不能溢則河身永永無患矣

一闢新河口以禦衝刷

題覆河工奏議一闢新河口以禦衝刷照得黄壩新河上口闊四十丈入裏河身闊三十丈蓋酌量水勢足以容納不至浸溢爲患顧近口之處原係淤沙以故開放之後不數日閒衝闊七八十丈業經委官捲埽廂護矣但迎溜水勢湍急捲埽不免損傷綢夫運料日爲增修此以救目前之急則可恐非長久之計也今議宜倣照清口應濟祠基爲之將新河自東南衝激處所包砌岸二百丈其正當迎溜之處堅砌石磯實如雞胷之狀狂流觸此即分可免裏齧崩塌之患應用石塊頗多一時難以卒辦若待委官採買恐緩不濟事就便將拆黄家滚水壩移用如有不足併餘料工價於大工存剩銀內動支應用務在九月興工明春完報此亦新河之急務也

一疏蔣家河以分横流

題覆河工奏議一疏蔣家河以分横流照得往年䶫王口水會於周三莊經由蠏子莊袁家林等處繞歸五港口下海中間河衝

不止數道楊家河陳溪宮廟兩處其最大而深者也去冬海口郎中吳兆程詳勘水道西自王口至東窯鎮以東又分二支一支由陳溪宮廟出三宮墩一支由楊家河亦會三宮墩繞下掛甲墩歸五港口二支水勢相等今既濬陳溪宮廟一支以順黃水之性又當濬楊家河一支以廣入海之路庶積其在可復而驗也比因伏秋霖雨河漲衝開張家鄭峰二口水入楊家河漫溢東注固勢判為兩途仍存此河止將上口新淤除去下流曲折之處挑取徑直俾於陳溪宮廟正河分道横流併歸五港仍堅築南岸遥隄遮護東縣北鄉庶乎蹟淺途廣新河亦無壅淤之患矣

一闢五港口以助宣洩

題覆河工奏議一闢五港口以助宣洩照得水性就下以海為歸五港為眾流會歸出口之處乃入海之門戶也若非闢大範寬俾黃下流阻則上源必壅去路壅則來流必滯淤河潰隄皆原於此所關係非渺小矣查勘近五港之處河面不過二十丈港口舊有石閘鄉已拆去其閘基處河止闊十丈繫渠深流駛緣屬窄狹欲就本港展闊而兩岸俱居民房屋逼近河崖遽難盡毁議於南崖擇低窪之處另開支河一道分洩東流逸出閘外與五港口之水並道而馳同入潮河歸海庶於宣洩尤利倘亦今日分導之要圖耶

一建減水壩以分暴漲

題覆河工奏議一建減水壩以分暴漲照得新河初成河身不盈三十餘丈而水流洶湧有百丈之勢兩岸來水太急新隄稍欠不能捍禦固宜其衝決也今除安娘城等處小口應築塞者即時堵塞並於楊家窪高家溝二口與魚溝相連塞之則有衝決之患闢之恐奪新河之路欲分殺急流以固隄勢莫如建減水壩於其處長二十五丈壩身建跌水闕七丈五尺比河岸約高一尺為一與隄平即任其從壩溢出分流入海則隄以內落為安流即有伏秋霪霖必無衝激而隄外乃通海舊渠亦不至漫溢而為災此保固新隄之一策也諸所木石工價均於大工銀內支用伏秋之後與隄工併力並建可垂水利

一積物料以濟緩急

題覆河工奏議一積物料以濟緩急照得黃河衝突隄防汨没陵谷乃其常性而伏秋暴漲轉盼呼吸非積蓄素裕何以取濟然屑合於新河百餘里之間若黃壩口周三莊張家莊掛甲墩等處無非要害即於秋後增築網廠每廠設廠老一人廠夫四人守之所分屬管河官許領官銀買備草三十萬束繩四萬條蘆三萬梯木三萬麻二萬斤分堆各廠酌量水勢緩急量頻來緊則下重埽而鎮之蟻穴稍漏則衛木石而填之稍有疏失司道以詰府佐府佐以督下吏州縣佐領以責各夫有一名誑冒侵漁者坐以法其物料按季循環達道司道

一設鋪舍以處夫匠

題覆河工奏議一設鋪舍以處夫匠照得河隄既築官夫亦備然數十人荷鍤守隄勢不能措身於風雨烈日之下則鋪舍之建必不可緩查新河口至掛甲墩一百二十里八每三里一鋪合兩隄當鋪八十四座每鋪木石磚料約用銀四兩五錢通計鋪當用銀三百八十兩宜及此時責令各該管河官照數辦料限完鋪完毋令後時仍照南北隄之制鋪立牌標編列字號若隊伍之又以輪認伏秋各該鋪老率夫役於五月中旬上隄九月下隄往來巡警於淺隄之間一處衝決即鳴鑼鳩工併力護衛管河官務以身督之府同知時以躬巡之督惠而弗虔於事者處究此自修守常事然今大工之後錢糧各有司存則此節亦所當論及之也

一復淺船以疏河身

題覆河工奏議一復淺船以疏河身照得沿河原有淺鋪淺夫今淺船淺廢日久淺夫之設原在郡縣夫以淺為名非謂防河之淺而執空使深乎今自周三莊至五港口乃全河入海之末下流之處也此段常深則上無所不深此段少淺則上當無所不淺深則百病全無淺則眾蟲立見頃當得復昔者疏淺之法查原淺船設加募時數倍兵不虛顧而稅加廣安所用之謂實裁處為

遶淺船二三十隻調廟灣餘兵百餘名統以衛職移鎮其地以時駕船撈淺或用長柄杏葉杓鐵扒之類疏之年終稽淺之多寡以定功罪海口同知稽其事蓋水本能刷沙少藉人力自相蕩而去久之河身不復有淺而入海之力益迅誠便計也

一塞黃壩口以防河徙

題覆河工奏議一塞黃壩口以防河徙照得碭山之上有黃壩口黃水決之而出經蕭碭靈睢由宿遷小河口復入正河諸州縣歲遭淹沒民不聊生往時屢議堵塞而竟不果當事者為工力艱鉅且以黃河勢大方為鎮口徐邳之患幸有岐流稍殺其勢故姑聽其決耳今黃分而流疾徐邳之間幾於無河伏秋若此冬春可知萬一全河徙去無論運道梗阻其於祖陵皇陵大有可慮者又安可幸目前之安而不重為遠大之計今宜委官查勘斟酌堵塞庶為二陵萬年之利而運道民生亦各有攸賴矣

一固王公隄以保清渠

題覆河工奏議一固王公隄以保清渠照得清江浦之王公隄外捍黃淮內護清渠其滸神廟至大王廟一帶尤為險要一遇伏秋水發衝決堪虞加埽填土勞費無盡幸近年鮑王口衝開水趨北岸清滸居民稍得安枕今議王口建閘通達此隄正當其衝伏秋之間若王口閘閉則水勢南趨清滸可慮若王口閘啟則黃流倒灌衝射尤危無一可者也乘兩涸時不妨預先討議將前額歲修之銀委官領買徐州雜石用剉置包砌催船裝運交付該管河官查收量築本隄水勢漲溢歲次實辦不出一二年隄外盡甃石砌即有王口衝激之患可恃無恐保固清渠而全一方之民命斯為利賴大矣

一專責成以綜實效

題覆河工奏議一專責成以綜實效照得有司各有專職河務尤為艱鉅必得其人而專任之斯可責其成功今黃壩新河畫地設官各司防守業已有成議矣至其善後之工目前所當急為舉行者不過築新河遙隄建王口周莊閘歲關清口門限沙此數者其要也然須得人以任之臣於工部分司得二人為李元齡樊兆程是也於府佐得四人為劉不息張兆元鎖四馬學易是也

之數人者或諳練明達或沿□細密責任不同事均之實心任事深諳河務者也臣以為清口關沙應委之同知馮學曾而以南河郎中元齡督理之五港二壩河工見委欽保同知張兆龍督理黃壩至埽子莊築隄應委之通判趙炳專管王口至周三莊建閘濬渠修築縴道應委之同知劉不息專管而以海口郎中吳兆程督理之三年之內果有成績優格超陞先期申飭臨事考成庶乎人心競奮而實效可睹矣至於州縣管河之官亦必擇強壯有才幹者充之不次陞賞河之外不得委以別事稽掣議全官闔所以全河也噫天下有治人無治法詳於議河而尤專於任人新河庶幾可保百年無事哉

諸臣議黃堌口決河事宜

明神宗實錄萬曆二十五年正月壬寅時河決黃堌口有言宜塞者有言不可塞不必塞者議無畫一於是議濬小浮橋沂河築口以濟徐邳運道以洩碭蕭淤漫歸仁隄以護陵寢而總河尚書楊一魁上疏言堌口宜塞然不能塞塞亦宜為節制不則全河南徙害將立見續行遣巡漕御史視鑑一勘工科給事中楊應文言堌口呈塞淺害大浮橋引水利徵一濬試為永賴則口可無塞如僅為一時權宜則塞口宜急請勅令前議斟酌部覆從之

楊一魁言堌口難塞○堌口無妨於祖陵○屢引前代河議南徙均於祖陵無患○黃堌之決斷不下害歸仁

明神宗實錄三月戊午自河決南徙徐邳復見清河議者謂全河水復不利運道決口不塞腳害地方且恐下害歸仁為二陵患獨總河尚書楊一魁謂堌口深闊難塞議濬小浮橋沂河口小河口至吳工程報竣運道通利奏言河徙無妨運道今日已有明驗惟是議者尚以祖陵為虞猶攷往事洪武二十四年決原武黑陽山經開封城北又東南經項城太和潁州潁上至壽州正陽鎮入淮行之二十餘年至永樂九年河稍北入魚臺塌場等口後集復南決經渦河經懷遠縣入淮時兩河合流繞鳳陽泗州以出清口若患及陵寢祖宗當何如為慮者而卒未聞封及也嗣復又行之四十餘年至正統十三年間河復北決衝張秋至景泰初先臣徐有貞塞之河乃復渦河東入淮亦不聞病及祖陵也嗣復又行之二十餘年至宏治二年河復北決衝張秋先臣白

愚謂大夏相繼塞之後導河流一經中牟至潁壽一經亳州渦河入淮一經宿遷小河口會泗時則全河大勢
之郊而下且漫溢於符離睢宿之境矣然本不聞為祖陵患亦不聞陵及歸仁也惟正德三年後河漸北徙
或踰飛雲橋入漕或踰穀亭入漕全河大勢始盡趨徐邳出二洪運道雖利而宿受其泛溢之害矣嘉靖十一
年南河旦壅議分導者始有渦河一支中經鳳陽祖陵未敢輕舉之說夫當全河南徙之時不聞為祖陵患及全河北徙復議
分導一支乃反見為患乎然當時間有濬符離之董盆口寧陵之五里鋪榮澤之孫家渡蘭陽之趙皮寨又或決睢州之地名
界牌口野雞岡寧陵之楊村舖俱入渦河從亳州鳳陽等處入淮南流向來絕無亦何嘗關祖陵之被患乎至嘉靖二十五年以
後南流故道始盡塞或由蕭碭入漕或由溜溝入漕五十年來全河盡出徐邳奪泗入淮而當事者方認為正河自是陵而塞之
以致河流日壅淮不敵黃退而內瀦遂貽今日祖陵之患此實由於內水之停壅不疏於外水之衝射也萬曆七年先臣潘季馴
始塞黃流倒灌小河白洋等口挾諸河水之衝射祖陵乃作歸仁隄為保障計而復張大其說以為祖陵命脈全在此隄無怪乎
議者實聞其說而遂駭黃堌之決或下衝歸仁也不知自黃堌一決下流易淺必無上灌之虞況今小河不日工完則河勢自殺
道去歸仁益遠何煩過計哉部覆報可

楊一魁議挑堌口進上埽壅沙嘴二處

明神宗實錄四月己丑自河決黃堌穿河尚書楊一魁議開小浮橋黃安山浮小河口引武沂泉以濟運及夏秋久旱不雨上
源水枯又復衝開義安東水黃壩二十餘丈小浮橋來水微細運河淺澀楊一魁議挑堌口進上埽以殺沙嘴之處
小浮橋以上數十里之淵并乞寬運道添設兵夫部覆報可

河臣潘屢會議黃堌塞口事○徐觀瀾請從河臣議

明神宗實錄八月丁卯先是以黃堌塞口異議未定下漕臣御史會同河漕大臣計勘議著具奏至是總河楊一魁仍主前議

言今黄河南徙至蕭家渡與盤河丁家莊與南岸闊百丈深踰二丈名曰劉獻鐵公故道也劉宗嘴始坎平南流得山西坡水湖以為敵出溪口入符離河亦故道也惟徐邳運道淺涸誠為可慮所以有挑疏小浮橋實圖其勢而圖實其利乃小試廟前以驗若將小浮橋再加挑闊未必不為運道之利計不出此而欲自黄墹挽回全河必須挑四百里淤高之河身築三百里南岸之長隄不惟所費不貲還恐後患無已御史楊光訓周盤高捷聘亦議上挑培崔鎮隄濬淮河及築山西坡歸仁隄以濟運護陵費省功倍與總河合獨總漕褚鈇意見不同部請再行會勘工科給事中徐觀瀾言墹口之勘三臣既同無妨從眾不必再議專任河臣以責成功上是其言令該部行河臣悉心講畫慮與漕臣會議者不妨從長計慮毋得各持異議

楊一魁復言黄河南徙害未及歸仁○運河不資黄河之水○請於鎮口下建石閘一座

明神宗實錄九月丁巳總河尚書楊一魁言今歲春閘呂梁二洪淺涸皆歸咎於黄河南徙臣等親詣洪流通漕暖既濟漕臣褚鈇謂黄墹未塞全河不來非一勞永逸之計臣忝當局豈慮不及此臣入秋以來自鎮口涉浮橋躡小河溯歸仁上泗陵浮睢水下徐淮通夏麻抵黄墹及碭山詳觀形勢看得歸仁在西北泗州在東南相距一百九十里中隔重岡疊嶺高踰歸仁不啻數倍況歸仁之北有白洋河朱家溝周家溝胡家溝小河口洩入運河勢如建瓴即無歸仁根陵寢無足虞也潤河泥沙淤墊高出地上漲則溢平則淺分黄導河身闊一二百丈深二三丈尚不能容橫流徐邳河身闊不滿百丈深不過丈餘徐州以西深者六七尺淺者二三尺而夏秋蘇家道口周家道口宿州徐溪口符離河等處闊百丈餘深二三丈興高就下水之本性河流已弃自會難復且往歲河水充盈見稍利矣而風波漲溺鎮口病淤不可謂之非害今歲河水微溜見稍害矣而安流無恙歲運全完不可謂之非利乃議者在往年隱害言利在今日隱利言害無怪乎道謀之紛起也會得正統年間參將湯節議於徐呂洪南口各建閘座節水通舟行之有效嘉靖二十年間督治漕河侍郎王以旂復請建置運河原不資黄河之水山東諸泉實運河命脈是閘河乃先朝已試成規今日濟時要務也宜仍循舊制於鎮口之下大浮橋之上呂梁之下洪邳州之沙坊建石閘一座

以節宣汶泗之水況濟見泉源已濟用之不竭而小浮橋沂河口二水又足以助之更於鎮口以南建壩以截黄河之水關啓黄口而注之龍溝會小浮橋入運以杜淮泆口閘之害遇漲則聽從梁王山滾水壩分洩入姚村湖蓄其利而去其害實萬全永賴之計也部覆報可

楊廷蘭奏河流南徙事宜

明神宗實録十二月丁丑吏科左給事中楊廷蘭奏淮河爲梗慮及祖陵諸臣創分黄導淮之議甚不謬然竊可行哉頃當黄堌決口初開之時不能見形察微以遏其奔駛之漸今瀰漫下注刀無所施矣槩自黄堌決而始有小浮橋之疏濬而後有李吉口之濬夫一歲疏濬僅濟一歲之運道倘今年李吉口改挑來年已而明年復淤今年三十萬之頻費來年已而明年復然思慮甚屬無已時爲今之計果河自南徙故道可復即自宿遷一帶築隄建閘設壩等策以一勞圖永逸説者謂泇河北承汶泗南達黄淮果可關繫即一面估計不撓於浮議可也河臣楊一魁拘攣之見未破所當從長熟議以責成功者也

楊一魁進繪河圖説○一駁運道淺澀之説○一駁祖陵貽患之説○一駁地方淹没之説○請鑿礪山以容河水

續文獻通考是年河道尚書楊一魁奏恭進繪河圖説以備聖覽以宴長策據黄河自古爲中國患近自分黄導淮工成鳳泗淮揚免昏墊之災已有明驗矣又自黄堌一決全河南徙竟遶徐邳得免河患而其餘流出於義安者又導之入小浮橋又以濟二洪之涸則今日之河既有合於決隄放水之議而又不足爲運道之病但以增隄塞口爲良圖以埋水防川爲上策臣竊不知其解矣夫道傍之議不過曰運道有淺澀之虞祖陵有意外之患地方有淹没之苦耳不知我國家運道原不資於河全河初出亳壽之郊以不治治之者歲無治河之費其後全河漸決入運國家遂費其浪輸五十餘年久假不歸遂客作主又日築堤而居之涓滴不容外洩於是高沙日壅河身日高上逼汶泗則鎮口受淤魚臺被浸下壅清淮則退而内灌盱泗爲魚以至溺河没溺甚運飄流甚至衝截運道曾就其地而當事者操以運道所資勢不能卸之施復遂付之無可奈何以致水浸祖陵屢廑皇上隱憂臣故

邑則邳州沙坊新郵首開武城溜溝等河大挑具歸德等河又次挑小浮橋小河口沂河口故道寧小浮橋以引之李吉口未斷之流已足濟運矣以汶泗沂兗之水且閘節宣運道自在固不必辭力塞決以回全河蓋決河所經有山西阜子諸嶺湖以為之瀦又有小河白洋周家等河溝以為之泄更兗澤益之廣況根陵雖棒上游有米閘壹峰諸可無虞即歸仁一隄見謂險要亦非受水衝爲一失守亦不過下溢桃清由洪澤諸湖以下清口無不能達流倒灌上及泗盱何必過爲杞人之憂也南流決溢即不免爲下邑民生之害碭山水道當衝南流北流俱不得免必須遷城以避河患異以堌口被災者惟有蕭碭宿睢四州縣再歇全河來復之時豐沛魚臺滕徐邳等州縣不無被淹沒乎近庚寅癸巳之秋徽城灌邑徐邳二州猶不與爲患豐乎較之今日蕭宿靈睢孰多孰寡孰重孰輕況宿南水患非自今日蓋宏治二年之秋河決中牟下歸德至宿州淵浸四出蘇民平命侍郎白昂治之至宿遷小河口入泗而南祇歸德數爲池謝口又開符離月河而患始平翰林學士李東陽碑記可鏡也後來如此無分主客無分民河獨厚於蕭宿靈睢而薄於豐沛徐邳也故臣始然自信以爲止就已成之功稍終未完之緒則自不至爲運道之虞亦不能爲陵寢生民之患矣抑臣又有說焉蓋禹之導河自大邳以下析二渠播九河隨水之所向不與爭利故能奏咸平之績今河南山東江北州縣基布星列在在隄防水不及汴梁矣又慮決張秋也不及張秋矣又慮衝鎮口不及鎮口矣又爲淹宿州也凡禹之所空以與水者今皆爲民所占吾無容水之地固宜其有衝決之患也今若空碭山一邑之地北導李吉口下濁河南存徐溪口下符離中存睢宿河下小浮橋三河並存南北相去約五十里任水游蕩以不治治之量蠲一邑千金之賦識者以河爲金之費不勞力河患可平此一時之省事亦萬世之良圖也謹繪圖貼說以進

工部題河臣壹臣議復故道○應隙今日一舉三益之策

明神宗實錄萬曆二十六年七月壬戌工部題總理河道尚書楊一魁議今日之可慮者不在漕而在河蓋黃河決徙南無歸著北南受其淤而不能受又北受其衝而無所容議當盡挑故道以爲容受之區與巡漕御史楊光訓議復故道所見略同宜自

前為新運計有徐洪以下二三淺處或難浚撈濬或增添月河更將呂洪沙坊二處正河悉增閘節水以便漕行則汶泗沂源泉激呂周邳諸湖加之小浮橋源流之水明春自足濟運不至嚴嚙於黃流而李吉口以下濬治之工亦可從容料理為萬全永賴之計其碭山五聖廟下流一帶中有淺濟處亦宜量行疏濬蓋河流通則邳不梗而漕利商民不致而糧安此一舉三益之策也至於查復徐邳故道之說果一勞可以永逸即宜早為設處以濟新運上是其議

劉東星濬治稼河治本議

明紀事本末是年夏六月以工部侍郎兼右僉都御史劉東星總理河道漕運東星備行泇陵請題濬治在稼決河治本兩利而並存之議開趙渠蓋商丘虞城以下至於徐州元寶舊故道也嘉靖末北徙潘季馴議開之計費四百萬而止及河決單縣黃堌口稍通威渠惟曲里鋪至三仙臺四十里如故東星因儆浚之又自三仙臺至泇州小浮橋開支河又濬漕河起徐邳至宿遷可十萬緡

開趙家圈至兩河口議○各路善後之策

明神宗實錄萬曆二十七年三月丁亥工部覆總河劉東星議大約謂黃河自商虞而下歷丁家道口馬牧集韓家道口趙家圈石將軍廟兩河口出小浮橋下二洪乃賈魯故黃河故道自元及我朝嘉靖年間行之甚利至二十七年北徙濁河而此河遂淤萬曆七年總河潘季馴議復開之以工費浩繁中報今河身決黃堌而南從韓家道口至趙家圈百餘里衝刷成河即先年議復之故道也雖趙家圈至蕭縣東鎮曲里鋪石將軍廟至兩河口直接三仙臺新渠計長僅四十里淤運閘趙埂等估挑闊十丈深一丈募夫五萬人費可八萬餘兩不過一月有半可以竣工此河一開則目前大挑運河及小挑濁河工程俱可節省誠所謂事半功倍者也至於善後之策則來夏迸南一帶蓋隄宜行河南管河官修補東南北有母河舊渠宜接挑寬闊使足容受洪流趙家圈淤淺易淤宜先挑支河俾運河處所闢口仍於對河白岸接築壩謂遠水直射以免復淤之患

原吉[illegible]

浮橋改已建閘節宣以洩之水則鎮口一帶濟運亦無藉於黃流也既經河臣會議詳悉乞敕下遵奉舉行報可

張朝瑞治河議○言分黃導淮有三失○議塞黃堌口以復故道○議開高堰一帶閘壩

明神宗實錄朝瑞議曰今之分黃導淮者有三失夫淮與河合自宋熙寧以來五百有餘歲矣泗州向無水患萬曆七年泗州之東築高家堰以遏淮而淮始爲泗陵患欲拯患宜導淮欲導淮宜議高家堰潘臣謂泗陵水患病在高家堰而開周家橋達高良閘止其對症之藥河臣舍此不議而爲分黃導淮之議不知淮之患在泗州地方黃之患在清河地方相去二百里而遙黃爲患宜分黃導黃淮爲患宜分淮導淮各因水勢而利導也乃分清河之黃以導泗州相去二百里之淮是隔靴搔癢也近日淮流稍安泗患稍減皆開橋建閘之功分黃爲與焉其失一凡水合則力強力強則流急流急則河闢分則力弱力弱則流緩流緩則沙淤河不兩行所從來矣至入海之處尤宜會同神禹導河分一爲九以殺其洶湧之勢復合九爲一以迎其奔放之衝禹貢曰播爲九河同爲逆河入於海是也清河縣黃家嘴去入海處僅三十里乃開一新河分黃河而二之神禹合其流於入海之處河臣分其流於入海之處是反而行禹也今舊河深闊如常新河淤淺日甚新河未開不見害新河既開不見利而耗金六十餘萬虛糧三十餘萬丁夫一十四萬徒付諸東流矣且舊河行新河必塞新河行舊河必塞舊行新塞猶可說也新行舊塞如運道何近有欲開騾鋪河者幸得撫按之嘶而止黃家嘴去騾鋪僅五里許其上一騾鋪河又開一騾鋪也其失二防河如防虜自古記之異巡視責勤其防備責預也黃堌口之決已非一日萬曆二十一年八月內職爲山東濟寧道副使屢言其宜塞額五六年來視爲緩圖涓涓不塞遂注成河而黃堌口遂大決縣西而南漫流宿州等處五百餘里至宿遷縣南始會舊河而徐呂邳宿三百餘里運道乾涸漕舟淺閣遂遺公私無窮之患其失三此三失爲功爲罪必有能辨之者乃河道諸臣居功不疑且謂爲黃堌口必不可塞徐邳河必不可復之說而舉朝無有非之者其亦未之思耳然則如何而後可亦曰塞黃堌口以復徐邳故道而已黃堌口

不勢所[illegible]中者出則徐呂水不行此定勢也臣嘗聞諸父老塞全河難塞支河易今黄河分有三支一支流鎮口一支流浮橋黄墩口特其支流之小者在夏秋難塞閉在冬春則淺狹塞之無難費亦不巨爲今之計宜乘冬月水落并力塞之俾河繇徐呂邳宿入海以復運道又當善爲經計如遇淺或因水勢以刷之或因人力以濬之夏秋水發或慮運阻以具之或整深水閘壩以宣之隨時講求自有前人已成之法在焉昔先臣王中河決濟寧曾嘗以爲宜塞北河疏南河使復故道役不大興害不能已於是大發兵民以修黄陵口五閱月而疏成今日宜當如是矣徐邳故道既復新河即當塞以其無益反害之也近高堰築壩建閘亦無遺策然泗水未見全消者蓋聞泗州有浮水有積水浮水害大而去速積水害小而去遲諸閘既開浮水不足慮矣若夫存積之水頃宜今民有河渠者濬其河渠有溝洫者濬其溝洫俾水有所歸而不爲害或效以三吳水利之法治渠灌田則積水漸消民田通治亦泗民之水利也其高實湖水使然蓋溢者蓋高堰以內上流也以外下流也上流決則下流溢勢固然耳今高堰一帶閘壩不可不嚴也亦不可深閉也宜度地理遠近勢之高下於堤外有溝港行水之處狹者爲減水石閘闊者爲滾水壩每歲淮水小則聽其順閘壩之內以入海淮水大則聽其滾閘壩之外以入湖底淮水湖水各得其平堤內堤外各得其所泗州人民不起盍決之念祖陵風水永無破壞之虞真一舉兼得之術也近河臣經理周悉第恐其拘於前議未即毅然出一途歟且分黄導淮之論有誤後世臣生長淮濱曾爲河官聞見頗真不敢不言也

秀水陳璜輯

河議

楊一魁駁張朝瑞議○并陳分黃導淮事宜

明神宗實錄工部尚書楊一魁駁曰朝瑞海州人也州名曰海自古水之壑也自昔河臣潘季馴留金八十萬兩創築遙隄隄防全河兩東之海州獨見水患臣疏河鑿黃家嘴下五港又建滾水壩鯨鐵隄潰入於海未免小有害於海州然為天下計者不顧一方往時水患嘗移之淮右矣歲歲增隄泉河爲高寶淮黃漲祖陵沈淪已二十年至撫臣牛應元始論關以報皇上赫然震怒作在事之臣特遣科臣等會勘朝瑞豈獨不聞何為其說不一處其國即彼稱欲杜泗陵之患宜導淮入海議高堰潘臣楮欽爾周家橋達高良澗真正對症之藥殊不知開武家墩於淺河臣與科臣張企程已先取後見效彼時周家橋高良澗尚未興工伊妄稱近日淮流稍順泗患稍減皆開建橋閘之力將議數千丈頭黃流為患宜分黃導淮勿專咎黃流宜分分則其勢合而不為淮病淮流宜合合則力全而不至為黃掣黃淮合流於清口二水相關黃高一尺則淮壅一尺淮退一步則黃進一步黃側灌淤沙橫截上流四五十里壅淮稍蓄於盱泗之間泛洋如海夫是以有祖陵之患頃自分黃以來始見清口淮反高黃反低長淮縱出將張福二口衝深一二丈闊百餘丈而泗州陵寢淮河之水頓落一丈湖陂變為桑田民有平土而居可見分黃正所以導淮此有目者所共見伊獨謂分清河之黃以導泗州相去二百里之淮是隔靴搔癢不知下流壅則上流溢水之源委尚未分曉乃敢妄議其坐井觀天也又謂河不兩行似矣禹只疏九河今黃壩分疏新河是分一為二下流仍合淮於周莊舟會合於淮於港上師禹之意所謂同為逆河入於海也黃壩去海口凡三百里妄稱僅三十里費銀不滿四十萬妄稱六十萬又謂廢舊河塞清河六十里運道而不知臣先已預為之計議將黃口河張兩頭建閘以備運道之舊河更近且便臣屢題請舊河淺則疏新河新河淺則由舊河兩河俱存真為運道便稱黃壩口宜塞黃欲塞黃壩須先挑舊河臣曾度舊河淤

高一丈之上計有三百五十里之於計公費非百萬金不可工大費鉅未敢輕舉乃另有得小浮橋上源即黃蜩下流中閒淺阻者僅四十里乃因勢而利導之兩年漕運頗得其濟方圖大加疏濬詎蒙簡命儕臣回部會議總督河漕侍郎劉東星代之行斷無事仍從小浮橋上源導河今已挽回南徙之河十之七八下徐呂二洪漕道通利何曾不復徐邳河道較若蒙黃蜩是衆漁而欲下流之通萬無此理伊謂臣有三失臣常千慮書有一得但與朝瑞私臆之見不嘗覿面耳伏乞皇上特此疏與張朝瑞奏疏敕下九卿科道一併參詳恭候聖裁

沈一貫言河決有三事最急○請速簡任河臣

明神宗實錄萬曆二十九年學士沈一貫數惟懸用總河大臣因言事之最急者有三其一則黃水浸河南泗州祖陵被其患再綫不治鳳陽祖陵亦被其患夫祖陵國家王氣所鍾祖陵被患豈唯列聖龍蛻之藏不安於地而千萬年聖子神孫託根基命於何所彼庶民衣食之流尚忍傷其先塋受及一草一木况帝皇之家動關宗社亦切聖躬最不可緩圖者也其一則黃水浸漕河而運道阻塞南來十萬艘停閣不進京師之米糧日貴百貨日少三輔沙礫何以供六宮廣百官餉九軍九邊而育養邦畿千千里之民亂生聳轂其憂不細非社稷之福也其一則河南山東徐沛之閒乃中原都會之區譬之身爲腹心之位譬之家爲堂除之所此而昏墊耕桑其猶商賈不出則腹心潰而四肢皆壞爛不可收堂除隳而四隅皆阻隔不可通故中原之民尤當愛護中原之地尤當聖關今其陸沉如海而無完土非社稷之福也從來此河道關係之大於九邊比河臣責任之難於御虜人臣職莫之任皇上又不令任臣實憂進如坐針氈若託之非人或因之爲利不顧利害之切身第取餔餟之快意此視國事若兒戲而討之至懸者也臣爲此懼竭忠盡言亟懸其推之外更無要術畢委河臣之外更無奇策畢責成一日則早拯救一日使之講究利害之歸底置疏塞之法此十人者已極一時之選惟皇上選擇而使之耳

田大益以河決歸咎於劉東星楊一魁

明神宗實錄吏科右給事中田大益言諸臣談河患者言人人殊大都皆以當日黄河之分而不挽黄堌之決而不塞致令水濁沙壅下流淤而上流潰遂道阻而陵寢危爲當時河臣見任工部尚書楊一魁與已故尚書劉東星失算咎也東星既以憂瘁致死而一魁自陳治河始末及河決情形之疏亦數百十言其言分黄導淮之說不塞黄堌之故與今日蕭家口之決皆任黄堌上流且謂河性靡常能策勝於數載之前而不能逆料於數載之後其言甚具然亦豈能逃辭其責哉臣以爲宜令一魁解任回籍并敕在事諸臣備將修舉河工以來河臣的係何人何處并何年月興築塞不塞應浚不浚果否失宜以致敗事從公勘奏而後聖斷加焉庶情狀核而人心咸服勸懲當而河患可除耳不報

吳崇禮議即由決口浚河○挑濬各口事宜

明神宗實錄十月辛酉工部覆奏江北巡按御史吳崇禮疏河南張家樓決口在開封府東北寒滿寺決口在歸德府正北全河既潰勢難捍禦不若從決口圖之猶可事半而功集也查得張家樓決口尚小堵塞易就寒滿寺西北宋家莊上流傅家集南河相望約十里許乃黄河灣曲之所須開浚直河可以引水東流仍自徐家口起至劉家口止約長十二里大加挑挖務將渠闊容受水汎并將李吉口以下至堅城集三十餘里沙淤河道盡力挑通其黄堌口以南如馬溜武家營何家集各處決口速行堵塞更加堅厚使河流盡歸正漕免致旁潟又恐全河衆復灌於鎮口再改挑唐家口而注之龍溝入小浮橋庶既資其利又免其害目前急切之計似無出於此者查各處決口俱係河南地方前經題議推補總河未奉旨允爲載擬行趁此入冬水凍用工頗易移文河南撫臣如奏預先料理一面仍候簡補總河大臣庶不致於誤事從之

高舉上河漕三策○一正策○一旁策○一備策

明神宗實錄十二月甲子朔工部尚書楊一魁覆奏御史高舉條上河漕三策言今之河利於東注而不利於南徙一恒人知之第全河盡潰勢難遽施堵塞之力誠何容易故臣等前疏必欲從決口圖之如傅家集宋家莊等處開浚直河引水東流并浚李

吉口以下至堅城集三十餘里沙淤河道盡行挑空再改挑唐家口而注之龍溝入小浮橋以防全河東侵灌於鎮口之患議從塞黄堌口以東其流再塞新決口以障其溢庶乎正漕有歸故道得復不致下流不通即上流已塞而旋塞旋決或此塞彼決竟何益哉故臣以爲開直河塞黄堌浚淤道者此正策也今日所當急行者也泇河之役全藉山東泉源之水先經挑浚未見漲廣且中經梁城彭河葛墟嶺等處山多石礙攻鑿難施故口僅一丈六尺淺亦如之即今回空商艘[illegible]可稍稍經行則成功可惜似當大加疏鑿或相度地勢每十數里築墻一座中置木閘以資蓄洩以待新運即一時水淺不妨起剝其轉輸往渠上提挽山呂孟之間多方疏導併無淤淺阻礙之患順流入馬家橋夏鎮以爲運道接濟之資亦一時權宜之計故臣以爲浚泇河底成功濟漕艱者此旁策也今日所當併行者也至於開膠萊河一節先臣劉應節亦嘗開之而旋寢矣彼所開圖新河也一病於黄埠嶺之險峻再病於馬家濠之嶂巖三病於大小沽之直衝故疏鑿不易迄無成績今查臣所議欲棄新河竟復元時故道誠爲省便但此河計地四百餘里工程浩大其間道里險夷疏閘難易經費多寡與夫河海更船之故借用班軍之說實非臣等所敢遥度者宜轉行各該河臣躬勘相度計議停妥覆請定奪故臣等以爲開膠萊河以復海運之遺以防河運之窮者此備策也所當熟議定計得而徐行者也行此三策而又在審緩急備次第功不混於濫施期於中窾費不拘於算會期於有成竊以爲當今治河要務計無出於此者

桂有根言諸臣難於議河之故

明神宗實錄吏科都給事中桂有根等疏催總河大臣因言漕河淺澀挑浚不易祖陵昔受水患黄河之衝決尚在黄堌迤南茲又上徙於黄堌之西百數十里歸德永城而下通爲巨浸春夏之間雨水暴增恐淮泗並不敵黄而祖陵左右復爲沮洳之區矣先年黄河漕河用兩大臣僅僅竣役自并漕河於一人曾幾何時遂至大壞今奈何欲引爲漕運之利則又難時河未南奪害猶易避今歸永諸處大決泗州之野爲望洋欲因以避陵寢之害則又難往年河臣與河相習或數年或十數年猶得徐圖利害

而今欲以數月之人力奏八年之高功則又難以哉羣臣議河冤於議虎下方是難上復憶諸盟計如國事何

李三才議建閘濬河

明神宗實錄閏二月甲午朔鳳陽巡撫李三才議治河緊要之策鎮口閘起至磨兒莊做閘河之制每三十里建閘一座依時啟閉以濟新運及堅城集至鎮口閘止挑濬河渠約費銀一十九萬有奇須留漕糧乃克濟事

俞汝爲條議河務〇一治河任事之責宜均

明神宗實錄山西沁州知州俞汝爲條陳河務一治河任事之責宜均夫河南山東鳳陽巡撫俱兼河務中河南河張秋夏鎮泉閘俱係管河特以事權不一設總河都御史節制之耳今奏報其心獨累總河以致物故者前後相繼而總河遂爲陷穽請申明畫一令處有河地方分任其責功罪一體庶同舟之念自專而事可永濟

一河工緩急之勢宜審

明神宗實錄一河工緩急之勢宜審治黃治淮原非兩事疏濬築塞三法本自相資夫淮水泛溢爲祖陵患者黃水灌入淮水不出海而起耳往時淮安閘口水漲則築水涸則啟年來規制廢格黃水倒灌入淮遂成巨浸故分黃導淮此其善策大南流不斷又增決口水入止藉瓜州一閘豈能宣洩宜倖議剛先斷淮安閘次塞蒙牆口使黃水不入再議下流如芒稻白塔射陽三湖引淮出海使有所歸如是而淮泗之間不安流遊險尚屬潦息第是理也決口之初宜急塞兩頭不使埽閘此爲上策今已無及擇其稍緩稍狹處可施工者塞之下流既疏上流若淤乘其既淤然後議塞決口於力最便

一山脈河水之性宜熟

明神宗實錄一山脈河水之性宜熟形家言黃河以南大江以北爲中龍由陝入嵩過豐縣起泰山盡於洪蒙三島左一支自祖柏分水曰淮右一支自河南分水曰渭而黃河北流從天津入海此爲故道也自宋熙寧間引河入汴勢逆入淮皆悖道今此不

察地脈之故也夫黄河萬里遠來合水既多更加雨潦湍急難制以區區人力事之不知量其然水本挾沙帶土而行急則深緩則淤宜急不宜緩故可合不可分可以傅而淤亦可以刷而闢沙與土異不可禦而可乘禦之則淤刷之則去殺之則緊此其性也攤沙之性故令河不必闢借水刷之堅土難立駐借儀沙築之讓水之性故支河必不宜繁欲塞上口必疏下流欲通淤道必塞決口此理甚明人所易見者惟山之土石有實起伏有勢高下分合本自天然善治水者因其勢而利導之焉以奏功合道諸地理有心計者沿州逐縣相度形勢併全河在目庶不致漫言而徒費

一錢糧經畫之制宜豫

明神宗實錄一錢糧經畫之制宜豫上策宜借內帑發水衝縣或議漕糧改折如先臣潘季馴所奏上則做兵興故事內外省直協濟下則責成河南山東鳳陽院道各從地方工力酌議方略其行漕地方量派夫工助之而河道督臣總其成庶可措手今請發內帑已奉旨內庫缺乏似難再瀆水衝金錢之匱舉朝共知唯請留漕糧先往戶部咨允協濟五分之一本部題將漕糧截已奉旨準留其內外直省協濟河南山東鳳陽派夫僱河工大舉之時近河諸臣自當分憂正所謂責任宜均之說也

一治河簡便之法宜采

明神宗實錄一治河簡便之法宜采不必別鑿此河河有故道如李吉口至徐州閘隄岸尚可因也不必議闢全河中間略闢小河一道通水自下而上近水處量留數丈以俟塞口將成并力通之黃水自然歸漕沙逐水走自然深闊此以水治水之法也舊議塞口必用捲埽鋪埽長闊不過以丈尺計所塞幾何往時崔鎮口決長不過一里深不過一丈二尺計用人工梢草檾麻等物并料築上流共用銀一萬六千兩今蒙牆口長數里深倍之當用銀三千餘萬且有虞其難成者如臣前議不拘決口遠近從中擇其可施工者兩岸築入兔用捲鋪埽土隨宜築之次用囊沙之法中流最急處用船船不必另造也查各處運糧船折造原有定額每捐一船除蓬桅外估價不過二三十兩計費止三四埽之值耳宜於糧船回空停泊時查議拆卸者留用在廠者責令各

處船夫論至淮上收齊約有千隻似省而便裝沙不必用布也江南米包每個價銀八釐再加草繩二丈所用百萬不及萬金所以開河夫裝乾沙土每包定以六斗以草塞口以繩緊束一人可負而走運至工所俟釘樁一定以婦掉運沙連包入水時日可集至中流急處方用裝糧船先期令夫船運土石或沙草滿載撐駕河濱每船用木樁三四根下釘以置重相挽以鐵貓扎定然後加土壅沉一時而下水自阻塞更新開水道并力挑通使黃水流通故道自然深闊其費之省約事之速成可坐而照也

一夫役募集之方宜酌

明神宗實錄一夫役募集之方宜酌河工重大役民動以萬計當此水傷之後沿門起夫累稱徭役大拂民情備行臣前議開河止於通水借水刷之可省工力十分之四塞河用船用囊沙二法可省工力十分之三往時用夫十二萬十四萬者今可用夫七八萬而此七八萬先借留河南山東鳳陽班軍次宜借洪夫閘夫及淮安等募夫總計二萬有餘此輩有本等工食每日每人加給銀一分約束頗易然後議起民夫選能幹有司統之并力興作河工自可計日就緒矣

一天時寒暑之候宜乘

明神宗實錄一天時寒暑之候宜乘河上之役入伏則水發難懷至凍則鍬鍤難入唯春月夏四月與九十月乃可施工若不預為區處將來斷不悞事宜行總河督臣速將築塞開浚事宜及錢糧夫役料理應分三四工以淮安塞口為一工以紫楠塞口為一工以開浚舊河水道分作兩工各以本處道府官董理之坐名請旨而以往來相度稽察催督責之督董一切係要待時而行庶眺期無悞其疏下流如芒稻白塔等處俟事定後相度議行

一泇河挑浚之工宜罷

明神宗實錄一泇河挑浚之工宜罷先臣朱衡履勘泇河謂以其中有沙礫侯家灣有巨石自梁城以至馬蹄灣湘底皆石長五百五十丈闊七丈工力難施費以三百九十萬計勘科議覆今疏導之宜收全功不過借湖水以資糧爲目前計耳查泇河起自

呂梁十里之下至宿遷之上落馬礦正中有柳湖周湖連江蛤蟆一湖接濟最便而呂梁以北宿遷以南勢必收資於河若南北不通閘泇寔益是閘泇河不能不治黃河工有二用費益難庶應俾并力河工

胡忻議開山東王家口事

明神宗實錄萬曆三十年八月甲寅工科給事中胡忻疏臣惟河患上侵陵寢下妨漕運治河者求其無害於陵運而已不必於地方俱有利無害也頃者我皇上軫念河工事急特命漕河御史侯邦亮會同總河及山東河南直隸撫按等官勘議近諸臣投揭到科謂山東曹縣王家口有迎溜入淮之勢必欲挽全河而東無逾開黃家口已而人言嘖嘖有謂黃家口之開河南以為利山東以為害者有謂河身低王家口高即開水未必來者有謂山東巡撫以開黃家口為不可故會勘無疏且告病以自明者有謂總河亦知其不可故持論兩端以築隄建閘為得計以復全河耗財疲力為多事者甚至河南道御史牛應元疏請詳議案下部覆勘臣愚謂河自蒙牆決口而下豐徐邳宿遷之間總歷三省豈能盡有利無害哉第當度地勢視水性為陵運計耳地誠高難以引之東即利河南豈可鑿使高地誠下可以挽全河而復故道即不利山東安能從旁尼止蓋臣先國家而後私圖不當各分畛域王家口誠不可開何不於會勘待明證可否若之何輪蹄踵集而議者始從中格謂事體何臣竊為山東撫臣不取也至於總河皇上既挈全河付之治則其功不治則其罪果能實見得是即宜斷在必為天下非之不顧持兩可之說何為者若曰錢糧無出恐生變夫人未有自絕命脈斷咽喉者國即匱乏寧坐視陵運阽危河臣受用中臣竊春初皇上責河事決裂亦逐誤事之臣任簡河臣假之便宜若朝不待暮陵運庶幾無恙斷不於無事時興工料理為陵運長久計一旦水患沮洞隄潰縻爛起而圖之何及哉

工部議開王家口塞蒙牆口

明神宗實錄萬曆三十一年正月乙丑工部言山東巡撫黃克纘奏開王家口因[illegible]

□上流壅則下流不宜旁洩下流淺則沙易壅沙壅則上源潰決之處必有所不免者宜命總河酌量從之

李牧急入收保之法○張仁愿捨三城之法○周亞夫以梁委吳楚之法

明神宗實錄六月乙巳工科右給事中宋一韓因李三才揭逞上言黃河故道已復陵運無虞惟是蒙牆決口未盡堵塞李吉口堅城集間有淺沮未盡挑浚南岸陵單薛未盡挑築義安山清入小浮橋未盡歸一徐邳以下隄岸傾圮未盡增築而且其最乎歎河之難塞也防河猶防虜師有三鼓河有三候六月是其一鼓作氣時也七月則再鼓而衰八月則三鼓而竭矣今以河勢虛憍銳不可擊合用李牧急入收保之法謹避其鋒急保歸墻并固守諸要害可也然河非持久之水也每泛漲一次不過三四日旋落矣俟其水勢消落機有可乘合用張仁愿捨棄三城之法即日篤持畚發水漲復上可也至於李吉口堅城集以下水勢漫散決口既難猝塞而堅城諸處既無洩水之區恐其再決口也愈怒其為力也愈鼓此時合用周亞夫以梁委吳楚之法姑少舊之以殺其勢仍俟水信以為工程可也若堅城以上深其中流徐邳以下高其兩岸使下流有所容上流不得決而舊河畢以塞此十全之策固非今日所能辦亦今日所不可不辦也伏望亟敕工部飛檄諸臣速依舊總河分派工程悉心料理以圖萬全

上令采其語與新總河行之

孟成已言濬新河急於塞舊河

明神宗實錄壬午工科署科事給事中孟成已以河運喫緊信地係屬中州請闢河南總臣因言今之治河者浚舊河爲第一要務吳臣以爲浚新河爲尤要何也蓋水惟下流則上通下淤則上決惟歸一則流猛淺則淤河若潰決處處水勢散漫無所歸著上流復奔騰而下水難容注不決何待以故黃堌未塞而蒙牆即決者坐此弊也若新河不疏無論舊河難塞矣而上流之處必有繼蒙牆而復決者此在新總河當有遠識灼見也

歷代能動河工失事緣由○請勿急挑浚而緩隄防

明神宗實錄萬曆三十三年正月乙酉總理河道少保兵部尚書工李化龍奏曾勘兩年河工失事緣由大約三十二年之決豈先單後塞之失失於延視之不蚤單之失失於下埽之不早而釀之則三十一年蘇家莊之決釀之也蘇莊之失或謂先發後決或謂先決後潰於南直山東交相推諉第靈新河放水數日即有劉家等口之溢非下塞何遽有此則關捩不如式之罪南直任之水已南行三月因隄防不固始有蘇家莊之決非大潰何為使然則防護不如法之罪山東任之然而補苴多勞隄遶無恙功過亦有不相掩者在事各官除黑陸物故不議外見在郎中劉不息家政來三轉同知張秩劉譽正許仲譽知縣戴一松相應分別罰治而臣更有說者年來議於隄防急於挑浚及至隄壞水溢尚不引咎於守隄之不力而且委罪於浚河之不深則何不取河勢觀之也河北岸自曹縣以下無入張秋之路南岸自虞城以下無入淮之路惟是向來運道由徐邳以達鎮口故河北決曹單豐沛間則由昭陽湖出李家口而運道溢南決虞夏徐邳間則由小河口及白洋湖而運道涸今加河一成自直隸以至夏鎮以三百六十里之黃途易而為二百六十里之捷徑此後黃河在山東直隸間能係運道之命者寡矣獨朱旺口以上決單則單為沼決曹則曹為魚與夫豐沛徐邳魚碭數十萬生靈皆懸命於運道之一線則隄防亦何可緩也至於中州有更重者則隆口銅瓦廂等處皆入張秋之路也一不守而北壞運南犯陵又豈直一城一邑之利害已哉故隄防固則上無泛溢下必順流不圖而下雖通行上必受肇此一恒人能辨之而何待議者之紛紛也前年水行陵北則曰昭陽湖不能容水水且倒灌其昨歲水分陵南則曰新河不能容水水且倒灌矣倒灌之說興緊溪蓄之塞樓卒之陵漬河潦水之取道昭陽湖而南者自如夫安見其倒灌也則又何不取地勢觀之也自朱旺口由苑家樓杜家樓以至小浮橋上下相較可低三四尺北高南下居可知矣若水入新河兩兩分行縱伏秋暴漲不過溢岸而止豈能自卑趨高自下趨上哉故上隄護守則河必在朱旺口上下亦其自然之勢也又何倒灌之足患也倒灌之說原為夫隄者逃罪之地乃其弊也人心不定人力不齊延緩失機逡巡待變甚者師陰陽之說以來南中操縱之權以來兩合卒使河臣疲於奔命而河事壞於多歧則以不明於地勢與河勢而[illegible]

所關東岸係邳人無不守之地上自司道下至府縣人無不守之人在府縣掌印官必與管河佐貳同其賞罰在地方守巡道必與管河司道同其功罪庶人人在事自不得分畛域人人曾有自不暇騰口說其有害事僨成而巧辯自文以圖分功推諉者重加參治勿事姑息

宋一韓言全力治泇半力治河之失○有三可惜二可慮

明神宗實錄六月甲子工科宋一韓言今日工程所稱勞費無已者無如黃河人言黃河天上來總萬里挾百川四瀆並發害前代正避其害我朝兼收其利所謂利者使漕也所謂害者善徙也河之為害所從來久遠有時而為利者人力勝之耳先是河決蘇家莊入昭陽湖夏鎮以南運道為梗當事者謂河險可畏遂併力以事泇奚端公私之費揣據將二年工力既鉅勞費不貲治河僅半泇既經始臣等復何置喙除睢一線來從河濱闕錯長堤之議先年開泇曾因黃河南徙二洪淺涸今全河北趨二洪溢滿何至為咽喉淺河之食兩鎮口也亦異以異於經二洪也乎溜躍陡灘事自定如去年糧艘半由河半由泇此其證也河不勝徙安可勝避如日南陽故事可做臣等未見張秋之可移也乃今視泇為正而視河為贅故以全力治泇以半力治河緩急利害之衡尚猶有未盡者臣等竊謂有三可惜二可慮焉竊謂河之中道治河而收其有利無害舍泇河將安之乎當轉瞰以減費船工卒貽後患備者河形亢張春銷易施若以原估之數竟原挑之工議既不煩更端事必不至再誤乃曰泇河有議之所不敢出也遂使河身益高分歲同故莫不可惜南守徐陝北守太行使今河游衍於其中雖二費後生不能易也乃單陝欺決太行獨以一線與全河抗衡雖四防二守三令五申大吏有壬尋之精誠小吏有盂旁之專勤不能保前人以纍卵成之後人以容易失之豈不可惜分黃導沂以殺河之情形亦既可睹矣加工既罷謂宜亟復導河使河為正道泇為附道奇正相生圖滿萬全斯稱兩利俱存一勞永逸善之善者計不出此而躊躇不斷遷延未已將使河泇交困勞費罔終又豈不可惜凡河之性歷主潰潞主湮今河距昭陽且嘶於矣縱伏秋已至而浦黃量有遲不溢則漬可使變沛之憂將之南滁倘如先年決

黄陵岡衝張秋故事運道且中斷四百餘里國儲謂何得無慮乎河之南害陵也尤甚於北害運往年黄堌守失大司空潘季馴可爲炯鑒矣今其故道尚在假令走實會河出符離橋猶曰天幸倘如近日棠梨之决潰沙闊趨固鎮將淮泗之間滿而患且上及陵寢億萬年王氣謂何得無慮乎

曹時聘奏河從情形○言河之大憂者三○言機之不可失者二○因陳開築事宜并支用錢糧

明神宗實錄八月癸卯河道總督曹時聘言自蘇莊一决全河北注者三年矣初泛豐沛繼沼單魚陳摯之塞不成而碭之隄盡壞今且上灌全濟亭侵運道其勢茲未艾也臣受事來數親詣曹單豐碭上視王家口新築之壩下視朱旺口北潰之流相度地形體察水勢咨詢於沿河故老以求所謂挽河之策因知河之大可憂者三而機之不可失者二何也水性就下惟下有所歸斯上無所溢惟下之往也順而且駛斯上之來也遍而不留今河决行隄泛濫平地之上昭陽日墊下流日淤水之出李家口者日漸微幾務不得不退而上溢溢於南則孫家渡野雞岡皆入淮之故道無謂棠梨已塞而無虞於陵溢於北則芝麻莊荆隆口皆張秋之故道毋謂泇役已成而無虞於運且南之夏商北之曹濮其地益卑其禍益烈其挽回益不易無謂災止魚濟等處而無虞於民此三者視指知歸杞憂方大河之不得不治也明甚制及時而治之又有可乘之機乎自王家口以達朱旺口新導之河依然在也因而疏通下流以出小浮橋所費有限非復昔比從此三百里長河上下條暢可兼久安機之可乘者一自徐州而下清黄並行沙隨水刷河底日深河崖日峻此亦數十年所未有也因而導水歸槽容受有地昔年議挑之費皆在可省機之可乘者二蓋以水爲師因勢利道惟此時爲然萬一坐失事機忽而不治或治而仍量挑以徼天幸至於前功盡棄後患相尋其勞費可勝備哉今司道各官殫心竭力熟思審度謂河之中路有南北二股北股出濁河再疏再塞往事可鑒惟南股出小浮橋地形卑下其勢甚順度長三萬一千四百丈有零議闊口闊四十丈以至二十丈不等深皆一丈五尺共該土方四百六十九萬五千有奇用夫六萬名自於義安山建減水閘以分其流濬荆石兩渡石堤以奉水[illegible]

塲工程估計銀八十萬兩及查河道錢糧則見儲銀積欠除已查庫金房[illegible]

若懸有無藝之征物力匱然公儲虛耗臣等抵奉寬綸集思廣益既不敢蹈前車之轍又不能爲無米之炊惟有仰乞聖恩多方處給或在工部或在別部約湊六十萬兩留附近漕糧四十萬石共足八十萬之數俾臣等於今歲九月間嚴督夫役開濬徐等處本折漕糧先解工所募夫支用其餘銀兩陸續起解定限歲裏通完蓋南陽水勢日異而月不同入伏以來黃流會溢於濟漕渠者六七尺不等金鄉魚臺又爲魚臺之續道此而北直灌張秋矣今不治來歲新運即有泇河可通而自夏鎮以至安山其能無異而渡耶疏留中

河議

秀水陳璜輯

陳化龍推原開泇之役所以致漕〇行隄之失無與泇工

明神宗實錄萬曆三十三年十一月癸酉原任總督河道陳化龍奏臣愚不肖蒙皇上授以總河之任以其年七月入境八月視事至次年七月丁母憂今年三月挽里中開通泇河二百六十里行運二年計船一萬六千以上今年運事視往年更早二月已經巡漕御史及河漕二總督具疏報明臣以為可幸無罪矣近見邸報工科右給事中宋一韓條陳河事多反於臣料臣所以少臣者其說非一總之棄黃工泇致失行隄而已其意豈不曰開泇分黃費亦不少併力以挑黃河則一丁百丁何用泇河又豈不曰河塞不成但樂泇而守隄亦何至失隄嗟夫臣何嘗一息敢忘黃河哉惟是當年時勢有難以即興大工者查前總督所估大挑計費一百四十萬金起夫動至一二十萬彼時現銀尚不數萬工何敢即興大役之後僅戶數萬民間視挑河如就死地工又何敢即興縱使有銀矣有夫矣開挑之工遲以二年計速以一年計再速以半年計而運船不能待矣然則臣非敢棄黃工固必不得速也臣非欲工泇勢固必不得已也且泇非目下可以代黃也以二百六十里之安瀾代三百六十里之險道日省八千運船不兩月而過盡即謂之百年永利非耶今議河者多以崗陽之漕為慮不知泇成而後可慮者止此百里之漕泇成而復為漕防河者止此百里之間耳以連年之物力連年之事變相提而論泇縱不即開河亦不即成河縱不即成隄亦不即保縱使河成矣隄保矣黃水之泛濫難制而李家口之漕尚費挑修濁河之故道難復而徐邳間之淤淺沙險愚甚憂徐邳上下數百里之漕皆可慮也泇成而漕有所歸乃敢少以治黃期以休養民力待其喘息少定騷之再事大挑則泇不但為黃代漕亦且為黃助治也此臣開泇之意也泇甫就而臣值憂始不得復治黃矣丁憂之後尚有河工時不可失之疏有奉旨估計河工之疏臣何敢一息忘黃河哉向非丁憂則一年開泇一年挽黃運既不慎河亦可成何至煩言官之評議耶至於行隄之失則與泇工無預

洳河所代者夏鎮以南之運道行隄固無與也若當時遂能洳工而盡調官夫以守一隄未必有隄先已無漕患漕事者且在夏鎮以南何嘗及南陽截且自三十一年七月河決蘇家莊擱水壩是日即決豐縣縷水隄又一日即決沛縣四鋪口太行隄盡區未至濟寧太行隄沛縣者在河豐單者在水其半已失而其半已必不能守與尚書分河之後全河一半南行故南陽之漕是年不淤今年之淤則以八月大水全河北行之故耳洳何與焉嗟夫使行隄無三十一年之失則劉蕭口之決河可以啟河使無三十二年之失則朱旺口之分河可以成河乃隄再失而河再不成雖曰天災寔有人事臣職司行河分撥信地罰治各官乃議朱脱於口而謗議四騰臣已為射的矣臣所心折於科臣者謂臣實有僥倖圖成之心夫開洳分黃所恃者狹所欲者奢安得不謂僥倖然實以時勢艱窘工程浩大故情急慮生欲以救目前之急且圖為國家省數百萬錢糧為地方省數十萬民命無米而為全家之炊徒手而搏負嵎之虎臣之遇誠窮臣之心良苦矣洳之成早故臣得以二三十萬成前估二三百萬之工河之成遲故臣不得以數萬成今估七八十萬之事盡其所能者人也所不能者天也

曹時聘條議大挑事○一處錢糧○一募夫役○一嚴稽核○一儲薪米○一議禁戢○一酌攤鄉○一明激勸○一圖上源

明神宗實錄十二月庚戌工部覆河道總督曹時聘條議大挑事宜一處錢糧謂創派各項經費勢難猝至議咨三省直撫按不拘庫貯現征錢糧各照應募夫數暫借應用俟各項經費到日補還一募夫役謂烏合之衆漫無統紀勢不得不借力於有司議派山東募夫十萬河南六萬江北四萬聽各司道酌量均派掌印官親押赴工督催開濬其庫獄城池另委佐貳官看守一嚴稽核謂河工錢糧以十分為率五分貯之山東三分貯之河南二分貯之江北各委府佐一員專司支放凡應給工食應買物件聽該司道核實出給印領赴各巡按衙門掛號存案另委押官一員隨事稽查十日一報工完之日總按臣委官查核造册奏繳一儲薪米謂夫役雲集米價必至騰湧議借山東司庫銀三萬兩河南司庫銀一萬兩分發州縣收買米麥運赴工所聽給夫

丐者治河衆集以仰給貲一朝罷散誠恐人情騷動必爭相哄鬨之後人心思亂不得不爲預防議布置官兵照行伍之法編者給以藥其死者給以葬具又議訓濟官兵兩淮徐三道官兵各二百名騎爲戍守仍舉名約束無相擾害一酌議郵驛循直地方河患頻仍河工困累兼之連年水旱凋敝已極議將受夫州縣本年見征錢糧存留者破格蠲免起運者停徵一年其挑土處所壓民田額税照數豁除一明激勸謂在工各官奔走勞瘁料理錢餉暫工冷宿河壖拮据非破格優處何以示勸議事竣之日將府佐州縣正官已有恩典者於推陞行取之日準俸一年未有恩典者特準給與其佐領等官照例一體優敍省祭陰醫等官府幕首領加賞犒餘者給以冠帶仍免雜泛差役一圖上源謂舊河既塞決口已塞勢必滂灑東下新挑之河其深廣僅半上源則放水之後無論豊單行陵蕭宜補築即曹縣之王家口曹家樓儀封之小宋集蘭陽之銅瓦廂祥符之張家灣陳氏之伏秋防守更宜加護其最險要者王家大壩黄壩新陵皆淘灑經行之處合行管河各官各照信地備料募夫儼如大敵在前不得時刻偷弛

得旨依議行

沈應文言河決北股之故○并陳疏塞事宜

明神宗實錄萬曆三十四年六月己亥郭暶樓人字口河決北股至蕭城鎮口直穀按臣黄吉士漕臣陳宗契疏聞下部覆議着工部侍郎沈應文言朱旺而上徐州而下舊河甚闊每百丈以至二百丈今所挑新渠寬者不過三四十丈耳廣狹相懸吞吐不及勢必盈漫驅突也乃河臣原題量挑以分殺水勢者雖有郭暶樓之清泉浜所東原非決裂而不可收拾也自今行南股者十之七行北股者十之三滔滔大勢仍趨新渠且壩工止留六丈官夫雲集蚤錄立埽待衝刷稍廣水勢必殺數丈決口直一瓠耳之力但兩股並駛勢不兩強河性變遷滄桑立易且出之水不獨蕭縣楊家樓一帶上下四方亦皆有之轉盼伏秋寧無橫決則是河南北增築圻堤修補行隄不可不預也全河既已東注蒿溜必平今與溝漕接之際未經尾閭不暢上流壅擾明歲漕艘可又於治黄之後而盡由河乎是在河臣嚴飭各屬度勢厚築以救一舊

姚士慎言朱旺口大挑無功○黄吉士勘曾時聘論功不實○孫善繼言河臣不得論功○陳治河治泇事宜

明神宗實錄十一月壬寅河道總督曾時聘以河工告竣請敘勞績以勵臣工事下該部吏科給事中姚士慎疏曰臣惟國家有不可更之爵賞人臣有不可賞之事功往者蘇莊河決河臣議大挑朱旺口使水歸故道用帑金八十萬朱旺之役曾寵尚彭家樓之決視報即云築塞所功費料可稽然皆國家積儲安知今歲實費明秋之漲不又爲彭家樓之續也且河上之役上源下隄處處皆當其甘苦者豈有幾人潰決則萃流雜職受其罰隄成則高牙大纛享其功往時大決致議大挑大挑致議大功便河再決而再挑再挑而再議功是歲歲敘功無已時也先是巡河御史黄吉士會勘回奏亦言臣觀是役塞蘇家以開朱旺挽北流而使東注河臣殫心畢收厥實其處未嘗不慎築未嘗不堅也第河性善潰未易約束去歲蛐城放水即有人字河之溢今歲勘閱正值秋水之漲四望瀰漫楊村集以下陳家樓以上兩岸隄岸衝決多口徐豐州縣淹爲巨浸而蕭碭受害更深迨至勘後黄堌口復洪業經築塞時日非久而趙家圈至土斷成洪水隨至勢甚危處工程費多水更復漫不可稱全功自吉士之疏出而議者時起工科給事中孫善繼又上疏曰臣觀按臣勘疏內云蛐城放水即有人字河之溢又云楊村集以下衝決多口徐豐州縣淹爲巨浸又云河身常溢深沒田廬不可以稱全功臣等嗟嘆莫謂費者不知何如費乃亡何而敘功之疏至矣夫豐沛蕭碭死者長爲魚鼈生者又無居食以嗸嗸滿之虞而談地平天成之績無論國典所係不可欺即反之於心亦或未忍矣河臣得無以黄流已東還道無梗功不可謂多幾乎未思直口以下之黄即不治未嘗有妨於直口以上之黄即治何嘗消滿有濟於漕二三年所爲支吾苟完運務者唯泇河一衣帶水耳夫泇非能自爲泇所恃者泰山諸泉之助而沂直諸河之來也今歲夏前稍稍苦旱沂直諸泉即無以潤泇而泇告急黄淤則漕泇泇格又誰濟乎故治河如治病病有緩急治有標本專事泇以爲標而忘治黄以爲本非計也今調徐邳之間水多跌溜操舟之險比於龍門清黄故道漸淤淺隄岸頹傾卒難整理爲此說者皆狃目前而忽遠慮有如泇不足恃漕運告急額而國之豈能及乎宜乘此冬春水涸趁古洪閘抵蕭家閘大加挑浚堅築隄岸

以復故道錢糧取之歲修工程假以時月即實濬馬陵淺狭潞難行議開月河以避其險何不可者又言今之治漕者[illegible]黃泉究而即泇亦多遺策直口湍急一船挽拽常數百人銜尾而上前船斷纜則後船當撃實旁犄石俱墜河濵至於梁城以上韓莊以下千艘鱗集經月剝淺勞人長奸乍遇霖潦峰水出瀰野淄天蜂路窮既糧運積滯實皆於此故欲免直口之虎莫若巨梁橋東西開閘丈餘以殺其勢欲免守淺之苦莫若慨宼閘上下浚深數尺以瓊其深欲免暴漲之衝莫若築堤王市口以東使水歸浪花湖以避其害蓋總一河也自徐州以上必南不害陵北不害運中不害民如是者功成徐州以下必我欲濟黃則黃欲濟泇則泇我欲亙用黃泇則黃泇互為我用如是者功成功成而後議餉則餉不浮議糊則果不濫如竭有限之財驅重勞之民鉅便宜之贖當歲月之久而東衝西決有如漏卮方河臣飲冰之時奈何視為元圭告成之會乎疏上而廷議益遲久之不得論功

陸文獻上徐城不宜遷六議

熹宗實錄天啟五年九月丙辰兵科給事中陸文獻條上徐州城守不宜改遷六議一為運道不當遷每歲糧艘由清河而入近雖有泇河可行然河勢狹窄未春回空必資黃河故運黃水多泥而善淤六十年前徐州以下號為鋼幫鐵底以河至此要關也嗣後呂梁之間當事者去其中流石礎以為利於行舟不知河無關鎖常至氾濫所恃者官以倉庫錢糧民以身家性命為防禦故不至他徙倘城一變遷則臨修防守必疎潰決之勢其妨運道不小也二為要害不當遷徐城三面阻山一面臨河南引邳宿北挽兗濟西挽汴泗一瀉千里之勢以障江淮險要之設舊與金陵恃徐為南北咽喉且黃河自西而東閘河自北而南皆會於徐城之東北而下阻河勢河阻城勢居然一重鎮也如近歲蓮妖餘孽猖獗攻決月而不得逞以故河南江北得免於難倘遷鎮遠移餘孽實伏而無捍禦以限之無地方官督率居民以捍之萬一姦宄不測異議賊之塵而據其內是又猶進以寇而自失其天造地設之險也三為有費不當遷蓋徙城之說者亦為城基易陷不可復居耳然黃水所淤無不立涸者試看舊城中積水使黃有所容去故堤之當水衝者使黃有所入愈入愈濟不久已成平地既此約量加高凡公廨之陷泥中者增其舊址取其當

材仍舊添新而告成亦易也四為倉庫不當遷徐設衛所宿重兵乾庫運倉歲兌米一十九萬六千有奇是戶部漕糧領之令城遷則倉儲將徙之新城乎將因仍舊地乎圖新則倉糧之草脚滋費如仍舊則積貯之防衛難嘗況部司兼議稅務則部臺不能遠河倉廒又豈能遠河至官軍之防衛道鎮之彈壓其不能去河又明矣五民生不當遷古者徙民實關中實塞下者明王靡之恐其便於富民而不便於貧民也今徐城之有蓋藏者已他徙也其城外臨河而居者皆貧賤之細民也舉盈於時詘而輕徙為民方朱廬舍之安又無濱水漁鹽舟車之利民袁無賴而國計妨矣六為府治不當遷徐以陰重故有改州為府之議若遠處平地三十餘里其去邳宿睢何而不已攘府之險阻乎況府屬遠里適均輻東相依蕭與豐沛各遠州百八十里而僻處一隅去屬縣益遠亦何以成府之尊貌已則有雲龍山廷亙於城之西南肩相距可二里其間支河淺溝見淤爲平原即於府城南稍培之以土俾與山相接固高而立之基再建一子城設立郡縣倉庫於其內而以道部臣統攝之其舊城則設衛轉運而以鎮將統攝之以防奸宄行不測則有突至之水患可無虞矣其土原議留搜括八萬以興新役固用既屬民力愈疲不如守此現要留四萬以固仍修築捐四萬以助工助料所省巨而所全多也

李日宣議河工四事

崇禎長編崇禎五年二月癸未工部尚書曹珖疏覆河南道按李日宣條議河道四款其一為職掌宜明從來印官河官均任河防責原相等按臣議印河分認職掌以各按功罪不惟交制且以相成從前議卸之習今始可以盡破至中州之河道即運河之部臣一切防河事宜尤應躬親督核其一為支收當講凡河工物料實解收存支放弊實多端耗費無紀按臣立議當實遍計物料就歸德開封二府良益價值使之均平責成印官自賈小民既免采接物料必無折乾此為便計其一為核實工役河防易擾率由夫役多虛冒與工稍無實用耳必使夫役既無影占工食始免虛糜是宜按月消算遍行截給每月終印官出印鈐關支不遲一日不冒一工如有包占使乾與工料不實即以為印河之功罪其一議遷改河官防河重在秋水泛漲之時呼吸安危須刻

而則此後道臣隄遠將在冬季之後期於不悞秋防至河廳設立同知通判從來已久其法意近核當一遵成法不宜大段更張

可也

饒京議築新決河口

崇禎長編十一月丙辰直隸巡按饒京以江北淮安諸郡連歲災荒流殍載道疏奏爲災民年年之計莫如築新決河口一着淮之鹽城廟灣場之興化寶應皆棊布於河海之濱黃河之水順流入海所恃此兩岸之隄今年水泛河身淤墊復將蘇嘴建義等處決大口各二三百丈河水直從兩決口奔迅而下入射陽湖遂使相近各邑盡沉水中民所以無災無食而思盜也雖塞決工力頗大然不塞恐所失倍多所當亟時議築即驅此飢民爲荷鍤載畚之役將兩利俱存此又救災之長計也

吳振纓陳河患要

吳侍御奏疏明崇禎六年三月十五日廣東道監察御史吳振纓謹題爲河隄修築久稽祖陵之喝可慮謹以潮從未及可憂繁要仰祈嚴敕急築以救墊溺以固根本事竊惟我國家千百年之王氣本於鳳泗祖陵即如黃河之發源星宿海不可異道者也神河遷徙不常衝決靡定所可以人力爲事者不過溢者捍之則恃隄瑕者堅之則恃修濬塞之則恃築費半而功倍原隨水全潰水來氾濫之時晝夜拮据人工物料皆實少侵冒濫且之弊則恃遠夫沙泥逐水而下故河身漸高徐邳睢宿之間往往水平於城蟻穴不支遂同魚鼈宣房瓠子濺洚之隤臨江湖自崇禎四年黃河橫流歲歲爲患之害至五年霪雨挾堵天之從東南溯灌之州邑無不載胥及溺上下號呼然如雖奉灾民僅從泥淖之苦求及析爲剛而未陳河患之繇前御史吳甡河決一日不塞之疏繪具情形深切聖主簪餘之慈然而實無顯一畫所恃在新河蘇家嘴建義口三處費幾百萬動估計責成與從前黃河歸遠之下口非祖陵關係之上流也蓋鳳泗之水淮近而河遠故歸仁一帶之隄防淮而不防河以雖寫上下悉築而北長隄數百里隨河之積而東其流以歸於海此歸仁之外捍也向漕運更徐邳則爲漕運設歲動修築自黃河改道而急漕者棄此隄爲贅疣

邳州槩其擱壩羊山塞其分流水盡逼於睢甯有不容不決之勢矣故如餘[illegible]家圍諸口先後俱決是向之黃與淮至清河始合而今之黃水淸淺睢甯最下與淮合併滔滔無渡歸仁隄矣其漫散而衝之者黃強淮弱狂怒奔衝非一隄之力所能抵故修歸仁所以衛祖陵而不堅塞睢甯外隄之決口則水勢吞矣歸仁單薄若遇黃河泛漲桃花泡子非但數百萬生靈不堪久作沉蛙而祖陵萬一再驚何以慰皇上之孝思此憂河者所未全計而不知為治河之要者也錢糧浩費臣等目擊當大壞極盡之日不得不為一勞永逸之圖夫古今治亂以御洪水與懲夷狄治亂臣賊子並稱則不得以□□修苛之禍為細而以懷山襄陵之割為淺也至於昆竄之民死亡流竄什不存一則續新久淺不宜復派工料使殘黎若賜累之淚淖無依豈可坐從孑遺俾顛仆作淪胥之續地方有司倘仍蹈夙弊奸胥猾里攤派擾民治河大槩賤收貴賣遇同管河之官每兩止發十八錢而買運交納費至三兩者又闔縣報差報役用鋪買脫及包夫僱募得財無夫者又一埽用柳枝木樁蘆蓆繩草等件大者百金以次俱數十金而以少作多虛冒官錢者種種弊蠹難盡言者故河決之禍大而顧治河之虐修而深矣不見淮揚之患乎有水無地有地無田有田無人有人無貌自徐邳而下大江而上千餘百里以商旅輻輳之區為盜賊依匿之所邑里蕭條水陸幾斷不知者以為鹽賦所出宜為富庶而民愈貧商亦愈困與日久鹽亦日難竈戶鑫鑫必為將來之憂且曹濮相連萑亂不測不思以生之養之勞之來之如愛身者先護咽喉以通五穀而後可講調理滋益之方是在州縣實心愛民董河官親身查驗毋使難設處之金錢委諸逝浪已陷溺之赤子再納溝中是所當嚴加申飭者也

崇禎末王永吉陳河形賊勢大略

崇禎長臨山東巡撫王永吉疏奏黃河之決大抵水從朱家寨衝決汴城東門直走睢陽淘淘東南直下鄢陵鹿邑正當其奔嘔之衝則亳州泗州必受其害泗州地形窪下祖宗重地在焉恐不免昏墊之虞矣曹單定陶一帶皆山東地方在汴河下流若論徐邳濟甯一帶皆南直地方則曹單復為上流皆見行黃河故道也今新河既開則舊河自涸上流既斷則下流自固相視之

[illegible]

東河險已無可恃非添撥大兵分信提防難免暗渡此河形勝勢之大畧也伏乞皇上立飭總河臣星馳受事或築壘以遏往流或疏鑿以分水勢并乞敕下督臣偵詢河南撫臣高名衡豹調兵將按地計程聚兵會置火器設遊兵防河一如防邊之法保全一綫咽喉若夫鳳泗水勢有無侵及陵園總漕臣史可法行將馳報今尚未敢遽擬耳

黃運兩河總說○原黃流入淮之始○明中州致決之由○綜論歷代河患○綜論歷代治法○歷代河道分流○歷代河臣建議○總明兩河利害相因之故

明副書國初都金陵漕舟於江其輸運卒則自海運即元人故道永樂中改都於燕歲漕東南粟四百萬石由大江涉高郵寶應諸湖絕淮入黃河經會通河出衛河白河遡大通河以達於京師設爲諸洪泉壩閘蓋南北之咽喉天下之大命也淮泗水相與泗州祖陵在焉河決而南則逼祖陵抑而北則妨運道引而東河淮交注又患有清口海口之壅塞順之則水直瀉而漕竭逆而隄之則此塞彼決而漫散爲患蓋二百四十餘年督臣謀士彼善於此者則有之未有能使橫流寧妥永爲百世之畫者也請按黃河之原委及諸運道海道與當代治河之得失諸家之議駁而參以管見俟治河者財擇焉考郭璞釋黃河之源起崑崙山潛行伏地至於闐國乃分流岐出合而東注鹽澤復由積石入於中國遶漢中至寧夏寧州復入塞中曲折行二千餘里名曰河套即我故東勝等地淪於虜者至山西之老牛灣河始入中國套故沃壤而寧夏阻河歷秦漢屢築堤引水灌種河爲中國患獨此變其利自河套不守民苦虜掠不得耕種而地亦荒蕪矣河既合秦晉諸川其流始大至河南遂散漫汪溢至山東勢益衆患衝突考之三代以前河東北入海未嘗與淮合也自漢後頓丘隋煬帝引汴而河始入淮蓋歸於宋熙甯澶淵之決至於今日全河入淮矣一自蘭陽東南流由杞縣睢州寧陵歸德行睢橋宿遷小河口入一自寧陵南入渦經亳州蒙城懷遠荊山口入一自儀封北折經黃陵岡曹縣家口梁靖口出徐州小浮橋清河縣入此河之三道也按輿地河由三門七津而上有碣沙磧曾夏太行諸山

夾之相類東不為患過汜至孟津而下岸無山矣即河南有北邙山河陰有廣武山亦僅障南岸一面北岸無所夾東至武涉又合以伊洛沁汜之水故其下益汎濫者必然之勢也按禹導河自積石至龍門南至華陰東至底柱及孟津又東過洛汭至於大伾北過洚水至於大陸播為九河同為逆河以入於海而水患始平至殷屢遷乃數遷都以避河圮猶未徙也周定王五年河徙矣猶未決也漢文帝時決酸棗自武帝築宣房於瓠子館陶分為屯氏復入千乘德棣之河又播為八水有所洩而力分故由東漢迄唐鮮有河患宋塞六塔斷二股議者紛焉而借河禦虜抑又繁矣明洪武二十四年河決原武黑洋山瀰而元會通河故道遂湮時以海運運餉故獨議河無議漕成祖北遷始猶海運實茲京已復會通河海運遂罷時河最為要平江伯陳瑄建議閘廢力閘至今賴焉正統十三年溢滎陽縣自開封城北經曹濮二州陽穀縣以入運河至兗州沙灣之東決大洪口諸水從之入海景泰四年徐有貞乃更作九堰八閘以制水勢復於開封金龍口等處開渠二十里引河水自蘭陽至徐與清河合而河入漕自此始宏治二年復決金龍口趨張秋出中牟下尉氏溢蘭陽儀封考城歸德至宿州瀰漫四出不可禁白昂異性築堤塞南北分而主疏五年復決金龍口未幾又潰張秋隄奪汶水入海東昌臨清流幾絕而漕舟莫阻廷議謂河不可復當復海運而朔護帶是也命平江伯陳銳都御史劉大夏治之發丁夫數萬於黃陵岡南濬賈魯河一帶分殺水勢下由梁靖口至丁家道口會黃河出徐州流入運河又從黃河南濬孫家渡口別開新河一道導水南行由中牟至潁州東入於淮又濬四府營淤河由陳留縣至歸德州分為二派一由宿遷縣小河口一由亳縣渦河會於淮又從黃陵岡至楊家口築堤埽堰十餘并築大名府三尖口等處長隄一百六十里始塞張秋決口更名曰安平鎮又於河東置減水石壩分五洞以洩水勢正德四年溢度孫營決曹縣之溫家口馮家口等處又北徙至儀封縣小宋集而決衝黃陵岡埽壩溢入賈魯河敗張家口等處縷水小隄循運河大隄東南行而賈魯河下流淤塞亦出張家口合而南注遂決楊家口直曹單二縣城下直趨豐沛命官塞之十二年溢武城縣濼漂城郭田廬舍官修濬嘉靖五年上流驟溢東北至沛縣廟道口截運河至雞鳴臺口入昭陽湖汶泗南下之水從而東而河之出飛雲橋

昔濱河北泥沙壅淤亘數十里管河官力濬之僅通舟楫六年復塞老和尚寺八里屯張家莊等處命官役丁夫數萬於昭陽湖東北起汪家口南抵留城口改鑿新河以避黃河衝塞之患尋以異議罷役命官仍故道濬之修築單縣林臺至沛縣舊城堤百四十餘里以塞入湖之道又濬趙皮寨孫家渡口殺上流之勢沛漕復通九年自沛北徙橫流金鄉魚臺出穀亭口命官濬趙皮寨抵陵甯故道及築睢州張見口至歸德州長隄百餘里以禦泛濫尋以河流改道罷役十四年築芒河口繚水隄一道長三里又於曹縣八里灣抵單縣侯家林築長隄八十里十六年築地北店野雞岡等處淺支河四十餘里十九年濬睢州孫繼口至丁家道口淤河五十里二十一年又築野雞岡上流李景高等口支河三道河東注以濟二洪二十四年由野雞岡決而南注泗州合淮入海壅臨宿城五河臨淮等縣二十五年又決曹縣溢入武城金鄉魚臺單縣沛縣濟甯等處命總理河道都御史會同南北直隸山東河南撫按官親詣各縣等處不果三十一年又決房村至曲頭集凡決四處淤四十餘里命官濬之役夫五萬餘三閱月而成三十七年淤新集龐段家口析為六支入運河又由碭山縣郭貫樓析為五支出小浮橋會徐州洪四十四年郭貫樓淤遂決華山出飛雲橋截沛以入昭陽湖北泛湖陵城孟陽泊至穀亭南溢於徐命官往治乃據六年所鑿故道役夫濬之爲南陽新河又疏舊河自留城至境山又隄馬家橋遏河流之出飛雲橋者使盡歸秦溝沛橫流始絕惟秦溝時有淺阻隆慶四年又決邳州注睢甯出小河口自曹家口至直河淤百餘里命官濬之復故渠尋塞諸決口六年築隄自徐邳至宿遷三百七十里萬曆元年秦溝復淤修築峯山閘并護房村等處隄岸及築遙隄四年開草灣河自雲梯復至金城五港入海然泛濫如故豐徐邳之間隨塞隨決五年秦溝復淤自崔家口歷北陳鳩門集等處至九里山出小浮橋其一支自九里溝經蕭山歷符離出小河口而崔鎮大決散漫湖泊間桃源以下故渠多淺入海之路大阻淮安數受其害又開支河濬海口督漕都御史潘季馴巡行相視築堰以捍淮東使築隄以制河南溢嚴五壩啟閉使河內不得衝閘餘漕諸隄隨河者築為兩層總漕者各增築隄堤隄防護來闖者遠接縷以為卻有異常泛溢縷隄不支至遙隄而極可恃以無恐矣然隄堰雖堅而疏濬無法以致淤沙日壅

清口日淤泗陵水患實基於此十四年河決范口十五年決祥符劉獸醫口決蘭陽銅瓦廂決封丘原武長垣之大社集王家口茶城又報決矣十六年諸決口皆已塞淤者漸疏通十七年復決雙溝單家口於是大皐謀築趙生家至李景高口逼陵將軍廟皇塔山長隄築羊山至土山横隄河防幸無事至二十一年河復大爲患決汶上決東平決濟甯決鉅野決邳州宿遷高郵泛濫泗州幾成魚鱉之鄉祖陵松柏槁於水者過半皇上震怒遣科臣蒞度之至冬水涸時河臣力主分黄開桃源縣之黄家壩二十里下五港口入海漕臣褚鈇按臣牛應元議廣疏入海之道盡闢清口之沙以導淮正流上闢周家橋下達金家灣以洩淮積浮固無事過爲分黄者而河臣必欲分之也乃黄不之所分之路而之黄壩數十萬金錢置焉有無漕臣曰黄壩不塞必爲祖陵憂爲遂遣使按臣亦云當槩伏落以桃淺塞黄壩即制黄流依然東注而河臣弟懸也置黄壩之萬於不究黄壩之決於不塞比會大司空假手代事者挑三山台趙家圈瘦即告壞數十萬金錢又置焉有安得祖陵家祀將騁徐邳中流哉馬嚴衡河臣則東星以曼死皇上又赫然震怒斥大司空謫河臣李頤往視事條刺使以聞又以曼勞爲酹吾開曾如春時議以爲治有標有本在固其腹急襄祖陵所特歸仁隄以爲捍蔽未嘗不完且堅也今宜墻衛決黄水使入五河與淮會合經泗州下洪澤至秋水發深爲可虞矣議接築汴隄遏絶黄流自歸德至永城築隄二百三十里自宿州界首鋪至東關築隄三十餘里障水東行俾由符離橋出宿遷白洋河無爲陵患又慮徐沛一帶河道淺澀議自鎮口以裏至宿遷縣磨兒莊做閘河規制建大閘七座中閘二座并挑濬河身磨當泗汶泉流以濟重運又有謂開濬家樓口接徐家口矣有謂開小股河接孫家灣矣有謂開良河矣又有議水之力大不宜興爭始猶東方之地徐觀其勢之所歸因而導之力寡而利永矣而力主開王家口者總河也按王家口下達李吉口經唐家口小浮橋入徐邳宿遷其間應挑應築應塞計四百里有奇夫埽料約銀一百四十萬派夫一十二萬餘或高築堤岸以防南遷或堅築截河隄墻今遂向東流或多築滚水石壩導餘流歸白河以減新河之漲或於王家口一河之外別求支流以殺其勢約以兩存含成蓋將使隄運永無水患而中州之民不爲魚也獨計家墻口其奔遠之河也王家口其未成之河也可以由

[illegible]
過一丈五尺此與黃河比大槩深其不可同年語也明矣新河高而舊河下則水不奔趨新口小而舊口大則水不吞入引之而
流不來刷之而衝不去驟塞者不勝淤塞者不勝濬開河而實無河也且所勘者止徐州九里溝以上而徐邳一帶全河門戶還遺
襟喉先因黃堌口決分奪全河之水嗣因蒙墻口決盡奪全河之水致一望平壤所在膠舟不聞一勘焉議者又曰自大浮橋以
至邳州河身深闊不減昔日呂梁洪水面以上尚高二丈餘其間磨兒莊雖稍有淤淺全河俱在略加修濬黃河一刷可無阻礙
誠大加展闊未有不順流而東者又一說也然總河議鑿高月王家口已無迎溜之勢挑開郭達莊以達下劉口奚啻費倍一
河蒙墻黃堌二決口之水俱入其中為下必因川澤力半功倍焉而議者又以復賈魯河不便於河南開王家口便於河南不便
於山東噫若有利於社稷安問其河南與山東也第恐水勢難殺南陵不能東其溢石墻不能攔其流灌城郭淹人民山東之水
災頻仍河南之阽危轉甚則其禍又不獨在河南山東而中於陵運也昔宋熙甯河決澶州司馬光請於二股西置上約擗水令
東流既深即塞北流故御河胡盧河下以紓恩冀深瀛以西之患帝曰東流北流孰便光曰兩地皆王民無輕重其仁人之
言哉令奈何為一方穩便也則開河易塞河難塞決河易塞千百年之黃河難令王家口在蒙墻決口之上十五里其河則黃河
也不難年為望洋向若即淡鄭王一輩之徒猶且卻步而不敢前顧欲捧土而塞孟津可乎夫新河既成不塞黃河則水勢有所
專趨新河終為淤澱是棄前功也塞之又難為力也無論全塞即稍塞之其上流銅瓦廂芝麻莊黃陵岡一帶處處水決復四出若黃
陵岡一決則水滲漕河奪汶濟入海之路以去如永樂末天順中事是漕舟不通而咽喉為之梗矣視今日黃河雖南而小股河李吉口
涓涓之流猶可下通徐州是開濟運其事尚不佯矣且夫李吉口淤而黃堌口決黃堌口半塞而蒙墻口決下決未塞而上決復
塞則愈決愈上此往事之明鑒

加河源流并修治始末

明劉書泇河自邳州抵夏鎮凡二百三十里中徹湖沂河莞東汶泗沂費滕嶧諸山水鍾焉爲徐邳害輸引泉水以達呂湖引湖水以入泇河由宿遷出口與淮流接可避黃河之險隆慶中朱衡建議下羣臣集計聞之言官屢請舒應龍始開韓莊渠分泄湖流繼則劉東星分委諸臣併力疏闢又開黃泥灣支渠節節湖流築壩建閘使水專一而不分建壩遞閘使水瀦蓄而不泄然河狹徹有土山另使輕舟其下皆石人力難施而說者以開韓莊之山僅不過數十里鑿渠築之山渠不過十數里費金錢不數萬操此數十里之難而日與黃河爭數千里之利惜此數萬之費而屢靡十百萬於洪濤巨浪之中孰難孰易況設閘必須用石則開鑿亦非虛糜矣

秀水陳璜輯

河議

三代治河總論

堯時洪水為災帝咨治水者四岳僉薦鯀帝試之九載績用弗成至帝舜受禪殛鯀而用禹禹既受命勞身焦思履四時乘四載行山表木斬高喬下定高山大川疏停導滯身率先以為人先是時水患河為甚濟次之淮次之江漢次之故治水之患先於河於是發迹壺口治梁及岐南至於華陰東至底柱及孟津雒汭至于大伾禹以為河所從來者高水湍悍乃釃二渠以引其河北過洚水至於大陸又北播為九河合為逆河以入海冀州既乂于是導地之勢自北而南究青徐為東偏雍高于豫豫高于青徐雍豫道伊洛而入于河揚下于荊荊下于梁荊之水東自揚而入于海故東南次兗青又南次徐四州治而河患息又南次于揚又西次于荊以放江淮江淮乂而洪水定由荊而北次于豫由豫而西次于梁由梁而北次于雍以冀江河之上流九川滌原九澤既陂會是時也陸行乘車水行乘舟泥行乘橇山行則梮居外三十年三過門而不入功之所施名川三百支流三千而弗自功從今考之其始于冀州非徒以帝都為先也蓋水患皆因下流壅塞而然必先施功于下流以疏其壅塞之勢然後施功于上流以濬其發源之地下流有所歸則上流有所殺矣而天下唯河患最大河始入於雍而經於冀則冀當河之下流而兗又其下流入海之處所以禹之功役自冀而兗則疏濟之下流也自青而徐則疏淮之下流也自揚而荊則疏江漢之下流也河濟淮江漢五水之下流既通水患之平已十七八矣然上流不濬則猶未免有壅塞之虞于是自荊而豫以濬伊洛之源自雍而梁以濬江漢之源自梁而雍以濬河渭之源此所謂決九川距四海而水之大者有所歸濬畎澮距川而水之小者有所消皆順其自然之性而不與水爭為世疏鑿之智孰有外是者哉至殷河數決至五遷以避之不聞其有所隄塞備近循禹之跡故也逮周而封井分晝之制詳畎溝洫澮川起自田畝畿畔封疆取諸夏陳旱澇資泄任之衆功率然有急移用其民以殺其時事取乎力征故

土不隄而圍水不渠而濬河由地中行蓋不勞而定也春無爲事河矣至定王五年梁山崩河南徙碻磝失禹之故道漸遷而東復折而東北自是兖豫有水患矣而諸侯各作隄防壅遏百川以自便利甚或反加決灌以隣爲壑而河遂溢濫爲患害

兩漢治河總論

漢孝文時河決酸棗東潰金隄于是大興卒塞之至武帝元光中河決瓠子東南注鉅野通於淮泗使汲黯鄭當時興卒徒塞之輒復壞是時武安侯田蚡言於上曰江河之決皆天事未易以人力彊塞是以久不復塞也後二十餘年歲數不登而梁楚之地爲尤甚乃使郭昌汲仁發卒數萬人塞瓠子河上自臨決河沉白馬玉璧令群臣從官自將軍以下皆負薪寘決河卒塞瓠子築宮其上名曰宣防而道河北行二渠復禹舊迹梁楚之地復寧無水災復元鼎間齊人延年上書言河出昆侖經中國注渤海其地勢西北高而東南下也可案圖書觀地形令水工準高下開大河東注之海如此則關東長無水災書奏上壯之報曰延年計議甚深然河乃大禹之所道也聖人作事爲萬世功通於神明恐難改更自塞宣房後河復北決於館陶分爲屯氏河東北經魏郡清河信都渤海入海廣深與大河等故因其自然不隄塞也復館陶東北四五郡雖時小被水害而兖州以南六郡無水憂宣帝地節中光祿大夫郭昌使行河曲三所相水之勢通各更穿渠直東經東郡界中不令北曲渠通利百姓安之元帝永光五年河決清河靈鳴犢口而屯氏河絕成帝初清河都尉馮逡奏言郡承河下流與兖州東郡分水爲界城郭所居尤卑下土壤輕易傷頃所以無害者以屯氏河通兩川分流也今屯氏河塞靈鳴犢口以一川兼受數河之任雖高增隄防終不能泄如有霖雨旬日不霽必盈溢普禹所穿九河今既滅難明屯氏河不流行七十餘年新絕未久其處易浚又其口所居高于以分殺水力道里便宜可復浚以助大河泄暴水備非常若不豫修治北決病四五郡南決病十餘郡然後憂之晚矣後三歲河東決于館陶及東郡金隄泛濫兖豫入平原千乘濟南凡灌四郡三十二縣水居地十五萬餘頃深者三丈壞敗官亭廬室且四萬所河隄使者王延世以竹落長四丈大九圍盛以小石兩船夾載而下之三十六日河隄成後二歲河復決平原流入濟南千乘所壞敗

者半建始時復遣王延世治之六月乃成鴻嘉四年渤海清河信都河水湓溢用李尋言止不塞觀河所欲居稍自成川于是灌縣邑二十一敗官亭民舍四萬餘所河隄都尉許商與丞相史孫禁共行視圖方略禁以為今河溢之害數倍于前決平原時今可決平原金隄間開通大河令入故篤馬河至海五百餘里水道浚利又乾三郡水地得美田且二十餘萬頃足以償所開傷民田廬處又省吏卒治隄救水歲三萬人許商以為古九河之名有徒駭胡蘇鬲津今見在成平東光鬲界中自鬲以北至徒駭間相去二百餘里今河雖數移徙不離此域孫禁所欲開者在九河南篤馬河失水之迹處勢平夷旱則淤絕水則為敗不可許公卿皆從商言哀帝初以騎都尉平當領河隄奏言治水有決河深川而無隄防雍塞之文宜博求能浚川疏河者待詔賈讓上議曰土之有川猶人之有口也治土而防其川猶止兒啼而塞其口豈不遽止然其死可立待也故曰善為川者決之使道善為民者宣之使言今治河有三策上策則徙冀州之民當水衝者決黎陽遮害亭放河使北入海河西薄大山東薄金隄勢不能遠有泛濫期月自定難者將曰若此敗壞城郭田廬冢墓以萬數百姓怨恨昔大禹治水山陵當路者毀之故鑿龍門闢伊闕析砥柱破碣石墮斷天地之性此乃人功所造何足言也今瀕河十郡治堤歲費且萬萬及其大決所殘無數如出數年治河之費以業所徙之民遵古聖之法定山川之位使神人各處其所而不相奸則河定民安千載無患故謂之上策若乃多穿漕渠于冀州地使民得以溉田分殺水怒雖非聖人法然亦救敗術也難者疑河大川難禁制今但據堅地為石隄多張水門非穿地也勢必完而安從淇口以東北行三百餘里入漳水中其西因山足高地諸渠皆往往股引取之旱則開東方下水門溉冀州水則開西方高門分河流通渠有三利不通有三害民常罷于救水半失作業水行地上湊潤上徹民則病濕氣木皆立枯鹵不生穀決溢有敗為魚鱉食此三害也若有渠溉則鹽鹵下濕填淤加肥故種禾麥更為秔稻高田五倍下田十倍轉漕舟船之便此三利也今瀕河隄吏卒郡數千人伐薪買石之費歲數千萬足以通渠成水門又民利其灌溉相率治渠雖勞不罷民田適治河隄亦成此誠富國安民興利除害支數百歲故謂中策若乃繕完故隄增卑倍薄勞費無已數逢其害此最下策也逮王莽時徵能治河者以

數百大都悉護侵曠地故渤海之遺事迄於東漢建武十年陽武令張汜上書河決積久日月浸毁修理之費其功不難宜修故隄防以安百姓書奏光武即為發卒方營河功而浚儀令樂俊復上言昔元光之間人庶熾盛緣堤墾殖而瓠子河決尚二十餘年不即擁塞今居家稀少田地饒廣雖未修理其患猶可且新被兵革方興力役勞怨既多民不堪命宜須平靜更議其事光武遂止後汴渠東侵日月彌廣而水門故處皆在河中兗豫百姓怨歎而或以為河流入汴幽冀蒙利焉故曰左隄強則右隄傷左右俱強則下方傷宜任水勢所之使人隨高而處則公家息壅塞之費百姓無陷溺之患永平十二年議修汴渠會有薦樂浪王景能理水者顯宗乃發卒數十萬遣景與王吳修渠築堤自滎陽東至千乘海口千餘里景乃商度地勢鑿山阜破砥礩直截溝澗防遏衝要疏決壅積十里立水門令更相洄注無潰漏之患明是河入千乘而德棣之河又播為八故水有所洩而力分偶合于禹功蓋自東漢訖唐不至橫決如異時矣

宋代治河總論

自周顯德初河決東平之楊劉宰相李穀監治隄自陽穀抵張秋以遏之水患少息然決河不復故道離而為赤河宋太祖乾德二年遣使行治古隄議者以舊河不可卒復力役且大遂止但詔民治遙隄以禦衝注之患其後赤河決東平之竹村七州之地復罹水災三年秋大雨霖開封府河決陽武又孟州水漲壞中潬橋梁澶鄆亦言河決命以隄壞分遣使行視發畿甸丁夫繕治歲以為常皆以正月首事季春而畢開寶中詔緣黃河汴河清河御河州縣除準舊制種藝桑棗外別課民樹榆柳為河防已又詔開封等十有七府州各置河防官一員佐使者行治河已河決濮陽又決陽城發諸州兵及丁夫凡五萬人遣潁州團練使曹翰護其役太祖謂曰霖雨不止又聞河決朕信宿以來焚香上禱于天若天災流行願在朕躬勿延於民曹翰頓首對曰昔宋景公諸侯耳一發善言災星退舍今陛下憂及兆庶懇禱如是固當上感天心必不為災翰至河上親督工徒未幾決河皆塞太宗八年河決滑州韓村泛澶濮曹濟諸州壞民田民人廬舍東南流至彭城界入於淮詔發丁夫塞之隄久不成乃命使者按視遙隄

[illegible]

入主蔡之河以通於海南入靈河以通於淮節減暴流一如汴口之法其分水河量其遠邇作為斗門啟閉隨時務平均濟遠舟運溉農田此富庶之資也不報時多陰雨河久未塞帝憂之遣樞密直學士張咨賢具傳詣白馬津用宰祠禮以祭將卒治之乃塞真宗大中祥符四年棣州河決聶家口及李民灣環城數十里民舍多壞乃徙城於商河役無虛年著作佐郎李垂上導河形勝書三篇并圖其畧曰兩漢而下言水利者屢欲求九河之故道而疏之今考圖志九河並在平原而北且河壞澶滑未至平原而已決矣則九河奚利哉漢武舍大伾之故道發頓丘之暴衝則溢兖泛齊流患中土使河朔平田膏腴千里縱容邊寇劫掠其間今大河盡東全燕既北禦邊之計莫大於河不然則趙魏百城富庶萬億所謂誨盜而招寇矣不如因人足財豐之時成之為易廷臣議其煩費遂寢仁宗時河決大名館陶殿中丞李仲昌請自澶州商胡河穿六塔渠入橫壠故道以殺其勢學士歐陽修上議曰臣聞河本泥沙無不淤之理而淤澱之勢常先下流下流淤高水行不快必自上流低下處而決此其常也夫淤高既下水之本性故河流已棄之道復之實難夫積以來決河非不能力塞故道非不能力復然不久必決由故道淤高水不能行故也臣聞智者之於事有不能必則較其利害之輕重擇其利多害少者為之猶勝於害多而利少也況有害而無利乎聞六塔者言六塔既開河勢自減今六塔閉而思冀之患正若危急則減水之利虛妄可知又言六塔既成可以全回大河夫六塔本分減之水下流無歸已為濱河德博之患若全回大河以入之則害當如何況聞六塔治二千餘里隄防移一縣兩鎮計其功費大於塞商胡數倍公私困弊不可勝計幸而可塞水入六塔而東濱河數州素稱富饒為河北財用所仰者咸被其害破壞田廬生民嗸慮不過數年且復他決其為有害無利也必矣惟因水所在增治隄防疏其下流浚以入海則所謂害之少者是智者之所擇也章再上不省以商胡塞而河力壯六塔不能容是歲大決自是議者不敢論回河事矣熙寧初河溢恩州都水監臣宋昌言議歷中商胡北流二十有餘年矣自澶淵而下州軍創隄千餘里公私勞擾今又衝冀瀛破六塔舊口并二股河導使東[illegible]

司馬光等乘傳往相度而光等還對請如昌言策於二股西置上約擗水令東流俟東流漸深即塞北流放御河胡盧河下以紓恩冀深瀛以西之患北流者本商胡決河自魏州北至恩冀入於海東流者二股河自魏州東至德滄入海者也已二股河通行而北流稍自閉水官張鞏請塞北流詔光復往視光入辭言欲閉北流既恐勞費未可塞東流淺狹隄防未全必且致決溢是移恩冀深瀛之患於滄德等州也不若俟二三年東流益深北流漸淺薪芻有備乃塞便帝曰東流北流之患孰輕孰重光曰兩地皆王民無輕重帝曰若河水常分流功當何時成光曰上約苟存東流必增北流必減借使分三流於鞏等亦足成功於國家亦無深害何則西北之水併於東山故害大分則小矣帝曰防捍兩河供億甚難光曰併為一則勞費倍分二流則勞費省今議北流財力之半備東流不亦可乎時王安石以光議屢不合竟寢議罷不遣獨遣內侍張茂則行遂閉北流河乃自其南四十里東決溢大名恩德滄永靜五州之境又明年決館陶永濟清陽已又溢澶州衛州時新堤凡六埽而決者二下屬恩冀貫御河為一帝憂之數遣使經度而主者言二股河地最下而舊防可因今湮者僅三十餘里可塞也卒塞之而河溢大名於時選人李公義者獻鐵龍爪揚泥法以濬河而用輒不效帝謂安石曰歐陽修言開河如放火河決為失火為害等而勞民甚已若安石曰勞民以遂所謂毒天下而民從之者也屬何傳虞部員外郎范子淵阿安石意言河必可治乃命子淵尸其事公義為之屬而是秋河溢壞民田特甚又明年河大決澶州七年河溢元城埽決橫隄破大名北京大抵熙寧初專欲導河使東流閉北流元豐後因河決而北議者始欲復禹故迹令北去帝愛惜民力思順水性而中官程昉水官范子淵故為安石使率以不治元祐初霖雨溢河北諸郡而回河東流之議復起文彥博呂大防皆主之中書舍人蘇轍曰河決而北先帝不能回而諸公欲回之是自謂智勇勢力過先帝也右相范純仁言聖人有三寶曰慈曰儉曰不敢為天下先今聖意之所向為天下先矣群工競趨如川流山摧非一人一言可回挽乞寢前命下三省樞密院集議文彥博呂大防安燾謂河不東失中國之險范純仁胡宗愈言議河可回東而北流遂斷即勞費何惜今水官未有必然之論但僥倖於萬一以冀功耳明日純仁又畫四不可之說以進而相視使者

[illegible]言其未便[illegible]吳安持力主東流而謂[illegible]可回之狀

上河議一篇，大臣不以爲然，尋以旱暵詔權罷修河，河北之民聞詔歡呼。既三省議作北流軟堰，趙偁上言曰：河事大利害有三，而言者互進其説，或見近忘遠，徼倖就功，有取此舍彼，譎辭罔理，遂使大利不明，大害不去，上惑朝聽，下滋民患，横役枉費，殆無窮已。所謂大利害者，北流全河，患水不能分也；東流分水，患水不能行也；宗城河決，患水不能閉也。是三者去其患，則爲利；未能去，則爲害。今不謀此，而議欲專閉北流，止知一日可閉之利，而不知異日既塞之患；止知北流伏槽之水易爲力，而不知闕村方漲之勢未可併以入東流也。夫欲合河以爲利，而不恤上下壅潰之患，是謂見近忘遠，徼倖就功之事也。有司欲斷北流而不執其咎，乃引分水之説，姑爲軟堰，知河衝之不可以軟堰閘也，則又爲決堰之計，臣恐其枉有工費，而以河爲戲也。請俟漲水伏槽，觀大河之勢，以治東北二流，可乎？已而梁村上下約東狹河門，既涉漲水，遂壅而潰南，犯德清，西決内黄，東淤梁村，北出闕村，宗城決口復行魏店，北流因淤遂斷，河水四出，壞東郡浮梁。監察御史郭知章請閉北流，安撫使許將言：度今之利，若舍故道，止從北流，則慮河下流已壅而上流横潰，爲害益廣；若直閉北流，使復故道，則慮受水不盡，而被堤爲患。謂宜因梁村之口以行東，因内黄之口以行北，而盡閉諸口以絶大名諸州之患。俟春夏水大至，乃觀故道，足以受之，則内黄之口可塞；不足以受之，則梁村之役可止。定其成議，則民心固而河之順復有時，可以保其無害。知章復言河復故道，水之趨東已不可遏，近日遣使按視，巡河議論未一。臣謂水官朝夕從事河上，異時水落，必當究正。言：張商英奏言元豐間河決南宫口，講議累年，先帝歎曰：神禹復生，不能回此河。乃勅自今後不能復議回河閉口，蓋採用漢人之論，俟其泛溢自定也。元祐初，試吳安持爲都水使者，以東流之事，凡八年而無尺寸之效。王宗望代之，竭力以主東流，以梁村口吞納大河，今則梁村口淤澱，而闕沙堤爲處決口，以塞水奔衝，議累七十里堤以障北流，今則云候霜降水落興工。朝廷既又不應，九年爲水官蔽欺如此。九年之内，年年災傷，山水暴漲，霜降水落，豈獨今年始有漲水而待水落乃可以興工耶？乞選使按驗虚實。詔曰可。建中靖國元年，左正言任伯雨奏：河爲中國患二千歲矣，自古竭天下之力以事河者莫如本朝而拘牽人偏見欲屈大河之勢以從人者莫甚於近日臣不敢遠引祗於元祐末年小吳決溢議者欲立奇功以邀厚賞不顧地勢不念民力不惜國用力建東流之議當洪流中立馬頭設鋸齒樁埽材木耗費百倍力遏水勢使之東注陵虛駕空非特行地上而已益增隄防儲蓄稍決澱沙淤泥久益高仰一旦決潰又復北流此非防之不固亦理勢之不至也昔禹之治水不獨行其所無事亦未嘗不因其變以導之為今之策正宜因其所向寬立防隄約攔水勢使不至大段漫流若恐北流淤澱塘泊亦祗宜因塘泊之岸增設隄防乃為長策風聞近日又有獻東流之計者不獨比年災傷居民流散公私匱竭百無一有事勢窘急固不可為抑亦自高注下湍流奔猛潰決未久勢不可改設若興工公私徒費殆非利民之舉實自困之道也政和四年都水使孟昌齡獻導河議言河自大伾山東而來直大伾山之西因而南復析而北則又直大伾山之東曾不十餘里而地形水勢東迫相直若引使穿大伾東北二山分兩股而過合於下流因三山為趾繫浮梁歲省費可數十百倍可寬河朔諸路之憂詔置提舉司董其事而巨浸成然方河之闘也水流雖通而湍激猛暴遇山稍隘往往泛溢近砦民夫多被漂溺其後遂注成巨浸至於大河浮橋歲一造舟京西之民尤憚其役而昌齡首建三山之策回大河之勢取其奇侈為數歲行路之觀漂泊生靈無慮萬計又官吏聚斂相繼領職每興一役乾沒無數至靖康雖竄黜而國已南矣

元代治河總論

元時河決屢告輒加隄塞至大德初命廉訪使尚文相度形勢為久利之策文言河自陳留抵睢東西百有餘里南岸水視田高六七尺或四五尺北岸故堤水視田高三四尺或高下等大較南高於北約八九尺隄安得不壞水安得不北也蒲口今決千有餘步東走歸德舊瀆行二百里至歸德横堤之下復合正流或强遏之上決下潰功不可成擬今之計河北郡縣宜順水性遠長隄以禦泛溢歸德徐邳之民任所便避其衝突蒲口不塞便帝從之會河朔郡縣及山東憲部爭言不塞則河北桑田盡化魚鱉之區塞之便帝復從之是後障塞之役無歲無之而水北入河復故道竟如文言後至正初河決白茅金隄等處朝廷命賈魯治

[illegible]年脫脫慨然有志於事功論及河決即言於帝請身任其事乃命集羣臣議廷中而言人人殊唯都漕運使賈魯昌言必當治先是魯嘗循行被水郡邑具得修捍成策後又為都水使者奉旨詣河上相視驗狀為圖以二策進獻一議修築北堤以制橫潰其用功省一議疏塞並舉挽河使東行以復故道其功費數倍至是復以二策對脫脫韙其後策於是遣工部尚書成遵行視河議其疏塞之方以聞遵等自濟濮汴梁大名行數千里掘井以量地之高下測岸以究水之淺深博采輿論以謂河之故道斷不可復時脫脫先入魯言與遵論辨終莫決明日執政謂遵曰修河之役丞相意已定且有人任其責公勿多言幸為兩可之議遵曰腕可斷議不可易遂出遵河間鹽運使議命魯以工部尚書充河防使發河南北兵民七十萬自黃陵岡南達白茅放於黃固哈只口等又自黃陵西至楊青村凡二百八十有奇興功凡五閱月諸埽堤成河復故道命翰林學士承旨歐陽玄製河平碑文以旌勞績玄既為河平之碑又自以為司馬遷班固記河渠溝洫僅載治水之道不言其方使後世任斯事者無所考則乃從魯訪問方略及詢過客質吏牘作至正河防記略曰治河一也有疏有濬有塞三者異焉釃河之流因而導之謂之疏去河之淤因而深之謂之濬抑河之暴因而扼之謂之塞疏濬之別有四曰生地曰故道曰河身曰減水生地有直有紆因直而鑿之可就故道故道有高有卑高者平之以趨卑高卑相就則高不壅卑不瀦慮夫壅生潰瀦生堙也河身者水雖通行身有廣狹狹難受水水溢悍故狹者以計闢之廣難為岸岸善崩故廣者以計禦之減水河者水放曠則以制其狂水隳突則以殺其怒治堤一也有創築修築補築之名有刺水堤有截河堤有護岸堤有縷水堤有石船堤治埽一也有岸埽水埽有龍尾欄頭馬頭等埽其為埽臺及推卷牽制薶掛之法有用土用石用鐵用草用木用杙用絙之方塞河一也有缺口有豁口有龍口缺口者已成川豁口者舊常為水所豁水退則口下於堤水漲則溢出於口龍口者水之所會自新河入故道之潨也又魯嘗有言水工之功視土工之功為難中流之功視河濱之功為難決河口視中流又難北岸之功視南岸為難用物之效草雖至柔柔能狎水水潰之生泥泥與草并力重如碇然維持夾輔纜索之功實多蓋由魯習知河事故其功之所就如此

明代治河總論○後附治河宜疏下流説

明初洪武中河決陽武東經開封城北五里又南行至項城經穎上東至壽州正陽鎮而全入於淮元會通河故道遂至淤自是
至永樂歲爲決徙不常修築隄岸民用國費至九年決益甚時議濬黃河故道工部侍郎張信言祥符縣有舊黃河岸與今河面
平宜可濬大發卒濬之而主事蘭芳言今於中灣分導河流使復故道誠萬世利乃自汶上縣袁家口左徙二十里至壽張之沙
灣接舊河又從汴城金龍口下達塌場口經二洪南入淮九閱月而底績正統十三年決張秋沙灣東流入於海又決滎陽東過
開封歷睢陽自亳入於淮景泰中又決張秋治久無功乃遣都御史徐有貞治之有貞行汶濟踰衛及沁循河道濮范往來相度
者久之上疏言臣聞治水有三要在知天時地理人事而已蓋河自雍而豫出險即夷水勢既肆又由豫而兗土疏而水益橫潰
於是決而奪濟汶入海之路以去諸水從之故隄潰渠淤澇溢旱涸此漕途之所由阻也今欲驟塞之則潰者益潰淤者益淤請
先疏其水水勢平乃治決決止乃方建閘壩以時節宣無溢涸而後河可得而安時有挾其議者曰不能塞河令不爲惡個闗之
命爲恐耶上遣中使覘問有貞出二壺一竅五竅者各一均注水而並瀉之五竅者先涸於是使者曉然知疏衆之爲良也歸報
命而議決於是有貞作治水閘疏水渠渠起張秋金堤西南行九里至濮陽濼經博陵壽張沙河至東西影塘又沿李䃜至蓮花
池大瀦潭乃踰范暨濮又上而西數百里經澶淵接河沁奧有貞曰河水過則害微則利乃節其過而導其微趣於平既成賜渠
名廣濟閘名通源凡河流之旁有不順者墤之堰有九又作放水閘於東昌龍灣魏灣閘有八度水盈過丈則洩皆通古河以入
海上制其源下放其流既歸且宣用平水道云當是時議濬河民牧馬廣役以專力河防役丁夫五萬八千又事不中輸役以賚
成至宏治中河決原武支有三其一決封丘金龍口漫祥符長垣而下趣張秋衝衛通河而奔赴於海一出中牟下尉氏一溢蘭
陽儀封考城歸德至宿州瀰漫四出不可禁命戶侍白昂往治之乃築陽武長隄防長秋中年之決以入淮濬宿州古汴河以達
泗自小河西抵歸德飲馬池經行睢而南守濬令深廣又疏月河十餘以殺其勢塞決口三十六由是而河入汴入睢入泗

入淮以達淮而水患以平蓋又以沁濟入淮難且遠水不能容復自魚臺入州至吳村何自長垣又自曹平北至興濟塞
河十二道引水入大清河及古黃河以入海蓋東北分治而主疏也七年復決金龍口潰張秋堤奪汶水以入海議者謂河不可復
宜復治海運而朝議弗是命平江伯陳銳副都御史劉大夏督治一時河流湍悍決口闊九十餘丈大夏視之曰是下流未可治
治上流先導之南行且築長堤以防大名山東之患俟河顧循軌而後決可塞於是發丁夫數萬濬賈魯舊河西四十餘里由曹
出徐以殺水勢濬孫家渡開新河七十餘里導使南行由中牟至潁以入淮又濬四府營淤河由陳留至歸德分為二一由宿遷
由亳渦會於淮於是治張秋兩岸東西築臺立表貫索網聯巨艦穴而窒之實以土至決口去窒沈艦壓以大埽合且復決隨
隨塞晝夜不息決既塞繚以石堤隱如長虹又起河南胙城經滑長垣東明曹單諸縣下盡徐州作長堤亘三百六十里而漕道復
通役兇三時用軍民夫十二萬餘人鐵一萬九千斤有奇竹木薪芻不可計於是張秋之決始塞賜名安平鎮時丘濬著論言國
以前河之勢自西而東而北漢以後河之勢自西而東宋以後迄於今則自西而東而又之南矣河之所至害以隨之禮曰
四瀆者獨也以其獨入於海故江河淮濟皆名以瀆今以一淮而受黃河之全蓋合二瀆而為一也自宋以前河自入海尚能為
並河州郡之害況今淮海合一而清口又合沁泗沂三水以同歸於淮哉曩時河水猶有所瀦如鉅野梁山等處猶有所分如屯
氏赤河之類雖以元人排河入淮而東北入海之道猶微有存者今則以一淮受眾水之歸而無涓滴之滲漏矣且本朝建國幽
燕漕東南之粟以實京師必由濟漯之境則河決不可使之東行一決而東則漕渠乾涸歲運不繼其害非獨在民生且移之國
計矣然則為今之計奈何古今治水要當以大禹為法禹之導河既分一為九以分殺其洶湧之勢復合九為一以迎合其奔放
之衝萬世治水之法此其準則也今往往逆水之性逆水之勢而與水爭利其橫行也強而塞之其散止也強而通之惜微涉之
費而忘其所損之大拘已成之業而興夫難就之功損民力於無用糜民財於不貲苟顧目前遑恤其後此徒無利而反有以
其害甚之以召禍亂亦既有之矣又不如聽其自然而不治之為愈也但今日河勢與前代不同前代止治河今則兼治漕矣漕

代止欲除其害今則兼資其用奚爲可置之度外不講求其利害哉而今河流之所以泛濫爲害者良以二淸之水既合爲一衆山之水又併以歸加以近年霖潦歲歲增益去冬之涸洳未乾明歲之潰潦繼至疏之則無所於歸塞之則未易防遏是使平原瀰爲巨浸桑麻菽粟之場變爲滄浪魚鱉之區可歎也已夫欲得上流之滴洩必先使下流之疏通國家誠翻然不惜棄地不愛動民舍小以成其大棄少以就其多權度其得失之數熟悉其利害之數毅然獨行擇廉淳謹擇任心膂之臣委以便宜重權俾其沿河流相地勢於其下流迤東之地擇其便利之所就其汙下之處修爲重河以分水勢河既分疏之後水勢自然消減然後從下流而上於河身之中去其淤沙或推而瀉海之或挑而闢通之使河身益深是以容水如是則中有所受不至溢出而河之溢不及於陸下有所納不至東溢而河之委易達於海如是而又委任得人規制有法積以歲月因時制宜隨見之改智制害漸除而利日興河南淮右之民庶其有瘳乎正德中尚書胡世寧言今河自魁汴以東南分二道其一出滎澤經中牟陳潁至壽州入淮其一出祥符經陳留亳至懷遠入淮其東南一道自歸德出宿遷其北分新舊五道一自長垣曹鄆出陽谷一自曹州雙河口出魚臺塌場一自儀封出徐州小浮橋一出沛縣飛雲橋一出徐沛之間境山之北溜溝此六者皆入漕渠而南匯於淮今且淤塞矣止存沛縣一河勢合岸狹不得不溢所以豐沛徐州淺爲巨浸溢入沛北之昭陽湖以致運道壅淤漸成埋塞然豐沛積久勢必復決決而東南其禍猶小決而東北禍不可言故今治河當因故道而分其勢也其陽谷魚臺二道勢近東北不可復開而汴西滎澤開孫家渡決宜當濬之以分上流之勢自汴東南出懷遠宿遷小浮橋溜溝四道宜擇其便利者開濬一道以分下流之勢或恐豐沛淺流久而非流欲修武城以南廢堤至於沛縣之北刷通口以塞新決而防其北流此亦一計也至於運道止塞沛縣以三十餘里而不能通開者以夏秋水溢流沙半壅殆隨水積豈能成功今莫若於昭陽湖左餘沛縣之中別開一河南接留城北接沙口闊五六尺以通二舟之交冬月水結船止更加濬淵以爲運道此其上策不得已而思其次則闢

國初漕運在舊黃河由陽武起陸西有餘里至衛水入船轉運至京又聞沁入至武陟縣紅荊口分流一道闢六十里至衛

始於是河流因之可以達衛也宜遣官踏視或紀撫口或門或上下閘迤一河[illegible]

遣總督臧應聘言宜於昭陽湖左別開新河北起夏家口南至留城一百四十餘里以通漕其說與世寗合乃集夫役分樣開鑿已而言者謂其功必不可成徒費財勞民而新河之議遂寢頃又歲有決溢所由非常迨嘉靖乙年而蕭碭豐沛之間漂城郭人民爲害也劇甚至四十五年河塞新集而南流四再塞龐家屯而全河北徙不可漕於是都御史朱衡躬親相度訪聞故迹因議言古之治河惟欲避害今之治河又欲資其利今河直秦溝可因其勢而利導之開新河以漕而廷議以爲河渦洋以秦溝築堤河之性恐不溢而北即溢而東又撼極而反於西南是以沛與魚臺爲壑也開新河有三難不可爲也於是衡復上疏言河固悍暴難制然使不直境山而北出將一線沙淤之所爲即出徐州南而二洪益壯乎爲數今幸出秦溝直境山南五里所雖東受數河之任猶爲有束溢而河流得益駛疾即夏秋水猥盛極及亦不能出新河西堤外而昭陽湖受之水得遊漾休息安得何言爲壑也今欲開支河起新集至兩河口無論浸無河形者二百五十餘里創作深廣難即有河形如郭貫樓至龍溝減水久鋼易淸者亦已盡淤且河之所舍雖能强之不如用河所欲往開之於是新河既成而西堤亦成隆慶三年河復溢自淸河試淮安城西淤塞三十餘里決方許二壩出海平地水深丈餘寶應湖堤往往崩潰山東莒州郯城諸處皆溢從直河入邳州溺死人民無算總河翁大立乃繪圖以獻且言權宜之計在棄故道而就新衝經久之策在開泇河以避洪水廷議以爲往者劉大夏殺宿而大而河南之患息近日改成新河而豐沛之害平然泇河自顯報由人力勝也今既不能引他水以濟漕而新衝之涌未可鼓惟築決口如議時房村方集故道宜可通至如泇口之議雖工費不貲而一勞永逸此歲時費亦自省於是復以衡往相之衡言自茅秦間奪河爲道而今徐邳之漕河即黃河也往河與漕判則決雖資沛而漕顯上下諸閘盡廢後延邳遠則決野雞岡口下至泗而徐呂二洪獨涸今新河雖築而豐城以南猶屬黃河非盡斥遠之策以善後宜將議者開泇口之說下廷臣詳議報可無愿御河決宜[illegible]溢入海淮水不能遂決高家堰於是河淮分決淸沙淤溢雲梯關入海之路大阻自安揚諸郡爲巨浸議者乃

濬海口以通之濬渭右都御史潘季馴行視相議以爲海口圍潮汐之所從往來也𨻶濬無術何可濬惟導河歸之海則以水治水導河所以濬海也然河未易以人力導惟善圍隄防使無旁決水入地益深則治防即以導河也於是申平江伯故畫築堰起武家墩經大小澗至阜寧湖以捍淮東浚築堤起清江浦沿鉢池山柳浦灣迤東以制河南溢塞河內衛閘而歸漕也塞五壩起閉獨以待漕艘鮮船於是自徐抵淮亘六百餘里皆築土隄浚築南北兩堤蓄縷堤逼河者築遙堤屋地窪下者合增築原堤短蹙防護未周者連接築培厚增高閘重門以待暴增編以閘某節有異常泛濫之水縷堤不支至遙堤而極勢固不能潰而出也於是淮必趨清口會大河入於海海口不濬而辟通然堤堰雖堅而疏濬無法以致積沙日壅清口日淤二十一年河復決汶上決魚臺決濟寧決鉅野決鄆州宿遷高郵泛濫泗州貴成患警之鄉時河臣力主分黃開桃源縣之黃家壩三十里下五巷口入海濬冒議請廣疏入海之道開清口之沙以導淮正流其說又無審適爲分黃者兩河臣必欲分之乃黃不之所分之路而之黃堝數十萬金錢枉費爲有餘鄒之流數斷章夫心致順乎河難矣小整無大變云按黃河自崑崙入中國凡九千餘里而經大折者有四其由積石而過潼中則鄭關也一折也及至豐州西南逆轉北而行凡千餘里河西北岸即爲涼沙甘肅四郡又一折也迨其北流千里而遇至九原豐州則又轉而東流故豐州北面正枕大河又一折也豐州之東爲榆林境舊抵大河而河從此州之東又轉而南故州東北皆枕大河自北而往直至潼關皆南河奔此又一折也其來也既遠其注也必怒其行也數折其歸也愈悍而自孟津而下無高山石岩以障之無洞庭彭蠡以蓄之則其衝激震蕩往往而往也固其所哉當時禹惟患此故導河自積石歷龍門南至華陰東下底柱及孟津洛汭至於大伾而下遂析爲二渠非則至於大陸播爲九河趨碣石以入於海流道既廣其勢自平故自禹之後無水患者七百七十餘年况是時阡陌之制未興溝洫之法具在凡中原之地無非受水之地凡中原之民無非治水之人河亦安自而橫潰哉及周定王時河徙砱礫九河之跡漸至湮塞至漢文時決酸棗東潰金堤武帝時決瓠子東南注鉅野通於淮泗泛郡十六害及梁楚此無他河之流不分而其勢益橫故也逮乎宣房之築導河北行二渠復禹

溢鄧其後又決為屯氏諸河且入於千乘德棣之河復播為八是其委多而河之大有所泄力有所分而復八十年又無水患至成帝時屯氏塞河又決於館陶及東郡金隄泛濫兖豫入平原千乘濟南凡灌四郡三十二縣以迄於東漢永平使王景修築隄防自滎陽東至千乘海口千餘里鑿山破砥截溝疏壅令更相洄注由是至唐不為患者千百餘年議者遂以為王景隄防之力是大不然使無屯氏及德棣諸河之大以瀉其勢而分其力景縱以尋丈之防而禪之是猶以螳臂而當大車之奔也豈可得哉由是言之河之分不分其利害昭然可睹矣然始由東北以入於海未入淮也河之入淮自漢徙頓丘隋煬之引汴始宋熙寧澶淵之決實濫觴焉南渡之後遂由彭城合汴泗東南以入於淮而淮之故道又失矣以數千里湍悍難制之河而欲以一淮以疏其趨勢萬萬無此理也近明時且全入於淮矣一自歸德東南流由杞縣睢州寧陵歸德符離宿遷小河口入一自宣陵南入渦經亳州蒙城懷遠荊山口入一自儀封北折經黃陵岡蔡家口渦溝口出徐州小浮橋清河縣入此河之三道也昔年宋濂之言曰河流合則勢悍分則力弱譬猶百人為一隊則其力全莫敢與之爭鋒若以百分而為十則力損又以十各分為一則全屈矣宜浚舊淮河使其水南流復於故道然後分其半導之北流以殺其力則河之患庶乎少弭是即賈讓之上策遺意雖然昔之河決其患止於河而今且移之漕矣是昔為四支之患而今咽喉之病故古之河患小而今之河患大也惟資河以漕令河遂北與衛河合入於海則又憂漕必隄使南而後安則漕安而河勢又會淮不可制故古之治河者易而今之治河者難也然則河終不可治乎不知河之所為衝潰四出而莫禦者河之來有所歸也河之來有所歸者下流壅而無所受也故從治上流而不疏其下流疏下流而不竟其所歸此猶治病不攻其本而徒救其標宜未覩其效也今議者非不言治下流然自淮而止矣以河之大且迅而淮受之宜其勢有所窘者窮蹙自淮以外觀其勢之所決而可以別為支流者宜因而濬之使其流既分則勢且殺而河當漸安雖損尺寸之地以予河可無惜也然河流分矣而海口不治則淮必且遲且淤而河患未可弭也譬之人身海猶腸也淮猶胃也即有八珍之美止於胃而不達於腸必且翻嘔而反為病故治漕者當治之河而復通達不致於見壅治河者當治之海

而後河流不致於肆溢治淮者當治之海口而後河流之分者不致於中梗而有所歸夫下流通上流不剔而自平支流廣正流不遏而自殺庶幾昔者弁其兒而後深塞之意乎

秀水陳璜輯

雜誌

大通河源流并修治始末

明會典大通河即潞河舊爲通惠河其源出昌平州白浮村神山泉過榆河會一畝馬眼諸泉過爲七里濼東貫都城由大通橋而下至通州高麗莊入白河長一百六十餘里元初所鑿賜名通惠每十里爲一閘蓄水通舟以免漕運陸輓之勞永樂以來諸閘猶多存者仍設官夫守視然不以轉漕河流漸淤成化正德間累命疏之功不果就嘉靖六年遣漕運總兵錦衣衛都指揮及御史會浚之自大通橋起至通州石壩四十里地勢高下四丈中間設慶豐等五閘以蓄水

白河源流并修治始末

明會典白河南去通州二百里其源出胡地經密雲縣合大通榆漳諸河凡三百六十里至直沽會衛河入海原運流通河皆當沙每夏秋暴漲最易衝決每決輒發丁夫修築屢築屢決正統三年命官相視地勢自河西務從二十里改鑿直下河道安流每於淺處設鋪舍置夫甲專管挑浚

衛河源流并修治始末

明會典衛河舊名御河源出河南輝縣之蘇門山東北流會淇漳諸水過臨漳分爲二其一北出經大名至武邑以入滹沱其一東流經大名東北出臨清至直沽會白河入海長二千餘里今爲運河耗河自德州而下漸與海近河狹地卑易於衝決每決輒發丁夫修治嘉靖十三年議於恩縣東光滄州興濟四處各建減水閘一座以洩漲溢之水

會通河源流并修治始末

明會典會通河自臨清迤南至濟寧州元初由任城開渠至安民山一百五十里復自安民山之西南開渠由壽張西北至東昌

又西北至臨清凡二百五十里引汶絶濟直歸漳衛洪武二十四年河決原武黑陽山由舊曹州鄆城縣兩河口漫過安山湖而會通漸淤永樂九年因海運艱阻遣尚書宋禮等官疏鑿元人故道乃於東平州戴村汶水入海處築一土壩横亘五里遏汶水使西流盡出南旺分流四分往南接濟徐呂六分往北以達臨清自後添設新閘節蓄節宣大為漕運之利

汶河源流并修治始末

明會典汶河一出新泰縣宮山之下曰小汶河一出泰安州仙臺嶺一出萊蕪縣原山一出萊蕪寨子村俱至州之静封鎮合流曰大汶河出徂徠山之陽而小汶來會經寧陽縣北堽城歷汶上東平東阿又東北流入海元於堽城之左築壩遏汶入洸南流至濟寧會沂泗二水以達於淮自永樂間築戴村壩汶水盡出南旺於是洸沂泗自會濟而汶不復通洸今沂州亦有汶河一出蒙山東麓谷一出沂水縣扇山谷俱入邳州淮河洸河乃汶水之支流出寧陽縣北三十里堽城西南流又南經縣南流三十里會寧陽諸泉又六十里經濟寧城東與泗合出天井閘河

沂河源流并修治始末

明會典沂河源出曲阜縣尼山西南分流為二一西流至金口壩上即與泗會一南流者與泗會出堯里河又有出沂水縣艾山者會蒙陰沂水諸泉與沂山之汶合流至邳州入淮

泗河源流并修治始末

明會典泗河源出泗水縣陪尾山四泉並發西流至兗州府城東又南流經橫河與沂水合元時於兗東門外五里金口作壩建閘遏泗之南趨國朝因而修築每夏秋水長則啓閘放使南流會沂水由堯里河出師家莊閘冬春水微則閉閘令由黑風口東經兗城入濟又南流會洸水至濟寧出天井閘

濟河源流并修治始末

明會典濟河出王屋山至河南濟源縣二源合流其水或伏或見東出於陶丘北又東北會於汶今在汶上縣北一名大清河元人作金口壩傍有河西通濟流並入會通河

沁河源流并修治始末

明會典沁河出山西沁源縣綿山東谷由太行山麓至河南原武縣黑陽山與河汴合流至徐州入運河以濟徐呂二洪每年水勢淺深尺寸管洪官按季奏報前代嘗引沁以通衛正統以前其支流猶自武陟山原村東北由紅荊口經衛輝凡六十里與衛通天順七年河趨陳潁入淮乃閘沁以達徐復引河以合泗而故道始湮

南陽新河源流并修治始末

明會典南陽新河在昭陽湖之東起南陽至留城一百四十一里八十八步嘉靖六年以河決命官開濬垂成而止四十四年復決乃因舊跡疏鑿又起留城至境山濬復舊河五十三里凡役夫九萬一千有奇八閱月而成隆慶元年山水衝決復於新河之三河口乃經理沙壖上流各開支流築黃家口壩引薛河由呂孟湖出地浜溝築東邵壩引沙河由尹家湖出赤山口築黃甫壩引沙河由鶯家湖入南陽湖次年工成又為三河口石壩一座南陽湖石隄三十餘里凡建閘九築壩十三減水閘二十關支河九十六里三年又於昭陽湖以東沙薛二水所從入舊河處開渠洩水從李家口開渠而東出留城閘計六十餘里積水俱有宣洩滕沛利之

運河水道關涉總要

運河所以通漕其因舊渠而復加疏濬者不可縷述即其開新渠之流與夫引河之類亦多而不可縷述今惟述其近於都城與大而尤要者則莫如通惠會通之兩河而此兩河之中則又以會通河為往來津要之區蓋非此河不備無以達漕舟之運蓋無以抵於通惠河也通惠河者即今之大運河也其源出昌平州白浮村神山泉過榆河會一畝馬眼諸泉滙為七里泊東貫都

城由大通橋而下至通州高麗莊入白河長一百六十餘里元世祖時郭守敬所開先是通州至大都陸運官糧歲若干萬石方秋霖雨驢畜斃者不可勝計至是皆罷帝還自上都過積水潭見舳艫蔽水大悅賜名曰通惠河明成化中命平江伯陳銳復疏之嘉靖中遣漕運總兵錦衣衛都指揮及御史會議之其後漸廢邱文莊曰自通州陸輓至都城僅五十里耳而元人所開之河總長一百六十四里其間置牐壩凡二十處所費蓋亦不貲且今積水潭即今海子在都城中禁城之北昔舟艤集無停泊之所亦有見之論也顧炎武曰神山白浮皆在昌平州之東南地勢西高而下郭守敬乃能引之而西是不可戢此通惠河之大略也

會通河者亦元世祖時所開即今漕艘入山東以後所行之運河也至元二十六年壽張縣尹韓仲暉太史院令史邊源相繼建言開河置牐引汶水達舟於御河以便公私漕販遣漕副馬之貞與源等按視地勢商度工用於是圖上可開之狀詔遣斷事官忙速兒禮部尚書張孔孫兵部尚書李處巽等董其役起東昌路須城縣安山之西南由壽張西北至東昌又西北至於臨清以達於御河其長二百五十餘里河成賜名曰會通河先是元世初平江南置汶泗都漕運使司控引江淮嶺海以供億京師自東阿至臨清二百里舍舟而陸車輸至御河徙民一萬三十二百七十六戶除租庸調奈道經茌平其間地勢卑下遇夏秋霖潦牛償頓輓蹶阻萬狀或使驛旁午貢獻相望貢載底滯晦暝呼號行居騷然公私為病久矣至是河既開其勢選兼當什倍不但為一時之便至今賴之李處巽馬之貞同時上言以為開鑿博之渠通江淮之運古所未有非過談也然在元時尚未能盡得其利邱文莊曰當時河道初開岸狹水淺不能負重每歲之運不過數十萬石非若海運之多也是故終元之世海運不能罷者此也明洪武初河決原武縣黑陽山漫過安山湖而會通始漸淤永樂九年因海運艱阻復遣尚書都督等官疏鑿元人故道自時厥後益浚毀新開修築倍遂大為漕運之利此會通河之大略也

歷代河清

後漢書建武九年平原河水清濟南府志永興二年厭次河水清兗州府志永興九年四月濟陰濟北河水清後漢書桓帝本紀

延嘉八年夏四月丁巳濟陰東郡濟北河水清九年四月濟陰東郡濟北平原河水清符瑞志元嘉二十四年二月戊戌河濟俱清孝武帝建武三年河濟清大明五年九月庚戌河濟俱清北齊本紀武成帝河清元年夏四月乙巳青州刺史上言今月庚寅河濟清隋書煬帝本紀大業三年春正月武陽郡上言河水清山西通志大業十一年河清於龍門文獻通考大業十二年龍門又河清山西通志十三年河復清於龍門唐書五行志高祖武德九年二月蒲州河清貞觀十四年二月陝州泰州河清十六年正月懷州河清十七年十二月鄭州滑州河清高宗永徽元年正月濟州河清二年十二月衛州河清五年六月濟州河清十六里儀鳳二年曹州河清開元二十五年淄州棣州河清文獻通考肅宗乾元二年七月嵐州合河關河清三十里清如井水四日而變寶應元年九月甲午泰州至陝州二百餘里河清澄澈見底河南通志寶應二年甲午河清建中四年五月乙巳滑州濮州河清十四年閏五月乙丑滑州河清東昌府志興元四年五月濮州河清河南通志開成八年陝州河清五行志宣宗大中八年正月陝州河清遼史道宗本紀壽隆四年三月丙子有司奏言黃河清宋太宗雍熙四年魏咸信知澶州本郡黃河清咸信以聞太宗本紀端拱元年春正月澶州黃河清五行志端拱元年二月澶濮二州河清二百餘里

諸書言河赤

通鑑綱目前編貞定王十二年晉河水赤三日山西通志考王二年晉龍門河水赤三日竹書紀年幽王二年河水赤於龍門三日唐書五行志穆宗長慶元年七月戊午河水赤三日乃止

河水黑

唐書德宗本紀貞元四年七月河水黑五行志貞元四年七月自陝至河陰河水黑入汴至于州城下一宿而復通鑑釋也

楊珪言河清乃災異

金史五行志衛紹王大安元年徐邳界黃河清五百餘里幾二年以其事詔中外臨洮人楊珪上書曰河性本濁而今反清

失其性也正猶天動地靜使當動者靜當靜者動則如之何其爲災異明矣且傳曰黃河清聖人生假使聖人生恐不在今日又曰黃河清諸侯爲天子正當戒懼以消災變而復誇示四方臣所未喻

閘壩涵洞說

閘之底深於岸其寬不過二丈四尺至三丈而止壩之寬爲丈者可以百而其底則與岸平若涵之徑僅三尺而已其減水之用大小不同而其爲減則一也夫束水莫如隄然隄有常而水之消長無常故隄以束之又爲之閘壩涵洞以減之而後隄可保也今使上流河身其廣數里而下流河身或爲山岡都邑所逼限其廣也僅得其半更或僅得其十之一二然必洶湧奔駛怒撞而思逞加以伏秋暴漲非時雷雨其不致於敗壞城郭漂淌室廬溺人民而淹田畝者幾希矣今於黃河兩岸度遠河上下高壩一帶凡逼河道險隘及水勢激溜之處相度地形建置閘壩涵洞共若干座其詳分載各考下務令隨地分洩上既有以殺之於未溢之先下復有以消之於將溢之後故自建閘壩以來各隄得以保固而無衝決也乃不知河道者與懷隱而爭譽者嘖有煩言夫閘壩高卑各有規畫原以洩異漲非以洩平漕水且以限制河以閘壩保隄誠以河不他潰則河底日深河底日深則河水亦日低行且置閘壩於不用矣即黃河土鬆而水悍不無橫溢旁決之虞然較之隄工潰決奮而漫溢敗壞城郭漂蕩廬室溺人民而淹田畝塞決挑淤經年累月爲費不貲其利害之大小何如乎不惟是也耕種之區資減水而得以灌溉窪下之地籍減黃而得以淤高久之而磽瘠沮洳且悉變而爲沃壤一事而數利興故既有隄堰必不可無閘壩涵洞也涵洞之用有三一減水二於窪三溉田園矣然神而明之更以之擋水以之衛閘其用微妙非久於河者不知也夫閘壩所過之水大抵伏秋異漲彭湃之勢既足以撼閘之基傾跌之力又足以陷閘之底而我以涵洞之水逆入閘後使之旋洄渟滀以護其基而承其底則閘反若有所憑以固而彭湃之勢平傾跌之力衰矣閘之於壩也亦然顧置洞必與隄內地面相等前所建涵洞正值河身墊高之時故所置皆高今河底日深前建涵洞非夏秋水發之時而復過水必須因河底之高下而高下之方得涵洞之用焉

明徐呂二洪顚始

明會典徐州洪在徐州爲運河要害亂石峭立凡百餘步故又名百步洪成化四年命官鑿石以利舟楫又甃石路長一百三十餘丈以便牽挽二十年置石壩長八十丈遇有損壞管河官隨時修築嘉靖二十年於洪下置石閘一座明會典呂梁洪在徐州東南六十里有上下二洪相距七里亦運河要害成化八年命官甃二石隄共長七十餘丈十六年命官築石壩長一百六十五丈復於壩西築隄二十餘丈又洪東甃石路四百二十丈遇有損壞管河官隨時修築嘉靖二十年於洪下置石閘一座

明黃壩歸仁隄考

張兆元黃壩口歸仁隄考按黃壩口地屬山東單縣境接河南虞城界由夏邑永城及南直隸蕭碭宿睢地方至小河口白洋河復入運河此口南射歸仁集石隄關繫祖陵最稱要害本口初決時闊一十二百五十丈深二丈七八尺萬曆二十五年開復動止闊六百餘丈內有淤灘二水中分各闊四五十丈經虞城孔家樓接碭山縣劉家集至王家橋九十餘里俱有河形口闊三百餘丈水深七八尺自王家橋至孤父橋十里係黃河故道口闊一百餘丈水深一丈四尺自孤父橋至蕭縣界三十里有大河形口闊一百三十餘丈水深二丈二三尺自蕭縣界起入鹽盆河至兩河口七十三里亦有河形口闊一百二三十丈水深一丈五六尺自兩河口由山西坡夗子口入永堌湖至宿州地方徐溪口七十餘里俱坡水散漫深七八尺自徐溪口至符離橋時村一百一十里闊六十餘丈深一丈七八尺自時村由靈璧縣地方孟山睢寧縣地方廟灣口宿遷縣地方散東至小河口俱三十里小河口迤南有白鹿湖邵家湖二湖相繫積水湖面闊通一遇北風則怒濤奔湧勢必南侵爲祖陵之患近自歸仁集起至孫家灣特築遙隄一道捍禦之名曰歸仁隄計長七千六百八十二丈八尺現今黃壩決口之水復經其下則其關繫於祖陵也更甚而其防範於先事也宜周當事者須急堵黃壩決口俾黃水盡入徐邳正河以濟運道仍堅守歸仁隄使橫流不致衝突盱泗以保祖陵此正今日第一要務特表而出之以告後之任斯責者

始皇隄遺趾

萬恭治水筌蹄始皇隄二屹壽張范縣之中南北相距數里厚可三十丈崇可五六丈始皇築以象天之二河東人言起咸陽迄登萊一以障河之南徙一以為馳道從咸陽至東海求神仙皇駕南隄駕車馳北隄子路問津河亦澀之為隄為今視之皆粉土所成東人呼始皇隄又云萬里隄蓋萬古雄隄也傳曰為馳道之盛至於如此後世子孫曾不得道焉而託足焉今黃河乃穿隄而行三百里豈後子孫不得托足蓋河伯亦不得托身也已

高家堰修築始末

高家堰者所以障洪澤湖全淮之不東而使之俱北者也堰之上下其地不一總曰高堰志所謂舉其大而稱之也自後漢陳登為廣陵太守大興水利首築此堰後世治水者皆守其舊而不敢變至宋時河又南徙淮湖之水益為泛溢於是此堰始不得不議修矣宋慶歷間發運使張綸始一修之明永樂初平江伯陳瑄再修之然其時尚為修之易者迨明萬歷初河決崔鎮分決白洋河淮水大破高堰漫溢於高寶興鹽諸州縣而淮勢益衰東流沙淤於雲梯關入海之路大阻興化巨浸幾稱天城不沒者三版其害之烈如此時則有總督都御史潘季馴申陳瑄之故業復築高堰起新莊至越城長一萬八百七十餘丈且砌以石者三千餘丈較其舊愈為鞏固終明之世賴以無患然其季世寖以廢墜我○朝之初頗頻頹廢康熙時○○○特命河臣靳輔大興修築其所論潘季馴修高堰堤工則有曰季馴於西南一帶自周橋至翟壩三十里皆空之而稱堤曰此處地形稍亢天然減水壩也但當時湖底深而能納雖不築堤湖水常低於岸面僅遇淫潦異漲始漫溢而出然今日之地形水勢與明萬歷間大異使季馴而在今日亦未有不堤者也於是自清口至周橋九十里舊堤高增築高厚并將周橋至翟壩三十里舊無堤之處亦概堤之又曰洪澤湖空濛浩渺每西風一起驚濤山湧而以一線之長堤捍之浪頭之所及土崩石卸雖歲歲增高培濶終不能禦衝激水蓋物也惟激之則怒若順之自平順之之法莫如坦坡乃多運土於堤外每堤高一尺填坦坡八尺如堤高一丈即填坦坡八丈以

塡出水面為準務令遞斜以漸高俾來不拒而去不留是年秋黃水大漲奇風偪浪倍異尋常而湖渦之勢一遇坦坡而其怒自平惟有隨坡上下而無所逞其衝突始知坦坡之力反有倍蓰於石工者故禦淮以會黃者功在隄而保隄以障淮者功在坦坡也惟是塡積坦坡以來查及十載風濤之所汕刷平鋪卸去雖謂已四五十丈矣若周歲塡積所費不貲又工程難見應每年着河兵歲夫逐漸加工立為定制每歲塡工一丈塡土二方務使所增之數適補所耗之數則善矣久而久之雖坡百丈之內必漸墊而高因叢植蘆葦茭草之屬俟其根株交結茂盛蔓延則雖狂風動地雪浪排空終不能越百餘丈之淺林深草而潰隄矣又致河防難說曰高堰之水最寬康熙二十二年伏秋大漲之際高堰水深一丈二尺有餘迨隆冬涸落則深七尺有餘方其大漲之時石工頂上水深數寸或一二尺不等若以前當此異漲則頂衝之閒卽使潰決東浸而是年歷八月之久得保無虞者一則賴挑土塡築之水內坦坡擁護堤根石縫不至透水石工之內尾土無蟄陷之虞石工之外風浪有消殺之勢故不至拔土不至於全傾也觀此則坦坡之效益明矣總之高堰之役始築於漢初修於宋再修於明而增築坦坡以衛高堰則惟我〇〇 朝始盡美善之規尤萬世永賴矣

高家堰所以最險之故

河未入淮淮未入湖之前高家堰尚非至險故漢末既築以後淮南千餘里之地晏然無恙由禦淮濟運於隋唐未聞有事於高堰者即宋代初修亦未大壞迨河淮湖既相併合以來其勢愈大其力愈猛任其横奔所恃以為之屏蔽者則惟此一堰而已是以河決則淮決淮決則湖決湖決則高堰之事可勝言哉其所以最險之故一也洪澤湖之地本屬巨浸又合阜陵泥墩萬家諸湖而為一凡周圍三百餘里而淮又遠自豫省挾汝穎渦汴睢川之水以全入於湖其勢浩瀚汹湧尤易潰決而當有雞鳴之衝其所以最險之故又一也又其地東北為最下之區使之趨而北則出清口而達於海若趨而東則為寶應高郵之澤國而淮揚之害不可言矣加以黃流倒灌之後湖底漸高湖底高則湖水亦因之而高其迎溜之勢既日增而尤便於東注勢所必然也其所以最險之故又

一也蓋今日治河之圖莫有更亟於此者矣

下河形勢

自高堰以下淮之山陽鹽城揚之寶應高郵泰州興化如皋凡七邑皆謂之下河以其地形卑下四圍高而中央窪猶有釜底之喻故皆謂之下河然其中亦自有高下之分山陽寶應稍高高郵次之故高郵又謂之中窪泰州則低於高郵興化又低於泰州若鹽城則又居興化之下流矣自高郵邵伯湖堤折而西流歷長黃灣閘東南從芒稻河該於泰州則又謂之鹽河以其為鹽艘所經故又名以別之總之皆下河也其地勢則南北約長三百餘里東西約寬二百餘里其間千支百派各有河溝通流入海其直東即為范公堤范公堤之東即為淮南鹽場范公堤者宋天聖間范仲淹監西溪鹽倉時所築所以束內水不致傷鹽隔外潮不致傷稼民實永利者也論者每謂高堰為上河之藩籬而高寶實為下河之門戶必使藩籬固然後門戶安其所關者鉅矣

高家堰築堰之始并命名之義

禹貢錐指高家堰者郡志云後漢建安中太守陳登所築閻百詩曰此堰不見於史籍考三國志登嘗為典農校尉巡土田之宜盡鑿溉之利登固精於水利者又嘗為廣陵太守廣陵江表傳云治射陽則此堰距治所甚邇登築堤以障淮水理勢宜然也由是觀之漢世河未合淮尚不聽其南奔況今欲藉此清淮以刷沙乎然非以堤東水使淮并力東注則自清口以至海口終不能無壅也今水學高家堰今府志稱高加堰注云高加者為漕運道邑并宜加高而名之蓋益加而益高耳

瓠子河決蛟龍噴沫數十里

西京雜記瓠子河決有蛟龍從九子自決中逆上入河噴沫流波凡數十里

沙邱堰非禹蹟亦非鯀隄乃戰國時趙人所作

水經又東北逕元城縣故城西北而至沙邱堰酈注史記曰魏武侯公子元食邑於此故縣氏焉縣北有沙邱堰堰者不通其流曰
隄亦曰清堰障水也禹貢雖指水經此下文曰至於大陸北播為九河酈注云播為九河自此始及齊桓霸世塞廣田居同為一
河故自堰以北館陶廮陶貝邱鬲般廣川信都東光河間樂城以東城地並存川瀆多亡今按水經以王莽河為禹河故以沙邱
堰為禹迹推其意似謂古河本東行禹作此堰以障之使北而九河自此播焉不遵其道是為降水唐人云河自貴鄉魏界分為
九道宗此說也然禹河不經元城此堰必非禹所作黄文叔云今滄州臨河有縣隄自黎陽入北至瀛州清河歷亭皆有之然則
降水者自元城以北隄堨之水是也蓋以堰為鯀所作或曰元城為戰國魏地北與趙接壤賈讓云隄防之作近起戰國雍防百
川各以自利齊與趙魏以河為竟趙魏瀕山齊地卑下作隄遠水使西泛趙魏趙魏亦為隄以防之沙邱堰者疑趙所作以障水
使不得北而注於齊魏所謂以鄰國為壑者也

宋時河水按月以物候分名

宋史河渠志黄河隨時漲落故舉物候為水勢之名自立春後東風解凍河邊人候水初至凡一寸則夏秋當至一尺頗為信驗
故謂之信水二月三月桃華始開冰泮雨積川流猥集波瀾盛長謂之桃華水春末蕪菁華開謂之菜華水四月末壟麥結秀擢
芒變色謂之麥黄水五月瓜實延蔓謂之瓜蔓水朔野之地深山窮谷固陰沍寒冰堅晚泮逮乎盛夏消釋方盡而沃蕩山石水
帶礬腥併流於河故六月中旬後謂之礬山水七月菽豆方秀謂之豆華水八月菼亂華謂之荻苗水九月以重陽紀節謂之登
高水十月水落安流復其故道謂之復槽水十一月十二月斷冰雜流乘寒復結謂之蹙凌水水信有常率以為準

河水決溢時俗多因水勢以分名

宋史河渠志非時暴漲謂之客水其水勢凡移谼橫注岸如剳毀謂之剳岸漲溢踰防謂之抹岸埽岸故朽潛流漱其下謂之塌
岸浪勢旋激岸土上隤謂之淪捲水侵岸逆漲謂之上展順漲謂之下展或水乍落直流之中忽屈曲橫射謂之徑窩水猛驟移

其將澄處望之明白謂之拽白亦謂之明灘湍怒略渟勢稍汩起行舟值之多溺謂之薦浪水水退淤澱夏則膠土肥腴初秋則黃滅土頗為疏壤秋則白滅土霜降後皆沙也

明太祖御製黃河說言河水之狀

明太祖御製黃河說九年秋八月祀社稷於奉天門夕坐道上有儒臣待制李思迪者侍旁皆當時同舟往者因言北狩河水壅遏欲為之說未文明日午濂思迪以說來進觀斯文意狀水勢說河源文頗順序朕因以為之述元年夏四月敕有司濬江淮水濱及河際故道某日乘巨艘抵瓜洲是時春水方漲漲水初興江無洪濤日無酷暑時有清和利征且言舟入運河若牢城巖陵三日至淮陰舟師入淮是日巽上風多揚帆飛艦不二時而達河淮二水相合之處見水分二道清濁如介並流二十餘里方乃混流東注而既越淮入河方覺水土同流極濁而無清至黃而無黑更無他色所以古今稱黃河宜其然也舟行三日晝夜屆斯水上畔剖觀其勢若萬馬奔馳其狀若大地轟雷其湍流之速一息莫測其山迴石轉之處則水就勢盤旋如羊角水底踴亂因風激怒濤飛拔天則珠飛雨降有時巨浪如隄倏然而湧橫亘其河使渦者竅而者止細浪者與文良久之間既流輻輳其橫亘之水將滿忽然一水周旋則水底有聲嘈嘈嗚嗚又少時開水中一穴若數丈圍有如井狀上通天氣下至河底俗呼旋渦是也其水為旋轉急甚中有飛者上起去渦餘丈霏霏臨岸沸沸觸人其流於兩山峽之處或直而渦或曲而折或激石而旋或復流以觸岸或怒急而雷浪成堆或使山傾地陷或舟覆而檣摧或巨魚一鼈之鬬難呼吸之際早十里之程若胎龍異之而出戲或蜿之以一蜿則淵深無底四野成湖若蜒之以一蜒則瞬日千里莫可止焉斯水之急乘利之物則有若是耶斯水人云神水每患於中國為民害者多矣朕觀游斯上觀斯水之勢過兩山之間河狹水急宜其然歟至於平原曠野則東蕩西撐使桑田變遷水勢少慢亦宜其然歟此豎者之所由孰謂有神者歟若非河之無神鄰乃有之所以有之者幽濁而難澄渦渦東注亘古今而不息此久常者也忽然而極清人影皆毫盤澗見如此者或千百里或數十里斯可謂神者焉故上古人君載在祀典設之

祀之爲民祈福焉今朕得觀斯水狹直處如經如弦凡山迴石起之處則盤若羊腸若河陰以達於徐宿地勢而平原則不然斷水汗汗漫漫浩浩蕩蕩有不可測焉禹貢注云三門未闢呂梁未鑿則河出孟門之上則未爲當也必後人訛其文相傳差異朕貫者既游今思複述以爲說耳

王林投水救民百姓名其隄曰神隄

畿輔通志王林永樂中知青縣以河決木椽盡沒痛不能救投水而死屍漂入縣南南路官民憐之遂於隄上置祠祀焉名曰神隄

潘公再生處

申時行撰潘公季馴傳公塞決時淫雨連旬水驟至幾沒公趾不爲避易夜野處公往來村樹不憚勞勞嘗乘小艇行河風雷大作震撼波濤中幾覆絓樹杪乃脫父老神之爲潘公再生識其處

程頡納治河逃卒

宋史程頡傳頡爲鎮寧軍判官程昉治河取澶卒八百而虐用之衆逃歸弁僚畏昉欲勿納頡曰彼逃死自歸弗納必亂若昉怒吾自任之即親往啟門拊之約少休三日復役衆讙呼而入具以事上得不遣昉後過州揚言曰澶卒此潰爲程中允誘之吾且訢於上頡聞之曰彼方憚我何能爲果不敢言

河伯無夷○河宗伯○河宗之子孫鄘伯○河宗正柏夭

穆天子傳天子西征至於鄘人河宗之子孫鄘柏絮且逆天子於智之□先豹皮十良馬二六天子使井利受之癸酉天子舍於漆澤乃西釣於河以觀□智之𨈖甲辰天子獵於滲澤於是得白狐玄貉焉以祭於河宗丙午天子飲於河水之阿天子屬六師之人於鄘邦之南滲澤之上戊寅天子西征騖行至於陽紆之山河伯無夷之所都居是惟河宗氏河宗伯夭逆天子燕然之山

歷代河防統纂 卷二十八 雜志 三

分用束帛加璧先白缺天子使鄒父受之癸丑天子大朝於燕缺之山河水之阿乃命井利梁固聿將六師天子命吉日戊午天子大服冕禕帔帶搢曶夾佩奉璧南面立於寒下曾祝佐之官人陳牲全五缺具天子授河宗璧河宗伯夭受璧西向沉璧於河再拜稽首祝沉牛馬豕羊河宗缺命於皇天子河伯號之帝曰穆滿女當永致用旹事南向再拜河宗又號之帝曰穆滿示女舂山之瑤詔女昆侖缺舍四平泉七十乃至於昆侖之丘以觀舂山之瑤賜語晦天子受命南向再拜己未天子大朝於黃之山乃披圖視典用觀天子之瑤器曰天子之瑤玉果璿珠燭銀黃金之膏天子之瑤萬金缺瑤百金士之瑤五十金庶人之瑤十金天子之弓射人步劍牛馬犀缺器千金天子之馬走千里勝人猛獸天子之狗走百里執虎豹柏夭曰缺鳥鳶鸛鶴飛八百里名獸使足缺走千里狻猊缺野馬走五百里邛邛距虛走百里麋缺二十里曰柏夭皆致河典乃乘渠黃之乘爲天子先以極西土乙丑天子西濟於河缺爰有溫谷樂都河宗氏之所游居丙寅天子屬官效器乃命正公鄒父受敕憲用伸缺八駿之乘以飲於枝洔之中積石之南河天子之駿赤驥盜驪白義踰輪山子渠黃華騮綠耳狗重工徹止雚猳缺黃南缺采白天子之御造父三百獸脩芻及曰天子是與出缺入藪田獵釣弋天子曰於乎予一人不盈於德而辟於樂後世亦追數吾過乎七萃之士缺天子曰後世所望無失天常農工既得男女衣食百姓珤富官人執事故天有晉民缺以響缺何謀於樂何意之忘與民共利世以爲常也天子嘉之賜以左佩華也乃再拜頓首缺伯夭缺缺封膜晝於河水之陽以爲殷人主天子南征陽紆之東尾乃遂絕鴻鷺之谷已至於麗珊河之水北阿爰有𣶃溲之口河伯之孫事皇天子之山有模堇其葉是食明后天子嘉之賜以佩玉一隻柏夭再拜稽首癸丑天子東征柏夭送天子至於鄘人鄘伯絮觴天子於澡澤之上𩵦多之汭河水之所南還曰天子五日休於澡澤之上以待六師之人戊午天子東征顧命柏夭歸於丌邦天子曰河宗正也柏夭再拜稽首

獻子以玉禱河神

左傳襄公十八年晉侯伐齊將濟河獻子以朱絲係玉二瑴而禱曰齊環怙恃其險負其衆庶棄好背盟陵虐神主曾臣彪將率

諸侯以討焉其官臣偃實先後之尚捷有功無作神羞官臣偃無敢復濟唯爾有神裁之沈玉而濟

昭王不祭河

左傳哀公六年初昭王有疾卜曰河爲祟王弗祭大夫請祭諸郊王曰三代命祀祭不越望江漢睢漳楚之望也禍福之至不是過也不穀雖不德河非所獲罪也遂弗祭

河伯欲千金之璧

博物志澹臺子羽渡河齎千金之璧於河河伯欲之至陽侯波起兩蛟挾船子羽左操璧右操劍擊蛟皆死既渡三投璧於河伯河伯躍而歸之子羽毀而去

黑頭公從河中出

尚書考靈耀秦王政以白璧沈河有黑頭公從河中出呼政曰祖龍來授天寶開中有尺二玉牘

禹受羲皇圖○河精授禹圖○禹益作山海經○河水清青赤黑黃

拾遺記禹鑿龍關之山亦謂之龍門至一空巖深數十里幽暗不可復行禹乃負火而進有獸狀如豕銜夜明之珠其光如燭又有青犬行吠於前禹計可十里迷於晝夜既覺漸明見向來豕犬變爲人形皆著玄衣又見一神蛇身人面禹因與語神即示禹八卦之圖列於金版之上又有八神侍側禹曰華胥生聖子是汝耶答曰華胥是九河神女以生余也乃探玉簡授禹長一尺二寸以合十二時之數使度量天地禹即持執此簡以平定水土蛇身之神即羲皇也伯禹在庶四嶽師舉爲之帝堯握括命不試爵受司空伯禹稽首讓於益夔帝曰何斯若眞出爾命圖示乃天伯禹曰臣觀河伯面長人首魚身出曰吾河精也授臣河圖躍入淵伯禹拜辭禹理洪水觀於河見白面長人魚身出曰吾河精也授禹河圖而還於淵吳越春秋禹傷父功不成循江泝河盡濟甄淮乃勞身焦思以行七年聞樂不聽過門不入冠挂不顧履遺不躡功未及成愁然沈思乃按黃帝中經歷蓋聖人所記

曰在於九山東南天柱號曰宛委赤帝在闕其巖之巔承以文玉覆以盤石其書金簡青玉爲字編以白銀皆瑑其文禹乃東巡登衡岳血白馬以祭不幸所求禹乃登山仰天而嘯因夢見赤繡衣男子自稱玄夷蒼水使者聞帝使文命於斯故來候之非厥歲月將告以期無爲戲吟故倚 覆釜之山東顧謂禹曰欲得我山神書者齋於黃帝巖嶽之下三月庚子登山發石金簡之書存矣禹退又齋三月庚子登宛委山發金簡之書案金簡玉字得通水之理復返歸嶽乘四載以行川始於霍山徊集五嶽詩云維彼南山維禹甸之遂巡行四瀆與益夔共謀行到名山大澤召其神而問之山川脈理金玉所有鳥獸昆蟲之類及八方之民俗國殊異域土地里數使益疏而記之故名之曰山海經　乾坤鑿度孔子曰天之將降嘉瑞應河水清三日青四日青變爲赤赤變爲黑黑變爲黃各各三日河中水安井天乃清明圖乃見見必南向仰天言見三日以三日見六日以六日見九日以九日見十二日以十二日見十五日以十五日見皆言其餘日

河水不害岳飛

宋史岳飛傳崇寧二年岳飛生未彌月河決內黃水暴至母姚抱飛坐甕中衝濤及岸得免人異之

河決水至杜常坐處而止

宋史杜常傳崇寧中至工部尚書以龍圖閣學士知河陽軍大河決貝州西上埽勢危甚常親護役徙處埽上埽潰水溢及常坐而止於是役人盡力河流遂退郡賴以安

王思誠奏罷御河椰謀

元史王思誠傳南皮民父祖嘗瀕御河權椰輸謀於官名曰椰謀後河決椰俱沒官猶徵之凡十餘年其子孫至貧不能償思誠運請於朝除之

賈魯治河得石人一眼○史言元亂非起於魯治河之役

元史賈魯傳至正十一年先是廣東河南北童謠云石人一隻眼挑動黃河天下反及魯治河果於黃陵岡得石人一眼而汝潁之妖寇乘時而起議者往往以謂天下之亂皆由賈魯治河之役勞民動衆之所致殊不知元之所以亡者實基於上下因循狃於宴安之習紀綱廢弛風俗偷薄其致亂之階非一朝一夕之故所由來久矣不此之察乃獨歸咎於是役是徒以成敗論事非通論也設使賈魯不興是役天下之亂詎無從而起乎

賈魯故宅壁間題詩

蔣仲舒堯山堂外紀山西高平縣長平驛爲賈魯故宅中庭古松十餘株皆當時物也元制平定山西宅後入官以其壯麗不居改即以爲驛壁間題詩云賈魯修黃河恩多怨亦多百年千載後恩在怨消磨觀此則當時或以爲勞役擾致民怨而其功實擇惡則後世亦有公論固不可得而盡非之

元史彥斌因河溢縛草人尋母柩

元史史彥斌傳至正十四年河溢金鄉魚臺墳墓多壞彥斌母墓亦將浸乃爲厚棺刻銘曰邳州沙河廬史彥斌母柩仍以四鐵環釘其上然後葬明年墓果爲水所漂彥斌縛草爲人置水中仰天呼曰母棺被水不知其處願天矜憐俾此草人隨所往得母棺既而洪流橫流乃乘舟隨草人所之經十餘日行三百餘里草人止桑林中視之母柩在焉載歸復葬之

禮部以河乾請罷礦稅撤中使

明神宗實錄乙巳禮部以黃河淺涸疏言據陝西撫臣李汶題稱本年二三月間河州蓮花寨等處水深不過三尺往來人畜直渡文子關蓮河口黃河上流水盡乾竭等因臣不勝驚愕今歲天變頻仍火星失度日光如赭風霾晝暝種種示異未有若此河之爲變者竊謂河流之行地猶元氣之周身而貨財流布於天下也今天下財力可謂匱竭而元氣亦已耗矣關稅府庫貨殖礦稅監使及各處土棍之家富其神河天險源竭流微而中東救百川之勢以衛祖陵挽運道此脈竭附聚之象

也伏乞皇上懔然深思覽觀披擇中使人心既悅天意自回將見四海安瀾九河順軌在一念轉移間耳疏入不報

歷代言河諸書

唐書藝文志載吐蕃黃河錄四卷宋史藝文志載僧常閱河記一卷宣和編類河防書一百九十二卷李垂導河形勝書一卷陳瑀熙河六州圖記一卷大禹治水元奧錄一卷元潘昂霄河源志無卷數歐陽原功至正河防記一卷沙克什河防通議二卷分六門門各有目凡物料工程丁夫輸運以及安樁下埽修築隄之法無不畢載王喜治河圖略一卷前列六圖圖各系以說而附治河方略及歷代決河總論二篇於後明劉隅作治河通考十卷劉天和作問水集六卷吳山作治河通考十卷潘大復作河防榷十二卷張光孝作西瀆大河志六卷黃克纘作疏治黃河全書二卷徐標作河書輯考二卷河防律令二卷王恕作漕河通志十四卷王瓊作漕河圖志八卷車璽正作漕河總考四卷顧寰作漕河總錄二卷高捷作漕黃要覽二卷黃承元作河漕通考四十五卷北河紀略十四卷通惠河志二卷謝肇淛作北河紀八卷紀餘四卷朱國盛作南河志十四卷陳應藩作濬寓閘河類考六卷張純作泉河紀畧八卷胡瓚作泉河史十五卷張橋作來河志六卷馮世雍作呂梁洪志一卷陳穆作徐州洪志十卷而惟潘季馴之河防一覽十四卷宋衡斷大工錄十卷實爲言河事者所宗其首載敕諭圖說次河議辨惑次河防險要次修守事宜次河源河決考各一卷次前人治河之議與明代之奏章共九卷大旨主於束水以刷河與季馴四說河事煩瑣既久則利害自審利害既審則處置自當誠如公墓誌所云不惟公與河熟河亦與公熟也

是書爲秀水陳天裔先生璜舊稾向無刻本今春游禾有攜先生舊稾求售者因以重價購之歸急付石印以公同好其體例之善採輯之富靳文襄公原序已具言之惟歷代言河源者均未得其實至我
朝康熙間而始定河源爲星宿海實已破諸家之惑定千載之案至乾隆朝又遣使西行得阿耨達山然後古言河出崑崙之説始定而星宿海則猶爲阿耨達山潛行所發之源矣惟是書成於康熙朝故言河源猶未及阿耨達山本樓主人爰不揣譾陋剌取魏默深海國圖志中崑崙山致附錄於河源一門之後非敢云正前人之失亦聊以補其所未備云爾

海山樓主人又識

後　記

我是從數學史學習中逐步瞭解治黄史的。漢代《許商算術》的作者許商，好天文術數之事的王景、李尋善，他們既是數學家，又以治理黄河而聞名。我國現存最早的河工著作《河防通議》，將中國古典數學天元術運用到治黄工程中，創造了中國古代工程數學的一個高峰。除了數學史之外，内蒙古師範大學科學技術史研究還以少數民族科技史和地方科技史見長。李迪先生曾指出地方科技史研究的重要内容是人與自然環境變遷、科技遺迹與自然環境以及環境與生産的關係，此類研究具有明顯的現實意義和重要價值。想要通過大科學史研究，弄清變遷的原因和未來的發展趨勢，産出對于地方各方面的開發有更大、更直接價值的成果，這類研究大多離不開文獻。之後，李迪先生更是直接指出科技史研究不僅是對過去的科技工作和科技成果的回顧與總結，而且要着眼于現代，讓古人的發明創造爲今人服務，繼續在現代發揮其應有的作用。我將先生大科學史的治學理念視爲座右銘，在科研工作中更加注重讓科研成果服務于國家戰略與區域發展需求。

二〇一九年九月，習近平總書記在黄河流域生態保護和高質量發展座談會上指出，黄河流域在我國經濟社會發展和生態安全方面具有十分重要的地位。黄河流域生態保護和高質量發展是重大國家戰略。同年十月，黨的十九届四中全會提出『加强邊疆治理，推進興邊富民』，首次把邊疆治理寫入黨的文件。內蒙古師範大學組織科研力量，積極申報研究闡釋黨的十九屆四中全會精神的國家社科基金重大項目，其中『中國特色社會主義民族區域自治制度自信研究』項目獲批。我承擔其中的『鑄牢中華民族共同體意識下的民族自治地方文化自信研究』子課題，而黃河是首選文化要素。二〇二四年，該項目順利結項，我也對黃河文化所蘊含的時代價值有了更深的體會。

有鑒于此，我帶領文化遺產智能應用服務中華民族共同體建設『英才興蒙』團隊，以黃河爲主題，開展了文獻、文物、傳統工藝等多模態資源庫建設和跨模態應用示範工作。這次與內蒙古人民出版社合作出版的《黃河國家治理文獻集成》，旨在梳理和總結文獻中所蘊含的歷史經驗和文化信息，爲當代及未來的黃河治理和地方文旅產業發展提供參考與借鑒。

感謝內蒙古民族文化產業研究院、巴彥淖爾市圖書館等单位的傾力相助，感謝內蒙古自治區黨委宣傳部、內蒙古出版集團、內蒙古人民出版社對本項目的支持與幫助。

在此，也向致力于黃河治理和大河安瀾的歷代先賢與當代典範表達崇高的敬意：你們的不懈努力與無私奉獻，爲黃河的安寧與人民的福祉築起了堅實的防綫；你們的智慧與勇氣，將永遠銘刻在中華民族的歷史豐碑上，激勵後人不斷前行。

董杰

二〇二五年一月

北疆文化